21世纪高等院校计算机网络工程专业规划教材

路由与交换技术

徐功文 编著

清华大学出版社
北京

内 容 简 介

本书讲解了路由和交换技术,并且以思科网络设备为例,对网络设备的配置和调试做了详尽、清晰的讲解。全书共有 13 章,分别介绍了计算机网络基础知识、网络设备的结构、路由与交换的原理、网络设备的配置和排错。本书参考了思科公司的 CCNA、CCNP 培训教程中路由与交换技术的理论知识和配置案例,并加入了 CEF、MPLS 等新的知识点。本书语言通俗易懂,内容丰富翔实,突出了以实例为中心的特点,本书既可供计算机科学与技术、网络工程、信息技术、通信等专业的本科生作为教程使用,也可以作为相关技术领域工程人员的技术参考书以及相关培训班的教材使用。

本书封面贴有清华大学出版社防伪标签,无标签者不得销售。
版权所有,侵权必究。举报: 010-62782989, beiqinquan@tup.tsinghua.edu.cn。

图书在版编目(CIP)数据

路由与交换技术/徐功文编著. —北京:清华大学出版社,2017(2021.1重印)
(21 世纪高等院校计算机网络工程专业规划教材)
ISBN 978-7-302-46516-4

Ⅰ. ①路… Ⅱ. ①徐… Ⅲ. ①计算机网络—路由选择 ②计算机网络—信息交换机 Ⅳ. ①TN915.05

中国版本图书馆 CIP 数据核字(2017)第 025425 号

责任编辑:魏江江　薛　阳
封面设计:何凤霞
责任校对:时翠兰
责任印制:沈　露

出版发行:清华大学出版社
　　　　网　　址:http://www.tup.com.cn, http://www.wqbook.com
　　　　地　　址:北京清华大学学研大厦 A 座　　　邮　　编:100084
　　　　社 总 机:010-62770175　　　　　　　　　　邮　　购:010-83470235
　　　　投稿与读者服务:010-62776969, c-service@tup.tsinghua.edu.cn
　　　　质量反馈:010-62772015, zhiliang@tup.tsinghua.edu.cn
　　　　课件下载:http://www.tup.com.cn, 010-83470236
印 装 者:三河市君旺印务有限公司
经　　销:全国新华书店
开　　本:185mm×260mm　　印　张:23　　字　数:563 千字
版　　次:2017 年 8 月第 1 版　　　　　　　　　印　次:2021 年 1 月第 6 次印刷
印　　数:5001~6000
定　　价:49.00 元

产品编号:040547-01

前　言

随着互联网技术的飞速发展，网络已经深入到人们生活和工作中的各个领域，路由器和交换机不仅广泛应用于中小企业，而且还进入了各大高校的实验室，甚至进入了大众家庭。"互联网+"概念的提出，进一步推动了网络技术和网络应用的发展。

网络设备是网络技术和网络应用的物质基础，它们构建了信息高速公路。配置和管理网络设备成为一项十分重要的技能。网络工程专业的学生及从业人员，一方面要掌握计算机网络的理论知识，另一方面更要掌握网络工程的实践技能，能够对网络设备进行配置、管理和调试，掌握不同数据网络的性能和特点。

在本书中，重点讲解了路由和交换技术，并且以思科网络设备为例，对网络设备的配置和调试做了详尽、清晰的讲解。本书第 1 章是网络概述，讲解了 OSI 网络模型和 TCP/IP 网络模型，以及 IP 编址和网络设备概述；第 2 章从硬件、软件和接口等几个方面讲解了路由器的构造；第 3 章讲解了路由器的配置模式、配置文件等内容；第 4 章讲解了局域网交换技术、二层交换原理和生成树技术以及端口聚合；第 5 章讲解了 VLAN 的工作原理和 VLAN 的配置；第 6 章讲解了常用的广域网技术及其配置，如 HDLC、PPP、Frame-Relay、ATM 等；第 7 章讲解了路由的原理、分类及其特性；第 8 章重点讲解 RIP 路由协议，包括 RIP 路由协议的原理和配置，以及 RIP 版本 1 和版本 2 的区别；第 9 章讲解了 IGRP 和 EIGRP 路由协议的原理和配置，以及两者的区别；第 10 章讲解了 OSPF 协议的工作原理和配置；第 11 章讲解了 BGP 的原理和特性；第 12 章讲解了访问控制列表、路由重发布和控制路由更新等路由管理的内容；第 13 章讲解了三层交换、CEF、MPLS 等多层交换技术。在本书中，一方面重点突出了路由和交换技术中的关键知识点，另一方面给出了详尽的配置命令和调试过程。

本书参考了思科公司的 CCNA、CCNP 培训教程中路由与交换技术的理论知识和配置案例，语言通俗易懂，内容丰富翔实，突出了以实例为中心的特点，本书既可供计算机科学与技术、网络工程、信息技术、通信等专业的本科生作为教程使用，也可以作为相关技术领域工程人员的技术参考书以及相关培训班的教材使用。

本书作者从事过系统集成和综合布线的相关工作，担任过思科认证培训讲师，做过网络运营商、金融机构、企业公司等大客户的网络培训，具有丰富的实践经验和理论知识。参与本书编写和校对工作的还有张志军、苏玉瑞、张鹏飞、王永康等，特别感谢苏玉瑞在本书编写中做出的突出贡献。

本书得到了山东建筑大学胡宁教授、王义华教授和张志军教授的大力支持和帮助，东软集团柳毅老师(CCIE#11064)提出了很多宝贵的意见，在此表示衷心的感谢。本书在编写过程中，参考和引用了许多专家学者的资料，在此一并表示感谢。

由于计算机网络技术发展迅速，加上作者水平有限，编写时间比较紧张，书中难免存在一些错误和某些知识点的缺漏，恳请广大读者批评指正，欢迎通过邮箱 xugongwen@163.com 跟本教材编者进行交流。

编　者

2017 年 4 月

目 录

第 1 章 网络概述 ··· 1
1.1 OSI 网络模型 ··· 1
1.1.1 网络体系结构概述 ··· 1
1.1.2 OSI 参考模型 ··· 2
1.1.3 网络的传输过程 ··· 4
1.1.4 数据封装 ··· 5
1.2 TCP/IP 网络模型 ··· 6
1.2.1 协议栈 ··· 6
1.2.2 TCP/IP 模型 ··· 7
1.2.3 封装与解封装 ··· 10
1.2.4 IP 协议 ··· 10
1.2.5 重要协议简述 ··· 12
1.2.6 OSI 与 TCP/IP 体系结构的比较 ··· 15
1.3 IP 编址 ··· 16
1.3.1 IPv4 协议 ··· 16
1.3.2 网络地址划分 ··· 18
1.3.3 VLSM ··· 24
1.4 网络设备概述 ··· 25
1.4.1 集线器 ··· 25
1.4.2 网桥 ··· 25
1.4.3 交换机 ··· 26
1.4.4 三层交换机 ··· 27
1.4.5 路由器 ··· 28

第 2 章 路由器的构造 ··· 29
2.1 路由器的硬件 ··· 29
2.1.1 中央处理器 ··· 29
2.1.2 内存 ··· 30
2.1.3 接口 ··· 32
2.2 路由器的软件 ··· 33

2.2.1 IOS 的映像文件 ……… 33
2.2.2 配置文件 ……… 33
2.2.3 数据流 ……… 34
2.3 路由器的配置接口 ……… 35
2.3.1 Console 接口 ……… 35
2.3.2 AUX 接口 ……… 35
2.4 路由器的传输接口 ……… 36

第 3 章 路由器的配置基础 ……… 38
3.1 路由器的配置模式 ……… 38
3.2 路由器配置文件的管理 ……… 42
3.3 路由器 IOS 的管理 ……… 49
3.4 路由器的调试命令 ……… 51

第 4 章 局域网交换技术 ……… 57
4.1 局域网技术概述 ……… 57
4.1.1 以太网 ……… 57
4.1.2 令牌环 ……… 58
4.1.3 MAC 地址 ……… 59
4.2 二层交换机的工作原理 ……… 60
4.2.1 交换机的工作流程 ……… 60
4.2.2 交换机的寻址过程 ……… 61
4.2.3 交换机管理配置 ……… 63
4.3 生成树技术 ……… 68
4.3.1 生成树协议的产生 ……… 68
4.3.2 RSTP ……… 75
4.3.3 MSTP ……… 76
4.3.4 快速端口 ……… 77
4.4 端口聚合 ……… 83
4.4.1 端口聚合概述 ……… 83
4.4.2 配置方法 ……… 84

第 5 章 VLAN 技术 ……… 86
5.1 VLAN 的工作原理 ……… 86
5.1.1 冲突域 ……… 86
5.1.2 广播域 ……… 86
5.1.3 VLAN 概述 ……… 87
5.1.4 工作原理 ……… 91
5.1.5 VLAN 的封装格式 ……… 93

5.2　VLAN 的中继技术 ………………………………………………………… 98
5.3　VLAN 的配置 …………………………………………………………… 103
5.4　VLAN 间路由 …………………………………………………………… 122
5.5　Native VLAN …………………………………………………………… 126
5.6　PVLAN 技术 …………………………………………………………… 128

第 6 章　广域网技术 …………………………………………………………… 132

6.1　广域网技术概述 ………………………………………………………… 132
　　6.1.1　基本概念 ………………………………………………………… 132
　　6.1.2　广域网技术的特点 ……………………………………………… 135
　　6.1.3　传输资源 ………………………………………………………… 138
　　6.1.4　广域网技术 ……………………………………………………… 138
6.2　HDLC 和 PPP …………………………………………………………… 141
　　6.2.1　概述 ……………………………………………………………… 141
　　6.2.2　HDLC 和 PPP 的帧格式 ………………………………………… 142
　　6.2.3　HDLC 和 PPP 的配置 …………………………………………… 147
　　6.2.4　PPP 验证配置 …………………………………………………… 148
6.3　Frame-Relay …………………………………………………………… 151
　　6.3.1　Frame-Relay 技术概述 ………………………………………… 151
　　6.3.2　Frame-Relay 的配置 …………………………………………… 157
6.4　ATM ……………………………………………………………………… 161
　　6.4.1　ATM 技术概述 …………………………………………………… 161
　　6.4.2　ATM 的配置 ……………………………………………………… 163

第 7 章　路由技术 ……………………………………………………………… 167

7.1　路由概述 ………………………………………………………………… 167
　　7.1.1　路由的工作过程及原理 ………………………………………… 167
　　7.1.2　路由器的功能 …………………………………………………… 169
　　7.1.3　路由器在网络中的作用 ………………………………………… 170
7.2　路由分类 ………………………………………………………………… 170
　　7.2.1　静态路由 ………………………………………………………… 171
　　7.2.2　动态路由 ………………………………………………………… 171
7.3　路由协议的度量和管理距离 …………………………………………… 176
　　7.3.1　度量 ……………………………………………………………… 176
　　7.3.2　管理距离 ………………………………………………………… 177
7.4　静态路由的配置 ………………………………………………………… 178
　　7.4.1　静态路由的配置及应用 ………………………………………… 178
　　7.4.2　默认路由的配置及应用 ………………………………………… 183
7.5　路由汇总 ………………………………………………………………… 184

7.5.1 概述 …… 184
7.5.2 路由汇总对 VLSM 的支持 …… 186
7.5.3 路由汇总对不连续子网的支持 …… 187
7.5.4 不同路由协议的汇总属性 …… 188

第 8 章 RIP …… 189

8.1 RIP 概述 …… 189
　8.1.1 RIP 的特点 …… 189
　8.1.2 RIP 的原理 …… 190
8.2 路由更新和 RIP 定时器 …… 191
　8.2.1 RIP 的运行 …… 191
　8.2.2 RIP 定时器 …… 196
8.3 RIPv1 的配置与管理 …… 198
　8.3.1 RIPv1 的特点及消息格式 …… 198
　8.3.2 RIPv1 的配置 …… 200
　8.3.3 RIPv1 的检验和故障排除 …… 201
8.4 RIPv2 的配置与管理 …… 203
　8.4.1 RIPv2 的特点及消息格式 …… 203
　8.4.2 RIPv2 的配置 …… 206
　8.4.3 RIPv2 的监控 …… 210
8.5 RIPv1 和 RIPv2 …… 210
　8.5.1 RIPv1 和 RIPv2 的主要区别 …… 210
　8.5.2 RIPv2 对 VLSM、不连续子网、无类路由的支持 …… 211
　8.5.3 RIPv2 的路由总结 …… 215
　8.5.4 实验案例 …… 216

第 9 章 IGRP 和 EIGRP …… 221

9.1 IGRP 概述 …… 221
　9.1.1 IGRP 简介 …… 221
　9.1.2 IGRP 路由更新 …… 222
　9.1.3 IGRP 的特性 …… 223
　9.1.4 IGRP 的度量值 …… 224
　9.1.5 IGRP 计时器 …… 224
9.2 IGRP 的配置 …… 225
9.3 EIGRP 概述 …… 227
　9.3.1 EIGRP 路由更新 …… 228
　9.3.2 EIGRP 的度量值 …… 230
　9.3.3 EIGRP 计时器 …… 231
　9.3.4 IGRP 和 EIGRP 的异同 …… 232

9.4 EIGRP 数据包 ·································· 233
   9.4.1 EIGRP 数据包类型 ······················ 233
   9.4.2 EIGRP 的数据库 ························ 234
9.5 EIGRP 的配置 ·································· 235
   9.5.1 EIGRP 的配置及其监控 ················· 235
   9.5.2 EIGRP 负载均衡 ························ 238
   9.5.3 EIGRP 末梢区域 ························ 242

第10章 OSPF ·································· 247

10.1 OSPF 的特性 ·································· 247
   10.1.1 OSPF 概述及优缺点 ···················· 247
   10.1.2 SPF 算法及 OSPF 协议的度量值 ········ 248
   10.1.3 OSPF 层次化网络设计 ·················· 249
   10.1.4 OSPF 区域类型 ························ 251
   10.1.5 OSPF 路由器类型 ······················ 252
   10.1.6 OSPF 网络类型 ························ 253
10.2 OSPF 数据包 ·································· 254
   10.2.1 链路状态通告 ·························· 254
   10.2.2 LSA 的类型 ···························· 255
   10.2.3 LSA 运行实例 ·························· 256
   10.2.4 Hello 协议 ······························ 258
   10.2.5 交换协议 ······························ 259
   10.2.6 洪泛过程 ······························ 259
10.3 OSPF 基本配置 ································ 260
10.4 OSPF 路由多区域配置 ·························· 263
10.5 OSPF 路由协议的验证及总结 ···················· 268

第11章 BGP ···································· 272

11.1 BGP 概述 ······································ 272
   11.1.1 BGP 简介 ······························ 272
   11.1.2 BGP 的应用 ···························· 272
   11.1.3 BGP 邻居的建立和配置 ················· 273
   11.1.4 BGP 管理距离 ·························· 274
   11.1.5 BGP 同步 ······························ 275
   11.1.6 BGP 的基本配置 ························ 276
11.2 IBGP 和 EBGP ·································· 278
   11.2.1 IBGP 和 EBGP 邻居的建立 ·············· 278
   11.2.2 IBGP 和 EBGP 的作用范围以及区别 ····· 283
11.3 BGP 路径属性及选路原则 ······················ 284

11.4 BGP 工作原理 ·················· 287
   11.4.1 BGP 路由衰减 ············· 287
   11.4.2 BGP 路由反射 ············· 288
   11.4.3 BGP 联盟 ················ 291

第 12 章 路由管理 ················ 301

12.1 访问控制列表 ·················· 301
   12.1.1 概述 ················· 301
   12.1.2 访问控制列表的基本配置 ······ 306
12.2 路由重发布 ···················· 312
   12.2.1 概述 ················· 312
   12.2.2 度量值的设置 ············· 314
   12.2.3 路由重发布的配置 ·········· 315
12.3 控制路由更新 ·················· 319
   12.3.1 概述 ················· 319
   12.3.2 被动端口的配置 ··········· 320
   12.3.3 路由过滤的配置 ··········· 322
   12.3.4 分发列表的配置 ··········· 322
   12.3.5 路由映射的配置 ··········· 326

第 13 章 多层交换技术 ·············· 332

13.1 三层交换技术 ·················· 332
   13.1.1 基本原理及转发流程 ········· 332
   13.1.2 三层交换的配置及监控 ······· 338
13.2 CEF 技术 ····················· 340
   13.2.1 CEF 的工作原理 ··········· 340
   13.2.2 CEF 的配置 ·············· 343
13.3 MPLS 技术 ···················· 344
   13.3.1 MPLS 的工作原理 ·········· 344
   13.3.2 MPLS 的配置 ············· 349

第 1 章　网络概述

1.1　OSI 网络模型

　　计算机网络刚面世时,只有同一家制造商生产的计算机才能彼此通信。例如,同一家公司只采用 DECnet 解决方案或 IBM 解决方案,而不能结合使用这两种方案。20 世纪 70 年代末,为打破这种藩篱,ISO(International Organization for Standardization,国际标准化组织)开发了 OSI(Open Systems Interconnection,开放系统互连)参考模型。

　　OSI 参考模型实现了开放式数据通信的可能性。该模型旨在以协议的形式帮助厂商生产可互操作的网络设备和软件,让不同厂商的网络能够协同工作。

　　OSI 参考模型是主要的网络架构模型,描述了数据和网络信息如何通过网络介质从一台计算机的应用程序传输到另一台计算机的应用程序。OSI 参考模型对这一网络通信工作进行了分层。

1.1.1　网络体系结构概述

　　计算机网络是一个十分复杂的系统。将计算机互连的功能划分成有明确定义的层次,并规定同层实体通信的协议和邻层间的接口服务,这种层次和协议的集合称为网络体系结构。

　　计算机网络的结构可以从网络体系结构、网络组织和网络配置三个方面来描述。网络组织是从网络的物理结构、网络实现的方面来描述计算机网络的;网络配置是从网络应用方面来描述计算机网络的布局、硬件、软件和通信线路等;网络体系结构则是从功能上来描述计算机网络的结构的。

1. 体系结构的概念

　　计算机网络的体系结构是抽象的,是对计算机网络通信所需要完成的功能的精确定义。而对于体系结构中所确定的功能如何实现,则是网络产品制造者遵循体系结构研究和实现的问题。

　　为了完成计算机间的通信合作,把各个计算机互连的功能划分成定义明确的层次,规定了同层次进程通信的协议和相邻层之间的接口服务。这些层、同层进程通信的协议及相邻层接口统称为网络体系结构。

2. 计算机网络体系结构

　　计算机网络体系结构从整体角度抽象定义计算机网络的构成及各个网络部件之间的逻辑关系和功能,给出协调工作的方法和计算机必须遵守的规则。

　　计算机网络系统的体系结构,类似于计算机系统的多层体系结构,它是以高度结构化的方式设计的。所谓结构化是指将一个复杂的系统设计问题分解成一个个容易处理的子问题，然后加以解决。这些子问题相对独立，相互联系。

3. 结构化方式设计：分层

网络体系结构采用结构化分层的方式设计，每一层在逻辑上相互独立，并且具有特定的功能，每一层的目的是向上一层提供一定的服务，不同网络体系结构中层的数量、名字、功能均有所不同。

层是根据网络功能来划分的。如果网络功能相同或相近，就把它们划分在同一层；如果不同，就要分层。不同的层在实现网络通信中的作用不同。层与层之间并不是孤立的，下层是为上层提供服务的。

4. 网络协议

网络协议是为计算机网络中进行数据交换而建立的规则、标准或约定的集合。例如，网络中一个微机用户和一个大型主机的操作员进行通信，由于这两个数据终端所用字符集不同，因此操作员所输入的命令彼此不识别。为了进行通信，规定每个终端都要将各自字符集中的字符先变换为标准字符集的字符后，再进入网络传送，到达目的终端之后，再变换为该终端字符集的字符。当然，对于不相容终端，除了需变换字符集字符外还需转换其他特性，如显示格式、行长、行数、屏幕滚动方式等也需做相应的变换。

通俗地说一个协议制定一套规则，网络协议确保设备通信成功，协议规范消息的格式和结构。

1.1.2 OSI 参考模型

在介绍 OSI 参考模型之前，首先介绍以下三个关键名词。

(1) ISO：国际标准化组织(International Organization for Standardization)，是一个全球性的非政府组织、国际标准化领域中一个十分重要的组织。

(2) OSI/RM：开放系统互连参考模型(Open System Interconnect/Reference Model)是国际标准化组织(ISO)和国际电报电话咨询委员会(CCITT)联合制定的开放系统互连参考模型，为开放式互连信息系统提供了一种功能结构的框架。

(3) 开放：所谓"开放"就是指遵循 OSI 标准后，一个系统就可以和其他也遵循该标准的系统进行通信。

OSI 参考模型并非具体的模型，而是一组指导原则，应用程序开发人员可使用它们创建可在网络中运行的应用程序。它还提供了一个框架，指导如何制定和实施网络标准、如何制造设备以及如何制定网络互连方案。

OSI 参考模型包含如下 7 层。

(1) 应用层(第 7 层)

(2) 表示层(第 6 层)

(3) 会话层(第 5 层)

(4) 传输层(第 4 层)

(5) 网络层(第 3 层)

(6) 数据链路层(第 2 层)

(7) 物理层(第 1 层)

OSI 参考模型分为两组：上三层(5-7层)指定了终端中的应用程序如何彼此通信以及如何与用户交流；下四层(1-4层)指定了如何进行端到端的数据传输。OSI 参考模型 7 层结构如图 1.1 所示,表 1.1 为 OSI 参考模型 7 层结构功能。

```
应用层(Application Layer)
表示层(Presentation Layer)
会话层(Session Layer)
传输层(Transport Layer)
网络层(Network Layer)
数据链路层(Data Link Layer)
物理层(Physical Layer)
```

图 1.1 OSI 参考模型 7 层结构

表 1.1 OSI 参考模型 7 层结构功能

层次结构	功 能
应用层	提供用户界面,文件、打印、消息、数据库和应用程序服务
表示层	将数据进行加密、压缩和转换服务
会话层	将不同应用程序的数据分离,对话控制
传输层	端到端连接,提供可靠或不可靠的传输,在重传之前执行纠错
网络层	路由选择,提供逻辑地址,路由器使用它们来选择路径
数据链路层	将分组拆分为字节,并将字节组合成帧,使用 MAC 地址提供介质访问,执行错误检测,但不纠错
物理层	物理拓扑,在设备之间传输比特,指定电平、电缆速度和电缆针脚

通过 OSI 参考模型,信息可以从一台计算机的软件应用程序传输到另一台的应用程序。例如,计算机 A 要将信息从其应用程序发送到计算机 B 的应用程序,计算机 A 中的应用程序需要将信息先发送到它本身的应用层(第七层),然后此层将信息发送到表示层(第六层),表示层将数据传送到会话层(第五层),如此继续,直至物理层(第一层)。在物理层,数据通过物理网络媒体被替换,并且被发送至计算机 B。计算机 B 的物理层接收来自物理媒体的数据,然后将信息向上发送至数据链路层(第二层),再转送给网络层,依次继续直到信息到达计算机 B 的应用层。最后,计算机 B 的应用层再将信息传送给应用程序接收端,从而完成通信过程。图 1.2 说明了这一通信过程。

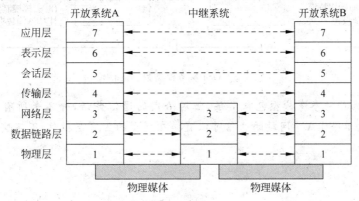

图 1.2 两台计算机之间通信过程

1.1.3 网络的传输过程

OSI 参考模型描述了每个层如何与其他节点上的对应层进行通信。图 1.3 说明了数据如何在网络中找到它的通路。在第一个节点上,用户创建一些数据,发送到其他节点,例如电子邮件。在应用层,在数据上加入了应用层报头。表示层在从应用层接收到的数据上加入了它自己的报头,即每层在从上层收到的数据上加入它们自己的报头。然后,在较低层,数据分割为较小的信元,并在每个信元上加入报头。例如,传输层具有较小的数据报文,网络层有数据包,数据链路层有帧。物理层处理原始比特流中的数据。当这个比特流到达目的地时,数据在每层重新集合,并且去除每层的报头,直至最终用户可以阅读电子邮件。

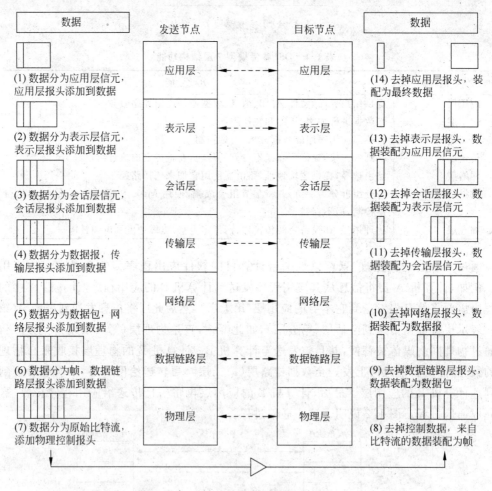

图 1.3 OSI 参考模型数据的传输

注意:虽然 OSI 参考模型包含 7 层,但对给定的通信会话,并不是所有 7 层都必须参与。例如,通过单个 LAN 网段的通信可以直接在模型的 1、2 层操作,而不需要其他两个通信层操作。

1.1.4 数据封装

主机通过网络将数据传输给另一台设备时,数据将经历"封装"过程。OSI 参考模型的每一层都使用协议信息将数据包装起来。每层都只与其在接收设备上的对等层通信。

为通信和交换信息,每层都使用 PDU(Protocol Data Unit,协议数据单元)。PDU 包含在模型每一层给数据添加的控制信息。这些控制信息通常被添加在数据字段前面的报头中,但也可能被添加在报尾中。

OSI 参考模型每一层都对数据进行封装来形成 PDU,PDU 的名称随报头提供的信息而异。这些 PDU 信息仅在接收设备的对等层被读取,然后被剥离,最终数据被交给上一层。

图 1.4 显示了各层的 PDU 及每层添加的控制信息。首先对上层用户数据进行转换,以便通过网络传输。然后,数据被交给传输层,而传输层通过发送同步分组来建立到接收设备的虚电路。接下来,数据流被分割成小块,传输层报头被创建并放在数据字段前面的报头中,此时的数据块称为数据段(segment)。同时对每个数据段进行排序,以便在接收端按发送顺序重组数据流。

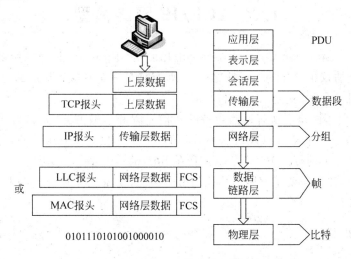

图 1.4 数据封装

传输层处理完毕,每个数据段都交给网络层进行编址,并在互联网络中路由。为让每个数据段发送到正确的网络,这里使用逻辑地址(如 IP 地址)。对于来自传输层的数据段,网络层协议给它添加一个控制报头,这样就生成了分组或数据报。在接收主机上,传输层和网络层协同工作以重建数据流。

数据链路层负责接收来自网络层的分组,并将其放到网络介质(电缆或无线)上。数据链路层将每个分组封装成帧,其中帧头包含源主机和目标主机的硬件地址。如果目标设备在远程网络中,则帧将被发送给路由器,以便在互联网络中路由。到达目标网络后,新的帧被用来将分组传输到目标主机。

要将帧放到网络上,首先必须将其转换为数字信号。帧是由 1 和 0 组成的逻辑编码,物理层负责将这些 0 和 1 编码成数字信号,供本地网络中的设备读取。接收设备将同步数字信号,并从中提取 1 和 0(解码)。接下来,设备将重组帧,运行 CRC(Cyclic Redundancy Check,循环冗余校验),并将结果与帧中 FCS(Frame Check Sequence,帧检验序列)字段的值进行比较。如果它们相同,设备从帧中提取分组,并将其他部分丢弃,这个过程称为拆封。分组被交给网络层,而网络层将检查分组的地址。如果地址匹配,数据段被从分组中提取出,而其他部分将被丢弃。数据段将在传输层处理,而后者负责重建数据流,然后向发送方确认,指出接收方收到了所有信息。然后传输层将数据流交给上层应用程序。

在发送端,数据封装过程大致如下。

(1)用户信息被转换为数据,以便通过网络进行传输。

(2)数据被转换为数据段,发送主机和接收主机之间建立一条可靠的连接。

(3)数据段被转换为分组或数据报,逻辑地址被添加在报头中,以便能够在互联网络中路由分组。

(4)分组或数据报被转换为帧,以便在本地网络中传输。硬件(物理)地址被用于唯一标识本地网段中的主机。

(5)帧被转换为比特,并使用数字编码方法和时钟同步方案。

1.2 TCP/IP 网络模型

TCP/IP(Transmission Control Protocol/Internet Protocol,传输控制协议/网间协议)是开放系统互连协议中最早的协议栈之一,也是目前最完全和应用最广的协议栈,它能实现各种不同计算机平台间的连接、交流和通信。

TCP/IP 规范了网络上所有通信设备的通信过程和传输方式,尤其是一个主机与另一个主机之间的数据往来格式以及传送方式。TCP/IP 不仅是 Internet 的基础协议,它也是一种数据打包和寻址的标准方法。TCP/IP 在 Internet 中几乎可以无差错地传送数据。对于普通用户来说,并不需要了解网络协议的整个结构,仅需了解 IP 的地址格式,即可与世界各地进行网络通信。

1.2.1 协议栈

在网络中,为了完成通信,必须使用多层上的多种协议。这些协议按照层次顺序组合在一起,构成了协议栈(Protocol Stack),也称为协议簇(Protocol Suite)。

协议栈形象地反映了一个网络中文件传输的过程:由上层协议到底层协议,再由底层协议到上层协议。使用最广泛的是因特网协议栈(TCP/IP),由上到下的协议分别是:应用层(HTTP、TELNET、DNS、EMAIL 等),传输层(TCP、UDP 等),网络层(IP、ICMP 等),网络接入层(WI-FI、以太网、令牌环、FDDI 等)。

主要的协议栈如下。

(1)OSI 协议栈:OSI 协议栈是由国际标准化组织(ISO)为提倡世界范围的互操作性而定义的。它通常被用作跟其它协议栈进行比较的标准。

(2)NetWare SPX/IPX 协议栈:NetWare 串行分组交换/网间分组交换(SPX/IPX)协议,由 Novell NetWare 使用的一种协议。它源于 Xerox 网络系统(XNS)协议栈。

(3)TCP/IP 协议栈:传输控制协议/因特网协议(TCP/IP)是最早的网络协议栈之一。

它最初是由美国国防部为将多厂商网络产品连接在一起而实现的。其中，IP部分提供了一种对互联网络连接的最好定义，并且被许多厂商用于在局域或广域互连产品。

（4）IBM/Microsoft 协议簇：IBM 和 Microsoft 进行互连的产品通常是结合在一起的，这是因为这两个公司联合起来开发使用他们的产品。

（5）AppleTalk 协议：AppleTalk 协议是由 Apple Computer 为互连 Apple Macintosh 系统而定义的。

鉴于 TCP/IP 对使用因特网和内联网来说如此重要，必须对它有详细了解。首先介绍一些 TCP/IP 知识，然后比较 TCP/IP 模型与 OSI 模型，最后了解一下 IP、ARP、ICMP、TCP、UDP、PPP 等重要的协议。

1.2.2 TCP/IP 模型

学习 TCP/IP 模型首先应该了解协议数据单元，协议数据单元简称 PDU，是一段数据在任意协议层的表示形式。

根据 TCP/IP 协议簇的协议来命名 PDU。

（1）数据(Data)：一般术语，泛指应用层使用的 PDU。

（2）数据段(Segment)：传输层 PDU。

（3）数据包(Packet)：网络层 PDU。

（4）帧(Frame)：网络接入层 PDU。

（5）比特(bit)：通过介质实际传输数据时使用的 PDU。

TCP/IP 基于 4 层参考模型，从上往下依次如下。

（1）应用层(Application Layer)

（2）传输层(Transport Layer)

（3）网络层(Internet Layer)

（4）网络接入层/主机到网络层(Network Access Layer)

在 TCP/IP 参考模型中，去掉了 OSI 参考模型中的会话层和表示层(这两层的功能被合并到应用层实现)。同时将 OSI 参考模型中的数据链路层和物理层合并为主机到网络层。图 1.5 为 OSI 模型与 TCP/IP 模型之间的比较图。

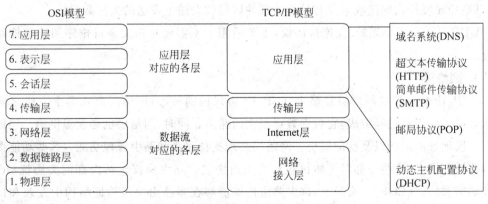

图 1.5　OSI 模型与 TCP/IP 模型比较图

1. 应用层

TCP/IP 协议栈的应用层对应于 OSI 参考模型的应用层、表示层和会话层。该层提供远程访问和资源共享。这些应用包括 Telnet、FTP、SMTP、HTTP 等。很多其他应用程序驻留并运行在此层，并且依赖于底层的功能。同时，需要在 IP 网络上要求通信的任何应用（包括用户自己开发的和在商店买来的软件）也在模型的这一层中描述。

应用层常用的协议如下。

(1) 域名系统(DNS)：TCP/UDP 端口 53。

(2) 超文本传输协议(HTTP)：TCP 端口 80。

(3) 简单邮件传输协议(SMTP)：TCP 端口 25。

(4) 邮局协议(POP)：TCP 端口 110。

(5) Telnet：TCP 端口 23。

(6) 动态主机配置协议(DHCP)：UDP 端口 67 和端口 68。

(7) 文件传输协议(FTP)：TCP 端口 20 和端口 21。

2. 传输层

TCP/IP 协议栈的传输层对应于 OSI 参考模型的传输层。这一层完成的主要功能为将要传输的数据进行分段和重组，保证所传输数据的大小符合传输介质的限制要求，并确保不同应用程序发出的数据能在介质中多路传输。TCP/IP 协议栈的传输层能识别特殊应用，对收到的乱序数据进行重新排序。

传输层主要是通过端口来识别会话。在 TCP/IP 模型中，传输层的功能是使源端主机和目标端主机上的对等实体可以进行会话。在传输层定义了两种服务质量不同的协议，即 TCP(Transmission Control Protocol，传输控制协议)和 UDP(User Datagram Protocol，用户数据报协议)。

TCP 是一个面向连接的、可靠的协议。它将一台主机发出的字节流无差错地发往互联网上的其他主机。在发送端，它负责把上层传送下来的字节流分成报文段并传递给下层。在接收端，它负责把收到的报文进行重组后递交给上层。TCP 还要处理端到端的流量控制，以避免缓慢接收的接收方没有足够的缓冲区接收发送方发送的大量数据。

UDP 是一个不可靠的、无连接协议，主要适用于不需要对报文进行排序和流量控制的场合。

3. 网络层

TCP/IP 协议栈的网络层是整个 TCP/IP 协议栈的核心，网络层由在两个主机之间通信所必需的协议和过程组成，它负责数据报文的路由。同时，网络层也必须提供第二层地址到第三层地址的解析以及反向解析。网络层必须支持路由和路由管理功能。这些功能由外部对等协议提供，这些外部对等协议被称为路由协议。路由协议包括内部网关协议(IGP)和外部网关协议(EGP)。实际上，许多路由协议能够在多路由协议地址结构中发现和计算路由。IPX 和 AppleTalk 等是用于非 IP 地址的其他地址结构的路由协议。

网络层的转发分为三种情况：第一种情况，相互之间有直连的网络，则直接转发到目的主机；第二种情况，路由表中有一个匹配条目或者没有匹配条目但是存在默认路由，则需转发到下一跳路由器；第三种情况，没有匹配条目也没有默认路由，则直接丢弃。

网络层定义了分组格式和协议，即 IP 协议(Internet Protocol)。

网络层除了需要完成路由的功能外，也可以完成将不同类型的网络(异构网)互连的任务。除此之外，网络互连层还需要完成拥塞控制的功能。

4. 网络接入层

TCP/IP 的网络接入层对应于 OSI/RM 的数据链路层和物理层。实际上 TCP/IP 参考模型没有真正描述这一层的实现，严格来说只是一个接口而不是一个层次，以便在其上传递 IP 分组。TCP/IP 在设计时考虑到要与具体的网络无关，所以其具体的实现方法将随着网络类型的不同而不同。

1) 数据链路层——OSI/RM

(1) 允许上层使用成帧之类的各种技术访问介质。

(2) 使用介质访问控制和错误检测等技术将数据放置到介质上，以及从介质接收数据。

2) 物理层——OSI/RM

(1) 通过网络介质传输构成数据链路层帧的比特。

(2) 物理层的用途是创建电信号、光信号或微波信号，以表示每个帧中的比特。

(3) 基本功能包括物理组件、数据编码和信号。

网络传输介质是指在网络中传输信息的载体，常用的传输介质分为有线传输介质和无线传输介质两大类。不同的传输介质，其特性也各不相同，它们不同的特性对网络中数据通信质量和通信速度有较大影响。有线传输介质分为铜介质、光纤介质。

图 1.6～图 1.8 分别刻画了几种以铜介质作为传输介质的示意图，图 1.9 为光纤介质作为传输介质时的单模、多模传输示意图。

图 1.6 同轴电缆示意图

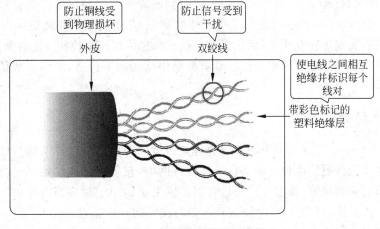

图 1.7 非屏蔽双绞线示意图

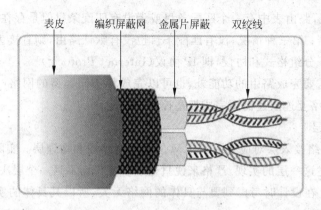

图 1.8 屏蔽双绞线示意图

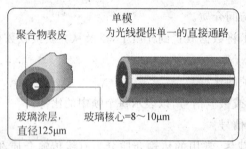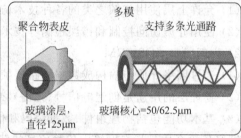

图 1.9 单模、多模传输示意图

1.2.3 封装与解封装

传输层及其以下的机制由内核提供,应用层由用户进程提供,应用程序对通信数据的含义进行解释,而传输层及其以下处理通信的细节,将数据从一台计算机通过一定的路径发送到另一台计算机。应用层数据通过协议栈发到网络上时,每层协议都要加上一个数据首部(Header),称为封装(Encapsulation),如图 1.10 所示。不同的协议层对数据包有不同的称谓,在传输层叫作段(Segment),在网络层叫作数据包(Packet),在链路层叫作帧(Frame)。数据封装成帧后发到传输介质上,到达目的主机后每层协议再剥掉相应的首部,最后将应用层数据交给应用程序处理。简单来说封装就是沿协议栈向下传送,解封装就是沿协议栈向上传送。

1.2.4 IP 协议

IP 协议(Internet Protocol)的英文名直译是因特网协议,简称为"网协",也就是为计算机网络相互连接进行通信而设计的协议。在因特网中,它是能使连接到网上的所有计算机实现相互通信的一套规则,规定了计算机在因特网上进行通信时应当遵守的规则。任何厂家生产的计算机系统,只要遵守 IP 协议就可以与因特网互连互通。

IP 地址具有唯一性,为了便于寻址和层次化地构造网络,IP 地址被分为 A、B、C、D、E 五类。

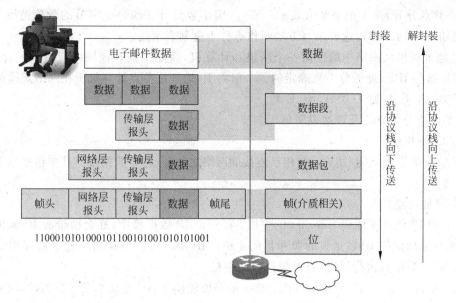

图 1.10　TCP/IP 模型的封装与解封装示意图

1. IP 地址和 MAC 地址的比较

IP 地址不同于 MAC 地址,它的地址结构中可以包含位置信息。以太网地址(MAC 地址)并不含有位置信息(在这个 48 比特的数字中没有站点的位置信息),只是唯一地标识一个对象以区别不同的网络站点。在规模不大的网络环境中,MAC 地址是足够使用的,它能够帮助找到目的站点,起到确定位置的作用。但是在一个规模较大的环境中,MAC 地址中没有位置信息,就几乎无法定位站点。如果在因特网中通过 MAC 地址寻找目标机器,就必须逐一对比网卡的 MAC 地址。面对因特网中如此大的主机数,逐一对比网卡的 MAC 地址几乎是一件无法完成的工作。

这两种地址是并存的,IP 地址并不能替代 MAC 地址。IP 地址是在大网中为了方便定位主机所采用的方式,如果网络规模不大,完全可以不使用 IP 地址,因此,无论什么网络环境,物理地址都是要使用的,因为物理地址对应于网卡的接口,只有找到它才算真正达到了目的。而 IP 地址是为了方便寻址人为划分的地址格式(管理人员是不能够根据网络设计的要求真实地修改物理地址的),因此 IP 地址也被称为逻辑地址,又因为这种结构化地址是在 OSI 的第三层定义的,也被称为三层地址,相应地,物理地址被称为二层地址。IP 地址是一种通用格式,无论其下一层的物理网络地址是什么类型,都可以被统一到一致的 IP 地址形式上。因此,IP 地址屏蔽了下层物理地址的差异。

2. IP 地址及其分类

IP 地址是一种层次型地址,它由两部分组成:网络号和主机号。其中,网络号表示互联网络中的某个网络,而同一网络中有许多主机,由主机号区分。因此给出一台主机的 IP 地址,就可以知道它所处的网络,即位置信息。这与人们到某个单位去找人非常相似,通常先寻找其所在的部门,再到这个部门中找到这个员工。网络号对应部门,主机号对应员工本人。这种方式定位一个个体是非常方便和迅速的。

IP 地址由一个 32 位的二进制地址数字表示。为了便于表达,将它们分为 4 组,每组 8

位,由小数点分开,用4个字节来表示。而且,用小数点分开的每个字节的数值范围是0～255,例如202.116.0.1,这种书写方法叫作点分十进制表示法。

IP地址可确认网络中的任何一个网络和计算机,而要识别其他网络或其中的计算机,则是根据这些IP地址的分类来确定的。一般将IP地址按节点计算机所在网络规模的大小分为5类:A类、B类、C类、D类、E类。

5类网络分类方法及详细说明见1.3节。

3. 功能-用途

IP协议的主要功能/用途:在相互连接的网络之间传递IP数据报。其中包括以下两个部分。

1) 寻址与路由

(1) 用IP地址来标识Internet的主机:在每个IP数据报中,都会携带源IP地址和目标IP地址来标识该IP数据报的源和目的主机。IP协议可以根据路由选择协议提供的路由信息对IP数据报进行转发,直至抵达目的主机。

(2) IP地址和MAC地址的匹配:数据链路层使用MAC地址来发送数据帧,因此在实际发送IP报文时,还需要进行IP地址和MAC地址的匹配,由TCP/IP协议簇中的地址解析协议(Address Resolution Protocol,ARP)完成。

2) 分段与重组

(1) IP数据报通过不同类型的通信网络发送,IP数据报的大小会受到这些网络所规定的最大传输单元(MTU)的限制。

(2) 将IP数据报拆分成一个个能够适合下层技术传输的小数据报,被分段后的IP数据报可以独立地在网络中进行转发,在到达目的主机后被重组,恢复成原来的IP数据报。

1.2.5 重要协议简述

1. ARP

地址解析协议(Address Resolution Protocol,ARP)根据已知的IP地址查找主机的硬件地址,其工作原理如下:IP需要发送数据报时,它必须将目标端的硬件地址告知网络接入层协议,如以太网或无线(上层协议已告知目标端的IP地址)。如果IP在ARP缓存中没有找到目标主机的硬件地址,它将使用ARP获悉这种信息。

作为IP的"侦探",ARP这样询问本地网络:发送广播,要求有特定IP地址的机器使用其硬件地址进行应答。因此,ARP基本上是将软件(IP)地址转换为硬件地址。譬如已知目标主机的以太网网卡地址,然后通过广播获悉该地址在LAN中的位置。图1.11显示了本地网络中的ARP广播。

注意:ARP将IP地址解析为以太网(MAC)地址。

2. ICMP

ICMP(Internet Control Message Protocol,因特网控制消息协议)运行在网络层,它是TCP/IP协议簇中的一个子协议,IP使用它来获得众多服务。ICMP是一种管理协议,为IP提供消息收发服务,其消息是以IP数据报的形式传输的。

ICMP提供易懂的出错报告信息。发送的出错报文返回到发送原数据的设备,因为只有发送设备才是出错报文的逻辑接收者。发送设备随后可根据ICMP报文确定发生错误的

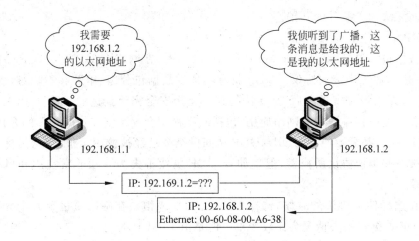

图 1.11 本地 ARP 广播

类型,并确定如何才能更好地重发失败的数据包。但是 ICMP 唯一的功能是报告问题而不是纠正错误,纠正错误的任务由发送方完成。

ICMP 是个非常有用的协议,尤其是要对网络连接状况进行判断的时候。

在网络中经常会使用到 ICMP,譬如经常使用的用于检查网络通不通的 Ping 命令,这个"Ping"的过程实际上就是 ICMP 工作的过程。还有其他的网络命令,譬如跟踪路由的 Tracert 命令也是基于 ICMP 的。

从技术角度来说,ICMP 就是一个"错误侦测与回报机制",其目的就是让用户能够检测网络的连线状况,也能确保连线的准确性,其功能主要如下。

(1) 侦测远端主机是否存在。

(2) 建立及维护路由资料。

(3) 重导资料传送路径(ICMP 重定向)。

(4) 资料流量控制。ICMP 在沟通之中,主要是透过不同的类别(Type)与代码(Code)让机器来识别不同的连线状况。

3. TCP

TCP(Transmission Control Protocol,传输控制协议)接收来自应用程序的大型数据块,并将其划分成数据段。它给每个数据段编号,让接收主机的 TCP 栈能够按应用程序希望的顺序排列数据段。发送数据段后,发送主机的 TCP 等待来自接收端 TCP 的确认,并重传未得到确认的数据段。

发送主机开始沿分层模型向下发送数据段之前,发送方的 TCP 栈与目标主机的 TCP 栈联系,以建立连接。它们创建的是虚电路,这种通信被认为是面向连接的。在这次初始握手期间,两个 TCP 栈还将就如下方面达成一致:在接收方的 TCP 发回确认前,将发送的信息量预先就各方面达成一致后,就为可靠通信铺平了道路。

TCP 是一种可靠的精确协议,它采用全双工模式,且面向连接,但需要就所有条款和条件达成一致,还需进行错误检查,这些任务都不简单。TCP 很复杂,且网络开销很大。鉴于当今的网络比以往的网络可靠得多,这些额外的可靠性通常是不必要的。大多数程序员都使用 TCP,因为它消除了大量的编程工作,但实时视频和 VoIP 使用 UDP,因为它们对实时性要求高而无法承受额外的开销。

4. UDP

用户数据报协议(User Datagram Protocol,UDP),在网络中 UDP 与 TCP 一样用于处理数据包,是一种无连接的协议。UDP 具有不提供数据包分组、组装和不能对数据包进行排序的缺点,即当报文发送之后,是无法得知其是否安全完整到达的。UDP 用来支持那些需要在计算机之间传输数据的网络应用,包括网络视频会议系统在内的众多的客户/服务器模式的网络应用,都需要使用 UDP。UDP 从问世至今已经被使用了很多年,虽然其最初的光彩已经被一些类似协议所掩盖,但现如今 UDP 仍然不失为一项非常实用和可行的网络传输层协议。

但是在选择使用协议的时候,选择 UDP 必须要谨慎。在网络质量令人十分不满意的环境下,UDP 数据包丢失情况会比较严重。但是由于 UDP 的特性:它不属于连接型协议,因而具有资源消耗小、处理速度快的优点,所以通常音频、视频和普通数据在传送时使用 UDP 较多。因为它们即使偶尔丢失一两个数据包,也不会对接收结果产生太大影响。比如用户聊天用的 ICQ 和 QQ 就是使用的 UDP。

UDP 使用底层的互联网协议来传送报文,同 IP 一样提供不可靠的无连接数据包传输服务。它不具备报文到达确认、排序及流量控制等功能。

UDP 和 TCP 的主要区别是两者在如何实现信息的可靠传递方面有所不同。TCP 中包含专门的传递保证机制,当数据接收方收到发送方传来的信息时,会自动向发送方发出确认消息;发送方只有在接收到该确认消息之后才继续传送其他信息,否则将一直等待直到收到确认信息为止。与 TCP 不同,UDP 并不提供数据传送的保证机制。如果在从发送方到接收方的传递过程中出现数据报的丢失,协议本身并不能做出任何检测或提示。因此,通常人们把 UDP 称为不可靠的传输协议。

相对于 TCP,UDP 的另外一个不同之处在于如何接收突发性的多个数据报。不同于 TCP,UDP 并不能确保数据的发送和接收顺序。

5. PPP

点对点协议(Point to Point Protocol,PPP)是为在同等单元之间传输数据包这样的简单链路设计的链路层协议。这种链路提供全双工操作,并按照顺序传递数据包。设计目的主要是用来通过拨号或专线方式建立点对点连接发送数据,使其成为各种主机、网桥和路由器之间简单连接的一种共通的解决方案。

PPP 为在点对点连接上传输多协议数据包提供了一个标准方法。PPP 最初设计是为两个对等节点之间的 IP 流量传输提供一种封装协议。在 TCP/IP 协议集中它是一种用来同步调制连接的数据链路层协议(OSI 模型中的第二层),替代了原来非标准的第二层协议,即 SLIP。除了 IP 以外 PPP 还可以携带其他协议,包括 DECnet 和 Novell 的 Internet 网包交换(IPX)。

PPP 包含以下三个主要组件。

(1) 用于在点对点链路上封装数据报的 HDLC 协议。

(2) 用于建立、配置和测试数据链路连接的可扩展链路控制协议(LCP)。

(3) 用于建立和配置各种网络层协议的一系列网络控制协议(NCP)。PPP 允许同时使用多个网络层协议。

PPP 是一种多协议成帧机制，它适合于调制解调器、HDLC 位序列线路、SONET 和其他物理层上使用。它支持错误检测、选项协商、头部压缩以及使用 HDLC 类型帧格式（可选）的可靠传输。PPP 提供了以下三类功能。

(1) 成帧：它可以毫无歧义地分割出一帧的起始和结束。

(2) 链路控制：有一个称为 LCP 的链路控制协议，支持同步和异步线路，也支持面向字节的和面向位的编码方式，可用于启动线路、测试线路、协商参数，以及关闭线路。

(3) 网络控制：具有协商网络层选项的方法，并且协商方法与使用的网络层协议相独立。

1.2.6 OSI 与 TCP/IP 体系结构的比较

TCP/IP 参考模型和 OSI 参考模型有许多相似之处，如图 1.5 所示。两种参考模型中都包含能提供可靠的进程之间端到端传输服务的传输层，在传输层之上是面向用户应用的传输服务。尽管如此，它们还是有许多不同之处。

TCP/IP 参考模型由于更强调功能分布而不是严格的功能层次的划分，因此它比 OSI 参考模型更灵活。

下面是 TCP/IP 参考模型与 OSI 参考模型的差异比较，这些比较不是两个模型中所使用的协议间的比较。

(1) 两种模型在层数上的差异。OSI 参考模型有 7 层，而 TCP/IP 参考模型只有 4 层。虽然两种参考模型都具有网络层、传输层和应用层，但其他层是不同的。

在 OSI 参考模型的 7 层中所包含的数据链路层并不是 TCP/IP 参考模型的一个独立层，但数据链路层是 TCP/IP 参考模型不可缺少的组成部分，它是基于各种通信网络载体和 TCP/IP 参考模型之间的接口。这些通信网包括各种局域网，如以太网、令牌网等，以及多种广域网，如 ARPAnet、MILNET 和 X.25 公用数据网等。而在 TCP/IP 参考模型的网际层内提供了专门的功能，解决了 IP 地址与物理地址的翻译。

(2) 相对于 TCP/IP 参考模型而言，OSI 模型中的协议具有更好的隐蔽性，并更容易被替换，而 TCP/IP 参考模型并不能清晰地区分服务、接口等概念。

(3) OSI 参考模型的设计是先于协议的。OSI 参考模型并不是基于某个特定的协议集而设计的，所以 OSI 参考模型更具有通用性。但是，这种先于协议的设计，也意味着 OSI 模型的协议在实现方面存在某些不足。TCP/IP 参考模型与 OSI 参考模型的这种设计正好相反。TCP/IP 参考模型是在协议之后被设计出来的，TCP/IP 参考模型只是对现有协议的描述，因而协议与模型非常吻合。但是，正是由于这种先有协议后有模型的设计，使得 TCP/IP 参考模型缺乏通用性，它不适合描述其他协议栈。

(4) 在服务类型方面，OSI 参考模型的网络层提供面向连接和无连接两种服务，而传输层只提供面向连接服务。而在 TCP/IP 参考模型中，它在网络层只提供无连接的服务，却在传输层提供面向连接和无连接两种服务。

(5) 使用 OSI 模型可以很好地解释计算机网络，但是 OSI 参考模型由于没有基于现实的协议，所以并未得到实际的应用。相反，TCP/IP 参考模型因其本身实际上并不存在，只是对现存协议的一个归纳和总结，所以 TCP/IP 被广泛使用。TCP/IP 参考模型是在基于它所解释的协议出现之后才发展起来的，并且，由于它更强调功能分布，而不是严格的功能层次的划分,因此它比 OSI 模型更灵活实用。

1.3 IP 编址

目前的全球因特网所采用的协议簇是 TCP/IP 协议簇。IP 是 TCP/IP 协议簇中网络层的协议,是 TCP/IP 协议簇的核心协议。目前 IP 协议的版本号是 4(简称为 IPv4),它的下一个版本是 IPv6。IPv6 正处在不断发展和完善的过程中,它在不久的将来将取代目前被广泛使用的 IPv4。

IP 协议通常被采用的协议分为 IPv4 和 IPv6,IPv4 是互联网协议的第 4 版,也是第一个被广泛使用、构成现今互联网技术基石的协议。1981 年,Jon Postel 在 RFC791 中定义了 IP,IPv4 可以运行在各种各样的底层网络上,比如端对端的串行数据链路(PPP 和 SLIP)、卫星链路等。局域网中最常用的是以太网。本书主要采用 IPv4 协议。目前 IP 地址已经出现数量不足的现象,因此 IPv6 的普及势在必行。按保守方法估算 IPv6 实际可分配的地址,整个地球的每平方米面积上可分配一千多个地址。

在讨论 TCP/IP 时,IP 编址是最重要的主题之一。IP 地址是分配给 IP 网络中每台机器的数字标识符,它指出了设备在网络中的具体位置。

1.3.1 IPv4 协议

IPv4 封装传输层数据段或数据报,以便网络将其传送到目的主机。在任何情况下,数据包的数据部分,即封装的传输层 PDU,在网络层的各个过程中都将保持不变。图 1.12 展示了 IP 数据报报头格式。

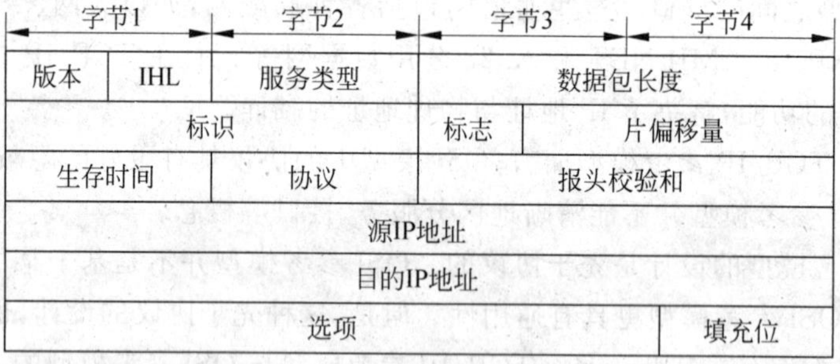

字节1		字节2	字节3		字节4
版本	IHL	服务类型	数据包长度		
标识			标志		片偏移量
生存时间		协议	报头校验和		
源IP地址					
目的IP地址					
选项					填充位

图 1.12 IP 数据报报头

1. 剖析 IPv4 地址

IP 地址是软件地址,而不是硬件地址。硬件地址被硬编码到网络接口卡(NIC)中,用于在本地网络中寻找主机。IP 地址让一个网络中的主机能够与另一个网络中的主机通信,而不管这些主机所属的 LAN 是什么类型的。

IP 地址长 32 位,这些位被划分成 4 组(称为字节或 8 位组),每组 8 位。可使用下面三种方法描述 IP 地址。

(1) 点分十进制表示:例如 172.16.30.56。

(2) 二进制表示:例如 10101100.00010000.00011110.00111000。

(3) 十六进制表示:例如 AC.10.1E.38。

上述示例表示的是同一个 IP 地址。讨论 IP 编址时,十六进制表示没有点分十进制和二进制那样常用,但某些程序确实以十六进制形式存储 IP 地址,比如 Windows 注册表将机器的 IP 地址存储为十六进制。

IPv4 地址分为网络位和主机位。例如图 1.13 中,圈出区域代表网络位编码,表示使用此 IP 地址的计算机位于 192.168.10.0 的网络中,剩下部分即为主机位编码。主机位编码中包含的 8 位数字,代表此网络中拥有 254(2^8-2,为何减 2 后面介绍)台主机。

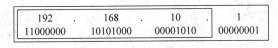

图 1.13　IP 地址示例

2. 通信类型

当前的网络中有三种通信模式：单播、广播以及组播。其中的组播出现时间最晚,但同时具备单播和广播的优点,最具有发展前景。

1) 单播

主机之间一对一的通信模式,网络中的交换机和路由器对数据只进行转发不进行复制。如果 10 个客户机需要相同的数据,则服务器需要逐一传送,重复 10 次相同的工作。但由于其能够针对每个客户的及时响应,所以现在的网页浏览全部采用单播模式,即 IP 单播协议。网络中的路由器和交换机根据其目标地址选择传输路径,将 IP 单播数据传送到其指定的目的地。单播传输示例如图 1.14 所示。

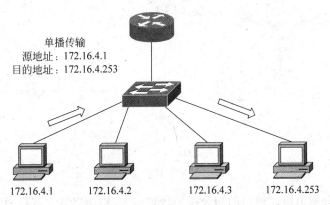

图 1.14　单播传输示例

2) 广播

主机之间一对所有的通信模式,网络对其中每一台主机发出的信号都进行无条件复制并转发,所有主机都可以接收到所有信息(不管是否需要),由于其不需要路径选择,所以其网络成本很低廉。有线电视网就是典型的广播型网络,电视机实际上是接收到所有频道的信号,但只将一个频道的信号还原成画面。在数据网络中也允许广播的存在,但其被限制在二层交换机的局域网范围内,禁止广播数据穿过路由器,防止广播数据影响大面积的主机。广播传输示例如图 1.15 所示。

3) 组播

主机之间一对一组的通信模式,也就是加入了同一个组的主机可以接收到此组内的所

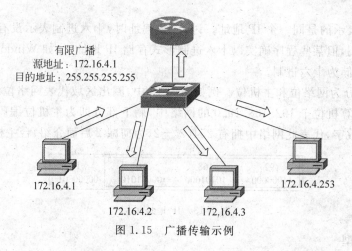

图 1.15　广播传输示例

有数据，网络中的交换机和路由器只向有需求者复制并转发其所需数据。主机可以向路由器请求加入或退出某个组，网络中的路由器和交换机有选择地复制并传输数据，即只将组内数据传输给那些加入组的主机。这样既能一次将数据传输给多个有需要（加入组）的主机，又能保证不影响其他不需要（未加入组）的主机的其他通信。组播传输示例如图 1.16 所示。

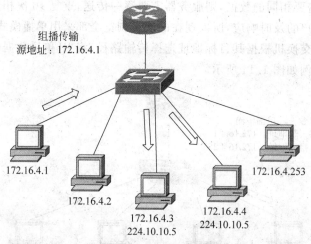

图 1.16　组播传输示例

网络将主机分割为组。网络的划分按照地理位置、用途以及所有权划分为不同的网络。那么为什么要划分为不同的网络呢？因为不同的网络可能性能不一样，有的网络吞吐量巨大，有的网络只需要特别小的带宽。而且从安全的属性考虑，划分为不同的网络显得十分重要，譬如公司内部的财务部门划分为同一个网络，防止被入侵破坏。并且网络的划分方便地址的管理。

1.3.2　网络地址划分

1. IP 地址分类

网络地址（也叫网络号）唯一地标识网络。在同一个网络中，所有机器的 IP 地址都包含相同的网络地址。例如，在 IP 地址 172.16.30.56 中，172.16 为网络地址。

网络中的每台机器都有节点地址，节点地址唯一地标识了机器。这部分 IP 地址必须是唯一的,因为它标识特定的机器(个体)而不是网络(群体)。这一编号也称主机地址。在地址 172.16.30.56 中,30.56 为节点地址。

设计因特网的人决定根据网络规模创建网络类型。对于少量包含大量节点的网络,他们创建了 A 类网络;对于另一种极端情况的网络,他们创建了 C 类网络,用来指示大量只包含少量节点的网络;介于超大型和超小型网络之间的是 B 类网络。

网络的类型决定了 IP 地址将如何划分成网络部分和节点部分。

如图 1.17 所示,IP 地址按网络规模大小分为 5 类:A 类、B 类、C 类、D 类、E 类,分类方法如下所述。

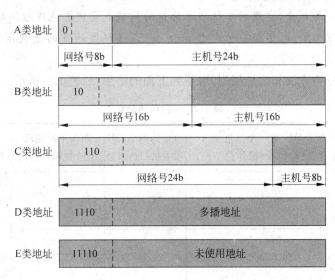

图 1.17　IP 地址分类

A 类地址的最高位为 0,它用前 8 比特表示网络号,后 24 比特表示主机号,A 类网络的网络数相对较少,但在一个网络中可容纳很多主机,每个网络最多容纳($2^{24}-2$)台主机(减 2 是因为在一个网络中有一个网络号地址和广播地址,它们不能分配给主机),该类地址适用于大型网络,它的首字节范围为 0~127。

B 类地址的最高两位为 10(以二进制表示),它用前 16 比特表示网络号,后 16 比特表示主机号,此类网络类型的网络数相对较多,每个网络最多可容纳($2^{16}-2$)台主机,该类地址适用于中等规模的网络,它的首字节取值范围为 128~191。

C 类地址的最高两位为 110(以二进制表示),它用前 24 比特表示网络号,后 8 比特表示主机号,它的网络数量很大,每个网络最多可容纳($2^{8}-2$)台主机,该类地址适用于小型网络,它的首字节取值范围为 192~223。

D 类地址为组播地址(Multicast Address),也叫多播地址,跟前面的 A、B、C 三类地址不一样,不能分给单独主机使用,组播地址用来给一个组内的主机发送信息,它的首字节取值范围是 224~239。

E 类地址目前保留未用。

根据上述划分规则,通过 IP 地址的第一个十进制数可以区分 A、B、C 类地址。

(1) A 类地址首字节取值范围:0~127,对应二进制范围 00000000~01111111。根据上面的规则,实际上 A 类地址范围应该从 1 开始,因为网络号全 0 的地址保留,又因为 127 开头的 IP 地址保留给回送地址,因此 A 类地址可用范围调整为 1~126,所以共有 126 个 A 类网可提供给用户使用。

(2) B 类地址首字节取值范围:128~191,对应二进制范围 10000000~10111111。

(3) C 类地址首字节取值范围:192~223,对应二进制范围 11000000~11011111。

注意:在 IP 中约定,以十进制数 127 开头的地址为回送地址(Loopback Address)。主要应用在测试方面,当任何程序用回送地址作为目的地址时,计算机上的协议软件不会把该数据报向网络上发送,而是把数据直接返回给本主机。实际上,以 127 开头的 IP 地址代表执行命令的这台设备本身,实现对本机网络协议的测试或实现本地进程间的通信。例如,在工作站上 ping 127.0.0.1,这相当于自己 ping 自己,这样做的目的是测试该设备是否已配置好 TCP/IP。

根据上面的分类方法和地址规则,可得到下面的结果,如表 1.2 所示。

表 1.2 5 类网络总结

地址类	第一个二进制 8 位数范围(十进制)	第一个二进制 8 位数(粗体位不变)	地址的网络(N)和主机(H)部分	默认子网掩码(十进制和二进制)	每个网络可能的网络和主机数目
A	1~126	**0**0000000~**0**1111111	N.H.H.H	255.0.0.0	126 个子网(2^7-2) 每个子网 16 777 214 台主机($2^{24}-2$)
B	128~191	**10**000000~**10**111111	N.N.H.H	255.255.0.0	16 384 个子网(2^{14}) 每个子网 65 534 台主机($2^{16}-2$)
C	192~223	**110**00000~**110**11111	N.N.N.H	255.255.255.0	2 097 152 个子网(2^{21}) 每个子网 254 台主机(2^8-2)
D	224~239	**1110**0000~**1110**1111	不适用(组播)		
E	240~255	**1111**0000~**1111**1111	不适用(实验)		

对于任何一个采用默认子网掩码的 IP 地址,都可以根据其第一个字节的数值来确定它是哪一类的地址,进而得知网络号位数和主机号位数,例如地址 222.101.9.251,第一个字节在 192~223 范围内,属于 C 类地址,所以网络位数是 24 比特,网络号 222.101.9.0;主机位是 8 比特;主机号是 0.0.0.251。

2. IP 地址使用规则

IP 地址有如下规则。

(1) 子网络号全 0 的地址保留,不能作为标识网络使用。(现在很多新版的协议已经支持使用该段网络。)

(2) 主机号全 0 的地址保留,表示网络地址。例如 172.16.0.0,表示一个 B 类网络。

(3) 网络号全 1、主机号全 0 的地址代表网络的子网掩码。

(4) 主机号全 1 的地址为广播地址,称为直接广播或是有限广播。例如 172.16.255.255,表示 172.16.0.0 里的所有主机进行广播。这类广播地址可以跨越路由器。此外,还有两个特殊的地址,如下所述。

① 地址 0.0.0.0——表示默认路由,默认路由是用来发送那些目标网络没有包含在路由表中的数据包的一种路由方式。

② 地址 255.255.255.255——代表本地有限广播,也就是 32 比特位都为"1"。如果按前面的广播设置,理解为"向所有网络中所有主机发出广播",就可能造成全网的风暴,所以规定这种广播数据默认(路由器没有进行特殊配置)情况下不能跨越路由器(路由器能分割广播域)。

注意:计算机是通过将子网掩码与 IP 地址相"与"运算来区分出计算机的网络号和主机号。

3. 子网划分

子网划分允许在单个 A 类、B 类或者 C 类网络之间创建多个逻辑网络,这样可以大大提高网络地址的使用率。

划分子网,需要使用划分子网掩码从 IP 地址的主机 ID 部分借位来创建子网的网络 ID。例如,一个 C 类网络地址 205.15.5.0,能够通过划分掩码来创建子网。

```
205.15.5.0：        11001101.00001111.00000101.  000      00000
225.225.225.224：   11111111.11111111.11111111.  111      00000
                                                 子网位   主机位
```

通过划分子网掩码 225.225.225.224,从地址的原始主机部分借了三位来作为子网。这三位能够创建 8 个子网。剩余 5 位主机 ID 位,每个子网能有 30 个主机地址。因为全 0 或者全 1 不能够作为主机的 IP 地址。这样就使用子网划分得到了多个 C 类子网络。该 C 类网络的子网和主机的 IP 地址范围如下。

子网网络号	子网掩码	主机 IP 地址范围
205.15.5.0	225.225.225.224	205.15.5.2～205.15.5.30
205.15.5.32	225.225.225.224	205.15.5.33～205.15.5.62
205.15.5.64	225.225.225.224	205.15.5.65～205.15.5.94
205.15.5.96	225.225.225.224	205.15.5.97～205.15.5.126
205.15.5.128	225.225.225.224	205.15.5.129～205.15.5.158
205.15.5.160	225.225.225.224	205.15.5.161～205.15.5.190
205.15.5.192	225.225.225.224	205.15.5.193～205.15.5.222
205.15.5.224	225.225.225.224	205.15.5.225～205.15.5.254

子网的划分主要根据所需主网数量与主机数量来确定。

子网数量 $= 2^n$ (n = 借用的位数)
主机数量 $= 2^m - 2$ (m = 剩余的主机位数)

子网划分实例:

例 1:将 192.168.1.0 划分为两个网络。

编址方案:两个网络示例,如表 1.3 和图 1.18 所示。

表 1.3 划分两个网络方案

子网	网络地址	主机范围	广播地址
0	192.168.1.0/25	192.168.1.1~192.168.1.126	192.168.1.127
1	192.168.1.128/25	192.168.1.129~192.168.1.254	192.168.1.255

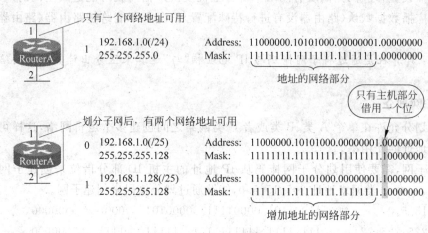

图 1.18 划分两个网络示例

例 2：将 192.168.1.0 划分为 4 个子网。

编址方案：4 个网络示例，如表 1.4 和图 1.19 所示。

表 1.4 划分 4 个网络方案

子网	网络地址	主机范围	广播地址
0	192.168.1.0/26	192.168.1.1~192.168.1.62	192.168.1.63
1	192.168.1.64/26	192.168.1.65~192.168.1.126	192.168.1.127
2	192.168.1.128/26	192.168.1.129~192.168.1.190	192.168.1.191
3	192.168.1.192/26	192.168.1.193~192.168.1.254	192.168.1.255

借主机位用于子网

```
192.168.1.0(/24)      Address: 11000000.10101000.00000001.00000000
255.255.255.0         Mask:    11111111.11111111.11111111.00000000
192.168.1.0(/26)      Address: 11000000.10101000.00000001.00000000
255.255.255.192       Mask:    11111111.11111111.11111111.11000000
192.168.1.64(/26)     Address: 11000000.10101000.00000001.01000000
255.255.255.192       Mask:    11111111.11111111.11111111.11000000
192.168.1.128(/26)    Address: 11000000.10101000.00000001.10000000
255.255.255.192       Mask:    11111111.11111111.11111111.11000000
192.168.1.192(/26)    Address: 11000000.10101000.00000001.11000000
255.255.255.192       Mask:    11111111.11111111.11111111.11000000
```

借用两个位，划分为4个子网
本例中未使用的地址
掩码中这些位置的1表示对应的值属于网络地址

可以分为更多子网，但每个子网的可用地址将会更少

图 1.19 划分 4 个网络示例

例 3：将 192.168.1.0 划分为 8 个子网。

编址方案：8 个网络示例，如表 1.5 和图 1.20 所示。

表 1.5 划分 8 个网络方案

子　网	网络地址	主机范围	广播地址
0	192.168.1.0/27	192.168.1.1～192.168.1.30	192.168.1.31
1	192.168.1.32/27	192.168.1.33～192.168.1.62	192.168.1.63
2	192.168.1.64/27	192.168.1.65～192.168.1.94	192.168.1.95
3	192.168.1.96/27	192.168.1.97～192.168.1.126	192.168.1.127
4	192.168.1.128/27	192.168.1.129～192.168.1.158	192.168.1.159
5	192.168.1.160/27	192.168.1.161～192.168.1.190	192.168.1.191
6	192.168.1.192/27	192.168.1.193～192.168.1.222	192.168.1.223
7	192.168.1.224/27	192.168.1.225～192.168.1.254	192.168.1.225

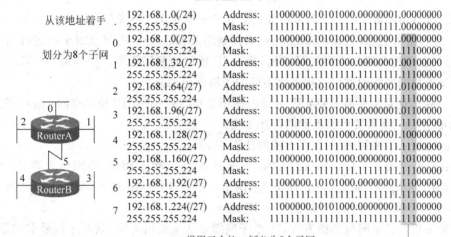

图 1.20 划分 8 个网络示例

4. 子网掩码

引入了子网的概念后，只给出 IP 地址时就不能准确地确定哪些位是网络位了。为了准确地区分地址中的网络位和主机位，在给出 IP 地址后，还要同时给出一个网络掩码，网络掩码的格式与 IP 地址相同，都是点分十进制表示法，在掩码中，用 1 表示网络位，用 0 表示主机位。例如，一个标准的 B 类 IP 地址（前 16 位表示网络号）的掩码应该是 255.255.0.0，前面 16 个 1 表示该 IP 地址的网络号是前 16 比特，后面跟着 16 个 0，表示主机位是 16 比特。

机器在计算一个 IP 地址的网络号部分时，采用 IP 地址与掩码地址对应位相"与"的算法。首先把 IP 地址和子网掩码换算成二进制，然后位对位做"与"运算，最后得到 IP 地址中的网络地址。"与"运算规则如下。

1 AND 1 = 1
0 AND 1 = 0
0 AND 0 = 0

例如：
IP：　　　　　　10100000.00001010.00000010.00000001　160.10.2.1
NETMASK：　　　11111111.11111111.11111110.00000000　2555.255.254.0
结果：　　　　　10100000.00001010.00000010.00000000　160.10.2.0

计算的结果是网络号，即 160.10.2.0。这样，一个 IP 地址再跟着一个掩码，就能够准确地说明这个 IP 地址中网络位和主机位的长度。网络掩码能够准确地表示是否划分了子网掩码以及借用了多少位作子网位，所以也通常被称为子网掩码(Subnet Mask)。

注意：网络上的设备依靠将 IP 地址与子网掩码进行"与"运算来判断 IP 地址所在的网络。

其中，A、B、C 三类 IP 地址的默认子网掩码如下。

A：255.0.0.0
B：255.255.0.0
C：255.255.255.0

1.3.3　VLSM

VLSM(Variable Length Subnet Mask，变长子网掩码)能够有效地使用无类别域间路由(CIDR)和路由汇总(Route Summary)来控制路由表的大小，并可以对子网进行层次化编址，以便最有效地利用现有的地址空间，提高 IP 地址的利用效率。1987 年，RFC1812 规定了在划分子网的网络中如何使用多个不同的子网掩码的方法。

VLSM 的优点主要有三点：IP 地址的使用更加有效，节省 IP 地址空间；应用路由汇总时，减小路由表；隔离其他路由器的拓扑变化。

下面根据一个实例来了解 VLSM 的使用。

现在有 C 类地址：192.168.2.0/24，要求划分出 10 个子网，其中网络 1 满足 52 个 IP 地址，网络 2 和网络 3 满足 39 个 IP 地址，网络 4 满足 10 个 IP 地址，网络 5 和网络 6 满足 9 个 IP 地址，网络 7～网络 10 满足 2 个 IP 地址。

如果采用定长子网掩码的方式，10 个子网需要从主机借 4 位，剩下 4 位最多满足 14 个 IP 地址，所以没有办法满足子网和 IP 地址的要求。因此采用变长子网掩码来解决这个问题，先满足 IP 地址数目多的子网，再满足 IP 地址数目少的子网。根据每个网络所需的 IP 地址数目可知，网络 1～网络 3 需要 6 位主机位，网络 4～网络 6 需要 4 位主机位，网络 7～网络 10 需要 2 位主机位。

先从 8 位主机位中借 2 位，产生 4 个子网，网络号 192.168.2.0/26、192.168.2.64/26、192.168.2.128/26 可以满足网络 1～网络 3 的要求；剩下一个子网 192.168.2.192/26，再进行划分，借 2 位主机位做子网，其中 3 个子网 192.168.2.192/28、192.168.2.208/28、192.168.2.224/28，分别用在网络 4～网络 6 三个子网中；剩下一个子网 192.168.2.240/28，再进行划分，借 2 位主机位做子网，产生四个子网，分别是 192.168.2.240/30、192.168.2.244/30、192.168.2.248/30、192.168.2.252/30，它们可以满足网络 7～网络 10。

在使用 VLSM 时，所采用的路由协议必须能够支持它，这些路由协议包括 RIPv2、OSPF、EIGRP、IS-IS 和 BGPv4 等，它们能够在路由信息公告中携带扩展网络地址前缀信息；所有的路由器必须以最长前缀匹配规则转发分组；为方便路由汇聚，子网地址的分配必须与网络拓扑结构相一致。

1.4 网络设备概述

1.4.1 集线器

集线器(Hub)属于数据通信系统中的基础设备,它和双绞线等传输介质一样,是一种不需任何软件支持或只需很少管理软件管理的硬件设备,如图1.21所示。

网络集线器的主要功能是对接收到的信号进行再生整形放大,以扩大网络的传输距离,同时把所有节点集中在以它为中心的节点上。它工作于OSI(开放系统互连参考模型)第一层,即"物理层"。集线器与网卡、网线等传输介质一样,属于局域网中的基础设备,采用CSMA/CD(带有冲突检测的载波侦听多路访问)访问方式。

图1.21 Hub

网络集线器属于纯硬件网络底层设备,基本上不具有类似于交换机的"智能记忆"能力和"学习"能力。它也不具备交换机所具有的 MAC 地址表,所以它发送数据时都是没有针对性,而是采用泛洪方式发送。即当它要向某节点发送数据时,不是直接把数据发送到目的节点,而是把数据包发送到与集线器相连的所有节点。

网络集线器按照对输入信号的处理方式上,可以分为无源 Hub、有源 Hub、智能 Hub。

按结构和功能分类,Hub 集线器可分为未管理的集线器、堆叠式集线器和底盘集线器三类。

从局域网角度来区分,网络集线器可分为单中继网段集线器、多网段集线器、端口交换式集线器、网络互联集线器、交换式集线器五种。

1.4.2 网桥

网桥(Bridge)是一个网络设备或软件,用于两个或多个网络之间的互连,对帧进行转发。与路由器的区别在于它工作于数据链路层。

数据链路层互连的设备是网桥,在网络互联中它起到数据接收、地址过滤与数据转发的作用,用来实现多个网络系统之间的数据交换。

网桥在某种意义上等同于交换机,不同的地方在于网桥通常只有2~8个端口,而交换机可以包括多达上百个端口。但是相同的地方是它们都可以分割大的冲突域为数个小冲突域,因为一个端口即为一个冲突域,但是它们仍然处在一个大的广播域中。分割广播域的任务,可以令路由器来完成。

网桥具有如下特点。

(1) 网桥在数据链路层上实现局域网互连。

(2) 网桥能够互连两个采用不同数据链路层协议、不同传输介质与不同传输速率的网络。

(3) 网桥以接收、存储、地址过滤与转发的方式实现互连的网络之间的通信。

(4) 需要互连的网络在数据链路层以上采用相同的协议。

（5）网桥可以分隔两个网络之间的广播通信量，有利于改善互连网络的性能与安全性。

1.4.3 交换机

交换机（Switch）的前身是网桥，如图 1.22 所示。交换机是使用硬件来完成过滤、学习和转发等任务，而网桥是使用软件来完成的。交换机速度比集线器快，这是由于集线器不知道目标地址在何处，发送数据到所有的端口。而交换机中有一张转发表，如果知道目标地址在何处，就把数据发送到指定地点，如果它不知道就发送到所有的端口。这样过滤可以帮助降低整个网络的数据传输量，提高效率。

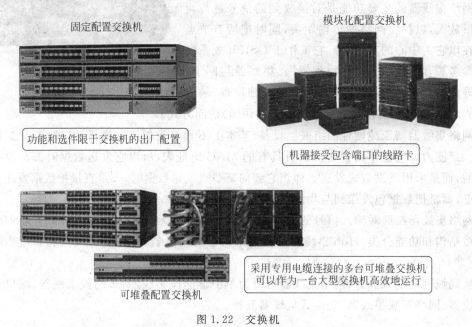

图 1.22 交换机

当然交换机的功能还不止如此，它可以把网络拆解成网络分支、分割网络数据流，隔离分支中发生的故障，这样就可以减少每个网络分支的数据信息流量而使每个网络更有效，提高整个网络效率。目前有使用交换机代替集线器的趋势。

在计算机网络系统中，交换概念的提出改进了共享工作模式。而集线器就是一种共享设备，集线器本身不能识别目的地址，当同一局域网内的 A 主机给 B 主机传输数据时，数据包在以集线器为架构的网络上是以泛洪方式传输的，由每一台终端通过验证数据报头的地址信息来确定是否接收。也就是说，在这种工作方式下，同一时刻网络上只能传输一组数据帧的通信，如果发生碰撞还得重试。这种方式就是共享网络带宽。集线器是不带管理功能的，一根进线，其他接口接到计算机上就可以了。

交换机工作在数据链路层，交换机拥有一条很高带宽的背部总线和内部交换矩阵。交换机的所有的端口都挂接在这条背部总线上，控制电路收到数据包以后，处理端口会查找内存中的地址对照表以确定目的 MAC 的 NIC（网卡）挂接在哪个端口上，通过内部交换矩阵迅速将数据包传送到目的端口，目的 MAC 若不存在，广播到所有的端口，接收端口回应后交换机会"学习"新的地址，并把它添加入内部 MAC 地址表中。使用交换机也可以把网络"分段"，通过对照 IP 地址表，交换机只允许必要的网络流量通过交换机。通过交换机的过滤和转发,可以有效地减少冲突域,但它不能划分网络层广播,即广播域。交换机在同一时刻可进行多个端口对之间的数据传输。每一端口都可视为独立的网段,连接在其上的网络设备独自享有全部的带宽,无须同其他设备竞争使用。

1.4.4 三层交换机

交换机分为二层交换机和三层交换机(3-Layer Switch)。

二层交换机(如 Catalyst 2960),只根据 OSI 数据链路层 MAC 地址执行交换和过滤。对网络协议和用户应用程序完全透明。

三层交换机(如 Catalyst 3560),不仅使用二层 MAC 地址,而且还可以使用 IP 地址信息。三层交换机不仅知道哪些 MAC 地址与其每个端口关联,同时还知道哪些 IP 地址与其接口关联,并且可以执行三层路由功能。

三层交换机就是具有部分路由器功能的交换机。三层交换机的最重要目的是加快大型局域网内部的数据交换,所具有的路由功能也是为这个目的服务的,能够做到一次路由,多次转发。对于数据包转发等规律性的过程由硬件高速实现,而像路由信息更新、路由表维护、路由计算、路由确定等功能,由软件实现。三层交换技术就是二层交换技术加三层转发技术。传统交换技术是在 OSI 网络标准模型第二层——数据链路层进行操作的,而三层交换技术是在网络模型中的第三层实现了数据包的高速转发,既可实现网络路由功能,又可根据不同网络状况做到最优网络性能。

出于安全和管理方面的考虑,为了减小广播风暴的危害,必须把大型局域网按功能或地域等因素划成一个个小的局域网,这就使 VLAN 技术在网络中得以大量应用,而各个不同 VLAN 间的通信都要经过路由器来完成转发。随着网间互访的不断增加,单纯使用路由器来实现网间访问,不但由于端口数量有限,而且路由速度较慢,从而限制了网络的规模和访问速度。基于这种情况三层交换机便应运而生,三层交换机是为 IP 设计的,接口类型简单,拥有很强的二层包处理能力,非常适用于大型局域网内的数据路由与交换。它既可以工作在协议第三层替代部分完成传统路由器的功能,同时又具有几乎第二层交换的速度,且价格相对便宜。

在企业网和校园网中,一般会将三层交换机用在网络的核心层,用三层交换机上的千兆端口或百兆端口连接不同的子网或 VLAN。不过应清醒认识到三层交换机出现最重要的目的是加快大型局域网内部的数据交换,所具备的路由功能也多是围绕这一目的而展开的,所以它的路由功能没有同一档次的专业路由器强。毕竟在安全、协议支持等方面还有许多欠缺,并不能完全取代路由器工作。

三层交换和路由器的区别见表 1.6。

表 1.6 三层交换机与路由器的区别

功　　能	三层交换机	路　由　器
第三层路由	支持	支持
流量管理	支持	支持
WIC 支持		支持
高级路由协议		支持
线速路由	支持	
广域网连接		支持

1.4.5 路由器

路由器(Router)是连接因特网中各局域网、广域网的设备,它会根据信道的情况自动选择和设定路由,以最佳路径,按前后顺序发送信号,如图1.23所示。路由器是互连网络的枢纽。路由器有两大功能:一是连通不同的网络,二是信息传输。

路由器和交换机之间的主要区别是交换机工作在OSI参考模型第二层(数据链路层),而路由器工作在第三层,即网络层。这一区别决定了路由器和交换机在移动信息的过程中需使用不同的控制信息,所以说两者实现各自功能的方式是不同的。

路由器又称网关设备(Gateway),是用于连接多个逻辑上分开的网络,所谓逻辑网络是代表一个单独的网络或者一个子网。当数据从一个子网传输到另一个子网时,可通过路由器的路由功能来完成。因此,路由器具有判断网络地址和选择IP路径的功能,它能在多网络互连环境中,建立灵活的连接,可用完全不同的数据分组和介质访问方法连接各种子网,路由器只接收源站或其他路由器的信息,属网络层的一种互连设备。

路由器分为本地路由器和远程路由器,本地路由器是用来连接网络传输介质的,如光纤、同轴电缆、双绞线;远程路由器是用来连接远程传输介质,并要求相应的设备,如电话线要配调制解调器,无线要通过无线接收机、发射机。

路由器是互联网的主要节点设备。路由器通过路由决定数据的转发,转发策略称为路由选择(Routing)。作为不同网络之间互相连接的枢纽,路由器系统构成了基于TCP/IP的国际互联网络Internet的主体脉络,也可以说,路由器构成了Internet的骨架。它的处理速度是网络通信的主要瓶颈之一,它的可靠性则直接影响着网络互连的质量。

图1.23 路由器

第 2 章　路由器的构造

路由器是一台特殊用途的计算机,路由器中含有许多其他计算机中常见的硬件和软件组件,包括:CPU、RAM、ROM、Flash、NVRAM、操作系统、管理端口、网络端口。

路由器是网络的核心,路由器负责在网络中将数据包从初始源位置转发到最终目的地。路由器可连接多个网络,这意味着它具有多个接口,每个接口属于不同的 IP 网络。

路由器选择最佳转发路径,主要负责将数据包传送到本地和远程目的网络,其方法是:确定发送数据包的最佳路径,将数据包转发到目的地。

路由器使用静态路由和动态路由协议来获知远程网络和构建路由表,路由器使用路由表来确定转发数据包的最佳路径。

2.1　路由器的硬件

路由器是一种连接多个网络或网段的网络设备,它能将不同网络或网段之间的数据信息进行"翻译",以使它们能够相互"读懂"对方的数据,从而构成一个更大的网络。路由器是一台计算机,它的硬件和其他计算机类似。如果你从当地计算机商店购买个人计算机,它将具有:

(1) 处理器(CPU)。
(2) 不同种类的内存,用于存储信息。
(3) 操作系统,提供各种功能。
(4) 各种端口和接口,以将它连接到外围设备或允许它和其他计算机进行通信。

路由器同样具有上述结构与部件。

在接通路由器电源之前,需要连接路由器的一些组件。路由器的硬件组件包括处理器、内存、线路和接口等。

本章以当前广泛应用的 Cisco 路由器为例介绍路由器的硬件组成及其工作情况。

2.1.1　中央处理器

与计算机一样,路由器也包含一个中央处理器(Central Processing Unit,CPU)。不同系列和型号的路由器,其中的 CPU 也不尽相同。Cisco 路由器一般采用 Motorola MPC860 和 Orion/R4700 两种处理器。后期产品多采用高通、博通和 Intel 的 CPU。

路由器的 CPU 负责路由器的配置管理,如系统初始化、路由功能及数据包的转发工作,如维护路由器所需的各种表格以及路由运算等。路由器不仅具有路由功能,而且具有交换功能。路由器对数据包的处理速度很大程度上取决于 CPU 的类型和性能。

2.1.2 内存

1. 随机存取存储器

RAM 存储正在运行的配置或活动配置文件,以及路由和其他的表和数据包缓冲区。Cisco IOS 软件在主内存中运行。RAM 也是可读可写的存储器,但它存储的内容在系统重启或关机后将被清除。和计算机中的 RAM 一样,Cisco 路由器中的 RAM 也是运行期间暂时存放操作系统和数据的存储器,让路由器能迅速访问这些信息。

运行期间,RAM 中包含路由表项目、ARP 缓冲项目、日志项目和队列中排队等待发送的分组。除此之外,还包括运行配置文件(Running-config)、正在执行的代码、IOS 操作系统程序和一些临时数据信息。

总而言之,随机存取存储器(RAM)包括以下内容。

(1) 操作系统:启动时,操作系统会将 Cisco IOS 复制到 RAM 中。

(2) 运行配置文件:这是存储路由器 IOS 当前所用的配置命令的配置文件,此文件也称为 Running-config。

(3) IP 路由表:此文件存储着直连网络以及远程网络的相关信息,用于确定转发数据包的最佳路径。

(4) ARP 缓存:此缓存包含 IPv4 地址到 MAC 地址的映射,类似于 PC 上的 ARP 缓存。使用在有 LAN 接口(如以太网接口)的路由器上。

(5) 数据包缓冲区:数据包到达接口之后以及从接口送出之前,都会暂时存储在缓冲区中。

路由器的类型不同,IOS 代码的读取方式也不同。譬如 Cisco 2500 系列路由器只在需要时才从 Flash 中读入部分 IOS,而 Cisco 4000 系列路由器整个 IOS 必须先全部装入 RAM 才能运行。因此,前者称为 Flash 运行设备(Run from Flash),后者称为 RAM 运行设备(Run from RAM)。

2. 闪存

闪存(Flash Memory)在 Cisco 设备中的作用与 PC 中的硬盘相似。闪存用于保留操作系统和路由器微代码映像。闪存是可读可写的存储器,在系统重新启动或关机之后仍能保存数据。

闪存中存放着当前使用中的 IOS。事实上,如果闪存容量足够大,甚至可以存放多个操作系统,这在进行 IOS 升级时十分有用。当不知道新版 IOS 是否稳定时,可在升级后仍保留旧版 IOS,当出现问题时可迅速退回到旧版操作系统,从而避免长时间的网络故障。

由于闪存在更新内容时无须拔插芯片,因而可节省芯片升级所耗费的时间。只要有足够的有效空间,闪存可保留多于一个操作系统的映像。这对于测试新的系统映像是很有用的。路由器里的闪存也可用于通过 TFTP 传送操作系统映像到另一个路由器。另外,闪存可存放路由器配置文件的备份,这有利于当 TFTP 服务器失效或系统紧急恢复情况下的操作。

3. 非易失性随机存取存储器

非易失性随机存取存储器(NVRAM)是特殊的内存,在路由器电源被切断的时候,它的信息不会丢失。大部分Cisco设备中的NVRAM都比较小,通常在32~256KB之间,用于存储系统的启动配置文件和虚拟配置注册表。若把配置文件保存到NVRAM中,路由器可以很快地从断电灾难中得到恢复,而无须使用硬盘或软盘来备份路由器的配置文件。在计算机里的硬件有很多,如硬盘等,因在移动中造成的老化和损害而经常失效。因为使用了NVRAM而无须移动路由器的各个部分,这使路由器的各个部件的寿命得以延长。

由于Cisco路由器没有硬盘和软盘,配置文件通常存放在PC中,这样可使用文件编辑器方便地修改配置文件,通过网络的TFTP直接将文件加载到NVRAM上。当使用网络加载路由器的配置信息时,路由器应作为客户端,而文件所在的PC则应为服务器,即必须给PC安装TFTP服务器软件来支持文件的存取。

4. 只读存储器

只读存储器(ROM)是一种永久性存储器。用来存储Bootstrap指令、基本诊断软件精简版IOS。

ROM中的映像是路由器在启动的时候首先使用的映像,这个映像通常是IOS的一个较旧的或较小的版本,它并不具有完整的IOS功能。ROM中主要包含:

(1) 系统加电自检代码(POST),用于检测路由器中各硬件部分是否完好。

(2) 系统引导区代码(Bootstrap),用于启动路由器并载入IOS操作系统。

(3) 备份的IOS操作系统,以便在原有IOS操作系统被删除或破坏时使用。通常,这个IOS比现运行IOS的版本低一些,但却足以使路由器启动和工作。

顾名思义,ROM是只读存储器,不能修改其中存放的代码。如要进行升级,则要替换ROM芯片。

5. 路由器加电启动过程

路由器启动过程主要有以下4个阶段,如图2.1所示:执行POST(Power-On Self-Test);加载Bootstrap程序;查找并加载Cisco IOS软件;查找并加载启动配置文件,或进入设置模式。

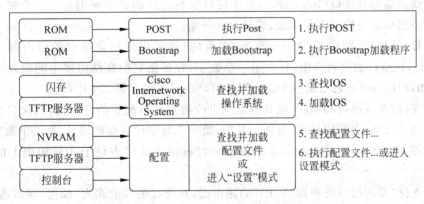

图2.1 路由器加电启动过程

路由器启动时,NVRAM中的startup-config文件会复制到RAM,并存储为running-config文件。IOS接着会执行running-config中的配置命令。网络管理员输入的任何更改均存储于running-config中,并由IOS立即执行。

进入设置模式(可选)。如果不能找到启动配置文件,路由器会提示用户进入设置模式。设置模式包含一系列问题,提示用户一些基本的配置信息。不适于复杂的路由器配置,网络管理员一般不会使用该模式。

当启动不含启动配置文件的路由器时,会在 IOS 加载后看到以下问题:

Would you like to enter the initial configuration dialog? [yes/no]: no

如果回答 yes 则进入设置模式,可随时按 Ctrl+C 键中止设置过程。

进入路由器系统后,可以通过 show version 来查看路由器的所有信息。具体示例如图 2.2 所示。

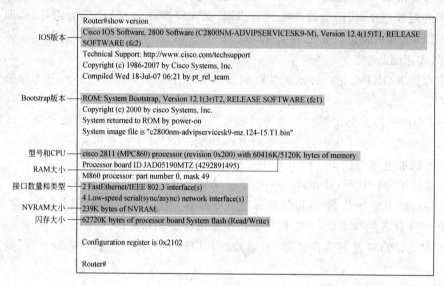

图 2.2 路由器配置信息

2.1.3 接口

所有路由器都有接口(Interface),每个接口都有自己的名字和编号。一个接口的全名称由它的类型标志与数字编号构成,编号自 0 开始。

对于接口固定的路由器(如 Cisco 2500 系列)或采用模块化接口的路由器(如 Cisco 4700 系列),在接口的全名称中,只采用一个数字,并根据它们在路由器中的物理顺序进行编号,例如,Ethernet 0 表示第一个以太网接口,Serial 1 表示第二个串口。

对于支持"在线插拔和删除"或具有动态更改物理接口配置的路由器,其接口全名称中至少包含两个数字,中间用斜杠/分隔。其中,第一个数字代表插槽编号,第二个数字代表接口卡内的端口编号。如 Cisco 3600 路由器中,Serial 3/0 代表位于 3 号插槽上的第一个串口。

对于支持"万用接口处理器(VIP)"的路由器,其接口编号形式为"插槽/端口适配器/端口号",如 Cisco 7500 系列路由器中,Ethernet 4/0/1 是指 4 号插槽上第一个端口适配器的第二个以太网接口。

2.2 路由器的软件

Cisco 路由器有两种主要的软件构件：IOS 的映像文件和配置文件。这两种主要的路由器软件构件与路由器内存的对应关系如图 2.3 所示。

Cisco 的网际操作系统（IOS）是一个为网际互连优化的复杂的操作系统——类似一个局域操作系统（NOS），譬如 Novell 的 NetWare，为 LANs 而进行优化。IOS 为长时间经济有效地维护一个互联网络提供了统一的规则。简而言之，它是一个与硬件分离的软件体系结构，随着网络技术的不断发展，可动态地升级以适应不断变化的技术。

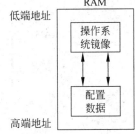

图 2.3 路由器基本软件构件

2.2.1 IOS 的映像文件

IOS 的映像是保存在存储器中的 IOS 代码。映像文件以二进制形式保存。自启动加载器根据配置寄存器所设定的内容定位操作系统镜像文件的位置，一旦找到镜像文件，便将其加载到内存的低端地址。操作系统的镜像文件包含一系列规则，这些规则规定如何通过路由器传送数据、管理缓存空间、支持不同的网络功能、更新路由表和执行用户命令。

路由器可以使用下列两种主要映像。

（1）系统映像。系统映像是完整的 IOS。当路由器启动时，自启动加载器根据配置寄存器所设定的内容定位操作系统映像文件的位置，一旦找到映像文件，便将其加载到内存的低端地址。一旦映像被装入内存，那么在设备运行的大部分时间都需要使用它。在大多数平台上该映像存储在内存中。

（2）引导映像。引导映像是 IOS 的一个子集。该映像用于完整的网络引导或加载 IOS 到路由器，也在路由器不能找到一个有效的系统映像时使用。在一些平台上，该映像存储在 ROM 中，而在另一些平台上，它存储在闪存中。

2.2.2 配置文件

配置文件由路由器管理员创建，其中存放的配置内容由操作系统解释，操作系统指示路由器如何完成其中的各种功能。例如，配置文件可以定义一个或多个访问控制表，并要求操作系统设置不同的访问控制表来访问不同的接口，以提供流入该路由器的包的控制级别。尽管配置文件定义了如何完成影响路由器运行的各种功能，实际上是由操作系统来完成这些工作的，这是因为操作系统解释并响应配置文件中所陈述的要求。

配置文件的内容以 ASCII 码形式保存，因此，其内容可在路由器控制台终端或远程终端上显示。这一点十分重要，当使用与网络相连接的一台 PC 创建并修改配置文件，然后使用 TFTP 将文件加载到路由器时，由于所使用的文本编辑器或字处理器通常会在保存的文件中加入一些控制字符，致使路由器不能识别文本的内容。所以，当使用文本编辑器或字处理器创建并维护配置文件时，切记把文本保存为 ASCII 码的文本文件。配置文件保存后，就可存储在 NVRAM 中，并在每次路由器初始化时被加载到内存的高端地址空间中。

2.2.3 数据流

路由器中的数据流动过程展示了路由器的配置信息,路由器中一般情况下的数据流如图 2.4 所示。

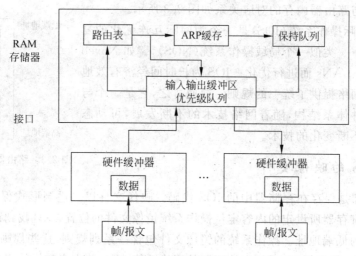

图 2.4 路由器内数据流

预先输入的命令告诉操作系统如何处理介质接口层的各种帧。例如,这些接口可以是以太网、令牌环网、光纤分布式数据接口(FDDI),甚至可能是一个或一组如 X.25 的广域网接口或是帧中继接口。在定义接口时,必须提供一种或多种处理速率及其他参数来全面定义该接口。一旦路由器获知它必须支持的接口类型,它就能校验到达数据的帧格式并按照该接口生成正确的输出帧。另外,路由器能够使用适当的循环冗余校验码对到达帧的数据完整性进行校验。同样,路由器能对输出到该介质接口上的帧进行计算并添加循环冗余检验码。

路由表条目产生的方式由主存中的配置命令来控制。如果将其配置为静态路由条目,则该路由器不会与其他路由器交换路由条目。ARP 缓存是在内存中记录了 IP 地址与第二层(MAC)地址映射关系的一片区域。当接收到数据或准备发送数据时,数据将流入一个或多个优先级队列。在那里,优先级别低的业务量将被延时发送,这让路由器优先处理高优先级的业务量。若路由器能支持业务量的优先级别,则需要一些配置参数来告知路由器的操作系统如何完成优先处理任务。

当数据流入路由器后,它的位置及状态由保持队列来跟踪。路由表中的条目将指定包应从哪个目的接口转发出去。若包的目的地为局域网并且需要进行地址解释,路由器将使用 ARP 缓存来判定 MAC 层发送地址并产生输出帧的格式;如果在缓存中找不到适当的地址,则路由器会产生并发出一个 ARP 包来请求所必需的第二层地址。当确定包的目的地址和封装方法后,即可准备把包发送到输出端口。在包被传送到与介质连接的接口中的发送缓存区前,它再一次地被放到优先级队列中。

2.3 路由器的配置接口

路由器的全部作用就是从一个网络向另一个网络传递数据包,所以它决定了路由器的接口将是我们主要感兴趣的部分。接口的作用是在物理上将路由器连接到各种不同类型的网络上。一些最重要的路由器接口是串行口(它通常将路由器连接到广域网链路上)和 LAN 接口,LAN 接口主要包括:Ethernet、Token Ring(令牌环网)和 FDDI。

路由器的配置端口有两个,分别是 Console 和 AUX。Console 通常是用来进行路由器的基本配置时通过专用连线与计算机连用的,而 AUX 是用于路由器的远程配置连接用的。

2.3.1 Console 接口

Console 接口使用配置专用连线直接连接至计算机的串口,利用终端仿真程序(如 Windows 下的"超级终端")进行路由器本地配置。路由器的 Console 接口多为 RJ-45 端口。如图 2.5 所示,该路由器包含一个 Console 配置接口。

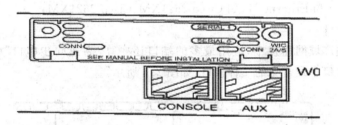

图 2.5 Console 接口

Console 接口实际上是一种低速异步串行接口(类似于 PC 的串行接口),Console 接口通过连接 PC 的 COM 口进行控制操作。它有着特殊的插脚引线并连接专用线缆,绝对不能用控制线以外的其他线缆插进 Console 接口,以避免损坏或烧毁设备。在默认状态下,控制台端口会对产生的所有信号响应,因而在故障诊断时就成为最重要的接口。

2.3.2 AUX 接口

辅助接口用 AUX 来表示,是另一种低速、异步的串行接口,主要用于远程配置,也可用于拨号连接,还可通过收发器与 MODEM 进行连接。AUX 接口与 Console 接口通常同时提供,因为它们各自的用途不一样。接口图示仍参见上述图 2.5。

大部分 Cisco 设备都有一个 AUX 接口。它具有多种功能,主要有以下几个作用。

(1)远程拨号调试功能。AUX 串行口可以连接调制解调器,用户可以通过电话拨号的方式对设备进行远程调试。

(2)拨号备份功能。作为主干线路的备份,AUX 串行口连接调制解调器,当主线路断开后,系统会自动启动 AUX 接口电话拨号,保持线路的连接。当主干线路恢复后,电话线路自动断开。

(3)网络设备之间的线路连接。AUX 串行口也可以实现两台路由器通过电话拨号方式的线路连接。

(4) 本地调试口。直接连接 AUX 接口,做本地调试。

2.4 路由器的传输接口

路由器能支持的接口种类,体现路由器的通用性。常见的接口种类有:通用串行接口、10M 以太网接口、快速以太网接口、10/100Mb/s 自适应以太网接口、千兆以太网接口、ATM 接口。

1. Ethernet 接口

Ethernet 接口是用于连接网络或主机的接口,路由器和交换机上都有。该种接口现在一般都是 RJ-45 接口。大部分 Cisco 设备至少提供一个 10Base-T 以太网接口,但是否提供还要看 Cisco 设备的型号。以太网接口允许使用其他类型的以太网线缆,例如同轴线缆。

以太局域网口用来通过直通双绞线连接至局域网的中心交换机,是局域网通往外界广域网的途径。值得注意的是,产品代码尾数是 1 的路由器一般有两个以太局域网口,分别命名为:Ethernet 0 和 Ethernet 1,如 Cisco 2611XM、Cisco 2621XM。

2. Serial 串口

在路由器的广域网连接中,应用最多的端口还要算"高速同步串口"(Serial)了,Serial 串口在广域网接口中是常见的一种接口,如图 2.6 所示。

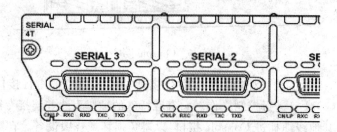

图 2.6 Serial 串口

这种串口主要是用于连接目前应用非常广泛的 DDN、帧中继(Frame Relay)、X.25、PSTN(模拟电话线路)等网络连接模式。在企业网之间有时也通过 DDN 或 X.25 等广域网连接技术进行专线连接。这种同步串口一般要求速率非常高,因为一般来说通过这种串口所连接的网络的两端都要求实时同步。

路由器通常使用高速同步串行接口与 WAN 的信道服务单元/数据服务单元(CSU/DSU)通信。而访问服务器一般使用多路低速异步串行端口与调制解调器进行通信。连接在 Serial 接口上的电缆绝对不能带电插拔,这样可以避免 Serial 接口被烧坏。

3. ASYNC

ASYNC(异步串口)主要是应用于 Modem 或 Modem 池的连接,如图 2.7 所示。它主要用于实现远程计算机通过公用电话网拨入网络。这种异步端口相对于上面介绍的同步端口来说在速率上要求就低许多,因为它并不要求网络的两端保持实时同步,只要求能连续即可,主要是因为这种接口所连接的通信方式速率较低。

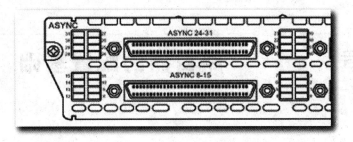

图 2.7　ASYNC 接口

4. HSSI

HSSI（High-Speed Serial Interface，高速串行接口）是通过广域网链路的高速（高达 52Mb/s）串行连接的网络标准。HSSI 是短距离通信接口，通常用于局域网的路由和交换设备同广域网的高速线路的互连。HSSI 用于距离 15 米以内的设备间，数据速率可达 52Mb/s。典型地，HSSI 将局域网与 T3 线相连。HSSI 可用于将令牌环和 Ethernet 局域网的设备与同步光纤网（SONET）的 OC-1 速度（155.52Mb/s）或 T3 线的设备相连。HSSI 也用于主机对主机的连接、图像处理、故障恢复等应用。

5. Loopback

Loopback 接口是本地环回接口（或地址），也称回送地址。此类接口是应用最为广泛的一种虚拟接口，几乎在每台路由器上都会使用。

系统管理员完成网络规划之后，为了方便管理，会为每一台路由器创建一个 Loopback 接口，并在该接口上单独指定一个 IP 地址作为管理地址，管理员会使用该地址对路由器远程登录（Telnet），该地址实际上起到了类似设备名称一类的功能。

但是通常每台路由器上存在众多接口和地址，为何不从当中随便挑选一个呢？

原因如下：由于 telnet 命令使用 TCP 报文，会存在如下情况——路由器的某一个接口由于故障 down 掉了，但是其他的接口却仍旧可以 telnet，也就是说，到达这台路由器的 TCP 连接依旧存在。所以选择的 telnet 地址必须是永远也不会 down 掉的，而虚拟接口恰好满足此类要求。由于此类接口没有与对端互连互通的需求，所以为了节约地址资源，Loopback 接口的地址通常指定为 32 位掩码。

因为 Loopback 接口的稳定性，它的 IP 地址通常会用来作为 Router-ID 来唯一标识某范围内的网络设备。在后面的路由协议配置中会用到该知识点。

第 3 章　路由器的配置基础

3.1　路由器的配置模式

在路由器的发展过程中,在人机交互方式上曾经出现过很多不同的设备配置界面。这些配置界面中既有基于命令行方式的,也有基于 GUI 方式的,还有基于 Web 页面方式的等。但是经过长期的工程实践证明,基于命令行的配置界面是所有配置方法中最主要、最直接、最有效的。所以时至今日,虽然路由器无论从硬件性能还是软件功能上都有了长足的进步,但配置方法一直在使用命令行的方式。

使用命令行界面来配置路由器有如下优点。

(1) 运行成本低,占用资源少。
(2) 支持多样化的物理接口,如 Console、AUX 各种网络接口。
(3) 命令参数灵活选择,命令交互和执行效率高。
(4) 支持众多客户端,如超级终端、Telnet 客户端、SSH 客户端等。

所以,作为一个合格的网络工程师,应当熟练掌握路由器的命令行操作方式。路由器的功能十分复杂,命令也是成千上万。为了能够既方便又有效地管理控制路由器,设备生产商就根据权限、功能、配置目标等条件把数量庞大的命令划分成了不同的集合。这些集合就是路由器的配置模式。换句话说,只有处于正确的配置模式之中,才能执行该模式中的命令。不同的配置模式最直接的区分方法是观察命令行提示符,不同的配置模式会有不同的命令行提示符。

路由器会按照如下的顺序启动,然后进入命令行操作界面。

(1) 对路由器自身硬件进行检测。
(2) 根据预先配置查找并加载 IOS。
(3) 加载预先设置的配置文件。

对路由器配置可以通过以下 5 种方法实现。

(1) 将网管工作站的串口通过随路由器附送的 Console 线连接至路由器 Console 接口,然后使用工作站中的超级终端软件对路由器进行配置。

(2) 通过 Modem 连接至路由器的 AUX 接口,远程通过 Modem 拨号的方式配置路由器。

(3) 使用 Telnet 或 SSH 客户端软件通过网络远程登录到路由器进行配置。其中使用 SSH 客户端配置路由器要比 Telnet 客户端安全性好,因为 SSH 的配置过程是完全经过加密的。

(4) 使用存储在 TFTP 服务器中的 IOS 和配置文件对路由器操作系统和配置文件进行

恢复。

(5) 通过管理工作站上的浏览器登录到路由器的 Web 管理页面对路由器进行配置。但这种配置方式安全性不高而且灵活度和执行效率都不好,所以不推荐使用这种方法配置路由器。

最常用的路由器配置模式有如下几种。

1. ROM 监控模式

有些路由器需要一块单独的 ROM 芯片来保存一个仅支持基本功能集的小 IOS 文件。除此之外,ROM 芯片中还存有加电自检程序和 ROM 监控程序。升级 ROM 中的程序的方法是用另一块 ROM 芯片进行替换。

比较新型的路由器往往都会把启动程序、ROM 监控程序和加电自检程序存放在 Flash 中而不是 ROM 中。ROM 监控模式能执行很多非常重要的功能,比如:系统诊断、硬件初始化、启动操作系统等。同时,ROM 监控模式也用来进行一些恢复性的工作,如密码恢复、改变配置寄存器数值、下载 IOS 镜像文件等。

如果路由器启动之后没有加载任何 IOS 镜像文件,路由器就会进入 ROM 监控模式。另外,通过在路由器加电启动的 60s 之内按下 Ctrl+Break 键,也可以使路由器进入 ROM 监控模式。ROM 监控模式的命令提示符是:

>

或

rommon>

2. BOOT 模式

BOOT 模式又被称为启动模式,如果 Flash 中存储有具备最小功能的 IOS 启动程序,路由器就会进入 BOOT 模式。BOOT 模式的命令行提示符是:

router(boot)>

3. 用户模式

如果路由器成功加载了一个完整的 IOS 程序,那么对路由器的初始访问级别就是用户模式。在这个执行模式中,用户只能执行有限的命令,譬如可以显示普通系统信息、执行基本测试命令、改变终端设置等。在这一模式中,查看配置信息、修改路由器配置、使用 debug 命令都是不允许的。用户模式的命令行提示符是:

router>

4. 特权模式

特权模式是用户模式的下一个完全访问的模式,用户通过在用户模式命令行提示符中输入 enable 命令来进入特权模式,命令如下所示:

router>enable

进入特权模式后命令行提示符立刻变为下面的格式:

router#

如果在路由器中配置了特权模式密码,那么必须通过密码验证身份后才能进入特权模式。特权模式又被称为 enable 模式或私有模式。在这个模式中,用户可以查看所有的系统设置信息和路由器状态信息,并且可以执行诸如 debug 等特权命令。除此之外,特权模式还是进入配置模式的必经之路。但是在特权模式中用户无法对路由器进行配置。

特权模式的命令行提示符是:

```
router#
```

5. 全局配置模式

通过在特权模式中输入 configure terminal 命令,就可以进入全局配置模式。在全局配置模式中可以对路由器进行配置,而且在全局配置模式中所做的配置是针对路由器整体有效的配置。如果需要对路由器的某个接口或某种功能进行配置,还需要从全局配置模式进入各种子配置模式。在这些子配置模式中所做的配置只对路由器的某些功能有效。

进入全局配置模式的命令过程如下所示。

```
router# configure terminal
```

进入全局配置模式后,命令行提示符立即变为如下格式。

```
router(config)#
```

6. 接口配置模式

接口配置模式是全局配置模式的子配置模式之一,该模式主要用于对路由器的具体接口参数进行配置。用户只要在全局配置模式中输入命令指定不同的接口名称,即可进入接口模式,命令行提示符会带有 if 文字,即 interface 的缩写。

进入 10/100M 快速以太网接口的方法如下所示。

```
router(config)# interface fastEthernet 0/0
router(config-if)#
```

进入串行接口的过程如下所示。

```
router(config)# interface Serial 0/3/1
router(config-if)#
```

其中,fastEthernet 和 Serial 都是接口类型,而后面的 0/0 和 0/3/1 表示确切的接口标识。比如 0/0 表示 0 号模块的 0 号接口,0/3/1 表示 0 号板 3 号槽位的 1 号接口。

7. 路由配置模式

路由配置模式是专门针对具体路由协议进行配置的模式,是路由器最重要最常用的配置模式之一。进入的方法是在全局配置模式中用 router 命令指定具体要配置的路由协议名称。进入 RIP 路由协议配置模式的命令操作如下所示。

```
router(config)# router rip
router(config-router)#
```

rip 指的是使用 RIP 路由协议,命令执行之后则进入路由配置模式。命令行提示符也出现了相应变化。进入 EIGRP 路由协议配置模式的命令操作如下所示。

```
router(config)#router eigrp 100
router(config-router)#
```

需要注意的是,有些路由协议需要在协议名称后面选不同的参数,这些参数是根据不同的路由协议自身特性来确定的。

8. setup 模式

setup 模式又被称为初始配置对话模式,这是一个比较特殊的配置模式。在路由器启动过程中,如果路由器没有进行过配置或配置文件被删除了,路由器就会提示用户进入 setup 模式。接下来路由器会通过提出一系列问题来引导用户完成路由器的基本配置,其中包括路由器的各种配置参数,例如:主机名、密码、接口 IP 地址等。配置对话结束后,路由器会让用户选择是否保存配置信息至 NVRAM 中。另外,也可以在特权模式中输入 setup 命令来进入 setup 模式,操作如下所示。

```
Router#setup


        --- System Configuration Dialog ---

Continue with configuration dialog? [yes/no]: yes
```

在此输入 yes 之后即进入 setup 模式,会出现大量的对话信息,根据每个问题做出回答,即为配置的过程,如下所示。

```
        --- System Configuration Dialog ---

Continue with configuration dialog? [yes/no]: yes

At any point you may enter a question mark '?' for help.
Use ctrl-c to abort configuration dialog at any prompt.
Default settings are in square brackets '[]'.


Basic management setup configures only enough connectivity
for management of the system, extended setup will ask you
to configure each interface on the system

Would you like to enter basic management setup? [yes/no]: yes
Configuring global parameters:

Enter host name [router]: router

The enable secret is a password used to protect access to
privileged EXEC and configuration modes. This password, after
entered, becomes encrypted in the configuration.
Enter enable secret: mypassword
```

路由器除了上面列出的配置模式之外,还有很多其他配置模式,例如,线接口配置模式是用来配置控制台和虚拟终端参数的配置模式,使用方式如下所示。

```
router(config)# line console 0
router(config-line)# exit
router(config)# line vty 0 4
router(config-line)#
```

route-map 配置模式是用来配置路由映射表的配置模式,路由映射表利用条目规则的方式匹配路由条目以实现很多过滤功能,使用方式如下所示。

```
router(config)# route-map ccna
router(config-route-map)#
```

在任何一种配置模式中,只要输入 end 命令,就可退回到特权模式。例如:

```
router(config-if)# end
router#
```

如果想要退回到上一级模式,只需输入 exit 命令即可。例如:

```
router(config-router)# exit
router(config)#
```

路由器各种配置模式之间的相互关系如图 3.1 所示。

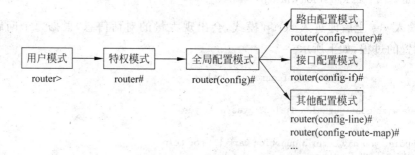

图 3.1 路由器配置模式之间相互关系图

虽然路由器有很多种配置模式,只要根据配置思路了解每种模式的用途再加以实践,就能顺利掌握路由器配置模式的使用方式。

3.2 路由器配置文件的管理

当完成对路由器的配置之后,产生的配置信息直接存放在内存中,称为运行配置文件,所有对路由器进行的配置操作都直接反映到运行配置文件上。如果需要做到路由器启动时能够加载配置文件或对配置文件进行备份,就需要把配置文件存放到其他位置中。

路由器的配置文件可以存放在路由器文件系统的很多位置,常见的有:NVRAM、DRAM、终端或 TFTP 服务器、FTP 服务器、Flash 存储器。路由器启动的过程中,加载完 IOS 之后就会查找 NVRAM 中的配置文件并把它加载到 DRAM 中,存放于 NVRAM 中的配置文件也因此被称为启动配置文件。如果 NVRAM 中没有配置文件,路由器就会进入 setup 模式。配置文件还可以在 Flash 存储器、DRAM、NVRAM、FTP、TFTP 之间灵活地进行相互传输。路由器文件系统详见表 3.1。

表 3.1 路由器文件系统

存储器标识	文 件 系 统
system：	包含系统内存中正在运行的配置文件
nvram：	非易失性随机存储器，存有启动配置文件
flash：	一般是存放 IOS 的位置，也是浏览文件的默认或起始文件系统
tftp：	用于表示 TFTP 服务位置
ftp：	用于表示 FTP 服务位置

1. 查看运行配置文件和启动配置文件

路由器会把当前正在运行的配置文件存放在内存中，所以及时查看当前运行的配置文件对掌握路由器运行状态至关重要。可以使用命令 write terminal 或 show running-config 来显示路由器正在运行的配置文件。这两条命令在效果上完全一样，唯一的区别是前者是一条旧命令，在未来的某个时间路由器有可能对它不再支持，第二条命令是目前最通用的。命令使用方式如下所示。

```
Router#show running-config
Building configuration...

Current configuration: 750 bytes
!
version 12.4
no service timestamps log datetime msec
no service timestamps debug datetime msec
no service password-encryption
!
hostname router
!
```

查看启动配置文件的方法如下。

```
Router#show startup-config
Using 750 bytes
!
version 12.4
no service timestamps log datetime msec
no service timestamps debug datetime msec
no service password-encryption
!
hostname router
!
```

需要注意的是，显示的信息里面 Current configuration 指出了当前配置文件的容量大小。version 表示当前配置文件是由 12.4 版本 IOS 生成的，新旧版本的配置文件在某些功能上无法完全兼容。

2. 将运行配置文件复制到 NVRAM 中去

路由器的 NVRAM 保存了启动配置文件，由于内存有掉电丢失内容的特性，运行配置文件在断电后无法长久存储。所以，需要将运行配置文件保存至 NVRAM 中，以达到路由器配置文件持久运行的目的。可以用两条命令实现：write memory 或 copy running-config startup-config。copy 命令第一个参数是复制的起始配置文件，第二个参数是目的配置文件。这两条命令效果一样，区别也是前者即将在未来的 IOS 版本中取消。命令使用方式如下。

```
Router#copy running-config startup-config
Destination filename [startup-config]?
Building configuration...
[OK]
Router#
```

在执行命令之后，输入要保存的文件名，中括号里面是默认的配置文件名，直接回车确认即可。

3. 将启动配置文件复制到内存中

有的时候会遇到配置出错的情况，例如，错误地删除了某些重要配置，如果先前已经把运行配置保存到 NVRAM 中，那么可以把 NVRAM 中的配置文件复制到内存中来，这样就可以将错误的操作恢复。命令操作如下。

```
Router#copy startup-config running-config
Destination filename [running-config]?

750 bytes copied in 0.416 secs (1802 bytes/sec)

%SYS-5-CONFIG_I: Configured from console by console
Router#
```

命令执行之后，同样需要输入配置文件名称，直接回车使用默认值即可。路由器会把传输速度显示出来。需要注意的是，配置文件从 NVRAM 向内存复制的过程是一种合并的过程。合并是指，内存中存在的配置而 NVRAM 中没有的，将会保留下来；NVRAM 中存在的配置而内存中没有的，直接加入进来；NVRAM 和内存中都存在的配置形成冲突，NVRAM 中的配置将会覆盖内存中的配置。

4. 将运行配置保存到 TFTP 服务器

TFTP 服务是一种使用 TFTP(Trivial File Transfer Protocol，简单文件传输协议)进行文件传输的服务端软件。由于 TFTP 在传输层使用了 UDP，所以具有轻快短小、实时性好、运行成本低等特点。UDP 本身没有差错重传机制，文件传输的可靠性必须由应用程序自身来保障。

把配置文件保存至 TFTP 服务器的方法非常简单，只需要在路由器上执行 copy 命令即可。示例拓扑图见图 3.2，具体操作方法如下。

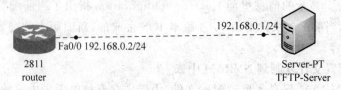

图 3.2 运行配置保存到 TFTP 服务器示例

```
Router#copy running-config tftp:
Address or name of remote host []? 192.168.0.1
Destination filename [router-confg]?

Writing running-config...!!
[OK - 763 bytes]

763 bytes copied in 0.062 secs (12000 bytes/sec)
Router#
```

copy 命令后面第一个参数是起始配置文件，第二个参数是目的位置。前面所提到的各种文件存放位置都可以在这两个参数之间灵活使用。命令执行后，需要输入 TFTP 服务器的 IP 地址或主机名称，然后为配置文件命名。最后在复制过程中看到了"!"标志，这表示文件复制成功。路由器提示已复制文件的大小及所用时间。在 TFTP 服务器的文件根目录下即可看到已复制成功的配置文件。TFTP 服务器是路由器配置文件备份的主要手段之一，二者实现通过网络传输配置文件的一个重要前提是，路由器和 TFTP 服务器之间必须实现 IP 可达。

5．将 TFTP 服务器中的配置文件复制到内存中

将 TFTP 服务器中的配置文件复制到路由器本地内存是上面例子的反向过程。只需要将 copy 命令的源与目的参数相互调换一下即可。但需要注意的是，把配置文件复制到内存中是把 TFTP 服务器上的配置和路由器现有配置进行合并的过程，合并的结果所产生的配置文件为两者的并集，如果配置内容有冲突，那么 TFTP 的相关配置项会覆盖内存中的相关配置项。操作方法如下。

```
Router#copy tftp running-config
Address or name of remote host []? 192.168.0.1
Source filename []? router-confg
Destination filename [running-config]?

Accessing tftp://192.168.0.1/router-confg...
Loading router-confg from 192.168.0.1: !
[OK - 763 bytes]

763 bytes copied in 3.042 secs (250 bytes/sec)
Router#
```

命令执行过程中除了要给出 TFTP 服务器的 IP 地址之外，还需要指定源配置文件的名称，这个可以从 TFTP 服务器的根目录下查到。对于目的配置文件名称，一般使用默认值即可。

6．删除启动配置文件

如果想删除已经保存在 NVRAM 中的启动配置文件，可以使用 erase 命令。通过在该命令后面加上 startup-config 参数来指明要删除启动配置文件。操作方法如下。

```
Router#erase startup-config
Erasing the nvram filesystem will remove all configuration files! Continue? [confirm]
[OK]
```

```
Erase of nvram: complete
% SYS - 7 - NV_BLOCK_INIT: Initialized the geometry of nvram
Router#
```

由于是删除重要的配置文件,路由器会提前提示是否确定要删除,直接回车就可以执行删除操作。这里需要注意的是,如果删除了启动配置文件,并在不保存运行配置的情况下重新启动路由器,路由器就会因为找不到启动配置文件而进入 setup 模式。

常用配置文件管理命令见表 3.2。

表 3.2 配置文件管理命令

配 置 命 令	配 置 命 令 描 述
show running-config	显示内存中的运行配置
copy startup-config running-config	把启动配置文件合并到内存中
copy running-config startup-config	把内存中的运行配置复制到 NVRAM 中
copy tftp running-config	把 TFTP 服务器上的配置文件合并到内存中
copy running-config tftp	把内存中的运行配置复制到 TFTP 服务器上
erase startup-config	删除启动配置文件
show startup-config	显示启动配置文件

路由器配置文件管理命令示意图如图 3.3 所示。

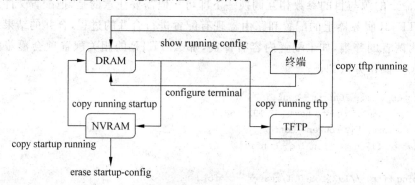

图 3.3 路由器配置文件管理命令示意图

7. 密码安全及密码恢复

为了使路由器能真正安全地投入实际运行,需要对路由器做一定的安全防护,其中最重要的一步就是给路由器设置访问密码。路由器有如下几个登录位置可以通过密码来保护,如表 3.3 所示。

表 3.3 密码设置

密码设置位置	作 用
console 接口	只有通过密码验证,才能从 Console 接口配置路由器
vty 接口	只有通过密码验证,才能以 Telnet 方式登录配置路由器
路由器特权模式	只有通过密码验证,才能进入特权模式及各种配置模式

在此使用图 3.2 的拓扑来了解三种密码的配置方法、配置效果以及需要注意的问题。路由器出厂的时候是没有默认配置的,只能通过 Console 接口来配置路由器,而且路由器的

物理运行环境不见得是安全的,所以对 Console 口设置密码保护就显得尤为重要。为了对 Console 口设置密码需要使用一个新的配置模式,称为 line 配置模式。这个配置模式可以针对路由器的许多带外、带内管理接口参数进行配置,需要在全局配置模式中进入。对 Console 接口配置密码的操作步骤如下所示。

```
Router>en
Router#config t
Enter configuration commands, one per line.    End with CNTL/Z.
Router(config)#line console 0
Router(config-line)#password myrouter123
Router(config-line)#login
```

在全局模式中使用 line 命令进入线接口配置模式,然后使用 password 命令指定验证密码,最后用 login 命令启用路由器在 Console 接口上的密码验证功能。配置完成后,通过 Console 接口登录配置路由器,路由器就会提示要通过密码验证,如下所示。

```
User Access Verification

Password:
```

在这里需要注意的是,最后一条 login 命令,这条命令是用来启用密码验证的命令,如果没有这条命令,即便是配置了密码,路由器也不会进行密码验证。

对于 vty 接口的配置,大同小异。只要把 line 命令的接口参数设为 vty 即可。为了能让多人同时通过网络登录路由器进行配置,路由器一般有多个 vty 接口。此实验在 vty 命令后面加上两个选项;用来表明起始和末尾接口编号,凡是在这两个编号范围之中的 vty 接口,都可以进行统一配置,最后统一生效。操作步骤如下所示。

```
router#conf t
Enter configuration commands, one per line.    End with CNTL/Z.
router(config)#line vty 0 15
router(config-line)#password myrouter123
router(config-line)#login
```

这样一来,通过 TFTP 服务器用 Telnet 登录路由器配置就需要通过密码验证了。效果如下。

```
SERVER>telnet 192.168.0.2
Trying 192.168.0.2 ...Open

User Access Verification

Password:
```

在路由器的配置模式中,特权模式可谓是最重要的模式了。特权模式不仅具备对路由器完全权限的操作查看能力,而且是进入全局配置模式及所有子配置模式的必经之路。如此重要的特权模式同样需要密码的保护。

特权模式中的密码有两种类型:明文和加密。顾名思义,明文指密码是以明文的方式保存在配置文件中的，而加密类型是指密码是以密文的方式保存在配置文件中。除此之外，这两种密码的优先级是不一样的，如果同时配置了这两种密码，那么加密密码优先生效。配置明文密码使用 enable password 命令，配置加密密码使用 enable secret，两者都是在全局配置模式中使用。配置步骤如下。

```
router#conf t
Enter configuration commands, one per line.  End with CNTL/Z.
router(config)#enable password myrouter123
router(config)#
```

使用加密方式配置特权模式密码只需要使用 enable secret 命令即可。操作方法同上，查看配置文件时可以发现两种密码保存方式的差别。

```
router#sh run
Building configuration...

Current configuration: 934 bytes
!
version 12.4
no service timestamps log datetime msec
no service timestamps debug datetime msec
no service password-encryption
!
hostname router
!
!
!
enable secret 5 $1$mERr$ZGTz0Rm1QeBnT0Q9LxmhF.
enable password myrouter123
```

路由器密码恢复的思路是，通过跳过路由器启动配置文件的加载过程，得到进入特权模式的权限。在特权模式中把存放在 NVRAM 中的启动配置合并进内存。最后再通过命令修改密码保存配置。操作步骤如下。

步骤1，对路由器进行重新加电启动。

步骤2，在路由器启动的 30s 内按下 Ctrl+Break 键，路由器就会进入 ROM 监控模式。

步骤3，在 rommon>命令提示符中输入命令 confreg 0x2142 设置路由器启动时不加载启动配置文件。

步骤4，输入 reset 命令重启路由器。

步骤5，因为没有加载启动配置文件，路由器启动完毕后进入 setup 模式。输入 no 或按下 Ctrl+C 键直接进入用户模式。

步骤6，同样因为没有加载启动配置文件，在 router>提示符中输入 enable 可以直接进入特权模式。

步骤7，使用 copy startup-config running-config 命令把启动配置文件合并到内存中去。

步骤8，使用 show running-config 查看所有配置了密码的位置，包括 Console 接口、vty 接口、特权模式。所有配置密码的位置都需要做修改。

步骤9，输入 configure terminal 进入全局配置模式修改所有密码。

步骤 10，因为所有的接口都处于关闭状态，所以需要在每个接口上使用 no shutdown 命令启用接口。

步骤 11，在全局配置模式中输入 config-register 0x2102 命令使路由器下次启动正常加载启动配置文件。

步骤 12，使用 copy running-config startup-config 保存所有配置。

步骤 13，重启路由器，使用修改后的密码登录。

3.3 路由器 IOS 的管理

1. 路由器 IOS 概述

路由器如 PC 一样，也需要操作系统才能运行。Cisco（思科）路由器的操作系统称为 IOS(Internetwork Operating System)，路由器的平台不同、功能不同，运行的 IOS 也不相同。IOS 是一个特殊的文件，对于 IOS 文件的命名，Cisco 采用了一套独特的规则。根据这套规则，只需要检查一下映像(Image)文件的名字，就可以判断出它适用的路由器平台、它的特性集、它的版本号、在哪里运行、是否有压缩等。

映像文件名由两个部分组成，中间用点号分开，如 c2600-is-mz.120-7.t.bin。

注意：第一部分细分为三个小部分，中间用短横线连接。第一小部分(c2600)指出适用的路由器平台，c2600 表示思科的 2600 系列路由器。第二小部分(js、is)指出特性集。j 表示企业特性集；i 表示 IP 特性集；s 表示在标准的特性集中加入了一些扩展功能。第三小部分表明映像文件在哪里运行，是否有压缩等。l（英文字母 L）表示映像文件既可以在 RAM 中运行，也可以在 Flash 中运行；m 表示只能在 RAM 中运行，z 表示映像文件采用了 zip 压缩格式。

第二部分反映了映像文件的版本信息。"120-7"表示 IOS 版本号 12.0(7)，最后的 bin 表示这是一个二进制文件。

2. 路由器 IOS 引导顺序

启动 Cisco IOS 的目的是使路由器开始工作。Cisco 路由器加电自测确定 CPU、存储器和网络接口的基本工作情况正常后，开始加载 Cisco IOS。其初始化顺序如下。

从 ROM 上装载普通引导程序(bootstartup)。引导程序是一种简单的预置操作程序，用于引导装载其他指令。

Cisco IOS 可定于不同的位置，这些位置取决于寄存器的配置。

装载 Cisco IOS 映像文件。

装载 NVRAM 中的配置文件。

如果 NVRAM 中没有有效的配置文件，Cisco IOS 将执行初始配置程序。

3. 升级 IOS 软件的条件

路由器需要升级 IOS 的原因有很多，需要做一些准备工作才能使整个过程顺利完成。

首先，确定软件包含的功能特性集，这需要根据路由器的硬件结构来确定。还可以通过路由器的用途来确定所需特性集。

其次，需要确定升级 IOS 所需要满足的硬件配置。比如内存的大小、处理器主频、Flash 存储器剩余空间等。

最后,确定选择什么样的发布版本。这需要考虑每种 IOS 版本的成熟度、可靠性、新功能的支持度、缺陷的修正等。

4. 备份及更新 IOS 软件

在进行路由器的管理维护过程中,可能会需要升级路由器的 IOS。在升级之前,最好将 IOS 映像备份到 TFTP 服务器中。如果路由器 IOS 升级失败,可以从 TFTP 服务器中使用原来的 IOS 来恢复。

TFTP 服务器是一台装有 TFTP 程序的 PC,TFTP 服务器 IP 地址是 192.168.0.1。路由器 IP 地址是 192.168.0.2。将路由器的 IOS 备份到这台服务器上,如图 3.4 所示。

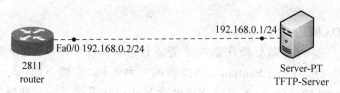

图 3.4　备份及更新 IOS 示例

备份 IOS 的过程需要先查看 Flash 存储器的内容以确定需要备份的 IOS 文件名称,操作如下所示。

```
router#show flash

System flash directory:
File   Length      Name/status
  4    50938004   c2800nm-advipservicesk9-mz.124-15.T1.bin
[50938004 bytes used, 13078380 available, 64016384 total]
63488K bytes of processor board System flash (Read/Write)

router#
```

注意:其中 c2800nm-advipservicesk9-mz.124-15.T1.bin 就是 IOS 文件名称,接下来需要进行实际的备份操作,使用 copy 命令把 Flash 存储器中的 IOS 文件传输至 TFTP 服务器中。

```
router#copy flash tftp
Source filename []?c2800nm-advipservicesk9-mz.124-15.T1.bin
Address or name of remote host []?192.168.0.1
Destination filename [c2800nm-advipservicesk9-mz.124-15.T1.bin]?

Writing c2800nm-advipservicesk9-mz.124-15.T1.bin...!!!!!!!!!!!!!!!!!!!!!!!!!!!!!!
!!!!!!!!!!!!!!!!!!!!!!!!!!!!!!!!!!!!!!!!!!!!!!!!!!!!!!!!!!!!!!!!!!!!!!!!!!!!!!!!
!!!!!!!!!!!!!!!!!!!!!!!!!!!!!!!!!!!!!!!!!!!!!!!!!!!!!!!!!!!!!!!!!!!!!!!!!!!!!!!!
!!!!!!!!!!!!!!!!!!!!!!!!!!!!!!!!!!!!!!!!!!!!!!!!!!!!!!!!!!!!!!!!!!!!!!!!!!!!!!!!
!!!!!!!!!!!!!!!!!!!!!!!!!!!!!!!!!!!!!!!!!!!!!!!!!!!!!!!!!!!!!!!!!!!!!!!!!!!!!!!!
!!!!!!!!!!!!!!!!!!!!!!!!
[OK - 50938004 bytes]

50938004 bytes copied in 3.96 secs (12863000 bytes/sec)
router#
```

注意：在 copy 命令执行后，需要把 show flash 命令查询出来的 IOS 文件名指定在 Source filename 的后面。然后指定 TFTP 服务器的 IP 地址，对于目的文件名称可以输入自定义的名称，大多数情况下使用默认名称即可。最后出现的感叹号表示文件正在顺利传输。如果出现句点或提示错误，那么说明配置过程存在问题。

更新 IOS 的过程如下操作所示。

```
router# copy tftp flash
Address or name of remote host []?192.168.0.1
Source filename []?c2800nm-advipservicesk9-mz.124-15.T1.bin
Destination filename [c2800nm-advipservicesk9-mz.124-15.T1.bin]?
% Warning: There is a file already existing with this name
Do you want to over write? [confirm]
Erase flash: before copying? [confirm]
Erasing the flash filesystem will remove all files! Continue? [confirm]
Erasing device... eeeeeeeeeeeeeeeeeeeeeeeeeeeeeeeeeeeeeeeee ...erased
Erase of flash: complete
Accessing tftp: //192.168.0.1/c2800nm-advipservicesk9-mz.124-15.T1.bin...
Loading c2800nm-advipservicesk9-mz.124-15.T1.bin from 192.168.0.1: !!!!!!!!!!!!!!!!!!!
!!!!!!!!!!!!!!!!!!!!!!!!!!!!!!!!!!!!!!!!!!!!!!!!!!!!!!!!!!!!!!!!!!!!!!!!!!!!!!!!
!!!!!!!!!!!!!!!!!!!!!!!!!!!!!!!!!!!!!!!!!!!!!!!!!!!!!!!!!!!!!!!!!!!!!!!!!!!!!!!!
!!!!!!!!!!!!!!!!!!!!!!!!!!!!!!!!!!!!!!!!!!!!!!!!!!!!!!!!!!!!!!!!!!!!!!!!!!!!!!!!
!!!!!!!!!!!!!!!!!!!!!!!!!!!!!!!!!!!!!!!!!!!!!!!!!!!!!!!!!!!!!!!!!!!!!!!!!!!!!!!!
!!!!!!!!!!!!!!!!!!!!!!!!!!!!!!!! [OK - 50938004 bytes]

50938004 bytes copied in 3.962 secs (932196 bytes/sec)
router#
```

需要注意的是，用户需要随时了解软件与硬件系统的兼容程度，因为有些路由器的容量无法同时存储两个 IOS 文件。这就需要在更新的时候删除原先的 IOS 文件。这在某种程度上是有风险的，因为如果 Flash 存储器的容量可以存储两个 IOS 文件的话，即便是更新失败，也可以通过设置使用原先的 IOS 来启动路由器。在此可以看到上面的命令输出中，在指定 TFTP 服务器 IP 地址和文件名称之后，会提示是否删除原先的 IOS 文件，然后是删除过程。当有足够的空间之后，就会继续文件复制的过程。这时不要断开网络连接，否则 IOS 会更新失败。

3.4　路由器的调试命令

路由器常用的调试命令如下所示。

（1）show 命令：在用户模式和特权模式下执行，主要用于瞬时查看路由器的各项运行参数，可以说 show 命令是路由器运行状态的照相机。

（2）debug 命令：在特权模式下执行，动态实时地查看路由器的运行状态，在很多排障环境中获取的信息比 show 命令更丰富，效果更好。可以说 debug 命令是路由器运行状态的摄像机。

（3）ping 命令：在用户模式和特权模式中执行。使用 ICMP 中的 echo 和 echo reply 报文来探测网络设备的 IP 可达性。是最常用的调试命令之一。

（4）traceroute 命令：可以用来发现数据报文抵达目的地的路径，对于 IP 协议来说，traceroute 在端口 33434 上使用 UDP 探测报文。

1. 调试工具：show 命令

show 命令既可以在用户模式下执行也可以在特权模式下执行，只不过用户模式中的 show 命令功能极其有限。show 命令功能很强大，路由器几乎所有的主要功能都可以用这个命令进行查看。show 命令的参数种类丰富，为路由器调试提供了很好的帮助。

```
Router#show ?
  aaa                  Show AAA values
  access-lists         List access lists
  arp                  Arp table
  cdp                  CDP information
  class-map            Show QoS Class Map
  clock                Display the system clock
  controllers          Interface controllers status
  crypto               Encryption module
  debugging            State of each debugging option
  dhcp                 Dynamic Host Configuration Protocol status
  dot11                IEEE 802.11 show information
  ephone               Show all or one ephone status
  file                 Show filesystem information
  flash:               display information about flash: file system
  frame-relay          Frame-Relay information
  history              Display the session command history
  interfaces           Interface status and configuration
  ip                   IP information
  ipv6                 IPv6 information
  logging              Show the contents of logging buffers
  login                Display Secure Login Configurations and State
  mac-address-table    MAC forwarding table
  ntp                  Network time protocol
  ……
```

查看路由器接口的 IP 统计信息，可以使用如下所示的命令完成。

```
Router#show ip interface brief
Interface         IP-Address      OK? Method Status                Protocol
FastEthernet0/0   192.168.0.2     YES manual up                    up
FastEthernet0/1   unassigned      YES unset  administratively down down
Serial0/3/0       unassigned      YES unset  administratively down down
Serial0/3/1       unassigned      YES unset  administratively down down
FastEthernet1/0   unassigned      YES unset  administratively down down
FastEthernet1/1   unassigned      YES unset  administratively down down
Vlan1             unassigned      YES unset  administratively down down
Router#
```

使用这个命令可以非常清楚地从宏观角度掌握路由器每个接口所配置的 IP 信息以及它们的运行状态。其中，IP-Address 字段表示路由器接口所配置的 IP 地址，Status 字段表示接口的物理状态，Protocol 字段表示每个接口的协议状态。路由器接口的协议状态要高于其物理状态。接口的物理状态为 down 的时候,协议状态一定是 down 的。但接口的物理状态为 up 的时候,协议状态可以是 up 或 down 状态。只有接口的物理和协议状态都为 up 时,接口的三层以下功能才算正常。如果想要查看具体接口详细信息,可以使用 show interface 命令实现,如下所示。

```
Router# show interfaces fa0/0
FastEthernet0/0 is up, line protocol is up (connected)
Hardware is Lance, address is 0007.ec07.3b01 (bia 0007.ec07.3b01)
Internet address is 192.168.0.2/24
MTU 1500 bytes, BW 100000 Kbit, DLY 100 usec,
    reliability 255/255, txload 1/255, rxload 1/255
Encapsulation ARPA, loopback not set
ARP type: ARPA, ARP Timeout 04:00:00,
Last input 00:00:08, output 00:00:05, output hang never
Last clearing of "show interface" counters never
Input queue: 0/75/0 (size/max/drops); Total output drops: 0
Queueing strategy: fifo
Output queue: 0/40 (size/max)
5 minute input rate 0 bits/sec, 0 packets/sec
5 minute output rate 0 bits/sec, 0 packets/sec
    1995 packets input, 573604 bytes, 0 no buffer
    Received 0 broadcasts, 0 runts, 0 giants, 0 throttles
    0 input errors, 0 CRC, 0 frame, 0 overrun, 0 ignored, 0 abort
    0 input packets with dribble condition detected
    1995 packets output, 573182 bytes, 0 underruns
    0 output errors, 0 collisions, 2 interface resets
    0 babbles, 0 late collision, 0 deferred
    0 lost carrier, 0 no carrier
    0 output buffer failures, 0 output buffers swapped out
Router#
```

show version 命令可以显示路由器的系统配置信息,如下所示。

```
Router# show version
Cisco IOS Software, C1900 Software (C1900 - UNIVERSALK9 - M), Version 15.1(4)M4, RELEASE SOFTWARE (fc2)
Technical Support: http://www.cisco.com/techsupport
Copyright (c) 1986 - 2007 by Cisco Systems, Inc.
Compiled Wed 23 - Feb - 11 14:19 by pt_team

ROM: System Bootstrap, Version 15.1(4)M4, RELEASE SOFTWARE (fc1)
cisco1941 uptime is 13 minutes, 3 seconds
System returned to ROM by power - on
System image file is "flash0: c1900 - universalk9 - mz.SPA.151 - 1.M4.bin"
Last reload type: Normal Reload


This product contains cryptographic features and is subject to United
States and local country laws governing import, export, transfer and
use. Delivery of Cisco cryptographic products does not imply
third - party authority to import, export, distribute or use encryption.
```

```
Importers, exporters, distributors and users are responsible for
compliance with U.S. and local country laws. By using this product you
agree to comply with applicable laws and regulations. If you are unable
to comply with U.S. and local laws, return this product immediately.

A summary of U.S. laws governing Cisco cryptographic products may be found at:
http://www.cisco.com/wwl/export/crypto/tool/stqrg.html

If you require further assistance please contact us by sending email to
export@cisco.com.
Cisco CISCO1941/K9 (revision 1.0) with 491520K/32768K bytes of memory.
Processor board ID FTX152400KS
2 Gigabit Ethernet interfaces
DRAM configuration is 64 bits wide with parity disabled.
255K bytes of non-volatile configuration memory.
```

其中包含的信息有路由器产品名称、IOS 版本、系统存储器大小、接口类型数量、配置寄存器数值等。

2. 调试工具：debug 命令

debug 命令只能在特权模式中运行，使用 debug 命令可以实时地查看路由器的运行状态，使用 debug 命令的时候需要额外注意，不恰当的 debug 命令会极大地加重 CPU 的工作负担。常用的 debug 命令如下所示。

```
Router# debug ?
  aaa             AAA Authentication, Authorization and Accounting
  crypto          Cryptographic subsystem
  custom-queue    Custom output queueing
  eigrp           EIGRP Protocol information
  ephone          ethernet phone skinny protocol
  frame-relay     Frame Relay
  ip              IP information
  ipv6            IPv6 information
  ntp             NTP information
  ppp             PPP (Point to Point Protocol) information
```

在使用 debug 命令之前，为了防止前面所说的意外发生，需要提前执行一下 undebug all，这样一旦 debug 命令出现大量执行输出的情况，可以简单地按 ↑ 键加回车来执行该命令，路由器的命令提示符便会恢复正常输入状态。如果要查询当前正在执行哪些 debug 命令，可以使用如下命令实现。

```
Router# show debug
IP routing:
  RIP protocol debugging is on
  IP routing debugging is on
ICMP packet debugging is on
```

3. IP 连通性工具：ping 命令

ping 命令会向目的地址发送 icmp echo request 请求，期望得到目的地址的 echo reply 回应以探测到远端地址的可达性。ping 命令的格式如下所示。

```
#ping [protocol] {host}
```

其中,protocol 参数可以选择 appletalk、ipx、clns、ip、novell 等值,其中 ip 是默认值,host 参数是远端设备地址或主机名。命令执行结果可能是以下 8 种类型。

(1)！——成功收到一个回复报文。
(2).——在超时范围 2s 内没有收到回复。
(3) U——接收到一个目的地不可达错误。
(4) M——接收到一个无法分片通知。
(5) C——接收到一个经历拥塞报文。
(6) ping 测试在路由器上被中断。
(7) ?——接收到未知类型报文。
(8) &——超出分组生命期或者生存时间(ttl)。

命令执行完成后,会显示以 ms 为单位的最小、平均和最大往返时间信息。

4．IP 连通性工具:扩展 ping 命令

扩展 ping 命令的格式如下所示。

```
#ping
```

扩展 ping 命令在输入时不带直接参数,命令执行后用户会收到可用选项的提示,可以使用的选项如下所示。

(1) 协议类型(默认为 IP):可以指定 appletalk、clns、xns 等协议。
(2) 目的 IP 地址。
(3) echo request 报文数量(默认为 5 个)。
(4) 报文长度(默认 100B),可以选择比 MTU 大的分组来测试报文分片。
(5) 超时(默认为 2s),等待每个报文回复的时间。
(6) 源地址:手动输入路由器上的 IP 作为报文源地址,而不是简单地以出接口地址作为源地址。
(7) 服务类型(TOS,默认为 0)。
(8) 设置 IP 报文头的 DF 位(默认为 0),如果设置了该位,就不会对较小 MTU 通路进行报文分片。
(9) 验证回应数据的正确性(默认不验证)。
(10) 数据模式(默认 0xABCD),是一个 16b 字段,贯穿分组的数据部分重复出现,主要用于测试 CSU/DSU 连线数据完整性。
(11) loose,带有部分中间路由器地址的宽松源路由。
(12) strict,带有全部中间路由器地址的严格源路由。
(13) record,记录指定跳数路由。
(14) timestamp,记录每跳路由器上的时间戳。
(15) verbose,更详细地输出信息。
(16) sweep 报文大小范围,发送各种分组大小的 echo 请求。最小值默认为 36,最大值默认为 18 024,间隔默认为 1。

5. IP 路径测试工具：traceroute 命令

traceroute 命令格式如下。

traceroute [protocol] [destination]

这个命令通过向目的地址连续发送报文来探测到达目的地的路径。对于 IP 协议来说第一组报文的 TTL 值为 1。通过第一跳路由器时，TTL 减 1 并返回 ICMP 的 TTL 超时信息。后续报文会继续发出，TTL 值在原来数值上增加 1。通过这种方式沿途每跳路由器都会返回超时响应，从而检测到后续的各跳路由器。返回的信息有如下 11 种。

(1) 序列编号——当前的跳计数。

(2) 当前路由器主机名。

(3) 当前路由器 IP 地址。

(4) 每组报文探测的往返时间，以 ms 为单位。

(5) *——探测超时。

(6) U——端口不可达。

(7) H——主机不可达。

(8) P——协议不可达。

(9) N——网络不可达。

(10) ?——未知协议类型。

(11) Q——源拥塞。

由此可见，灵活使用以上路由器调试命令，不仅能加深对路由器及网络的理解，而且会为工程实践带来极大帮助。

第 4 章　局域网交换技术

4.1　局域网技术概述

4.1.1　以太网

1973 年，施乐（Xerox）公司 Palo Alto 研究中心（通常称作 PARC）的研究人员 Bob Metcalfe 设计并测试了第一个以太网网络。当时，这个网络将施乐的"Alto"计算机连接到一台打印机，Metcalfe 开发了用于连接以太网上设备的电缆连接物理方法，以及用于控制电缆上数据传输的标准。现在，以太网已经成为世界上最流行和应用最广泛的网络技术。以太网涉及的许多问题也是其他许多网络技术所要解决的问题，了解以太网解决这些问题的方法可以从整体上帮助人们改善对网络的理解。

随着计算机网络的日益成熟，以太网标准也在不断发展出一些新的技术，但是目前所有以太网的运行机制仍然来源于 Metcalfe 的原始设计。在原始的以太网中，网络上的所有设备共享只通过电缆进行通信。设备连接到该电缆，便能够与其他连接的设备通信。这样，可以在不对网络上现有设备进行任何修改的情况下扩展网络以接纳新设备。

以太网是一种局域网技术，网络一般分布在一座大楼中，所连接的设备通常距离较近。以太网设备之间的电缆最多长几百米，因此它不适用于连接地理位置分散的多个地点。但现代技术的进步极大提升了以太网的连接距离，现在人们已能够建立相距数十千米远的以太网。

以太网被用来在网络设备之间传输数据。它是一种介质共享的技术，所有的网络设备连接到同一个传输介质上。

以太网常用术语如下。

（1）介质——以太网设备连接到一个公共介质上，该介质为电气信号的传输提供了一条路径。历史上一直使用同轴铜电缆作为传输介质，但是目前双绞线或光纤更为多见。

（2）网段——单个共享介质称作一个以太网段。

（3）节点——连接到网段的设备称作站点或节点。

（4）帧——节点使用称作帧的简短消息进行通信，帧是大小不固定的信息块。

"帧"类似于人类语言中的句子。在中文里，构造句子时会有一些规则，例如每个句子必须包含主语和谓语。以太网协议也规定了用于构造帧的一组规则。对于帧的最大和最小长度有明确规定，而且帧中必须包含一组必需的信息段。例如，每个帧必须包括目标地址和源地址，它们分别指出了消息的接收方和发送方。通过地址可标识唯一的节点，就像通过姓名可找出某个人一样。任何两个以太网设备都不应具有相同的地址。

由于以太网介质上的信号能够到达所有连接的节点,因此目标地址对识别帧的目标接收方来说至关重要。

在以太网中,一个节点的数据帧传输贯穿整个网络,每一个节点都要进行数据帧接收和检查。所有节点收到数据帧后,识别数据帧的目的 MAC 地址,如果是自己的 MAC 地址,就处理此数据包,如果不是自己的 MAC 地址,就根据 CAM 表(二层交换机地址表)转发数据帧或者将其丢弃。当数据帧到达网络段的末尾时,终端连接器将数据帧吸收,防止数据帧返回网络段中。在任一时刻,网络段上只允许一个节点在共享的介质上传输数据。

例如,图 4.1 中,如果计算机 B 向打印机 C 发送数据,计算机 A 和 D 也可以接收和查看帧。但是,在站点收到帧后,它会首先检查帧的目标地址,看看该帧是否是发送给自己的。如果不是,站点会丢弃该帧,而不会查看其内容。

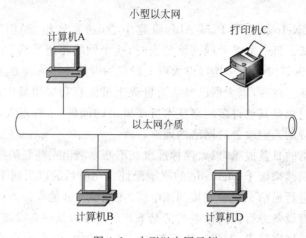

图 4.1 小型以太网示例

以太网地址的一件有趣的事情是它存在广播地址。如果帧的目标地址为广播地址(简称为一个广播),则说明它是发送给网络上所有节点的,于是每一个节点都会接收和处理这种类型的帧。

4.1.2 令牌环

可替代以太网的最常见局域网技术是由 IBM 开发的一种网络技术,称作令牌环。以太网通过各次传输之间的随机空隙来控制对介质的访问,而令牌环网则采用一种严格的顺序访问方法。令牌环网将节点在逻辑上排列为一个环形,如图 4.2 所示。节点围绕该环沿一个方向转发帧,并且在转发一整圈后将该帧删除。

令牌环上传输的小数据(帧)称为令牌,令牌是一种特殊类型的帧,通过创建一个令牌来对该环进行初始化,只有拥有令牌的站点能够发送数据。如果环上的某个工作站收到令牌并且有信息发送,它就改变令牌中的一位(该操作将令牌变成一个帧开始序列),添加想传输的信息,然后将整个信息发往环中的下一工作站。当这个信息帧在环上传输时,网络中没有令牌,这就意味其他工作站想传输数据就必须等待。因此令牌环网络中不会发生传输冲突。

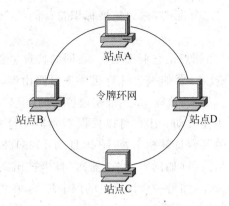

图 4.2 令牌环网示例

令牌与其他帧一样在环中循环传递,直到它遇到一个希望发送数据的站点。然后,该站点"捕获"令牌,方法是用一个携带数据的帧来替换令牌帧,该携带数据的帧将环绕网络进行传递。在数据帧返回发送它的站点后,该站点会删除该数据帧,然后创建一个新令牌并将该令牌转发到环中的下一个节点。

与以太网 CSMA/CD 网络不同,令牌传递具有准确性,这意味着任意终端站能够传输之前可以计算出最大等待时间。该特征结合另一些可靠性特征,使得令牌环网络适用于需要能够预测延迟的应用程序以及需要可靠的网络操作的情况。

令牌环网中的节点不侦听载波信号或检测冲突,使用令牌帧的目的就在于保证站点能够发送数据帧而无须担心其他站点的干扰。由于在沿着环传递令牌之前站点只能发送一个数据帧,所以环中的所有站点都会被轮到,从而能够公平地轮流进行通信。令牌环网的数据传输速率通常为 4Mb/s 或 16Mb/s。

4.1.3 MAC 地址

MAC 地址,称为物理地址、硬件地址,用来定义网络设备的位置。MAC 地址就是网卡的硬件代码,是每块网卡全球唯一的"身份证"。在 OSI 模型中,第三层网络层负责 IP 地址,第二层数据链路层则负责 MAC 地址。因此一个网卡会有一个全球唯一固定的 MAC 地址,但可对应多个 IP 地址。

MAC 地址是网卡的物理地址,通常是由网卡生产厂家烧入网卡的 EPROM(一种闪存芯片,通常可以通过程序擦写)芯片,在网络底层的物理传输中,不同主机是通过 MAC 地址来识别的,每一个都是全球唯一。IEEE(电气和电子工程师协会)将 MAC 地址分为若干独立的连续地址组,生产以太网网卡的厂家就购买其中一组,具体生产时,逐个将唯一地址赋予以太网卡。对于用户来说,如果一块网卡坏了,他可以更换一块新的网卡,这样他的 MAC 地址就发生了变化,但是他的 IP 可以不变。

MAC 地址长度是 48b(6B),由十六进制的数字组成,分为前 24 位和后 24 位。如44-45-53-54-00-00,以机器可读的方式存入主机接口中。

(1) 前 24 位是组织唯一标识符(Organizationally Unique Identifier,OUI),是由 IEEE 的注册管理机构给不同厂家分配的代码,区分了不同的厂家。

(2) 后 24 位是由厂家自己分配的,称为扩展标识符。同一个厂家生产的网卡中 MAC 地址后 24 位是不同的。

IP 地址和 MAC 地址的相同点是它们都唯一,不同的特点主要有以下几个。

(1) 对于网络上的某一设备,譬如一台计算机或一台路由器,其 IP 地址是基于网络拓扑设计的,同一台设备或计算机上,改动 IP 地址是很容易的(但必须唯一),而 MAC 地址则是生产厂商烧录好的,一般不能改动。用户可以根据需要给一台主机指定任意的 IP 地址,例如,用户可以给局域网上的某台计算机分配 IP 地址为 192.168.0.112,也可以将其改成 192.168.0.200。而任一网络设备(如网卡、路由器)一旦生产出来以后,其 MAC 地址不可由本地连接内的配置进行修改。如果一个计算机的网卡坏了,在更换网卡之后,该计算机的 MAC 地址就变了。

(2) 长度不同。IP 地址为 32 位,MAC 地址为 48 位。

(3) 分配依据不同。IP 地址的分配是基于网络拓扑,MAC 地址的分配是基于制造商。

(4) 寻址协议层不同。IP 地址应用于 OSI 第三层,即网络层,而 MAC 地址应用在 OSI 第二层,即数据链路层。数据链路层协议可以使数据从一个节点传递到相同链路的另一个节点上(通过 MAC 地址),而网络层协议使数据可以从一个网络传递到另一个网络上(ARP 根据目的 IP 地址,找到中间节点的 MAC 地址,通过中间节点传送,从而最终到达目的网络)。

4.2 二层交换机的工作原理

4.2.1 交换机的工作流程

二层交换机工作于数据链路层,可以识别数据包中的 MAC 地址信息,根据 MAC 地址进行转发,并将这些 MAC 地址与对应的端口记录在自己内部的一个地址表中。

数据链路层主要通过接收物理层提供的比特流服务,在相邻节点之间建立链路,对传输中可能出现的差错进行检错和纠错,向网络层提供无差错的透明传输。

在数据链路层传输的基本单位为"帧(Frame)",每一帧包括一定数量的数据和一些必要的控制信息。目前,有 4 种不同格式的以太网帧,在每种格式的以太网帧的开始处都有 64b(8B)的前导字符,其中,前 7 个字节称为前同步码(Preamble),最后一个字节是帧起始标识符 0XAB,它标志着以太网帧的开始。前导字符的作用是使接收节点进行同步并做好接收数据帧的准备。紧接着的是 6 字节的目标 MAC 地址,6 字节的源 MAC 地址,随后的帧因不同的格式而各不同,最后 4 个字节是帧校验序列 FCS,采用 32 位 CRC 循环冗余校验对从"目标 MAC 地址"字段到"数据"字段的数据进行校验。不同格式的以太网帧的各字段定义都不相同,彼此也不兼容。

交换机的具体工作流程如下。

(1) 当交换机从某个端口接收到一个数据帧时,它先读取包头中的源 MAC 地址,这样它就知道源 MAC 地址的机器是连在哪个端口上的。

(2) 读取包头中的目的 MAC 地址,并在地址表中查找相应的端口。

(3) 如果本端口下的主机访问本端口下的主机,则将数据包丢弃。

(4) 如果表中有与目的 MAC 地址对应的端口,则将数据包直接复制到这个端口上。

(5) 如表中找不到相应的端口则将数据包广播到所有端口上,当目的机器对源机器回应时,交换机又可以记录这一目的 MAC 地址与哪个端口对应,在下次传送数据时就不再需要对所有端口进行广播了。

不断地循环这个过程,对于全网的 MAC 地址信息都可以学习到,二层交换机就是这样建立和维护它自己的端口地址表的。

端口地址表中记录了端口下包含主机的 MAC 地址,端口地址表是交换机上电后自动建立的,保存在 RAM 中,并且自动维护。端口地址列表中表项是有生命期的。每个表项在建立后开始进行倒计时,每次发送数据都要刷新计时,对于长期不发送数据的主机,其 MAC 地址的表项在生命期结束时被删除,所以端口地址表记录的总是最活跃的主机 MAC 地址。

4.2.2 交换机的寻址过程

步骤1:PC1 发送到达 PC2 的单播帧,交换机在端口1上收到该帧,如图 4.3 所示。

图 4.3 步骤1示意图

步骤2:交换机将源 MAC 地址以及接收该帧的交换机端口输入 MAC 地址表,并启用老化时间计时,如图 4.4 所示。

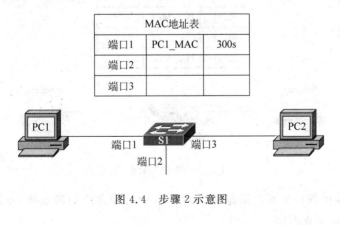

图 4.4 步骤2示意图

步骤 3：由于目的地址在交换机 MAC 地址表中没有记录,将其泛洪到除接收该帧的端口之外的其他端口,如图 4.5 所示。

图 4.5　步骤 3 示意图

步骤 4：目的设备对该帧进行响应,发送目标地址为 PC1 的单播帧,如图 4.6 所示。

图 4.6　步骤 4 示意图

步骤 5：交换机将 PC2 的源 MAC 地址以及接收该帧的交换机端口号输入到 MAC 表,启用老化时间,帧的目的地址及其关联的端口可在 MAC 表中找到,直接转向该接口,如图 4.7 所示。

图 4.7　步骤 5 示意图

步骤 6：交换机现在无须泛洪即可在 PC1 和 PC2 设备之间转发帧,每次收到数据帧时就更新响应记录的老化时间。

思考：如果交换机收到的是广播帧（目的地址为 FF-FF-FF-FF-FF-FF），会将其泛洪到除接收该帧的端口之外的其他端口吗？

4.2.3 交换机管理配置

交换机管理配置分为两种，第一种为命令行界面模式，第二种为代替命令行界面的图形化用户界面。图4.8为代替命令行界面的图形化用户界面。

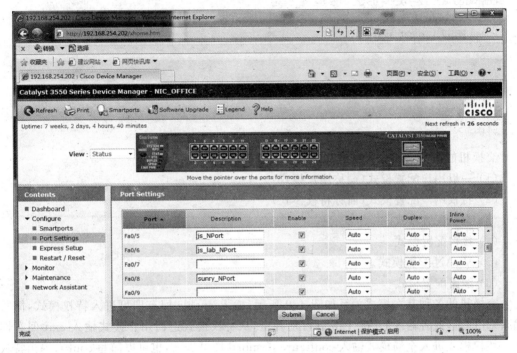

图4.8 交换机管理配置图形化用户界面

交换机基本配置信息如下所示。

```
Model number                      : WS-C2960-24TT
System serial number              : FOC1033Z1EY
Top Assembly Part Number          : 800-26671-02
Top Assembly Revision Number      : B0
Version ID                        : V02
CLEI Code Number                  : COM3K00BRA
Hardware Board Revision Number    : 0x01


Switch   Ports    Model            SW Version      SW Image
------   -----    -----            ----------      --------
 *  1    26       WS-C2960-24TT    12.2            C2960-LANBASE-M


Cisco IOS Software, C2960 Software (C2960-LANBASE-M), Version 12.2(25)FX, RELEASE SOFTWARE (fc1)
Copyright (c) 1986-2005 by Cisco Systems, Inc.
Compiled Wed 12-Oct-05 22:05 by pt_team

Press RETURN to get started!
```

首先是交换机启动界面,显示交换机的名称、型号以及具体参数,从上面所示的命令行中可以看出是一台型号为 2960 的交换机。

首先进入的是交换机的用户模式,如下所示使用 switch>语句。

```
Cisco IOS Software, C2960 Software (C2960-LANBASE-M), Version 12.2(25)FX, RELEASE SOFTWARE (fc1)
Copyright (c) 1986-2005 by Cisco Systems, Inc.
Compiled Wed 12-Oct-05 22:05 by pt_team

Press RETURN to get started!



Switch>
Switch>
Switch>
```

交换机的命令模式分为以下几种。
(1) 一般用户配置模式(简称用户模式)。
(2) 特权用户配置模式(简称特权模式)。
(3) 全局配置模式。
(4) 接口配置模式。
(5) VLAN 配置模式。
(6) 线路配置模式。

交换机的各种基本模式关系如图 4.9 所示,输入 enable 回车即可进入特权模式,简写输入 en 即可,或者输入 en 按 Tab 键自动补全,从特权模式退回用户模式输入 exit 回车即可。特权模式进入全局模式输入 configure terminal 即可进入,也可以简写 conf t,退出特权模式为输入 exit,各种模式之间的切换只可以按照图 4.9 进行,不可以跨越一个模式进入另一个模式,譬如从用户模式进入全局模式,中间必须经过特权模式。但是用 Ctrl+C 键或 END 命令可从任意模式快速返回到特权模式。

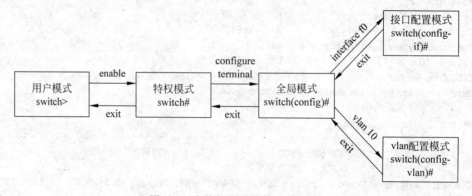

图 4.9 交换机的基本模式关系图

交换机命令模式如表 4.1 所示。

表 4.1　交换机命令模式

命令模式	进入方式	提示符	离开方法	可执行操作
User EXEC 用户模式	访问交换机时首先进入该模式	Switch>	输入 exit 命令,离开该模式	进行基本测试、显示系统信息
Privileged EXEC 特权模式	用户模式下,使用 enable 命令进入该模式	Switch#	输入 disable 命令,返回到用户模式	验证设置命令的结果。该模式具有口令保护
Global configuration 全局配置模式	特权模式下使用 configure 命令进入该模式	Switch(config)#	输入 exit 命令,或者按 Ctrl+C 键,返回到特权模式	配置影响整个交换机的全局参数
Interface configuration 接口配置模式	全局配置模式下,使用 interface 命令进入该模式	Switch(config-if)#	输入 end 命令,返回到特权模式;输入 exit 命令,返回到全局配置模式	配置交换机的各种接口参数
Config-vlan VLAN 配置模式	全局配置模式下,使用 vlan vlan_id 命令进入该模式	Switch(config-vlan)#	输入 end 命令,返回到特权模式;输入 exit 命令,返回到全局配置模式	配置 VLAN 参数
Config-line 线路配置模式	在全局配置模式下,使用 line console 0 或 line vty 命令进入该模式	Switch(config-line)#	输入 end 命令或按快捷键 Ctrl+C,返回到特权模式;输入 exit 命令,返回到全局配置模式	配置访问交换机方式的线路参数

帮助功能,交换机为用户提供两种方式获取帮助信息,详细说明如表 4.2 所示。

表 4.2　帮助功能详细信息

帮助	使用方法及功能
Help	在任一命令模式下输入"help",可获取有关帮助系统的简单描述
?	在任一命令模式下,输入"?"获取该命令模式下的所有命令及简单描述; 在命令的关键字后,输入以空格分隔的"?",若该位置是参数,会输出该参数的类型;若位置是关键字,则列出关键字的集合及其简单描述;若输出<cr>,则此命令输入完整,在该处回车即可。 在字符串后紧接着输入"?",会列出以该字符串开头的所有命令

编辑快捷键详细说明如表 4.3 所示。

表 4.3　快捷键详细信息

按键	功能
Ctrl+P 或 ↑	显示上一个命令。最多可显示最近输入的 10 个命令
Ctrl+N 或 ↓	显示下一个命令。当使用 ↑ 键回到以前输入的命令时,也可以使用 ↓ 键退回相对于前一个命令的下一个命令
Ctrl+B 或 ←	光标左移动一个字符
Ctrl+F 或 →	光标右移动一个字符

续表

按　键	功　能
Ctrl+A	光标移到命令行的首部
Ctrl+E	光标移到命令行的尾部
Back Space	删除光标左边的一个字符
Delete	删除光标右边的一个字符
Ctrl+Z	从其他配置模式(用户模式除外)直接退回特权模式
Ctrl+C	中断交换机 ping 其他主机的进程

常见错误信息提示如表 4.4 所示。

表 4.4　常见错误信息

错 误 信 息	含　义	如何获取帮助
% Ambiguous command: "show c"	用户没有输入足够的字符，交换机无法识别唯一的命令	重新输入命令，紧接着发生歧义的单词输入"?"，可能的关键字将被显示出来
% Incomplete command.	用户没有输入该命令的必需的关键字或者变量参数	重新输入命令，输入空格再输入"?"，可能输入的关键字或者变量参数将被显示出来
% Invalid input detected at '^' marker.	用户输入命令错误，符号(^)指明了产生错误的单词的位置	在所在的命令模式提示符下输入"?"，该模式允许的命令的关键字将被显示出来

1. 常用配置技巧

1) 命令简写

支持缩写命令，即在输入命令和关键词时，只要输入的命令中包含的字符长到足以与其他命令区别就够了。例如：

show configuration 命令可以写成 show conf

interface ethernet 0/2 命令缩写为 int e 0/2

2) 使用命令的 no 和 default 选项

使用"no"选项，禁止某个特性或功能，或执行与命令本身相反的操作。

使用"default"选项，将命令的设置恢复为默认值。

3) 命令补全

如果在输入命令的部分字符后按 Tab 键，系统会自动显示出该命令的剩余字符。

4) 命令查询

在输入命令的部分字符串后输入"?"，显示与之匹配的所有命令。

5) 使用历史命令

按 ↑、↓ 键即可切换最近输入的命令，类似于 Linux 命令行中的记忆功能。

2. 交换机的基本配置

首先在 Cisco Packet Tracer 中构建拓扑图，采用思科 2960 交换机和一台 PC，中间通过反转线相连，如图 4.10 所示。

在模拟器中的实际操作其实并不需要像真实环境中在 PC 中进行的操作，直接单击交换机即可进入命令行模式，如下所示。

```
Cisco IOS Software, C2960 Software (C2960 - LANBASE - M), Version
12.2(25)FX, RELEASE SOFTWARE (fc1)
Copyright (c) 1986 - 2005 by Cisco Systems, Inc.
Compiled Wed 12 - Oct - 05 22: 05 by pt_team
Image text - base: 0x80008098,data - base: 0x814129C4

Cisco WS - C2960 - 24TT (RC32300) processor (revision C0) with
21039K bytes of memory.

24 FastEthernet/IEEE 802.3 interface(s)
2 Gigabit Ethernet/IEEE 802.3 interface(s)

63488K bytes of flash - simulated non - volatile configuration
memory.
```

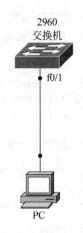

图 4.10 交换机基本连接

步骤1,为交换机更名,交换机默认的名称即为交换机的英文单词"Switch",更名首先进入特权模式,然后进行更名。例如,将默认的"Switch"修改为"SW1",配置命令如下。

```
Switch > enable                          //切换到特权模式
Switch # config terminal                 //切换到全局配置模式
Switch(config) # hostname SW1            //修改交换机名称
```

在模拟器中的具体操作如下所示。

```
Switch >
Switch > enable
Switch # conf t
Enter configuration commands, one per line.  End with CNTL/Z.
Switch(config) # hostname SW1
SW1(config) #
```

步骤2,切换交换机模式。

```
Switch > enable                          //切换到特权模式
Switch # config terminal                 //切换到全局配置模式
Switch(config) # interface f0/1          //进入接口 f0/1
Switch(config) # interface vlan 1        //进入 vlan - id 为 1 的 vlan 配置中
Switch(config - if) # ip address 192.168.1.1 255.255.255.0   //对 vlan - id 为 1 的 vlan 设置 IP
//地址和子网掩码
Switch(config - if) # no shutdown        //激活 id 为 1 的 vlan
```

步骤3,使用交换机管理命令。
Exit:退回到上一级工作模式。
End:直接退回到特权模式。

```
Switch # write                                  //将当前运行时的配置保存为启动时配置
Switch # copy running - config start - config   //将当前运行时的配置保存为启动时配置
Switch # copy startup - config running - config //将当前运行时的配置恢复为启动时配置
Switch # Reload: 重启动/热启动(不关电)
```

1) 设置交换机的密码
（1）用户到特权的密码：

Switch(config)#**enable password 123**(优先级低)
Switch(config)#**enable secret 456**(优先级高)
//如果这两个都设置，则456生效。两者的区别是：enable password 在配置项中是明文显示，而
//enable secret 在配置项中是密文显示。

（2）控制台 console 密码设置：

Switch(config)#**line console 0**
Switch(config-line)#**password console123**　　//设置密码为 console123
Switch(config-line)#**login**　　//在该线路上启用口令校验功能

（3）启用 Telnet 密码：

Switch(config)#**line vty 0 15** //最多有 16 个用户(用户 0~15)可以通过 telnet 访问 switch
Switch(config)#**password telnet123**　　//设置 Telnet 密码为 telnet123
Switch(config)#**login**　　//在线路上启用口令校验功能，要真正生效 Telnet 还要设置特权密码

2) show 命令集

Switch#**show version**　　　　　　　　　//显示 IOS 版本信息
Switch#**show vlan brief**　　　　　　　　//显示所有 VLAN 的摘要信息
Switch#**show ip interface brief**　　　　//显示接口摘要信息
Switch#**show running-config**　　　　　//显示正在运行的配置文件
Switch#**show startup-config**　　　　　//显示已经保存的配置文件
Switch#**show mac-address-table**　　　//显示 MAC 地址表

3) 接口基本配置

交换机出厂（默认）时，交换机的以太网接口是开启的。使用时，交换机的以太网接口可配置通信模式和速率大小。

SW1(config)#**interface f0/1**　　　　　　　//设置 f0/1 口配置模式
SW1(configif)#**duplex{full|half|auto}**　　//设置接口的通信模式
SW1(configif)#**speed{10|100|1000|auto}**　　//设置接口的通信速率

4.3　生成树技术

4.3.1　生成树协议的产生

在网络发展初期，透明网桥是一个不得不提的重要角色。它比只会放大和广播信号的集线器聪明得多，它会悄悄地把发向它的数据帧的源 MAC 地址和端口号记录下来，下次碰到这个目的 MAC 地址的报文就只从记录中的端口号发送出去，除非目的 MAC 地址没有记录在案或者目的 MAC 地址本身就是多播地址才会向所有端口发送。通过透明网桥，不同的局域网之间可以实现互通，网络可操作的范围得以扩大。并且由于透明网桥具备 MAC 地址学习功能，而不会像 Hub 那样造成网络报文冲撞泛滥。

但是，金无足赤，透明网桥也有它的缺陷。它的缺陷就在于它的透明传输。透明网桥并

不能像路由器那样知道报文可以经过多少次转发，一旦网络存在环路就会造成报文在环路内不断循环和增生，甚至造成恐怖的"广播风暴"。之所以用"恐怖"二字是因为在这种情况下，网络将变得不可用，而且在大型网络中故障不好定位，所以广播风暴是二层网络中灾难性的故障。

在这种大环境下，扮演着"救世主"角色的生成树协议(Spanning Tree Protocol，STP)来到人间，其中以 IEEE 的 802.1D 版本最为流行。

1. 生成树概述

STP 是一种第二层的链路管理协议，它用于维护一个无环路的网络。

STP 的基本思想十分简单。大家知道，自然界中生长的树是不会出现环路的，如果网络也能够像一棵树一样生长就不会出现环路。于是，STP 中定义了根桥(Root Bridge)、根端口(Root Port)、指定端口(Designated Port)、路径开销(Path Cost)等概念，目的就在于通过构造一棵自然树的方法达到裁剪冗余环路的目的，同时实现链路备份和路径最优化。用于构造这棵树的算法称为生成树算法(Spanning Tree Algorithm，SPA)。总而言之，STP 会特意阻塞可能导致环路的冗余路径，以确保网络中所有目的地之间只有一条逻辑路径。

要实现这些功能，网桥之间必须要进行一些信息的交流，这些信息交流单元就称为网桥协议数据单元(BPDU)帧。BPDU 是一种二层报文，目的 MAC 地址是多播地址：01-80-C2-00-00-00，所有支持 STP 的网桥都会接收并处理收到的 BPDU 报文。该报文的数据区里携带了用于生成树计算的所有有用信息。阻塞的路径不再接收和转发用户数据包，但是会接收用来防止环路的网桥协议数据单元(BPDU)帧。

如果网络拓扑发生变化，需要启用阻塞路径来抵消网络电缆或交换机故障的影响，STP 就会重新计算路径，将必要的端口解除阻塞，使冗余路径进入活动状态。

2. 基本术语

(1) 根桥：每个生成树实例都有一台交换机被指定为根桥。根桥是所有生成树计算的参考点，用以确定哪些冗余路径应被阻塞。

(2) 端口角色。

① 根端口：最靠近根桥的交换机端口。

② 指定端口：网络中获准转发流量的、除根端口之外的所有端口。

③ 非指定端口：为防止环路而被置于阻塞状态的所有端口。

④ 禁用端口：是处于管理性关闭状态的交换机端口。

(3) 端口开销：端口开销值与给定路径上的每个交换机端口的端口速度相关联。

(4) 路径开销：路径开销是到根桥的路径上所有端口开销的总和。

(5) 到根桥的最佳路径：交换机到根桥的所有路径中最短的一条路径。

(6) BPDU(网桥协议数据单元)：是运行 STP 交换机之间交换的消息帧。每个 BPDU 都包含 4 个重要字段：根的 BID；转发根桥 BPDU 的网桥的 BID；到达根桥的开销；转发根桥 BPDU 的网桥的端口 ID。

(7) BID(网桥 ID)：内含有优先级值、发送方交换机的 MAC 地址以及可选的扩展系统 ID。

(8) 端口 ID：包含交换机端口的优先级、接口 ID。

在图 4.11 中，展示了不带扩展系统 ID 的网桥 ID 和带扩展系统 ID 的网桥 ID 的不同。

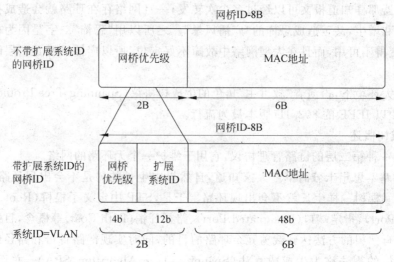

图 4.11 两种网桥 ID 比较图

交换机完成启动后,生成树便立即确定。如果交换机端口直接从阻塞转换到转发状态,而交换机此时并不了解所有拓扑信息时,该端口可能会暂时造成数据环路。为此,STP 引入了 5 种端口状态。表 4.5 中展示了 STP 端口状态。

表 4.5 STP 端口状态

过程	阻塞	侦听	学习	转发	禁用
接收并处理 BPDU	能	能	能	能	不能
转发接口上收到的数据帧	不能	不能	不能	能	不能
转发其他接口交换过来的数据帧	不能	不能	不能	能	不能
学习 MAC 地址	不能	不能	能	能	不能

端口处于各种端口状态的时间长短取决于 BPDU 计时器。只有角色是根桥的交换机可以通过生成树发送信息来调整计时器。表 4.6 中展示了 BPDU 计时器状态。

表 4.6 BPDU 计时器状态

Hello 时间	Hello 时间是端口发送 BPDU 帧的间隔时间。此值默认为 2s,不过可调整为 1~10s 之间的值
转发延迟	转发延迟是处于侦听和学习状态的时间。默认情况下,每转换一个状态要等待 15s,不过此时间可调整为 4~30s 之间的值
最大老化时间	最大老化时间计时器控制着交换机端口保存配置 BPDU 信息的最长时间。此值默认为 20s,不过可调整为 6~40s 之间的值

3. STP 端口状态转换过程

STP 端口状态的转换过程有以下 5 种。

(1) 如果一个被阻塞的接口(非指定端口)在收到一个 BPDU 后,20s 的时间内没有收到 BPDU,则开始进入侦听状态。

(2) 交换机端口初始化后直接进入侦听状态。

(3) 在侦听状态中,交换机通过相互间的 BPDU 交换选出根桥、根端口、指定端口。在一个转发延迟(默认 15s)之后进入下个状态。如果端口类型是以上三种之一则进入侦听状态,否则进入阻塞状态。

(4) 在侦听状态中,BPDU 交换就绪。开始学习新的 MAC 地址。在一个转发延迟之后(默认 15s)进入下个状态。

(5) 在转发状态中,端口可以接收和发送 BPDU。可以接收和发送数据帧。端口现在就是生成树拓扑中的一个具有全部功能的交换机端口。

图 4.12 展示了 STP 端口状态的转换过程。

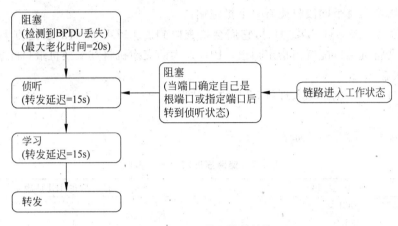

图 4.12　STP 端口状态转换

4. BPDU 更新过程

每台交换机最初都将自己作为根桥。

当交换机或其他交换机收到 BPDU 时,将自己当前的根桥 BID 与收到的 BPDU 帧中的进行比较(先比较优先级,后比较 MAC 地址),如果收到的 BPDU 中的根桥的 BID 比当前的根桥 BID 更小(BID 最小的网桥为根桥),则当前交换机将更新并转发此 BPDU(此时不再自己生成 BPDU),修改发送网桥 BID 为当前网桥的 BID,到根的开销增加送出端口的端口开销,发送端口 ID 为送出端口的 ID。

当交换机收到来自两个不同接口的 BPDU,其标识的根桥 BID 一致,就会比较其到根桥开销的大小,忽略开销大的 BPDU,更新并转发小的 BPDU。

当交换机收到来自两个不同接口的 BPDU,其标识的根桥 BID 一致,开销也一样,就会比较发送网桥的 BID 的大小,忽略发送网桥 BID 大的 BPDU,更新并转发小的 BPDU。如果发送网桥的 BID 也一样,就会比较发送端口 ID 的大小,忽略发送端口 ID 大的 BPDU,更新并转发小的 BPDU。

5. STP 收敛的步骤

步骤 1,选举根桥。

根桥的选举在交换机完成启动时或网络中检测到路径故障时触发。一开始,所有交换机端口都配置为阻塞状态,此状态默认情况下会持续 20s。

由于生成树技术允许网络的端与端之间最多有 7 台交换机,因此整个根桥的选举过程能够在 14s 内完成,此时间短于交换机端口处于阻塞状态的时间。

交换 BPDU,每 2s 发送一次,选取 BID 最小的网桥为根桥。

步骤 2,选举根端口。

除根桥外的其余每台交换机都需具有一个根端口(到根桥的路径开销最低的端口)。如果当同一交换机上有两个以上的端口到根桥的路径开销相同时,做出如下选择。

(1) 到根路径的上一级网桥 BID 不同时：选择其 BID 小的路径。

(2) 到根路径的上一级网桥 BID 相同时：选择其 BPDU 中的端口 ID 小的路径。

当交换机从具有等价路径的多个端口中选择一个作为根端口时,落选的端口会被配置为非指定端口(阻塞状态)以避免环路。

步骤 3,选举指定端口和非指定端口。

交换网络中的每个网段只能有一个指定端口。

当两台交换机交换 BPDU 帧时,它们会检查收到的 BPDU 帧内的发送方 BID,BID 较小的交换机会将其端口配置为指定角色。BID 较大的交换机将其交换机端口配置为非指定角色(阻塞状态)。

下面通过三个案例来深入理解 STP 收敛过程。

案例 1：

链路速度对应的开销值如表 4.7 所示。

表 4.7 链路速度对应的开销值

链路速度	开销(修订后的 IEEE 规范)
10Gb/s	2
1Gb/s	4
100Mb/s	19
10Mb/s	100

首先选取根桥,根桥的选取是根据优先级和 MAC 地址来选取的。首先比较优先级,如果优先级小那么就被选举为根桥,如果优先级相同,那么就比较 MAC 地址,MAC 地址小的选举为根桥,如图 4.13 所示,首先比较优先级,S1 的优先级最小,就选举其为根桥。

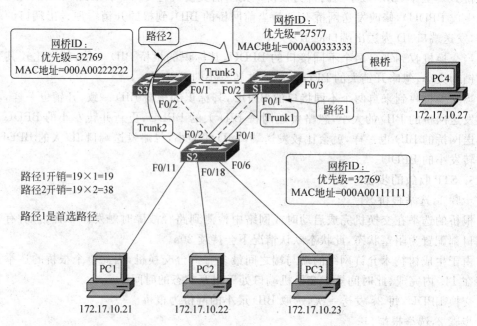

图 4.13 案例 1 示意图

端口选取,分为根端口和指定端口。途中所有链路速度均为百兆,因此链路开销为 19,根桥不需要选取根端口,因此 S1 的 F0/1 和 F0/2 均为指定端口,非根桥的交换机需要选取根端口,靠近根桥的交换机端口即为根端口,因此,S3 的 F0/1 和 S2 的 F0/1 被选举为根端口。

首先看 Trunk1 链路,S2 上的 F0/1 到根桥的开销为 19,S1 上的 F0/1 到根桥的开销为 0,因此选举 S1 的 F0/1 为指定端口。

在 Trunk2 链路上 S2 上的 F0/2 端口到根桥的开销为 19,S3 上的 F0/2 端口到根桥的开销为 19,两个开销一样,就比较 MAC 地址大小,因此 S2 上的 F0/2 被选举为指定端口。

在 Trunk3 链路上 S3 上的 F0/1 端口到根桥的开销为 19,S1 上的 F0/2 端口到根桥的开销为 0,因此选举 S1 上的 F0/2 为指定端口。

最后选举非指定端口即 S3 上的 F0/2 端口。

整个案例的流程如图 4.14 所示。

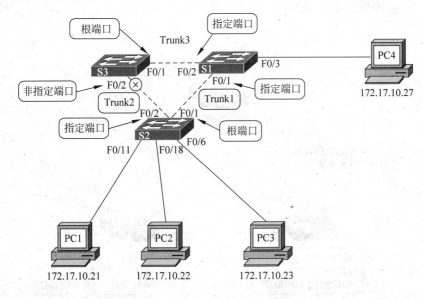

图 4.14　案例 1 流程示意图

案例 2:

了解生成树协议的工作过程不难,首先进行根桥的选举。选举的依据是网桥优先级和网桥 MAC 地址组合成的网桥 ID(Bridge ID),网桥 ID 最小的网桥将成为网络中的根桥。在如图 4.15 所示的网络中,各网桥都以默认配置启动,在网桥优先级都一样(默认优先级是 32 768)的情况下,MAC 地址最小的网桥成为根桥,例如,图 4.15 中的 SW1,它的所有端口的角色都成为指定端口,进入转发状态。

接下来,其他网桥将各自选择一条"最粗壮"的树枝作为到根桥的路径,相应端口的角色就成为根端口。假设图 4.15 中 SW1 和 SW2、SW3 之间的链路是千兆 GE 链路,SW1 和 SW3 之间的链路是百兆 FE 链路,SW3 从端口 1 到根桥的路径开销的默认值是 19,而从端口 2 经过 SW2 到根桥的路径开销是 4+4=8,所以端口 2 选举为根端口,进入转发状态。同理,SW2 的端口 2 选举为根端口,端口 1 选举为指定端口,进入转发状态。

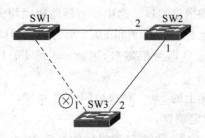

图 4.15　生成树工作过程示意图

根桥和根端口都确定之后一棵树就生成了,如图中实线所示。下面的任务是裁剪冗余的环路。这个工作是通过阻塞非根桥上相应端口来实现的,例如,SW3 的端口 1 的角色成为禁用端口,进入阻塞状态(图中用⊗表示)。

案例 3:

本案例示意图如图 4.16 所示。

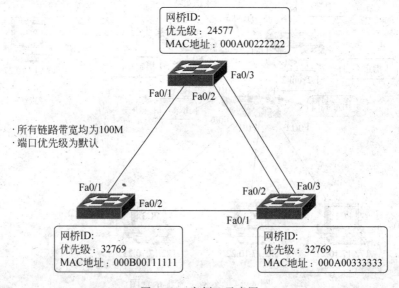

图 4.16　案例 3 示意图

(1) 选举根桥,BID 小的交换机为根桥。

(2) 其余交换机选举根端口,路径开销最小为根端口;路径开销相同,端口 ID 小的为根端口。

(3) 在剩余网段中选举指定端口,BID 小的为指定端口。

生成树经过一段时间(默认值是 30s 左右)稳定之后,所有端口要么进入转发状态,要么进入阻塞状态。STP BPDU 仍然会定时从各个网桥的指定端口发出,以维护链路的状态。如果网络拓扑发生变化,生成树就会重新计算,端口状态也会随之改变。

当转发端口关闭(例如被阻塞)或某端口在交换机已具有指定端口的情况下转换为转发状态时,交换机会认为自己检测到了拓扑更改。如果检测到更改,交换机会通知生成树的根桥。然后根桥将该信息广播到整个网络。

生成树工作过程如图 4.17 所示。

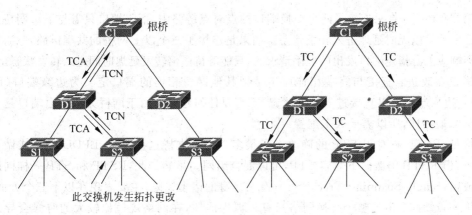

图 4.17 生成树工作过程

当然生成树协议还有很多内容,在这里不可能一一介绍。之所以花这么多笔墨介绍生成树的基本原理是因为它太"基本"了,其他改进型的生成树协议都是以此为基础的,基本思想和概念都大同小异。

STP 给透明网桥带来了新生。但是,随着应用的深入和网络技术的发展,它的缺点在应用中也被暴露了出来。STP 的缺陷主要表现在收敛速度上。

当拓扑发生变化,新的配置消息要经过一定的时延才能传播到整个网络,这个时延称为转发延迟,协议默认值是 15s。在所有网桥收到这个变化的消息之前,若旧拓扑结构中处于转发的端口还没有发现自己应该在新的拓扑中停止转发,则可能存在临时环路。为了解决临时环路的问题,生成树使用了一种定时器策略,即在端口从阻塞状态到转发状态中间加上一个只学习 MAC 地址但不参与转发的中间状态,两次状态切换的时间长度都是转发延迟,这样就可以保证在拓扑变化的时候不会产生临时环路。但是,这个看似良好的解决方案实际上带来的却是至少两倍转发延迟的收敛时间。

4.3.2 RSTP

为了解决 STP 的这个缺陷,在 21 世纪初 IEEE 推出了 802.1w 标准,作为对 802.1D 标准的补充。在 IEEE 802.1w 标准里定义了快速生成树协议(Rapid Spanning Tree Protocol,RSTP)。RSTP 在 STP 基础上做了三点重要改进,使得收敛速度快得多(最快 1s 以内)。

第一点改进:为根端口和指定端口设置了快速切换用的替换端口(Alternate Port)和备份端口(Backup Port)两种角色,当根端口/指定端口失效的情况下,替换端口/备份端口就会无时延地进入转发状态。图 4.18 中所有网桥都运行 RSTP,SW1 是根桥,假设 SW2 的端口 1 是根端口,端口 2 将能够识别这种拓扑结构,成为根端口的替换端口,进入阻塞状态。当端口 1 所在链路失效的情况下,端口 2 就能够立即进入转发状态,无须等待两倍转发延迟时间。

图 4.18 RSTP 冗余链路快速切换示意图

第二点改进：在只连接了两个交换端口的点对点链路中，指定端口只需与下游网桥进行一次握手就可以无时延地进入转发状态。如果是连接了三个以上网桥的共享链路，下游网桥是不会响应上游指定端口发出的握手请求的，只能等待两倍转发延迟时间进入转发状态。

第三点改进：直接与终端相连而不是把其他网桥相连的端口定义为边缘端口（Edge Port）。边缘端口可以直接进入转发状态，不需要任何延时。由于网桥无法知道端口是否是直接与终端相连，所以需要人工配置。

可见，RSTP 相对于 STP 的确改进了很多。为了支持这些改进，BPDU 的格式做了一些修改，但 RSTP 仍然向下兼容 STP，可以混合组网。虽然如此，RSTP 和 STP 一样同属于单生成树（Single Spanning Tree，SST），有它自身的诸多缺陷，主要表现在以下三个方面。

第一点缺陷：由于整个交换网络只有一棵生成树，在网络规模比较大的时候会导致较长的收敛时间，拓扑改变的影响面也较大。

第二点缺陷：近些年 IEEE 802.1Q 应用广泛，逐渐成为交换机的标准协议。在网络结构对称的情况下，单生成树也没什么大碍。但是，在网络结构不对称的时候，单生成树就会影响网络的连通性。

图 4.19 中假设 SW1 是根桥，实线链路是 VLAN 10，虚线链路是 802.1Q 的 Trunk 链路，将 SW1 和 SW2 的 Trunk 模式打开，允许 VLAN 10 和 VLAN 20 通过，当 SW2 的 Trunk 端口被阻塞的时候，显然 SW1 和 SW2 之间 VLAN 20 的通路就被切断了。

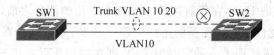

图 4.19 非对称网络示意图

第三点缺陷：当链路被阻塞后将不承载任何流量，造成了带宽的极大浪费，这在环状城域网的情况下比较明显。

图 4.20 中假设 SW1 是根桥，SW4 的一个端口被阻塞。在这种情况下，SW2 和 SW4 之间铺设的光纤将不承载任何流量，所有 SW2 和 SW4 之间的业务流量都将经过 SW1 和 SW3 转发，增加了其他几条链路的负担。

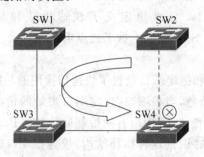

图 4.20 SST 带宽利用率低下示意图

4.3.3 MSTP

多生成树协议（Multiple Spanning Tree Protocol，MSTP）是 IEEE 802.1s 中定义的一种新型多实例化生成树协议。这个协议目前仍然在不断优化过程中，现在只有草案（Draft）

版本可以获得。不过 Cisco 已经在 CatOS 7.1 版本里增加了 MSTP 的支持,华为公司的三层交换机产品 QuidWay 系列交换机也即将推出支持 MSTP 的新版本。

MSTP 精妙的地方在于把支持 MSTP 的交换机和不支持 MSTP 交换机划分成不同的区域,分别称作 MST 域和 SST 域。在 MST 域内部运行多实例化的生成树,在 MST 域的边缘运行 RSTP 兼容的内部生成树(Internal Spanning Tree,IST)。

图 4.21 中间的 MST 域内的交换机间使用 MSTP BPDU 交换拓扑信息,SST 域内的交换机使用 STP/RSTP/PVST+ BPDU 交换拓扑信息。在 MST 域与 SST 域之间的边缘上,SST 设备会认为对接的设备也是一台 RSTP 设备。而 MST 设备在边缘端口上的状态将取决于内部生成树的状态,也就是说端口上所有 VLAN 的生成树状态将保持一致。

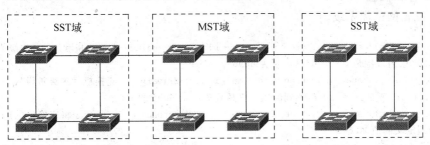

图 4.21　MSTP 工作原理示意图

MSTP 设备内部需要维护的生成树包括若干个内部生成树 IST,个数和连接了多少个 SST 域有关。另外,还有若干个多生成树实例(Multiple Spanning Tree Instance,MSTI)确定的 MSTP 生成树,个数由配置了多少个实例决定。

MSTP 相对于之前的生成树协议而言,优势非常明显。MSTP 具有 VLAN 认知能力,可以实现负载均衡,可以实现类似 RSTP 的端口状态快速切换,可以捆绑多个 VLAN 到一个实例中以降低资源占用率。最难能可贵的是 MSTP 可以很好地向下兼容 STP/RSTP。而且,MSTP 是 IEEE 标准协议,推广的阻力相对小得多。

4.3.4　快速端口

快速端口(Port Fast)是对于接入端口来说的,也就是使用了 Port Fast 的端口直接就进入传输状态,而不需要经过中间的其他状态,如图 4.22 所示。

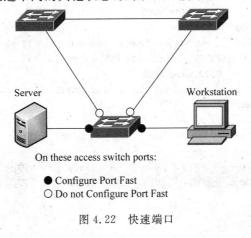

图 4.22　快速端口

假设对交换机 A 的 F0/1 端口来说,如果没有启用 Port Fast,那么当 F0/1 有计算机接入时,F0/1 接口将立即进入侦听状态,随后进入学习状态,最后进入转发状态,这期间需要 30s 的时间,接口一旦配成 Port Fast 特性,计算机接入时,接口将立即进入转发状态。

Port Fast 具有 Catalyst 的特性,能使交换机或中继端口跳过侦听学习状态而进入 STP 转发状态,在基于 IOS 的交换机上,Port Fast 只能用于连接到终端工作站的接入端口上。

Port Fast 特性必须配置在连接终端或者服务器的端口,而一定不能是连接另一台交换机的接口,否则会造成网络环路,STP 就没有意义了。即 Port Fast 只能配置在接入层交换机中。另外,如果在该端口启用了语音 VLAN,那么 Port Fast 特性也将自动被启用。

1. 配置和检验

(1) 配置网桥优先级。

```
Switch(config)#spanning-tree vlan vlan-id priority value    //交换机默认的优先级值为32 768。
//Value取值范围是0~61 440(增量为4096)。
Switch(config)#spanning-tree vlan vlan-id root primary    //交换机优先级被设置为预定义的
//值24 576,或是比网络中检测到的最低网桥优先级低4096的值。
Switch(config)#spanning-tree vlan vlan-id root secondary    //此命令将交换机的优先级设置
//为预定义的值28 672。
```

(2) 配置接口的端口开销。

```
Switch(config-if)#spanning-tree cost value    //默认和端口带宽关联,value取值范围
//是1~200 000 000。
```

(3) 配置端口的优先级值。

```
Switch(config-if)#spanning-tree port-priority value    //交换机默认的端口优先级值
//是128。value取值范围为0~240(增量为16)。
```

(4) 要检查交换机端口的端口角色和端口优先级,可使用特权执行模式命令 show spanning-tree。具体示例如下所示。

```
S2# show spanning-tree
VLAN0001
  Spanning tree enabled protocol ieee
  Root ID    Priority    24577
             Address     0019.aa9e.b000
             This bridge is the root
             Hello Time  2 sec  Max Age 20 sec  Forward Delay 15 sec
  Bridge ID  Priority    24577    (priority 24576 sys-id-ext 1)
             Address     0019.aa9e.b000
             Hello Time  2 sec  Max Age 20 sec  Forward Delay 15 sec
             Aging Time  300

Interface        Role    Sts    Cost      Prio.Nbr    Type
----------       ----    ---    ------    --------    ----------
Fa0/1            Desg    FWD    19        128.1       P2p
Fa0/2            Desg    FWD    19        128.2       P2p

S2#
```

2. 交换机 STP 实验

在模拟器软件中绘制拓扑图，如图 4.23 所示。

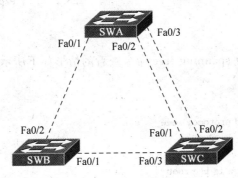

图 4.23　STP 实验

绘制结果如图 4.24 所示。

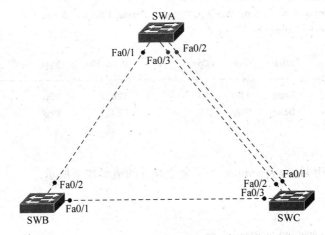

图 4.24　模拟情况

步骤 1，使用 show spanning-tree 查看每个交换机的 BID、端口 ID，并记录。
在 SWA 中使用 show spanning-tree 命令查看的情形如下所示。

```
SWA#show spanning-tree
VLAN0001
  Spanning tree enabled protocol ieee
  Root ID    Priority    32769
             Address     000C.8523.B5CD
             Cost        19
             Port        1(FastEthernet0/1)
             Hello Time  2 sec  Max Age 20 sec  Forward Delay 15 sec
  Bridge ID  Priority    32769   (priority 32768 sys-id-ext 1)
             Address     00E0.F951.6DA2
             Hello Time  2 sec  Max Age 20 sec  Forward Delay 15 sec
             Aging Time  20

Interface        Role   Sts    Cost        Prio.Nbr    Type
-------------    ----   ----   ---------   --------    ----------
```

```
Fa0/1            Root   FWD    19        128.1     P2p
Fa0/3            Altn   BLK    19        128.3     P2p
Fa0/2            Altn   BLK    19        128.2     P2p
```

SWA#

在 SWB 中使用 show spanning-tree 命令查看的情形如下所示。

```
SWB# show spanning-tree
VLAN0001
  Spanning tree enabled protocol ieee
  Root ID    Priority    32769
             Address     000C.8523.B5CD
             This bridge is the root
             Hello Time  2 sec  Max Age 20 sec  Forward Delay 15 sec
  Bridge ID  Priority    32769    (priority 32768 sys-id-ext 1)
             Address     000C.8523.B5CD
             Hello Time  2 sec  Max Age 20 sec  Forward Delay 15 sec
             Aging Time  20

Interface       Role   Sts    Cost      Prio.Nbr   Type
-------------   ----   ----   --------  --------   ----------
Fa0/2           Desg   FWD    19        128.2      P2p
Fa0/1           Desg   FWD    19        128.1      P2p
```

SWB#

在 SWC 中使用 show spanning-tree 命令查看的情形如下所示。

```
SWC# show spanning-tree
VLAN0001
  Spanning tree enabled protocol ieee
  Root ID    Priority    32769
             Address     000C.8523.B5CD
             Cost        19
             Port        3(FastEthernet0/3)
             Hello Time  2 sec  Max Age 20 sec  Forward Delay 15 sec
  Bridge ID  Priority    32769    (priority 32768 sys-id-ext 1)
             Address     0090.2188.2125
             Hello Time  2 sec  Max Age 20 sec  Forward Delay 15 sec
             Aging Time  20

Interface       Role   Sts    Cost      Prio.Nbr   Type
-------------   ----   ----   --------  --------   ----------
Fa0/3           Root   FWD    19        128.3      P2p
Fa0/1           Desg   FWD    19        128.1      P2p
Fa0/2           Desg   FWD    19        128.2      P2p
```

SWC#

三台交换机信息总结如表 4.8 所示。

表 4.8 三台交换机信息总结

	BID	Fa0/1	Fa0/2	Fa0/3
SWA	优先级：32769 MAC 地址：00E0.F951.6DA2	BID：128 端口 ID：1	BID：128 端口 ID：2	BID：128 端口 ID：3
SWB	优先级：32769 MAC 地址：000C.8523.B5CD	BID：128 端口 ID：1	BID：128 端口 ID：2	无
SWC	优先级：32769 MAC 地址：0090.2188.2125	BID：128 端口 ID：1	BID：128 端口 ID：2	BID：128 端口 ID：3

步骤 2，结合生成树算法分析网络拓扑收敛情况，STP 收敛后结果如下。
(1) 确定根桥。
根桥是：SWB。
(2) 确定非根桥的根端口（根桥上无根端口，请填写"无"）。
SWA 的根端口是：Fa0/1；SWB 的根端口是：无；SWC 的根端口是：Fa0/3。
(3) 确定每一个网端的指定端口和非指定端口（阻塞端口）。
网络中阻塞的端口是：交换机 SWA 的端口 Fa0/2；交换机 SWA 的端口 Fa0/3。
步骤 3，将带有阻塞端口的交换机（如果有多台，选择任何一个即可）配置为根网桥。

Switch(config)#spanning-tree vlan 1 root primary

然后参照步骤 2 重新完成 STP 的收敛过程的分析与比较。
具体步骤如下。
有阻塞端口的交换机为 SWA，进入 SWA 进行配置，并查看生成树信息如下所示。

```
SWA(config)#spanning-tree vlan 1 root primary
SWA(config)#exit
SWA#
%SYS-5-CONFIG_I: Configured from console by console

SWA#show sp
SWA#show spanning-tree
VLAN0001
  Spanning tree enabled protocol ieee
  Root ID    Priority    24577
             Address     00E0.F951.6DA2
             This bridge is the root
             Hello Time  2 sec  Max Age 20 sec  Forward Delay 15 sec
  Bridge ID  Priority    24577   (priority 24576 sys-id-ext 1)
             Address     00E0.F951.6DA2
             Hello Time  2 sec  Max Age 20 sec  Forward Delay 15 sec
             Aging Time  20

Interface        Role   Sts   Cost      Prio.Nbr   Type
---------------- ----   ---   --------- ---------  ----------
Fa0/1            Desg   FWD   19        128.1      P2p
Fa0/3            Desg   LRN   19        128.3      P2p
Fa0/2            Desg   LRN   19        128.2      P2p

SWA#
```

在 SWB 中使用 show spanning-tree 命令查看的情形如下所示。

```
SWB# show spa
SWB# show spanning-tree
VLAN0001
  Spanning tree enabled protocol ieee
  Root ID    Priority    24577
             Address     00E0.F951.6DA2
             Cost        19
             Port        2(FastEthernet0/2)
             Hello Time  2 sec  Max Age 20 sec   Forward Delay 15 sec
  Bridge ID  Priority    32769   (priority 32768 sys-id-ext 1)
             Address     000C.8523.B5CD
             Hello Time  2 sec  Max Age 20 sec   Forward Delay 15 sec
             Aging Time  20

Interface        Role    Sts   Cost       Prio.Nbr    Type
-------------    ----    ---   ---------  --------    --------
Fa0/2            Root    FWD   19         128.2       P2p
Fa0/1            Desg    FWD   19         128.1       P2p

SWB#
```

在 SWC 中使用 show spanning-tree 命令查看的情形如下所示。

```
SWC# show spanning-tree
VLAN0001
  Spanning tree enabled protocol ieee
  Root ID    Priority    24577
             Address     00E0.F951.6DA2
             Cost        19
             Port        1(FastEthernet0/1)
             Hello Time  2 sec  Max Age 20 sec   Forward Delay 15 sec
  Bridge ID  Priority    32769   (priority 32768 sys-id-ext 1)
             Address     0090.2188.2125
             Hello Time  2 sec  Max Age 20 sec   Forward Delay 15 sec
             Aging Time  20

Interface        Role    Sts   Cost       Prio.Nbr    Type
-------------    ----    ---   ---------  --------    --------
Fa0/3            Altn    BLK   19         128.3       P2p
Fa0/1            Root    FWD   19         128.1       P2p
Fa0/2            Altn    BLK   19         128.2       P2p

SWC#
```

配置完成后立即从拓扑图中可以看出来阻塞端口改变了,如图 4.25 所示。
转至步骤 2 进行分析,结合生成树算法分析网络拓扑收敛情况。
(1) STP 收敛后结果如下。
从 show spanning-tree 信息可以看出来,SWB 的优先级最高为 24 577,因此确定根桥,

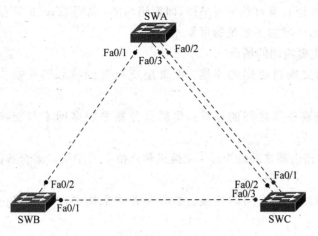

图 4.25 配置完成后的拓扑图

根桥是：SWA。

(2) 确定非根桥的根端口(根桥上无根端口,请填写"无")。

SWA 的根端口是：无；SWB 的根端口是：Fa0/2；SWC 的根端口是：Fa0/2。

(3) 确定每一个网端的指定端口和非指定端口(阻塞端口)。

网络中阻塞的端口是：交换机 SWC 的端口 Fa0/1；交换机 SWC 的端口 Fa0/3。

4.4 端口聚合

4.4.1 端口聚合概述

端口聚合也称为以太通道(Ethernet Channel),主要用于交换机之间连接。由于两个交换机之间有多条冗余链路的时候,STP 会将其中的几条链路关闭,只保留一条,这样可以避免二层环路的产生。但是,这样失去了路径冗余的优点,因为 STP 的链路切换会很慢,在 50s 左右。使用以太通道的话,交换机会把一组物理端口联合起来,作为一个逻辑的通道,也就是 channel-group,这样交换机会认为这个逻辑通道为一个端口,也就是聚合端口(Aggregate Port,AP)。

1. 端口聚合的优点

(1) 带宽增加,带宽相当于组成组的端口的带宽总和。

(2) 增加冗余,只要组内不是所有的端口都 down 掉,两个交换机之间仍然可以继续通信。

(3) 负载均衡,可以在组内的端口上配置,使流量可以在这些端口上自动进行负载均衡。

端口聚合可将多物理连接当作一个单一的逻辑连接来处理,它允许两个交换机之间通过多个端口并行连接同时传输数据以提供更高的带宽、更大的吞吐量和可恢复性的技术。一般来说,两个普通交换机连接的最大带宽取决于媒介的连接速度(100BAST-TX 双绞线为 200M),而使用 Trunk 技术可以将 4 个 200M 的端口捆绑后成为一个高达 800M 的连接。这一技术的优点是以较低的成本通过捆绑多端口提高带宽,而其增加的开销只是连接用的普通 5 类网线和多占用的端口,它可以有效地提高子网的上行速度,从而消除网络访问中的瓶颈。另外，Trunk 还具有自动带宽平衡，即容错功能：即使 Trunk 只有一个连接存在时，仍然会工作，这无形中增加了系统的可靠性。

2. 端口聚合主要应用的场合

（1）交换机与交换机之间的连接：汇聚层交换机到核心层交换机或核心层交换机之间。

（2）交换机与服务器之间的连接：集群服务器采用多网卡与交换机连接提供集中访问。

（3）交换机与路由器之间的连接：交换机和路由器采用端口聚合解决广域网和局域网连接瓶颈问题。

（4）服务器和路由器之间的连接：集群服务器采用多网卡与路由器连接提供集中访问。

3. 端口聚合使用注意事项

（1）端口聚合的成员属性必须一致，包括接口速率、双工、介质类型（指光口或电口）等，光口与电口不能绑定，千兆与万兆不能绑定。

（2）二层端口只能加入二层 AP，三层端口只能加入三层 AP，已经关联了成员口的 AP 口不允许改变二层/三层属性。

（3）端口聚合后，成员接口不能单独再进行配置，只能在 AP 口配置所需要的功能（Interface Aggregate Port x/x）。

（4）两个互连设备的端口聚合模式必须一致，并且同一时刻只能选择一种，是静态聚合或者是动态 LACP 聚合（Link Aggregation Control Protocol，链路汇聚控制协议）。

（5）部分公司生产的交换机通常最多支持 8 个物理端口聚合为一个 AP。

4.4.2 配置方法

采用思科两台 3560 交换机，用交叉线连接起来，在此选择 F0/1 和 F0/2 口，如图 4.26 所示。

图 4.26 配置拓扑图

步骤 1，进入 Switch1 进行配置交换。

```
Switch1# conf t
Switch1(config)# int port - channel1              //进逻辑通道 1
Switch1(config - if)# no switchport               //定义为三层接口（默认是二层口）
Switch1(config - if)# ip address 1.1.1.1 255.0.0.0  //添加通道 IP
Switch1(config - if)# end
Switch1# conf t
Switch1(config)# int range f0/1 - 2               //进入接口 f0/1 - 2
Switch1(config - if - range)# no ip address       //去掉接口 IP
Switch1(config - if - range)# channel - group1 mode on
```

步骤 2，进入 Switch2 进行配置交换。

```
Switch2#conf t
Switch2(config)#int port-channel1              //进逻辑通道 1
Switch2(config-if)#no switchport               //定义为三层接口(默认是二层口)
Switch2(config-if)#ip address 1.1.1.2 255.0.0.0  //添加通道 IP
Switch2(config-if)#end
Switch2#conf t
Switch2(config)#int range f0/1-2               //进入接口 f0/1-2
Switch2(config-if-range)#no ip address         //去掉接口 IP
Switch2(config-if-range)#channel-group1 mode on
```

步骤 3，配置完后，查看绑定的接口如下所示。

```
SW1#show etherchannel summary
Flags:  D - down          P - in port-channel
        I - stand-alone   s - suspended
        H - Hot-standby (LACP only)
        R - Layer3        S - Layer2
        U - in use        f - failed to allocate aggregator
        u - unsuitable for bundling
        w - waiting to be aggregated
        d - default port


Number of channel-groups in use:    1
Number of aggregators:              1

Group Port-channel   Protocol    Ports
---+-----------+--------+----------------------
1    Po1(SU)         PAgP       Fa0/1(P) Fa0/2(P)
```

步骤 4，配置后的效果如图 4.27 所示。

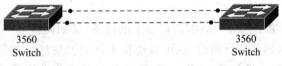

图 4.27　配置完成后的效果

注意事项：

配置端口聚合要求端口必须有相同的速率和双工模式。

第 5 章 VLAN 技术

5.1 VLAN 的工作原理

学习 VLAN 之前,首先要了解什么是冲突域和广播域。在理解 VLAN 可以缩小广播域的作用时,什么是广播域,它与经常见到的冲突域之间有什么区别,总有许多读者对这些问题不是很清楚。

5.1.1 冲突域

冲突域(Collision Domain)是一种物理分段,指连接在同一物理介质上的所有站点的集合。这些站点之间存在介质争用现象(譬如传统以太网中的 CSMA/CD 介质检测原理),即它们在数据通信时需要共享某部分公用介质。冲突域指的是会产生冲突的最小范围。在同一冲突域中的计算机等设备互连时,会通过同一个物理通道,同一时刻只允许一个设备发送的数据在这条通道中通过,其他设备发送的数据则要等到这个通道处于"闲"时才可以通过,否则会出现冲突,这时就可能出现大量的数据包因为延时而被丢弃或者丢失。

冲突域的大小可以衡量设备的性能,以前的集线器、中继器都是典型的共享介质的集中连接设备,并且均工作在 OSI/RM 第一层——物理层上的设备。连接在这些设备上的其他设备都处于同一个冲突域中,不能划分冲突域,即所有的端口上的数据报文都要排队等待通过。

工作在 OSI/RM 第二层——数据链路层上的设备,譬如网桥和交换机也有冲突域的概念,但是它们都是可以划分冲突域的,也可以连接不同的冲突域。如果把集线器、中继器上的传输通道看成是一根电缆的话,则可将网桥、交换机的交换通道看成是一束电缆,有多条独立的通道(矩阵设计),这样就可以允许同一时刻进行多方通信了。

网桥与中继器类似,传统的网桥只有两个端口,可用于连接不同的网段。即可以把网桥看成是可以连接两个冲突域的设备。连接在同一网桥上的两个网段各自成为一个冲突域。交换机则是网桥的扩展,它有许多端口,而且每个端口就是一个冲突域,即一个或多个端口的高速传输不会影响其他端口的传输,因为不同端口发送的数据不需要在同一条通道中排队通过,而只是在同一端口中的数据需要在对应端口通道中排队。

5.1.2 广播域

要理解广播域(Broadcast Domain),首先要理解什么是"广播"。如果一个数据包的目标地址是这个网段的广播 IP 地址(广播 IP 地址是对应子网的最后一个 IP 地址),或者目标计算机的 MAC 地址是 FF-FF-FF-FF-FF-FF,那么这个数据包就会被这个网段的所有计算机接收并响应,这就是广播的含义。

广播域是指可以接收相同广播消息的节点范围。在这个范围中的任何一个节点传输一个广播包,则该范围中的所有其他节点都可以接收到。广播域是 OSI/RM 中的第二层概念,所以像集线器、网桥和交换机等设备所连接的节点被认为都是在同一个广播域,当然这是指各节点处于同一 IP 网段情况下;如果连接的各设备是处于不同网段,则相当于路由器的功能。而路由器、三层交换机这样的设备可以划分广播域,即可以连接不同的广播域,就是说一个可路由端口所连接的网段就是一个广播域。

通常广播消息是用来进行 ARP 寻址等用途,但是广播域无法控制,会对网络健康带来严重影响,主要是带宽和网络延迟方面的问题。二层交换机是转发广播的,所以不能分割广播域,而路由器一般不转发广播,所以可以分割或定义广播域。

VLAN 是用来把一个大的网络划分成多个小的虚拟网络,即它具有划分多个广播域、缩小广播域大小的功能。因为不同 VLAN 间是不能直接通信的,VLAN 间的通信必须依靠三层路由,就像不同子网间的连接一样,所以 VLAN 也是不转播广播包的,可以起到缩小广播域的作用。

5.1.3 VLAN 概述

VLAN(Virtual Local Area Network)又称虚拟局域网,是指在交换局域网的基础上,采用网络管理软件构建的可跨越不同网段、不同网络的端到端的逻辑网络。一个 VLAN 组成一个逻辑子网,即一个逻辑广播域,它可以覆盖多个网络设备,允许处于不同地理位置的网络用户加入到一个逻辑子网中。

VLAN 是建立在物理网络基础上的一种逻辑子网,因此建立 VLAN 需要相应的支持 VLAN 技术的网络设备。当网络中的不同 VLAN 间进行相互通信时,需要路由的支持,这时就需要增加路由设备——要实现路由功能,既可采用路由器,也可采用三层交换机来完成,即不同 VLAN 必须通过路由器(或网络层设备)才能通信。

常用的实现方法:交换机配置 VLAN,把接口归属到 VLAN。

构建 VLAN 前后之间的差别如下。

(1) 构建 VLAN 之前:

一台交换机下的所有主机属于一个网络的成员。

网络在物理上是连续的。

(2) 构建 VLAN 之后:

一台交换机的主机可以属于不同的网络,不同网络的主机间不能相互访问。

网络在逻辑上是连续的(物理上可以不连续)。

1. VALN 的分类

从技术角度讲,VLAN 的分类可依据不同原则,一般有以下 5 种分类方法。

1) 基于端口的 VLAN 划分

这是一种从 OSI/RM 物理层角度进行的 VLAN 划分方式,也是最常见的一种 VLAN 划分方式。它是将相同或者不同交换机中的某些端口定义为一个单独的区域,从而形成一个 VLAN 网段。同一 VLAN 网段中的计算机属于同一个 VLAN 组,不同 VLAN 组之间的用户进行通信需要通过路由器或者三层交换机进行。

基于端口的划分方式是一种静态二层访问 VLAN 划分方式，其优点是配置起来非常方便，而且大多数品牌交换机都支持这一技术，所以实现起来成本较低，配置也非常简单。这种划分方式适用于网络环境比较固定的情况，因为它是基于端口的静态划分方式。不足之处是不够灵活，当一台计算机需要从一个端口移动到另一个新的端口，而新端口与旧端口不属于同一个 VLAN 时，需要修改端口的 VLAN 设置或在用户计算机上重新配置网络地址，这样才能加入到新的 VLAN 中；否则，这台计算机将无法进行网络通信。

如图 5.1 所示的是在一个网络中将第一个交换机的 2～10 号端口和第二个交换机的 1～10 号端口划分为同一个 VLAN 网段（在此标记为 VLAN 1）；而将第一个交换机的 11～22 号端口和第二个交换机的 15～20 号端口划分在另一个 VLAN 网段中（在此标记为 VLAN 2）。

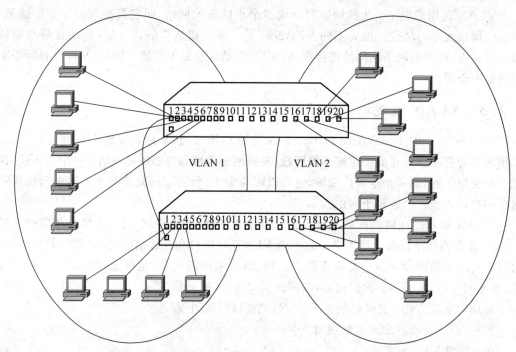

图 5.1 基于端口的 VLAN 划分

2) 基于 MAC 地址的 VLAN 划分

这是从 OSI/RM 数据链路层角度进行的 VLAN 划分，是一种动态二层访问 VLAN 划分方式。每块网卡都有一个唯一的硬件物理地址，即 MAC 地址。MAC 地址是连接在网络中的每个设备网卡的物理地址，由 IEEE 控制。虽然说 MAC 地址可以在网络中虚拟修改，但在同一网络中仍不允许存在同一 MAC 地址号的网卡设备，否则最终只允许一个正常工作，所以无论如何，在同一网络中每个正常工作的网卡 MAC 地址都是唯一的。

MAC 地址属于数据链路层，以此作为划分 VLAN 的依据能很好地独立于网络层上的各种应用。按 MAC 地址定义的 VLAN 有其特有的优势，解决了前面介绍的按端口划分 VLAN 方式中存在的站点移动问题。因为 MAC 地址是捆绑在网卡上的，对于连接于交换机端口的工作站来说，在它们初始化时相应的交换机会在 VLAN 的管理信息库中检查 MAC 地址，从而动态地匹配该端口到相应的 VLAN 中，所以这种形式的 VLAN 允许网络用户从一个物理位置移动到另一个物理位置,并且自动保留其所属虚拟网段的成员身份。同时,这种划分方式独立于网络的高层协议(如 TCP/IP、IP、IPX 等),因此从某种意义上讲,利用 MAC 地址定义 VLAN 网段可以看成是一种基于用户的网络划分手段。

这种方法的一个缺点是所有的用户必须被明确地分配一个 VLAN,而且只有在完成初始化配置工作后设备才会实现对用户的自动跟踪。这样在一个拥有大量节点的大型网络中,如果要求管理员将每个用户都一一划分到某一个 VLAN,并完成所有初始化配置,其工作量是可想而知的。

3) 基于网络层的 VLAN 划分

基于网络层来划分 VLAN 可以有两种方案:一种是基于通信协议(如果网络中存在多协议)来划分;另一种是基于网络层地址(最常见的是 TCP/IP 中的子网段地址)来划分。

如果是基于通信协议来划分,则 VLAN 网段可以划分为 IPv4 子网、IPv6 子网、IPX 子网、AppleTalk 子网或者其他协议 VLAN 等,当然这通常只有大型网络中才可能存在。在这种划分方式中,同一协议的工作站被划分为一个 VLAN,交换机检查广播帧的以太帧标题域,查看其协议类型,若已存在该协议的 VLAN 则加入源端口,否则创建一个新的 VLAN。由此可以看出,这种 VLAN 划分方式具有非常高的智能,不但大大减少了人工配置 VLAN 的工作量,同时保证了用户自由地增加、移动和修改。不同网段上的站点可属于同一 VLAN,在不同 VLAN 上的站点也可在同一网段上。

如果采用基于网络层地址划分的方式,通常是根据用户计算机的 IP 地址、子网掩码、IPX 网络号等来划分。同样它也具有以上采用网络协议划分 VLAN 网段的智能性,交换机会自动检查每个设备的 IP 地址、子网掩码或 IPX 网络号,然后自动划分。

以上这种基于网络层来划分 VLAN 的方式具有以下两个主要优势:首先,网络用户可以在网络内部自由移动而不用重新配置自己的工作站,尤其是使用 TCP/IP 的用户;其次,这种类型的 VLAN 可以减少由于协议转换而造成的网络延迟。并且同一交换机端口可以被划分到多个 VLAN 网段中。当然也有一些自身的不足。与基于 MAC 地址划分 VLAN 方式相比,基于网络层的 VLAN 需要分析各种协议的地址格式并进行相应的转换,这需要消耗交换机设备较多的资源,因此在速度上稍具劣势。

4) 基于 IP 广播组的 VLAN 划分

基于这种 VLAN 划分方式可将任何属于同一 IP 广播组的计算机划分到同一 VLAN。任何一个工作站都有机会成为某一个广播组的成员,只要它对该广播组的广播确认信息给予肯定的回答。所有加入同一个广播组的工作站被视为同一个虚拟网的成员。然而,他们的这种成员身份可根据实际需求保留一定的时间。因此,利用 IP 广播域来划分虚拟网的方法给使用者带来了巨大的灵活性和可延展性。并且,在这种方式下,整个网络可以非常方便地通过路由器扩展规模。

5) 基于策略的 VLAN 划分

基于策略的 VLAN 是最灵活的 VLAN 划分方式。这种方式具有自动配置的能力,能够把相关的用户连成一体,在逻辑划分上称为"关系网络"。网络管理员只需在网管软件中确定划分 VLAN 的规则(或属性),则当一个站点加入网络中时将会被发现并"感知",并被自动地包含进正确的 VLAN 中。同时,对站点的移动和改变也可自动识别和跟踪。

采用这种方式,整个网络可以非常方便地通过路由器扩展规模。有的产品还支持一个端口上的主机分别属于不同的 VLAN,这在交换机与共享式集线器共存的环境中显得尤为重要。自动配置 VLAN 时,交换机中的软件自动检查进入交换机端口的广播信息的 IP 源地址,然后软件自动将这个端口分配给一个由 IP 子网映射成的 VLAN。

2. VLAN 的作用

使用 VLAN 具有以下优点。

1) 控制广播风暴

一个 VLAN 就是一个逻辑广播域,通过对 VLAN 的创建,隔离了广播,缩小了广播范围,可以控制广播风暴的产生。

2) 提高网络整体安全性

通过路由访问列表和 MAC 地址分配等 VLAN 划分原则,可以控制用户访问权限和逻辑网段大小,将不同用户群划分在不同 VLAN,从而提高交换式网络的整体性能和安全性。

3) 网络管理简单、直观

对于交换式以太网,如果对某些用户重新进行网段分配,需要网络管理员对网络系统的物理结构重新进行调整,甚至需要追加网络设备,增大网络管理的工作量。而对于采用 VLAN 技术的网络来说,一个 VLAN 可以根据部门职能、对象组或应用将不同地理位置的网络用户划分为一个逻辑网段。在不改动网络物理连接的情况下可以任意地将工作站在工作组或子网之间移动。利用虚拟网络技术,大大减轻了网络管理和维护工作的负担,降低了网络维护费用。在一个交换网络中,VLAN 提供了网段和机构的弹性组合机制。

如图 5.2 所示 VLAN。

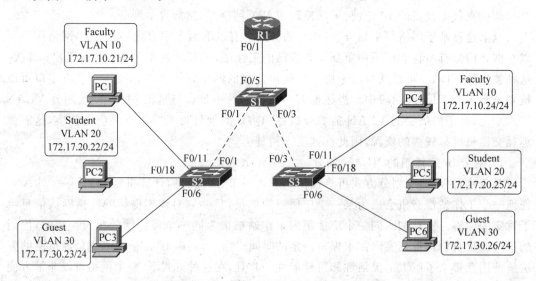

图 5.2　VLAN

传统的路由器在网络中有路由转发、防火墙、隔离广播等作用,而在一个划分了 VLAN 以后的网络中,逻辑上划分的不同网段之间通信仍然要通过路由器转发。

由于在局域网上,不同 VLAN 之间的通信数据量很大,如果路由器要对每一个数据包都路由一次,随着网络上数据量的不断增大,路由器将不堪重负,路由器将成为整个网络运行的瓶颈。在这种情况下,出现了第三层交换技术,它是将路由技术与交换技术合二为一的技术。

三层交换机在对第一个数据流进行路由后,会产生一个MAC地址与IP地址的映射表,当同样的数据流再次通过时,将根据此表直接从二层通过而不是再次路由,从而消除了路由器进行路由选择而造成网络的延迟,提高了数据包转发的效率,消除了路由器可能产生的网络瓶颈问题。

可见,三层交换机集路由与交换于一身,在交换机内部实现了路由,提高了网络的整体性能。在以三层交换机为核心的千兆网络中,为保证不同职能部门管理的方便性和安全性以及整个网络运行的稳定性,可采用VLAN技术进行虚拟网络划分。VLAN子网隔离了广播风暴,对一些重要部门实施了安全保护;并且当某一部门物理位置发生变化时,只需对交换机进行设置,就可以实现网络的重组,非常方便、快捷,同时节约了成本。

5.1.4 工作原理

VLAN是交换网络按照功能、项目组、部门、IP子网、网络协议或者应用策略等方式划分的逻辑分段,而不考虑用户的物理位置。VLAN具有与物理网络相同的属性,但是可以聚合即使不在同一个物理网段中的终端站点。在VLAN的配置与使用中,许多读者并没有真正了解VLAN的形成原理,从而导致出现一些VLAN配置和VLAN路由、桥接故障时无法理解。

1. 同一物理交换机中的VLAN

其实理解VLAN这个技术术语的关键就是要理解"虚拟"这两个字。"虚拟"表示VLAN所组成的是一个虚拟或者说是逻辑LAN,并不是一个物理LAN。交换机中的各个VLAN可以理解为一个个虚拟交换机,如图5.3所示的物理交换机中就划分了5个VLAN,相当于5个相互只有逻辑连接关系的虚拟交换机。

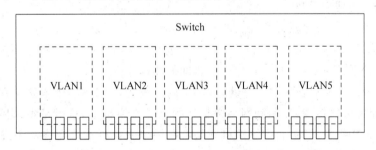

图5.3 一台物理交换机中划分的多个VLAN

其实只要把一个VLAN看成一台交换机(只不过它是虚拟交换机),以前许多问题就比较好理解了,因为虚拟交换机与物理交换机具有相同的基本属性。同一物理交换机上的不同VLAN之间就像永远不可能有物理连接,只有逻辑连接的不同物理交换机一样,是肯定不能直接相互通信的,即使这些不同VLAN中的成员都处于同一IP网段。

位于同一VLAN中的端口成员相当于同一物理交换机上的端口成员一样,不同情况仍都可以按照物理交换机来处理。如果同一VLAN中的端口成员都属于同一个网段,则可以相互通信,就像同一物理交换机上连接同一网段的各个主机用户一样;但如果同一VLAN中的端口成员属于不同网段,则相当于一台物理交换机上连接处于不同网段的主机用户一样,这时需要通过路由或者网关(通常是在一个VLAN接口中配置多个对应不同网段的IP

地址来实现)配置来实现相互通信。

2. 不同物理交换机中的 VLAN

因为一个 VLAN 中的端口成员不是依据成员的物理位置来划分,所以通常是位于网络中的不同交换机上,即一个 VLAN 可以跨越多台物理交换机(但跨越不同交换机的一个 VLAN 只能配置一个 VLAN 接口),这就是 VLAN 的中继(Trunk)功能,如图 5.4 所示。这时就不能按照物理交换机来看待用户的分布了,而是要从 VLAN 角度来看待。如图 5.4 所示,不能把它当成两台物理交换机,而是要把它当成 5 台,并且对应物理交换机中相同的两个 VLAN 间有相互物理连接关系(即两台物理交换机间的连接)的物理交换机。

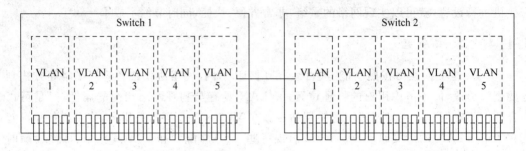

图 5.4 不同物理交换机上的相同 VLAN

在不同交换机上可以有相同的 VLAN,而且这些不同物理交换机上的相同 VLAN 间是相通的,可以相互访问。

在同一物理交换机上不可能存在两个相同的 VLAN,但在不同交换机上可以存在多个相同的 VLAN,而默认情况下只有相同 VLAN 中的成员才可以直接通信(不需要路由和桥接),所以在同一物理交换机上默认情况下各 VLAN 间是不能直接通信的,即使它们都位于同一 IP 网段;但在不同物理交换机上的相同 VLAN 却是可以直接进行二层通信的,只要物理交换机间的连接端口允许相应 VLAN 数据包通过学习即可,因为位于不同物理交换机上的相同 VLAN 的连接就是利用物理交换机间的物理连接。

这里要区分"VLAN 中继"和"中继端口"这两个概念。VLAN 中继是指在一台交换机上的 VLAN 配置可以传播、复制到网络中相连的其他交换机上,这就是本章后面将要介绍的 VTP(VLAN 中继协议);而中继端口则是指在一个交换机端口允许一个或多个 VLAN 通信到达网络中相连的另一台交换机上相同的 VLAN 中。这是两个不同的概念。

3. VLAN 间的互访

VLAN 是二层协议,VLAN 的虚拟或者逻辑属性决定了这些 VLAN 之间没有物理二层连接(只有逻辑连接),各自彼此独立,相当于一个个独立的二层交换网络。在不可能进行二层互访的情况下,只能通过三层连接来解决它们之间的连接问题。

一个独立交换网络与另一个独立交换网络进行三层连接,有两种方式:一种是通过网关,另一种是通过路由。在不同 VLAN 间的逻辑连接也有这两种方式,其中每个 VLAN 的交换机虚拟接口(Switch Virtual Interface,SVI)对应 VLAN 成员的网关。为每个 SVI 配置好 IP 地址,此 IP 地址对应 VLAN 成员的网关 IP 地址。这种通过 SVI 进行的 VLAN 间成员互访的基本结构如图 5.5 所示。每个 VLAN 成员与其他 VLAN 中的成员进行通信都必须通过双方作为各自 VLAN 成员网关的 SVI。而每个 VLAN 内部的成员端口一般都是二层访问端口,直接连接 PC 用户。

通过路由方式来实现不同 VLAN 间的连接可以理解为在图 5.5 中的两个 SVI 间加了一个提供路由功能的设备,可以是路由器(通过静态路由或其他路由协议实现),也可以是具有三层交换模块的三层交换机(通过开启 IP 路由功能实现)。但各个 VLAN 对外以各自的 SVI 呈现,各 VLAN 内部以二层的 MAC 地址进行寻址。当然这是在假设相同 VLAN 中的成员都是在同一网段的情况下。

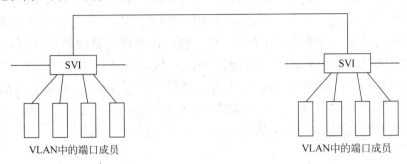

图 5.5 不同 VLAN 间通过 SVI 进行的逻辑连接示意图

如果同一个 VLAN 中的端口成员不在同一个 IP 网段,则需要像一台物理交换机上连接了多个网段的主机一样配置路由或网关来实现 VLAN 内部各成员的相互通信。如果是网关方式,则可以为该 VLAN 的 SVI 分配多个对应网段的 IP 地址,这些 IP 地址就相当于多个网关,只要在对应网段的主机上配置指向 SVI 上配置的对应 IP 地址的网关就可以与同一 VLAN 中其他网段的成员进行通信。

VLAN 接口是针对具体交换机而言的,即不同交换机上的每个 VLAN 都有一个 VLAN 接口,即使它们的 VLAN ID 一样。如 Switch 1 和 Switch 2 中都有 VLAN 1、VLAN 2、VLAN 3 三个 VLAN,那么在 Switch 1 和 Switch 2 中都有这三个 VLAN 的 VLAN 接口,而不是所有交换机上相同 VLAN 共用一个 VLAN 接口。并且这些 VLAN 接口的 IP 地址都不能相同,即使是在不同交换机上具有相同 VLAN ID 的多个 VLAN。

5.1.5 VLAN 的封装格式

对 VLAN 进行封装有两种协议,一种是思科专有的协议,ISL;另一种是 RFC 公有的协议,802.1Q。两种协议都是针对 Trunk 承载不同 VLAN 为防止混乱而产生的。

中继用于设备间在同一中继链路上承载多个 VLAN 通信。可以通过数据包中的 VLAN 标识来识别所属的 VLAN。这个 VLAN 标识就是指 ISL 和 IEEE 802.1Q 这两种数据封装类型的标签。

ISL 是 Cisco 专用的多交换机互连和交换机间 VLAN 信息维护的协议。ISL 在全双工或者半双工以太网链路上维护全线速性能的同时,提供了 VLAN 配置中继功能。ISL 工作在点对点链路环境,最多可以支持高达 1000 个 VLAN。在 ISL 中继中,原始帧在中继链路上传输前将以添加另外的协议头方式被重新封装。在接收帧端,这个新添加的协议头又会被删除,然后再转发到指定的 VLAN 中。

ISL 使用 PVST(Per-VLAN Spanning Tree,每 VLAN 生成树)协议,即每个 VLAN 是一个单独的生成树实例,允许为每个 VLAN 进行根交换机布局优化,支持通过多条中继链路的 VLAN 负载均衡。

802.1Q 是 IEEE 在中继链路上进行帧标记的标准,在一条中继链路上可以最高支持 4096 个 VLAN 通信。在 802.1Q 中继类型中,在中继设备通过中继链路发送帧前,中继设备会插入 4 位标记到原始帧中,并重新计算 FCS(Frame Check Sequence,帧检验序列)。但 802.1Q 中继标准不标记本征 VLAN(Native VLAN)中的帧,只标记其他在中继链路上接收和发送的帧。当配置 802.1Q 中继时,必须确保在中继链路两端都配置相同的本地 VLAN。802.1Q 为网络中所有 VLAN 配置一个运行在本地 VLAN 上的生成树实例,也就是通常所说的 MST(Mono Spanning Tree,单生成树)实例。802.1Q 中继方式缺乏 ISL 中继方式的灵活性,也不具有 PVST 负载均衡能力。但是,增强型的 PVST(PVST+)为 802.1Q 中继方式保留多生成树拓扑结构的能力。

1. ISL 帧格式

ISL 帧格式中包括三个主要的字段:ISL 协议头(原始帧是由 ISL 头封装的)、封装帧(Encapsulation Frame,即原始帧)和结尾的 FCS(帧校验序列),如图 5.6 所示。即在原始帧的最前面和最后面各加了一个字段。

| ISL 头 | 封装帧 | FCS |

图 5.6 ISL 帧格式

如图 5.7 所示为图 5.6 的"ISL 头"字段格式的进一步扩展。

40	4	4	48	16	8	24	15	1	16	16
DA	TYPE	USER	SA	LEN	AAA03	HAS	VLAN	BPDU	INDEX	RESV

图 5.7 ISL 头格式

各字段的解释如下。

(1) DA:目标地址(指的是 MAC 地址),占 40 位。这是组播 MAC 地址的前 40 位,默认设置为 0x01-00-0C-00-00 或 0x03-00-0C-00-00。这个 40 位 DA 字段表明了该 ISL 格式数据包的接收者。

(2) TYPE:帧类型,占 4 位。类型字段表明被封装帧的类型,主要依据不同媒体而定,具体取值规则如表 5.1 所示。

表 5.1 TYPE 字段取值

TYPE 代码	网络类型	TYPE 代码	网络类型
0	Ethernet	10	FDDI
1	Token Ring	11	ATM

(3) USER:用户自定义位(TYPE 字段扩展),占 4 位。默认的 USER 字段值为 0000。对于以太网帧,USER 字段值中的 0 和 1 值表示包通过交换机的优先级,具体优先级规则如

表 5.2 所示(优先级值越大,级别越高)。

表 5.2 USER 字段取值

USER 代码	优 先 级
XX00	普通优先级
XX01	优先级 1
XX10	优先级 2
XX11	最高优先级

(4) SA：源地址(MAC 地址),占 48 位,是一个完整的 MAC 地址,指帧发送交换端口的 MAC 地址。

(5) LEN：数据包长度,占 16 位。这个字段所代表的数据包长度是不包括 DA、TYPE、SA、LEN 和 FCS 字段的。这些被排除的字段总长度为 18 个字节,因此 LEN 字段长度大小是总的数据包长度减去 18 个字节后的值。

(6) AAA03(SNAP)：为 SNAP(Subnetwork Access Protocol,子网访问控制)和 LLC (Logical Link Control,逻辑链路控制)协议头,占 24 位,为固定值 0xAAAA03。

(7) HAS：表示 SA 字段中源 MAC 地址中最高的三个字节值,代表厂商的 ID 或组织唯一 ID。该字段的值必须包含 0x00-00-0C。

(8) VLAN：表示数据包中的目标 VLAN ID,占 15 位,用于辨别不同 VLAN 的帧。这个字段经常指帧的"颜色"(Color)。

(9) BPDU：用于识别是否是 BPDU(Bridge Protocol Data Unit,桥接协议数据单元)和 CDP(Cisco Discovery Protocol,Cisco 发现协议)包,占 1 位。BPDU 是生成树算法用于确定网络拓扑结构信息的。

(10) INDEX：指在数据包退出交换机时的源端口索引,仅用于诊断,占 16 位。

(11) RESV：16 位保留字段,在令牌环和分布式光纤数据接口(FDDI)包封装为 ISL 帧时使用。在令牌环帧中,AC(Access Control,访问控制)和 FC(Frame Control,帧控制)字段放在此字段中。在 FDDI 情形下,FC 字段放置在 LSB(Least Significant Byte,最低有效字节)字段中。

(12) ENCAP FRAME：真正的封装数据包,包括 CRC(Cyclic Redundancy Check,循环冗余校验)值。字段取值范围为 1~24 575B,以适应以太网、令牌环和 FDDI 帧大小。

(13) FCS：帧校验序列,包含 32 位(4B)CRC 值。CRC 值是用发送方 MAC 地址计算得到的,然后利用接收方 MAC 地址重新计算,以检验帧是否在传输过程中遭到破坏。

ISL 帧封装大小为 30B,最小的 FDDI 包大小为 17B,这样一来,最小的 FDDI ISL 封装包大小为 47B,最大的令牌环包为 18 000B,因此最大的令牌环 ISL 包为 18 030B;如果仅封装以太网包,则以太网 ISL 帧大小范围为 94(64+30)~1548(1518+30)B。这样一来,如果以太网帧大小在 1518B 以内,则无须分片。

2. IEEE 802.1Q 帧

IEEE 802.1Q 是一个在原始以太网帧内部的 SA(源 MAC 地址)和 Type/Length(类型/长度)字段之间插入 4 字节标记(Tag)字段的内部标记机制。因为帧被改变了,所以中继设备也需要重新计算 FCS(即生成新的 FCS 字段),如图 5.8 所示。

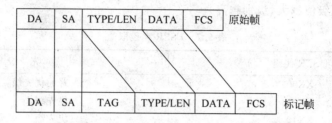

图 5.8　IEEE 802.1Q 帧标记原理

如表 5.3 所示为 TAG 字段的扩展格式。

表 5.3　TAG 字段格式

16	3	1	12
TPID	PRIORITY	CFI	VID

各字段的解释如下。

(1) TPID：标记(Tag)协议(如 ISL 和 802.1Q)标识，占 16 位，为一固定值 0x8100，以标识该帧为 IEEE 802.1Q 标记帧。

(2) PRIORITY：用户优先级，占 3 位，引用 IEEE 802.1P 优先级，指该帧在通信过程中的优先级水平，取值范围为 0~7。

(3) CFI：正规格式指示器，占 1 位。如果值为 1，表示数据包中的 MAC 地址是非正规格式(可能是厂商自定义格式，如 4 段，12 位十六进制格式，或 48 位二进制格式)，为 0 时表示数据包中的 MAC 地址为正规格式(即为 6 段，12 位十六进制格式)。

(4) VID：VLAN 标识，占 12 位，标识帧属于哪个 VLAN，取值范围为 0~4095。

802.1Q 帧封装大小为 4B，因此最大的 802.1Q 封装以太网帧可达到 1522(1518+4)B，最小的 802.1Q 封装以太网帧为 68(64+4)B。

3. VLAN ID 的分类

VLAN ID 分为普通范围的 VLAN 和扩展范围的 VLAN。

普通范围的 VLAN，VLAN ID 范围为 1~1005。ID 1 和 ID 1002~1005 是自动创建的，不能删除。其中，1002~1005 的 ID 保留供令牌环 VLAN 和 FDDI VLAN 使用。配置存储在 vlan.dat 的 VLAN 数据库文件中，vlan.dat 位于交换机的闪存中(flash：vlan.dat)。

扩展范围的 VLAN，VLAN ID 范围为 1006~4094。支持的 VLAN 功能比普通范围的 VLAN 更少。保存在运行配置文件中。

VLAN 类型分为以下几种。

(1) 数据 VLAN，只传送用户产生的流量。

(2) 语音 VLAN，只传输语音数据流。

(3) 默认 VLAN，在交换机初始启动之后，交换机的所有端口即加入到默认 VLAN 中。Cisco 交换机的默认 VLAN 是 VLAN 1。VLAN 1 具有 VLAN 的所有功能，但是不能对它进行重命名，也不能删除。第二层的控制流量(例如 CDP 流量和生成树协议流量)始终从属于 VLAN 1——这一点无法改变。

（4）管理 VLAN,配置用于访问交换机管理功能的 VLAN。

4. 通过 VLAN 控制广播域

通过 VLAN 控制广播域有以下三种情况。

第一种情况,没有 VLAN 的网络。

以常规方式运作时,如果交换机在某个端口上收到广播帧,它会将该帧从交换机的所有端口上转发出去。

第二种情况,有 VLAN 的网络。

当广播帧从配置了 VLAN 号的某个端口进入交换机时,交换机只会将此广播帧转发到与收到广播帧端口配置相同 VLAN 号的交换机的其他端口,如图 5.9 所示。

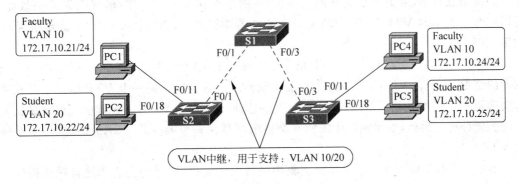

图 5.9 VLAN 广播

第三种情况,通过交换机和路由器控制广播域。

如图 5.10 所示,不同 VLAN 内可以相互通信,VLAN 间不能直接通信,VLAN 间的通信必须依靠三层路由。

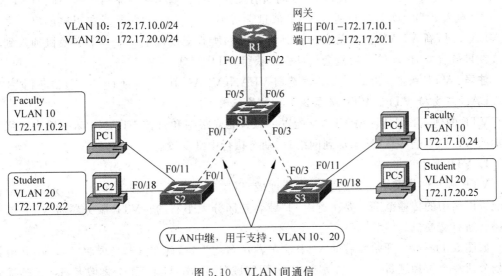

图 5.10 VLAN 间通信

5.2 VLAN 的中继技术

VTP(VLAN Trunking Protocol,VLAN 中继协议)是 Cisco 专用协议,大多数交换机都支持该协议。VTP 负责在 VTP 域内同步 VLAN 信息,这样就不必在每个交换机上配置相同的 VLAN 信息。VTP 还提供一种映射方案,以便通信流能跨越混合介质的骨干。VTP 最重要的作用是,将进行变动时可能会出现的配置不一致性降至最低。不过,VTP 也有缺点,这些缺点通常都与生成树协议有关。

VLAN 中继协议(VTP)利用第二层中继帧(不是通过三层功能进行的,因为 VLAN 划分本来就是基于数据链路层基础进行的),在一组交换机之间进行 VLAN 通信。VTP 从一个中心控制点开始,维护整个企业网上 VLAN 的添加和重命名工作,确保配置的一致性。可以用两个版本的 VTP 管理 VLAN 1~1005,若要管理 VLAN 1006~4094 就要用 VTP 的第三版本。

但 VTP 不适用于在同一个 VTP 域中的交换机上可能同时发生多个更新到 VLAN 数据库的情形,否则在 VLAN 数据库中可能出现同步问题。即在同一个 VTP 域中不要在多台交换机上手动配置相同的 VLAN 及配置信息,同样的 VLAN 只需在其中一台交换机上手动配置即可。另外,如果网络中的所有交换机都是在一个唯一的 VLAN 中,则不需要使用 VTP。

有了 VTP,就可以在一台交换机上集中进行配置变更,所做的变更会被自动传播到网络中所有其他的交换机上(前提是在同一个 VTP 域)。为了实现此功能,必须先建立一个 VTP 管理域,以使它能管理网络上当前的 VLAN。在同一管理域中的交换机共享它们的 VLAN 信息,并且一个交换机只能参加一个 VTP 管理域,不同域中的交换机不能共享 VTP 信息。

VTP 功能支持交换机堆叠,堆叠中的所有交换机维护着从堆叠中得到的相同的 VLAN 和 VTP 配置。当一个交换机通过 VTP 消息学习到一个新的 VLAN 或在用户创建一个新的 VLAN 时,新 VLAN 信息就会传播到堆叠中的所有交换机中。在一个交换机加入到堆叠或在堆叠合并时,新的交换机会从堆叠中获得 VTP 信息。

注意:VTP 版本 1、2 仅学习标准范围 VLAN(VLAN ID 范围为 1~1005)信息,扩展范围 VLAN 不支持 VTP。VTP 版本 3 支持扩展范围 VLAN。

VTP 的优点:保持网络 VLAN 配置一致;准确跟踪和监控 VLAN;动态报告网络中添加的 VLAN;当 VLAN 添加到网络时,动态执行中继配置。

1. VTP 要素

VTP 域允许将网络划分成更小的管理域,以减轻 VLAN 管理工作,限制 VLAN 错误在配置网络中的传播范围。要注意 VTP 域名是区分大小写的。VTP 服务器将 VTP 域名传播到所有交换机。

如图 5.11 所示,开始所有的 VTP 服务器域名均为空,现在管理员要将三台 VTP 服务器划分成一个管理域 cisco1。首先在 S1 上配置域名 cisco1,随后 S1 会将域名 cisco1 传播到所有的交换机,那么,所有开启 VTP 的交换机都将配置成域名 cisco1,Cisco 建议对域名配置功能启用口令保护。具体命令为 switch(config)#vtp password word,如图 5.12 所示。

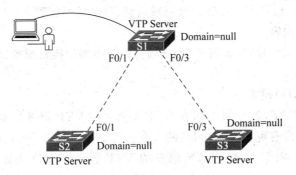

图 5.11　VTP 服务器域名均为空

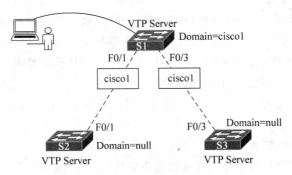

图 5.12　VTP 具体域名配置

配置完成后如图 5.13 所示。

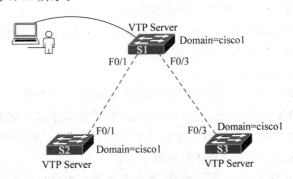

图 5.13　VTP 具体配置完成

2. VTP 配置修订版本号

VTP 帧的修订级别,是一个 32 位的数字,配置修订版本号为 0,每次对 VLAN 的修改,该值均会增加 1。域名改变,配置修订版本号重置为 0。

配置修订版本号用于确定从另一台启用 VTP 的交换机上收到的配置信息是否比储存在本交换机上的版本更新,高版本将覆盖低版本。

3. VTP 版本

VTP 有三个版本(第 1、2、3 版,默认为第 1 版)。但是要注意一个 VTP 域中仅允许使用一个 VTP 版本。

VTP 通告类型:总结通告,子集通告,请求通告。

VTP 消息内容：包含固定长度的全局域信息、每个域所配置 VLAN 的详细信息。

4. VTP 角色等内容

要使用 VTP 传播 VLAN 配置信息，必须为网络中的交换机配置以下 VTP 工作模式中的一种。

1) 服务器（Server）模式

若要开始使用 VTP，就必须先配置 VTP 服务器。VTP 服务器是交换机的默认模式（但是初始状态下是没有配置 VTP 域名的），在没有加入具体 VTP 域前，都是工作于 VTP 服务器模式的。所有需要共享 VLAN 信息的 VTP 服务器交换机必须使用相同的 VTP 域名。

在 VTP 服务器模式中，可以创建、修改和删除 VLAN，并且可以为整个 VTP 域指定其他配置参数（如 VTP 版本及 VTP 修订）。同时，VTP 服务器可以通告它们的 VLAN 配置到同一个 VTP 域中的其他网络设备，并且通过中继链路发送 VTP 通告消息，同步网络中的其他设备的 VLAN 配置。即在 VTP 域中，只能在 VTP 服务器模式的交换机上创建、删除 VLAN 配置信息，而不能在工作在其他 VTP 模式的交换机上进行 VLAN 创建、删除 VLAN；否则即使进行了 VLAN 创建、删除操作，这些 VLAN 配置信息的更改也不会在 VTP 域中通告。

2) 客户端（Client）模式

VTP 客户机与 VTP 服务器一样可以通告和接收 VTP 更新，只是它不能创建、删除、更改 VTP 域中的 VLAN（包括不能创建、删除以及更改本地交换机中的 VLAN）。VTP 客户端接收来自 VTP 服务器的通告信息，以保持与 VTP 服务器的 VLAN 配置信息同步。与此同时，它也可以转发来自 VTP 服务器的通告消息。

在 VTP 版本 1 和版本 2 的 VTP 客户端模式中，VLAN 配置不保存在 NVRAM 中，但在 VTP 版本 3 中，VLAN 配置保存在 NVRAM 中。

3) 透明（Transparent）模式

工作于 VTP 透明模式的交换机相当于 VTP 不存在。因为它根本不是 VTP 成员，这样它就不能通告它的 VLAN 配置，尽管可以接收，但不能基于接收到的通告与网络中的其他交换机一起同步它的 VLAN 配置。即实际上工作于透明模式的交换机只担当 VTP 通告转发的任务，本身不应用 VTP 通告中的配置。

在 VTP 透明模式交换机中，可以创建、修改和删除本地交换机中的 VLAN（不能创建、修改和删除 VTP 域中其他交换机中的 VLAN），但是这些 VLAN 的变更不会传播到其他任何交换机上。

在 VTP 版本 1 和版本 2 中，若要创建扩展范围 VLAN 或 PVLAN，则必须配置交换机为 VTP 透明模式。在 VTP 版本 3 中，扩展范围 VLAN 和 PVLAN 都可在 VTP 客户端或服务器模式下创建。但是更改不会发送到域中的其他交换机上，只能作用于本交换机。当交换机工作在 VTP 透明模式下时，VTP 和 VLAN 配置是保存在 NVRAM 中的，但不通告给其他交换机。VTP 模式和 VTP 域名是保存在当前运行配置文件中的，可通过使用 copy running-config startup-config 特权模式命令把它们保存在启动配置文件中。在交换机堆叠中，当前运行配置和保存的启动配置应用于整个交换机堆叠。

4) 关闭(Close)模式

工作于 VTP 关闭模式的设备与工作于透明模式的设备相似,只是它不仅不能向其他交换机通告自己的 VLAN 配置,也不能转发其他交换机发来的 VTP 通告消息。

以上 4 种模式的功能比较如表 5.4 所示,比较了它们在通告、接收、转发 VTP 通告消息,同步 VLAN 配置,以及创建、删除和修改 VLAN 配置等方面的能力。

表 5.4 4 种模式的功能比较

功　　能	VTP 服务器模式	VTP 客户端模式	VTP 透明模式	VTP 关闭模式
通告 VTP 消息	√	×	×	×
接收 VTP 通告消息	√	√	√	×
转发 VTP 通告消息	√	√	√	×
同步 VLAN 配置	√	√	×	×
添加、删除、更改 VLAN 配置	√	×	√(本地有效)	√(本地有效)

5. VTP 的作用方式

首先如图 5.14 所示,所有的交换机 S1、S2、S3 都使用默认配置,VTP 域名为空,VTP 模式为服务器模式,配置修订为 0,VLAN 为 1。

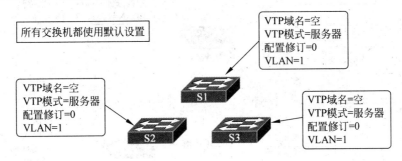

图 5.14 默认配置下的交换机

如图 5.15 所示,S1 VTP 模式为"服务器",S2 VTP 模式为"客户端",S3 VTP 模式为"透明"。

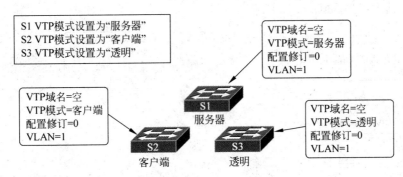

图 5.15 更改交换机 VTP 模式

如图 5.16 所示,将 S1 VTP 域名设置为 cisco1,之后 S1 添加了 VLAN2,因此修订版本号加 1,进而添加了 VLAN 3,因此 S1 的修订版本号由 1 变为 2(再加 1)。

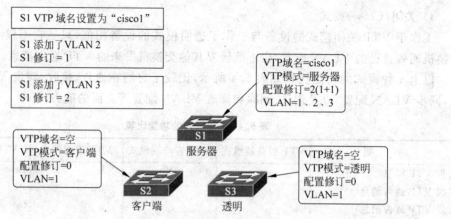

图 5.16　更改交换机 VTP 域名

接下来交换机 S1 向 S2 和 S3 发送总结通告。总结通告内容如图 5.17 所示,域名为 cisco1,配置修订版本号为 2。

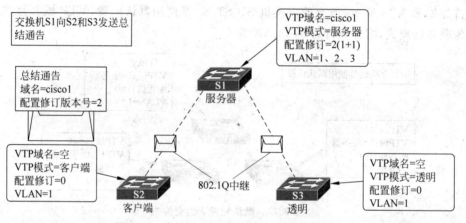

图 5.17　交换机 S1 向 S2 和 S3 发送总结通告

发送完总结通告后,S2 的域名变更为 cisco1,接下来,交换机 S2 向 S1 发送请求 VLAN 配置信息的请求通告,如图 5.18 所示。

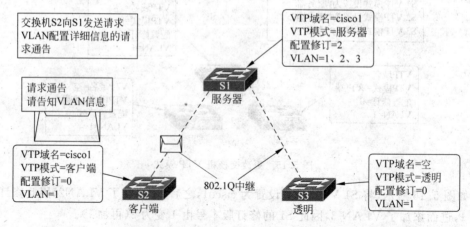

图 5.18　交换机 S2 向 S1 发送请求 VLAN 配置信息的请求通告

交换机 S1 返回子集通告 VLAN=1、2、3，如图 5.19 所示。

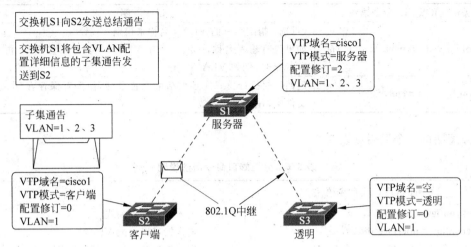

图 5.19　交换机 S1 返回子集通告 VLAN=1、2、3

最终交换机 S2 完成 VLAN 的更新，处于 VTP 透明模式的交换机 S3 保持原有配置不变，如图 5.20 所示。

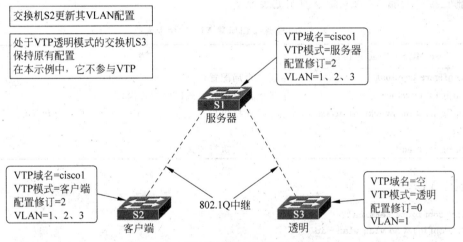

图 5.20　交换机 S2 完成 VLAN 的更新

5.3　VLAN 的配置

1. 配置 VLAN 和中继概述

添加 VLAN 命令语法说明见表 5.5。

表 5.5　添加 VLAN 命令语法说明

Cisco IOS CLI 命令语法	说明
S1#configure terminal	从特权执行模式切换到全局配置模式
S1(config)#vlan *vlan id*	创建 VLAN。Vlan id 是要创建的 VLAN 号。切换到 VLAN 配置模式创建 VLAN vlan id

Cisco IOS CLI 命令语法	说明
S1(config-vlan)# name vlan name	（可选）指定唯一的 VLAN 名称来识别 VLAN。如果没有输入名称，则默认为在 VLAN 后面添加多个零，再加上 VLAN 号，例如 VLAN0020
S1(config-vlan)# end	返回特权执行模式。必须结束配置会话，使配置保存在 vlan.dat 文件中，并使配置生效

分配端口命令说明见表 5.6。

表 5.6 分配端口命令语法说明

Cisco IOS CLI 命令语法	说明
S1# configure terminal	进入全局配置模式
S1(config)# interface interface id	进入接口以分配 VLAN
S1(config-if)# switchport mode access	定义端口的 VLAN 成员资格模式
S1(config-if)# switchport access vlan vlan id	将端口分配给 VLAN
S1# configure terminal	返回特权执行模式

删除接口所属 VLAN 命令说明见表 5.7。

表 5.7 删除接口所属 VLAN 命令说明

Cisco IOS CLI 命令语法	说明
S1# configure terminal	进入全局配置模式
S1(config)# interface interface id	进入接口配置模式以便配置接口
S1(config-if)# no switchport access vlan	删除交换机接口上分配的 VLAN，并还原为默认的 VLAN，即 VLAN 1
S1(config-if)# end	返回特权执行模式

删除 VLAN。

```
S1# configure terminal
S1(config)# no vlan vlan-id
S1# delete flash: vlan.dat                //清空设备配置时使用
```

2. VLAN 配置示例

创建 VLAN，命名 VLAN 并且为 VLAN 分配交换机端口，配置拓扑图如图 5.21 所示。

```
S1# show VLAN br
VLAN  Name              Status    Ports
----  ----------------  --------  -------------------------
1     default           active    Fa0/1, Fa0/2, Fa0/3, Fa0/4
                                  Fa0/5, Fa0/6, Fa0/7, Fa0/8
                                  Fa0/9, Fa0/10, Fa0/11, Fa0/12
                                  Fa0/13, Fa0/14, Fa0/15, Fa0/16
                                  Fa0/17, Fa0/19, Fa0/20, Fa0/21
                                  Fa0/22, Fa0/23, Fa0/24, Gig0/1
                                  Gig0/2
```

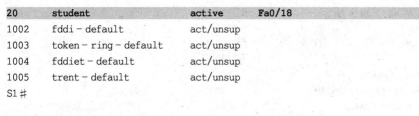

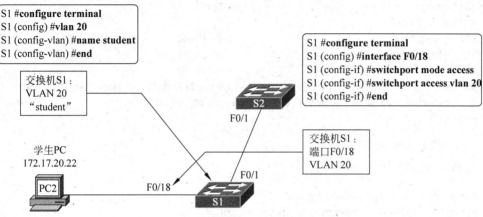

图 5.21　VLAN 配置示例拓扑图

管理 VLAN 命令说明见表 5.8 以及表 5.9。

表 5.8　Show VLAN 命令说明

Cisco IOS CLI 命令语法	说　　明
show vlan [brief | id *vlan-id* | name *vlan-name* | summary].	显示 VLAN 信息。
brief	每行显示一个 VLAN 的 VLAN 名称、状态和端口
id *vlan-id*	显示由 VLAN ID 号标识的某个 VLAN 的相关信息。vlan-id 的范围是 1～4094
name *vlan-name*	显示由 VLAN 名称标识的某个 VLAN 的相关信息。VLAN 名称是介于 1～32 个字符之间的 ASCII 字符串
summary	显示 VLAN 摘要信息

表 5.9　Show Interfaces 命令

Cisco IOS CLI 命令语法	说　　明
show interfaces [*interface-id* | vlan *vlan-id*] | switchport	显示接口的 VLAN 配置信息。
interface-id	有效的接口包括物理端口(包括类型、模块和端口号)和端口通道。端口通道的范围是 1～6
vlan *vlan-id*	VLAN 标识。范围是 1～4094
switchport	显示交换端口的管理状态和运行状态,包括端口阻塞设置和端口保护设置

首先了解 VTP 的默认配置,VTP 域名默认为空,VTP 配置修订版本：0；VTP 模式：

服务器。具体配置命令如下所示。

```
S1#show vtp status
VTP Version                          : 1
Configuration Revision               : 0
Maximum VLANs supported locally      : 255
Number of existing VLANs             : 5
VTP Operating Mode                   : Server
VTP Domain Name                      :
VTP Pruning Mode                     : Disabled
VTP V2 Mode                          : Disabled
VTP Traps Generation                 : Disabled
MD5 digest                           : 0x3F 0x37 0x45 0x9A 0x37 0x53 0XA6 0xDE
Configuration last modified by 0.0.0.0 at 3-1-93 00:14:07
S1#
```

配置 VTP 步骤如下。

步骤 1,配置 VTP 服务器。

```
switch(config)#vtp mode server
switch(config)#vtp domain domain-name
switch(config)#vtp version version-number
```

步骤 2,配置 VTP 客户端。

```
switch(config)#vtp mode client
```

如果网络 Server 设密码,client 也必须设置相同的密码才可以进行学习。

步骤 3,配置 VTP 透明模式。

```
switch(config)#vtp mode transparent
```

步骤 4,确认和连接。

```
switch#show VTP status
switch#show vlan brief
```

常见 VTP 配置问题及解决办法如下。

(1) VTP 版本不兼容:同一 VTP 域中设置相同的 VTP 版本号。

(2) VTP 模式不正确:一个 VTP 域中至少有一台设备工作在 Server 模式。

(3) VTP 域名不正确:加入某 VTP 域的设备必须配置与该域中 Server 相同的 VTP 域名。

(4) VTP 口令问题:同一 VTP 域中设置相同的 VTP 口令。

(5) 修订版本号不正确:切换域名可将该设备的修订版本号重置为 0。

(6) 交换机之间的链路为非 Access 链路:将链路修改为 Trunk 链路。

3. 演示 VLAN 配置和端口划分实验

网络设备基本配置拓扑图如图 5.22 和图 5.23 所示,根据拓扑图在 packet tracer 中搭建实验。

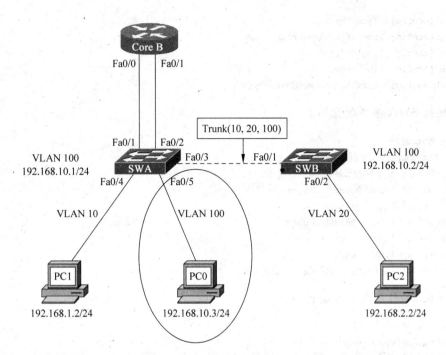

图 5.22　VLAN 配置示例拓扑图

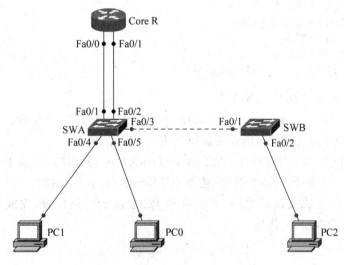

图 5.23　VLAN 配置示例拓扑图

步骤 1,检查设备连接状态。

根据拓扑图,检查设备连接,完成路由基本配置,包括设备更名,enable、VTY 密码配置等。

路由器 CoreR 参考配置如下。

```
Router>enable
Router#configure terminal
Router(config)#hostname CoreR
CoreR(config)#enable secret cisco
```

```
CoreR(config)#line vty 0 15
CoreR(config-line)#password cisco
CoreR(config-line)#login
CoreR(config-line)#exit
CoreR(config)#service password-encryption
```

交换机 SWA 参考配置如下。

```
Switch>enable
Switch#configure terminal
Switch(config)#hostname SWA
SWA(config)#enable secret cisco
SWA(config)#line vty 0 15
SWA(config-line)#password cisco
SWA(config-line)#login
SWA(config-line)#exit
SWA(config)#service password-encryption
```

交换机 SWB 参考配置如下。

```
Switch>enable
Switch#configure terminal
Switch(config)#hostname SWB
SWB(config)#enable secret cisco
SWB(config)#line vty 0 15
SWB(config-line)#password cisco
SWB(config-line)#login
SWB(config-line)#exit
SWB(config)#service password-encryption
```

步骤 2，交换机接口及 VLAN 配置。

每个交换机需要独立地创建 VLAN，为便于记忆需给每个 VLAN 命名，之后将接口配置属于 VLAN，这样接入该接口的设备就属于该 VLAN 的成员。

交换机的接口工作状态有两种：Access 和 Trunk。Access 接口仅属于一个 VLAN，而 Trunk 接口可以允许多个 VLAN 通过（需要 IEEE 802.1Q 协议支持）。

此部分内容仅完成交换机之间、交换机和 PC 之间的链路配置，完成后可使用 show vlan brief 命令查看 VLAN 信息。

主要命令如下。

```
Switch(config)#[no] vlan id                                    //创建 VLAN
Switch(config-vlan)#name word                                  //为 VLAN 命名
Switch(config)#interface type mod/num
Switch(config-if)#switchport mode access                       //手动配置交换机接口为 Access 接口
Switch(config-if)#switchport access vlan id                    //交换机所有接口默认属于 vlan 1
Switch(config-if)#switchport trunk encapsulation [dot1q|isl|negotiate]   //配置交换机接
//口为 Trunk 接口前先指定接口封转的中继协议，如不支持该指令则默认封装 802.1Q 协议
Switch(config-if)#switchport mode trunk                        //配置交换机接口为 Trunk 接口
Switch(config-if)#switchport trunk allowed vlan [word|add vlan-id|all|except vlan-id
|none|remove vlan-id]    //配置接口允许哪些 VLAN 通过,中继端口默认允许所有的 VLAN 通过
Switch(config-if)#switchport trunk native vlan id              //配置交换机本征 VLAN,通常配置为交换
```

//机的管理VLAN,默认编号为1

SWA 配置示例如下。

```
SWA(config)#vlan 10
SWA(config-vlan)#name office
SWA(config-vlan)#vlan 20
SWA(config-vlan)#name market
SWA(config-vlan)#vlan 100
SWA(config-vlan)#name manage
SWA(config)#interface fastEthernet 0/4
SWA(config-if)#switchport mode access
SWA(config-if)#switchport access vlan 10
SWA(config)#interface fastEthernet 0/5
SWA(config-if)#switchport mode access
SWA(config-if)#switchport access vlan 100
SWA(config)#interface fastEthernet 0/3
SWA(config-if)#switchport trunk encapsulation dot1q
SWA(config-if)#switchport mode trunk
SWA(config-if)#switchport trunk allowed vlan 10,20,100
SWA(config-if)#switchport trunk native vlan 100
```

SWB 配置示例如下。

```
SWB(config)#vlan 10
SWB(config-vlan)#name office
SWB(config-vlan)#vlan 20
SWB(config-vlan)#name market
SWB(config-vlan)#vlan 100
SWB(config-vlan)#name manage
SWB(config)#interface fastEthernet 0/1
SWB(config-if)#switchport trunk encapsulation dot1q
SWB(config-if)#switchport mode trunk
SWB(config-if)#switchport trunk allowed vlan 10,20,100
SWB(config-if)#switchport trunk native vlan 100
SWB(config)#interface fastEthernet 0/2
SWB(config-if)#switchport mode access
SWB(config-if)#switchport access vlan 20
```

步骤3,完成设备远程管理地址配置。

交换机的管理地址设置比较麻烦,和路由器不同(路由器每个接口上的IP均可作为管理目标地址),不能直接设置在物理接口上,需要先创建虚拟VLAN接口,并配置地址,之后创建相应的VLAN,将接口指派属于该VLAN。

主要命令如下。

```
Switch(config)#interface vlan id                                    //创建并进入虚拟管理接口
Switch(config-if)#ip address ip-address subnet-mask                 //配置交换机IP地址/子网掩码
Switch(config)#ip default-gateway default-gateway-address           //配置交换机网关
Switch(config)#vlan id                                              //创建VLAN号
Switch(config-vlan)#name word                                       //给创建的VLAN号命名
Switch(config-if)#switchport access vlan id                         //将接口指派给该VLAN
```

交换机 SWA 参考配置如下。

```
SWA(config)#interface vlan 100
SWA(config-if)#ip address 192.168.10.1 255.255.255.0
SWA(config-if)#no shutdown           //可选,除 VLAN 1 接口,其余的默认为打开
SWA(config-if)#exit
SWA(config)#ip default-gateway 192.168.10.251
SWA(config)#vlan 100                 //前面已经创建过 VLAN 100,此处这两条可忽略
SWA(config-vlan)#name manage
SWA(config-vlan)#exit
SWA(config)#interface fastethernet 0/5
SWA(config-if)#switchport access vlan 100
```

交换机 SWB 参考配置如下。

```
SWB(config)#interface vlan 100
SWB(config-if)#ip address 192.168.10.2 255.255.255.0
SWB(config-if)#no shutdown           //可选,除 VLAN 1 接口,其余的默认为打开
SWB(config-if)#exit
SWB(config)#ip default-gateway 192.168.10.251
```

步骤 4,完成 PC 的网络地址配置。

参照图 5.23 中 PC 地址分配,为 PC 配置网络地址(注意:此处 PC 的网关必须正确配置)。

步骤 5,网络连通性配置。

测试 1:交换机上相互测试彼此管理地址的连通性。

测试 2:PC0 使用 Telnet 测试到两台交换机的 Telnet 连接。

4. VTP 配置

VTP 实验连接及基本配置如图 5.24 所示,据此连接网络设备。

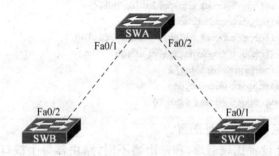

图 5.24　VTP 实验拓扑图

模拟器下搭建实验拓扑图,如图 5.25 所示。

步骤 1,检查设备连接状态。

根据拓扑图 5.24,检查设备连接,完成设备更名,将交换机之间的链路设置为 Trunk 模式,并给相应接口添加描述。

交换机 SWA 参考配置如下。

```
Switch>enable
Switch#configure terminal
```

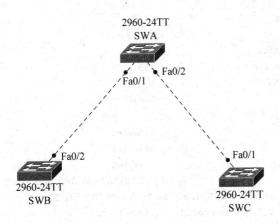

图 5.25 VTP 实验拓扑图

```
Switch(config)#hostname SWA
SWA(config)#interface fastethernet 0/1
SWA(config-if)#switchport mode trunk
SWA(config-if)#description Trunk-to-SWB
SWA(config)#interface fastethernet 0/2
SWA(config-if)#switchport mode trunk
SWA(config-if)#description Trunk-to-SWC
```

交换机 SWB 参考配置如下。

```
Switch>enable
Switch#configure terminal
Switch(config)#hostname SWB
SWB(config)#interface fastethernet 0/2
SWB(config-if)#switchport mode trunk
SWB(config-if)#description Trunk-to-SWA
```

交换机 SWC 参考配置如下。

```
Switch>enable
Switch#configure terminal
Switch(config)#hostname SWC
SWC(config)#interface fastethernet 0/1
SWC(config-if)#switchport mode trunk
SWC(config-if)#description Trunk-to-SWA
```

步骤 2,查看交换机基本状态信息。
主要命令如下。

```
Switch#show VTP status                                      //查看 VTP 状态信息
Switch#show interface fastethernet mod/num Switchport       //查看 VTP 状态信息
Switch#show vlan brief                                      //查看 VLAN 信息
```

在配置 VTP 之前,首先使用 show vtp status 命令查看 VTP 初始配置,默认 VLAN 数应是 5,配制修订版本号为 0,VTP 域名为空,VTP 工作模式为 Server。具体配置命令如以下命令行所示。

```
S1# show vtp status
VTP Version                        : 2
Configuration Revision             : 0
Maximum VLANs supported locally    : 255
Number of existing VLANs           : 5
VTP Operating Mode                 : Server
VTP Domain Name                    :
VTP Pruning Mode                   : Disabled
VTP V2 Mode                        : Disabled
VTP Traps Generation               : Disabled
MD5 digest                         : 0x7D 0x5A 0xA6 0x0E 0x9A 0x72 0xA0 0x3A
Configuration last modified by 0.0.0.0 at 0-0-00 00:00:00
Local updater ID is 0.0.0.0 (no valid interface found)
```

使用 show vlan brief 命令查看已经存在的 5 个 VLAN 信息,如以下命令行所示。

```
SWB# show VLAN br
VLAN  Name                  Status    Ports
----  --------------------  --------  -------------------------------
1     default               active    Fa0/1, Fa0/3, Fa0/4, Fa0/5
                                      Fa0/6, Fa0/7, Fa0/8, Fa0/9
                                      Fa0/10, Fa0/11, Fa0/12, Fa0/13
                                      Fa0/14, Fa0/15, Fa0/16, Fa0/17
                                      Fa0/18, Fa0/19, Fa0/20, Fa0/21
                                      Fa0/22, Fa0/23, Fa0/24, Gig1/1
                                      Gig1/2

1002  fddi-default          active
1003  token-ring-default    active
1004  fddiet-default        active
1005  trent-default         active
```

最后使用 show interface fastethernet mod/num Switchport 命令确认交换机之间链路工作在 Trunk 模式。查看 SWB 交换机的 Fa0/2 接口处于 Trunk 模式,如以下命令行所示。

```
SWB# show interfaces fastEthernet 0/2 switchport
Name: Fa0/2
Switchport: Enabled
Administrative Mode: trunk
Operational Mode: trunk
Administrative Trunking Encapsulation: dot1q
Operational Trunking Encapsulation: dot1q
Negotiation of Trunking: On
Access Mode VLAN: 1 (default)
Trunking Native Mode VLAN: 1 (default)
Voice VLAN: none
Administrative private-vlan host-association: none
Administrative private-vlan mapping: none
Administrative private-vlan trunk native VLAN: none
Administrative private-vlan trunk encapsulation: dot1q
Administrative private-vlan trunk normal VLANs: none
```

```
Administrative private-vlan trunk private VLANs: none
Operational private-vlan: none
Trunking VLANs Enabled: ALL
Pruning VLANs Enabled: 2-1001
Capture Mode Disabled
Capture VLANs Allowed: ALL
Protected: false
Appliance trust: none
SW1#
```

步骤3,修改 VTP 工作模式。

主要命令如下。

```
Switch(config)#vtp mode [SERVER | CLIENT | TRANSPARENT]    //指定 VTP 工作模式,默认为 Server.
//将交换机 SWA 的 VTP 模式设为 Server(默认),SWB 的 VTP 模式设为 Client,SWC 的 VTP 模式设为
//Transparent
```

交换机 SWB 参考配置如下。

```
SWB(config)#vtp mode client
```

交换机 SWC 参考配置如下。

```
SWC(config)#vtp mode transparent
```

使用 show vtp status 命令分别检查交换机 SWA、SWB、SWC 上 VTP 配置的变化。
SWA 为服务器模式,具体配置命令如下所示。

```
SWA#show vtp status
VTP Version                          : 2
Configuration Revision               : 0
Maximum VLANs supported locally      : 255
Number of existing VLANs             : 5
VTP Operating Mode                   : Server
VTP Domain Name                      :
VTP Pruning Mode                     : Disabled
VTP V2 Mode                          : Disabled
VTP Traps Generation                 : Disabled
MD5 digest                           : 0x7D 0x5A 0xA6 0x0E 0x9A 0x72 0xA0 0x3A
Configuration last modified by 0.0.0.0 at 0-0-00 00:00:00
Local updater ID is 0.0.0.0 (no valid interface found)
```

SWB 为 Client 模式。

```
SWB#show vtp status
VTP Version                          : 2
Configuration Revision               : 0
Maximum VLANs supported locally      : 255
Number of existing VLANs             : 5
VTP Operating Mode                   : Client
VTP Domain Name                      :
VTP Pruning Mode                     : Disabled
VTP V2 Mode                          : Disabled
```

```
VTP Traps Generation               : Disabled
MD5 digest                         : 0x7D 0x5A 0xA6 0x0E 0x9A 0x72 0xA0 0x3A
Configuration last modified by 0.0.0.0 at 0-0-00 00:00:00
```

SWC 为透明模式。

```
SWC# show vtp status
VTP Version                        : 2
Configuration Revision             : 0
Maximum VLANs supported locally    : 255
Number of existing VLANs           : 5
VTP Operating Mode                 : Transparent
VTP Domain Name                    :
VTP Pruning Mode                   : Disabled
VTP V2 Mode                        : Disabled
VTP Traps Generation               : Disabled
MD5 digest                         : 0x7D 0x5A 0xA6 0x0E 0x9A 0x72 0xA0 0x3A
Configuration last modified by 0.0.0.0 at 0-0-00 00:00:00
```

步骤 4，设置 VTP 域名。

主要命令如下。

```
Switch(config)# vtp domain WORD    //指定 VTP 域名，默认为空。在 VTP 域中的 Server 服务器上配置
//域名，本实验中 SWA 为 VTP Server，配置的域名可自行定义，例如：office
```

交换机 SWA 参考配置如下。

```
SWA(config)# vtp domain office
```

使用 show vtp status 指令分别检查交换机 SWA、SWB、SWC 上 VTP 配置的变化。思考：SWB、SWC 是否学习到了该域名？为什么？

在交换机 SWB 上使用 show vtp status 命令查看，因为 SWB 是客户端模式，所以会学习到域名 office，可以看到已经学习到了 office 的域名，如下所示。

```
SWB# show vtp status
VTP Version                        : 2
Configuration Revision             : 0
Maximum VLANs supported locally    : 255
Number of existing VLANs           : 5
VTP Operating Mode                 : Client
VTP Domain Name                    : stu
VTP Pruning Mode                   : Disabled
VTP V2 Mode                        : Disabled
VTP Traps Generation               : Disabled
MD5 digest                         : 0x28 0x2F 0XB9 0x3C 0x05 0xC2 0x29 0XD3
Configuration last modified by 0.0.0.0 at 0-0-00 00:00:00
```

在交换机 SWC 上使用 show vtp status 命令查看，因为 SWC 是透明模式，所以不会学习到域名 office，域名仍然为空，如下所示。

```
SWC# show vtp status
VTP Version                        : 2
```

```
Configuration Revision              : 0
Maximum VLANs supported locally     : 255
Number of existing VLANs            : 5
VTP Operating Mode                  : Transparent
VTP Domain Name                     :
VTP Pruning Mode                    : Disabled
VTP V2 Mode                         : Disabled
VTP Traps Generation                : Disabled
MD5 digest                          : 0x7D 0x5A 0xA6 0x0E 0x9A 0x72 0xA0 0x3A
Configuration last modified by 0.0.0.0 at 0-0-00 00:00:00
```

步骤5,在VTP Server上创建VLAN,并检查各个交换机的VLAN学习情况。

首先在交换机SWA上创建新的VLAN 10、20、30,相应命名为:office、market、manage。之后在三台交换机上使用show vtp status查看VTP状态信息,重点关注配置修订版本号,即"Configuration Revision"和存在的VLAN数,即"Number of existing VLANs"。同时使用show vlan brief命令检查各交换机上详细的VLAN变化情况。

用到的命令如下。

```
Switch(config)# vlan {vlan-id}
Switch(config-vlan)# name {vlan-name}
```

首先在模拟器SWA上创建VLAN 10、20、30并命名,如下所示。

```
SWA(config)# vlan 10
SWA(config-vlan)# name office
SWA(config-vlan)# exit
SWA(config)# vlan 20
SWA(config-vlan)# name market
SWA(config-vlan)# exit
SWA(config)# vlan 30
SWA(config-vlan)# name manage
SWA(config-vlan)# exit
```

在三台交换机上使用show vtp status查看VTP状态信息。

在SWA中可以看出Configuration Revision由0变成6,Number of existing VLANs由5变成8。

```
SWA# show vtp status
VTP Version                         : 2
Configuration Revision              : 6
Maximum VLANs supported locally     : 255
Number of existing VLANs            : 8
VTP Operating Mode                  : Server
VTP Domain Name                     : stu
VTP Pruning Mode                    : Disabled
VTP V2 Mode                         : Disabled
VTP Traps Generation                : Disabled
MD5 digest                          : 0x08 0xC5 0x15 0xF8 0x1E 0xC8 0xC2 0x25
Configuration last modified by 0.0.0.0 at 3-1-93 03:16:49
Local updater ID is 0.0.0.0 (no valid interface found)
```

在 SWB 中可以看出 Configuration Revision 由 0 变成 6，Number of existing VLANs 由 5 变成 8。

```
SWB# show vtp status
VTP Version                      : 2
Configuration Revision           : 6
Maximum VLANs supported locally  : 255
Number of existing VLANs         : 8
VTP Operating Mode               : Client
VTP Domain Name                  : stu
VTP Pruning Mode                 : Disabled
VTP V2 Mode                      : Disabled
VTP Traps Generation             : Disabled
MD5 digest                       : 0x08 0xC5 0x15 0xF8 0x1E 0xC8 0xC2 0x25
Configuration last modified by 0.0.0.0 at 3-1-93 03:16:49
```

由于，SWC 是透明模式，因此 Configuration Revision 还是 0，Number of existing VLANs 依然是 5。

```
SWC# show vtp status
VTP Version                      : 2
Configuration Revision           : 0
Maximum VLANs supported locally  : 255
Number of existing VLANs         : 5
VTP Operating Mode               : Transparent
VTP Domain Name                  :
VTP Pruning Mode                 : Disabled
VTP V2 Mode                      : Disabled
VTP Traps Generation             : Disabled
MD5 digest                       : 0x7D 0x5A 0xA6 0x0E 0x9A 0x72 0xA0 0x3A
Configuration last modified by 0.0.0.0 at 0-0-00 00:00:00
```

在交换机 A 上通过使用 show vlan brief 命令可以看出增加的三个 VLAN。

```
SWA# show VLAN br
VLAN  Name                Status    Ports
----  ----------------    -------   ------------------------------
1     default             active    Fa0/3, Fa0/4, Fa0/5, Fa0/6
                                    Fa0/7, Fa0/8, Fa0/9, Fa0/10
                                    Fa0/11, Fa0/12, Fa0/13, Fa0/14
                                    Fa0/15, Fa0/16, Fa0/17, Fa0/18
                                    Fa0/19, Fa0/20, Fa0/21, Fa0/22
                                    Fa0/23, Fa0/24, Gig1/1, Gig1/2
10    office              active
20    market              active
30    manage              active
1002  fddi-default        active
1003  token-ring-default  active
1004  fddiet-default      active
1005  trent-default       active
```

步骤 6，在 VTP Transparent 上创建 VLAN，并检查各个交换机的 VLAN 学习情况。

在交换机 SWC 上创建新的 VLAN 100，并命名为 test。

在三台交换机上使用 show vtp status 命令查看 VTP 状态信息，重点关注配置修订版本号，即"Configuration Revision"和存在的 VLAN 数，即"Number of existing VLANs"。

同时使用 show vlan brief 命令检查各个交换机上详细的 VLAN 变化情况。

SWA 保持不变。

```
SWA# show vtp status
VTP Version                    : 2
Configuration Revision         : 6
Maximum VLANs supported locally: 255
Number of existing VLANs       : 8
VTP Operating Mode             : Server
VTP Domain Name                : stu
VTP Pruning Mode               : Disabled
VTP V2 Mode                    : Disabled
VTP Traps Generation           : Disabled
MD5 digest                     : 0x08 0xC5 0x15 0xF8 0x1E 0xC8 0xC2 0x25
Configuration last modified by 0.0.0.0 at 3-1-93 03:16:49
Local updater ID is 0.0.0.0 (no valid interface found)
```

```
SWA# show VLAN br
VLAN  Name                Status      Ports
----  ------------------  ------      -------------------------------
1     default             active      Fa0/3, Fa0/4, Fa0/5, Fa0/6
                                      Fa0/7, Fa0/8, Fa0/9, Fa0/10
                                      Fa0/11, Fa0/12, Fa0/13, Fa0/14
                                      Fa0/15, Fa0/16, Fa0/17, Fa0/18
                                      Fa0/19, Fa0/20, Fa0/21, Fa0/22
                                      Fa0/23, Fa0/24, Gig1/1, Gig1/2
10    office              active
20    market              active
30    manage              active
1002  fddi-default        active
1003  token-ring-default  active
1004  fddiet-default      active
1005  trent-default       active
```

交换机 B 依然保持不变。

```
SWB# show vtp status
VTP Version                    : 2
Configuration Revision         : 6
Maximum VLANs supported locally: 255
Number of existing VLANs       : 8
VTP Operating Mode             : Client
VTP Domain Name                : stu
VTP Pruning Mode               : Disabled
VTP V2 Mode                    : Disabled
VTP Traps Generation           : Disabled
MD5 digest                     : 0x08 0xC5 0x15 0xF8 0x1E 0xC8 0xC2 0x25
```

Configuration last modified by 0.0.0.0 at 3-1-93 03:16:49
Local updater ID is 0.0.0.0 (no valid interface found)

```
SWB# show VLAN br
VLAN  Name                Status    Ports
----  ------------------  --------  ------------------------------
1     default             active    Fa0/1, Fa0/3, Fa0/4, Fa0/5
                                    Fa0/6, Fa0/7, Fa0/8, Fa0/9
                                    Fa0/10, Fa0/11, Fa0/12, Fa0/13
                                    Fa0/14, Fa0/15, Fa0/16, Fa0/17
                                    Fa0/18, Fa0/19, Fa0/20, Fa0/21
                                    Fa0/22, Fa0/23, Fa0/24, Gig1/1
                                    Gig1/2
10    office              active
20    market              active
30    manage              active
1002  fddi-default        active
1003  token-ring-default  active
1004  fddiet-default      active
1005  trent-default       active
```

交换机 C 的配置版本号变为 2，存在的 VLAN 数由 5 变为 6，VLAN 信息中增加了 VLAN 100 及 test。

```
SWC# show vtp status
VTP Version                     : 2
Configuration Revision          : 0
Maximum VLANs supported locally : 255
Number of existing VLANs        : 6
VTP Operating Mode              : Transparent
VTP Domain Name                 :
VTP Pruning Mode                : Disabled
VTP V2 Mode                     : Disabled
VTP Traps Generation            : Disabled
MD5 digest                      : 0x7D 0x5A 0xA6 0x0E 0x9A 0x72 0xA0 0x3A
Configuration last modified by 0.0.0.0 at 0-0-00 00:00:00
```

```
SWC# show VLAN br
VLAN  Name                Status    Ports
----  ------------------  --------  ------------------------------
1     default             active    Fa0/2, Fa0/3, Fa0/4, Fa0/5
                                    Fa0/6, Fa0/7, Fa0/8, Fa0/9
                                    Fa0/10, Fa0/11, Fa0/12, Fa0/13
                                    Fa0/14, Fa0/15, Fa0/16, Fa0/17
                                    Fa0/18, Fa0/19, Fa0/20, Fa0/21
                                    Fa0/22, Fa0/23, Fa0/24, Gig1/1
                                    Gig1/2
100   test                active
1002  fddi-default        active
1003  token-ring-default  active
```

```
1004    fddiet-default                active
1005    trent-default                 active
```

步骤7,VTP密码设置。

主要命令如下。

```
Switch(config)# vtp password WORD   //设置VTP口令,VTP域内口令一致时才能交换VLAN信息. 在
//交换机SWA上设置VTP密码.之后在SWA上创建VLAN 40,使用show vtp status和show vlan brief
//指令查看SWB的变化状态.
```

交换机SWA参考配置如下。

```
SWA(config)# vtp password cisco
SWA(config)# vlan 40
```

SWB没有变化,如以下命令行所示。

```
SWB# show vtp status
VTP Version                     : 2
Configuration Revision          : 6
Maximum VLANs supported locally : 255
Number of existing VLANs        : 8
VTP Operating Mode              : Client
VTP Domain Name                 : stu
VTP Pruning Mode                : Disabled
VTP V2 Mode                     : Disabled
VTP Traps Generation            : Disabled
MD5 digest                      : 0x08 0xC5 0x15 0xF8 0x1E 0xC8 0xC2 0x25
Configuration last modified by 0.0.0.0 at 3-1-93 03:16:49

SWB# show VLAN br
VLAN    Name                    Status      Ports
----    --------------------    ------      ---------------------------
1       default                 active      Fa0/1,Fa0/3,Fa0/4,Fa0/5
                                            Fa0/6,Fa0/7,Fa0/8,Fa0/9
                                            Fa0/10,Fa0/11,Fa0/12,Fa0/13
                                            Fa0/14,Fa0/15,Fa0/16,Fa0/17
                                            Fa0/18,Fa0/19,Fa0/20,Fa0/21
                                            Fa0/22,Fa0/23,Fa0/24,Gig1/1
                                            Gig1/2
10      office                  active
20      market                  active
30      manage                  active
1002    fddi-default            active
1003    token-ring-default      active
1004    fddiet-default          active
1005    trent-default           active
```

在SWB上也设置相同的VTP密码,之后使用show vtp status和show vlan brief命令查看SWB的变化状态。

交换机SWB参考配置如下。

```
SWB(config)#vtp password cisco
```

设置完密码后,发生变化如以下命令行所示。

```
SWB#show vtp status
VTP Version                     : 2
Configuration Revision          : 7
Maximum VLANs supported locally : 255
Number of existing VLANs        : 9
VTP Operating Mode              : Client
VTP Domain Name                 : stu
VTP Pruning Mode                : Disabled
VTP V2 Mode                     : Disabled
VTP Traps Generation            : Disabled
MD5 digest                      : 0xDC 0xDE 0xAD 0xCC 0xD5 0x70 0x76 0xA8
Configuration last modified by 0.0.0.0 at 3-1-93 03:38:36


SWB#show VLAN br
VLAN   Name                   Status      Ports
----   --------------------   ------      -------------------------------
1      default                active      Fa0/1,Fa0/3,Fa0/4,Fa0/5
                                          Fa0/6,Fa0/7,Fa0/8,Fa0/9
                                          Fa0/10,Fa0/11,Fa0/12,Fa0/13
                                          Fa0/14,Fa0/15,Fa0/16,Fa0/17
                                          Fa0/18,Fa0/19,Fa0/20,Fa0/21
                                          Fa0/22,Fa0/23,Fa0/24,Gig1/1
                                          Gig1/2

10     office                 active
20     market                 active
30     manage                 active
40     VLAN0040               active
1002   fddi-default           active
1003   token-ring-default     active
1004   fddiet-default         active
1005   trent-default          active
```

步骤8,VTP域名修改。

将SWA的VTP域名修改为cisco,使用show vtp status命令查看配置修订版本号的变化情况。使用show vlan brief命令查看VLAN信息是否有变化。之后删掉SWA上的所有VLAN信息,再使用show vlan brief命令查看VLAN信息是否有变化,记录变化信息。

交换机SWA参考配置如下。

```
SWA(config)#vtp domain cisco
SWA#show vtp status
SWA#show vlan brief
SWA(config)#no vlan 10
SWA(config-vlan)#no vlan 20
```

```
SWA(config-vlan)#no vlan 30
SWA(config-vlan)#no vlan 40
```

使用 show vlan brief 命令确认这些 VLAN 信息已经被删除。之后将交换机 SWA 加入的域名修改回 cisco,使用 show vlan brief 命令检查交换机 SWA 的 VLAN 变化情况,并说明原因。

改完域名后配置命令如下所示。

```
SWA#show vtp status
VTP Version                     : 2
Configuration Revision          : 0
Maximum VLANs supported locally : 255
Number of existing VLANs        : 9
VTP Operating Mode              : Server
VTP Domain Name                 : cisco
VTP Pruning Mode                : Disabled
VTP V2 Mode                     : Disabled
VTP Traps Generation            : Disabled
MD5 digest                      : 0xE7 0x35 0xF1 0x20 0xE4 0xB6 0x30 0xD0
Configuration last modified by 0.0.0.0 at 3-1-93 03:38:36
Local updater ID is 0.0.0.0 (no valid interface found)
```

删掉 vlan 20,30,40 后的状态如下。

```
SWA#show VLAN br
VLAN   Name                Status    Ports
----   ----------------    ------    -------------------------------
1      default             active    Fa0/3,Fa0/4,Fa0/5,Fa0/6
                                     Fa0/7,Fa0/8,Fa0/9,Fa0/10
                                     Fa0/11,Fa0/12,Fa0/13,Fa0/14
                                     Fa0/15,Fa0/16,Fa0/17,Fa0/18
                                     Fa0/19,Fa0/20,Fa0/21,Fa0/22
                                     Fa0/23,Fa0/24,Gig1/1,  Gig1/2
10     office              active
1002   fddi-default        active
1003   token-ring-default  active
1004   fddiet-default      active
1005   trent-default       active
```

```
SWA#show vtp status
VTP Version                     : 2
Configuration Revision          : 3
Maximum VLANs supported locally : 255
Number of existing VLANs        : 6
VTP Operating Mode              : Server
VTP Domain Name                 : cisco
VTP Pruning Mode                : Disabled
VTP V2 Mode                     : Disabled
VTP Traps Generation            : Disabled
MD5 digest                      : 0xCD 0xB3 0x8E 0xA7 0x18 0x52 0x83 0x67
```

```
Configuration last modified by 0.0.0.0 at 3-1-93 03:45:01
Local updater ID is 0.0.0.0 (no valid interface found)
```

将域名改回 stu 后如下命令行。

```
SWA#show vtp status
VTP Version                       : 2
Configuration Revision            : 7
Maximum VLANs supported locally   : 255
Number of existing VLANs          : 9
VTP Operating Mode                : Server
VTP Domain Name                   : stu
VTP Pruning Mode                  : Disabled
VTP V2 Mode                       : Disabled
VTP Traps Generation              : Disabled
MD5 digest                        : 0xDC 0xDE 0xAD 0xCC 0xD5 0x70 0x76 0xA8

SWA#show VLAN br
VLAN  Name                  Status    Ports
----  --------------------  --------  -------------------------------
1     default               active    Fa0/3, Fa0/4, Fa0/5, Fa0/6
                                      Fa0/7, Fa0/8, Fa0/9, Fa0/10
                                      Fa0/11, Fa0/12, Fa0/13, Fa0/14
                                      Fa0/15, Fa0/16, Fa0/17, Fa0/18
                                      Fa0/19, Fa0/20, Fa0/21, Fa0/22
                                      Fa0/23, Fa0/24, Gig1/1, Gig1/2
10    office                active
20    market                active
30    manage                active
1002  fddi-default          active
1003  token-ring-default    active
1004  fddiet-default        active
1005  trent-default         active
```

可以看出删除的 VLAN 依然存在，原因是因为域名不同，更改信息就不同。

5.4 VLAN 间路由

1. VLAN 间路由简介

默认情况下，不同 VLAN 中的计算机之间无法通信。但是有些情况下要求不同 VLAN 中的计算机之间进行通信，这需要用到 VLAN 间路由技术。

VLAN 间路由有两种方式：基于路由接口以及基于路由子接口。

基于路由接口的方式，由于传统路由要求路由器具有多个物理接口，以便进行 VLAN 间路由。实现原理是路由器通过每个物理接口连接到唯一的 VLAN，各接口配置均有一个 IP 地址，该 IP 地址与所连接的特定 VLAN 子网相关联。要注意的是，路由器和交换机之间的链路为 Access 链路。

如图 5.26 所示，路由器接口 Fa0/0 属于 VLAN 10，Fa0/1 属于 VLAN 20，分别对应交

换机接口 Fa0/1 和 Fa0/2。

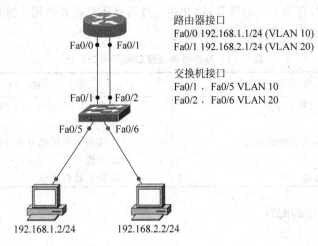

图 5.26 基于路由接口的 VLAN 间路由简例

基于路由子接口,这种方式是基于软件的虚拟接口,理论上一个物理接口划分为 2^{32} 个逻辑子接口,因此可以模拟出两个接口来实现连接两个 VLAN,路由器每个子接口配置有唯一的 VLAN 识别码、该 VLAN 的 IP 地址以及子网掩码。需要注意的是配置设备的时候路由器和交换机之间的链路为中继链路。该方式的优点是仅需将物理接口启用(no shutdown),无须配置其他参数。

这种方式是采用路由器的一个接口 Fa0/0 的两个子接口来连接两个不同的 VLAN,如图 5.27 所示,Fa0/0.10 口连接 VLAN 10,Fa0/0.20 接口连接 VLAN 20,连接交换机 Fa0/1 接口,Fa0/1 开启中继模式,允许 VLAN 10 和 VLAN 20 通过。

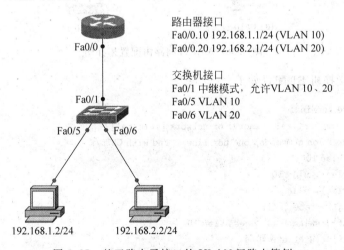

图 5.27 基于路由子接口的 VLAN 间路由简例

接下来比较一下基于路由接口和基于路由子接口两种方式的优缺点。

(1) 由于每个 VLAN 都占用一个物理接口,因此没有带宽的争用问题,保证链路的顺畅。基于路由接口的方式中,

(2) 基于路由接口模式成本与子接口模式相比较高,因为这种方式不仅需要额外的子

接口,还需要额外的线缆进行连接。

(3) 物理接口只有带宽上的优势,因此相比较而言还是推荐使用子接口模式。

两种方式优缺点对照如表 5.10 所示。

表 5.10 路由器物理接口和子接口对比

物 理 接 口	子 接 口
每个 VLAN 占用一个物理接口	多个 VLAN 占用一个物理接口
无带宽争用	带宽争用
连接到接入模式交换机端口	连接到中继模式交换机端口
成本高	成本低
连接配置较复杂	连接配置较简单

2. VLAN 间路由的配置

配置拓扑图如图 5.28 所示。

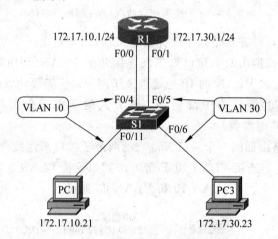

图 5.28 VLAN 间路由配置拓扑图

接口配置,交换机 S1 配置如下。

```
S1#configure terminal
Configuring from terminal, memory, or network [terminal]?
Enter configuration commands, one per line.  End with CNTL/Z.
S1(config)#vlan 10
S1(config-vlan)#vlan 30
S1(config-vlan)#exit
S1(config)#interface f0/11
S1(config-if)#switchport access vlan 10
S1(config-if)#interface f0/4
S1(config-if)#switchport access vlan 10
S1(config-if)#interface f0/6
S1(config-if)#switchport access vlan 30
S1(config-if)#interface f0/5
S1(config-if)#switchport access vlan 30
S1(config-if)#end
S1#
```

```
% SYS-5-CONFIG_I: Configured from console by console
S1#copy running-config startup-config
```

路由器 R1 配置如下。

```
R1#configure terminal
Enter configuration commands, one per line.  End with CNTL/Z.
R1(config)#interface f0/0
R1(config-if)#ip address 172.17.10.1 255.255.255.0
R1(config-if)#no shutdown

R1(config-if)#
%LINK-5-CHANGED: Interface FastEthernet0/0, changed state to up
R1(config)#interface f0/1
R1(config-if)#ip address 172.17.30.1 255.255.255.0
R1(config-if)#no shutdown

R1(config-if)#
%LINK-5-CHANGED: Interface FastEthernet0/0, changed state to up
R1(config-if)#end
R1#copy running-config startup-config
```

子接口配置，配置中继模式，以及路由器子接口，如图 5.29 所示。

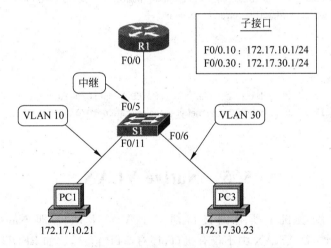

图 5.29 基于子接口的 VLAN 间路由配置拓扑图

交换机 S1 开启 Trunk 模式。

```
S1#configure terminal
Enter configuration commands, one per line.  End with CNTL/Z.
S1(config)#vlan 10
S1(config-vlan)#vlan 30
S1(config-vlan)#exit
S1(config)#interface f0/5
S1(config-if)#switchport mode trunk
S1(config-if)#end
S1#
```

路由器子接口配置。

```
R1# configure terminal
Enter configuration commands, one per line.   End with CNTL/Z.
R1(config)# interface f0/0.10
R1(config-subif)# encapsulation dot1Q 10
R1(config-subif)# ip address 172.17.10.1 255.255.255.0
R1(config)# interface f0/0.30
R1(config-subif)# encapsulation dot1Q 10
R1(config-subif)# ip address 172.17.30.1 255.255.255.0
R1(config-subif)# interface f0/0
R1(config-if)# no shutdown
%LINK-5-CHANGED: Interface FastEthernet0/0.10, changed state to up
```

配置VLAN间路由,使用show ip route命令查看路由器配置的子接口。

```
R1# show ip route
Codes:   C - connected, S - static, I - IGRP, R - RIP, M - mobile, B - BGP
         D - EIGRP, EX - EIGRP external, O - OSPF, IA - OSPF inter area
         N1 - OSPF NSSA external type 1, N2 - OSPF NSSA external type 2
         E1 - OSPF external type 1, E2 - OSPF external type 2, E - EGP
         i - IS-IS, L1 - IS-IS level-1, L2 - IS-IS level-2, ia - IS-IS inter area
         * - candidate default, U - per-user static route, o - ODR
         P - periodic downloaded static route

Gateway of last resort is not set

        172.17.0.0/24 is subnetted, 2 subnets
C       172.17.10.0 is directly connected, FastEthernet0/0.10
C       172.17.30.0 is directly connected, FastEthernet0/0.30
R1#
```

5.5　Native VLAN

　　默认情况下,交换机上所有的接口都位于VLAN 1下,即Native VLAN(本征VLAN)。事实上,本征VLAN中不仅有接口,还有STP信息,比如BPDU桥接协议数据单元、VLAN ID的信息等都要通过Native VLAN来传输。

　　ISL协议和802.1Q的区别在于针对Native VLAN是否打标记(Tag)。ISL是全部都打标记,有几个VLAN打几个标记,而802.1Q协议除了VLAN 1,即Native VLAN不打标记之外,其他的VLAN都打标记,作用都是一样的,都能让Trunk识别不同的VLAN。那为什么不对VLAN 1打标记呢?就是因为VLAN 1中承载着许多信息,对Native VLAN标记是相当不利的。

　　首先,VLAN 1是802.1Q默认的本征VLAN,ISL中没有本征VLAN的概念。

　　本征VLAN的作用对于二层交换机来说,可以起到管理地址的作用,对于802.1Q封装的干道Trunk来说,对默认本征VLAN 1不打标记。所以802.1Q封装虽然比ISL要好而且通用,但是安全性最差,如果没有修改本征VLAN,一直用默认VLAN 1,这样就可以进行跳VLAN攻击。利用802.1Q对本征VLAN不打标记这个漏洞,对于本征VLAN没有什么具体作用,后期可以自行修改本征VLAN,这样做比较安全,这是因为对于交换机来说,最初都是在一个大的广播域,所以默认都放在VLAN 1中。

对于普通VLAN信息在Trunk干道上传输,与本征VLAN没有直接关系。交换机Access接口划入的VLAN不用,在数据帧由PC进入交换机时,会绑上一个接口所属VLAN的标记。当这个数据帧到了Trunk接口的时候,这个绑着的4个字节的标记就会压进数据帧中,改变了数据帧的结构。传输到另外一台交换机的Trunk接口时,标记就会被拆分出来,还原成数据帧绑着一个标记,交换机会首先看绑着的标记,查找自己端口所属标记里的VLAN ID,进一步交换机会查看自己的MAC表,查找目的MAC地址,这样通信就完成了,通信的过程和本征VLAN没有直接关系。

一个配置了IEEE 802.1Q标记的中继端口可以接收打了标记和没有打标记的通信,但是没有打标记的数据包只能在本征VLAN(Native VLAN)内转发。默认情况下,交换机是在该端口上配置的本征VLAN中转发不打标记的通信的。本征VLAN默认为VLAN 1。

注意:本征VLAN可以分配任何VLAN ID,而不是有些读者通常认为的仅是VLAN 1。它与管理VLAN是不同的。

在IEEE 802.1Q中继端口上配置本征VLAN的步骤如表5.11所示(自特权模式开始)。

表5.11 在IEEE 802.1Q中继端口上配置本地VLAN的步骤

步骤	命令	用途说明
1	Switch#configure terminal	进入全局配置模式
2	Switch(config)#interface interface-id	指定要配置为IEEE 802.1Q中继的接口,并进入接口配置模式
3	Switch(config)#switchport trunk native vlan vlan-id	配置在以上中继端口上用于接收和发送不打标记通信的VLAN,也就是指定本征VLAN,指定中继端口的PVID值。参数vlan-id用来指定上述VLAN的VLAN ID,其范围是1~4094
4	Switch(config)#end	返回到特权模式
5	Switch#show interfaces interface-id switchport	在输出信息的Trunking Native Mode VLAN字段中校验以上设置的条目
6	Switch#copy running-config startup-config	(可选)在交换机启动配置文件中保存设置

若要返回到默认本征VLAN配置——VLAN 1,可以使用no switchport trunk native vlan接口配置命令。如果一个数据包的VLAN ID与输出端口本征VLAN ID一样,则数据包发出后不打标记,否则交换机发送数据包时打上标记。

以下示例是配置VLAN 3作为gigabitethernet1/0/2端口发送所有未打VLAN标记的默认VLAN。

1. Switch(config)#interface gigabitethernet1/0/2
2. Switch(config-if)#switchport trunk native vlan 3

5.6 PVLAN 技术

PVLAN(Private VLAN,私有 VLAN)通常用于企业内部网,用来防止连接到某些接口或接口组的网络设备之间的相互通信,但却允许与默认网关进行通信。尽管各设备处于不同的 PVLAN 中,但它们可以使用相同的 IP 子网。

在 PVLAN 中,交换机端口有三种类型：Isolated Port(孤立端口)、Community Port(团体端口)和 Promiscuous Port(杂合端口)。它们分别对应不同的 VLAN 类型：Isolated Port 属于 Isolated PVLAN,Community Port 属于 Community PVLAN。而代表一个 Private VLAN 整体的是 Primary PVLAN(主私有 VLAN),前面两类 VLAN 也称为 Secondary PVLAN(辅助私有 VLAN),它们需要和 Primary PVLAN 绑定在一起,Promiscuous Port 属于 Primary PVLAN。

PVLAN 的两种 VLAN 类型如下。

(1) 主 VLAN(Primary VLAN)：可以由多个辅助私有 VLAN 组成,这些主 PVLAN 和辅助 PVLAN 属于同一个子网。把流量从杂合端口传送到孤立、团体和同一个 VLAN 内部的其他主要杂合端口。

(2) 辅助 VLAN(Secondary VLAN)：主 PVLAN 的附属,会被映射给主 PVLAN,每台终端设备都会和辅助私有 VLAN 相连。辅助 VLAN 包含以下两种 VLAN 类型。

① 孤立 VLAN(Isolated VLAN)：把流量从孤立端口传送到一个杂合端口。孤立 VLAN 中的端口,使其不能与 PVLAN(另一个团体 VLAN 端口或相同隔离 VLAN 内的端口)内部的任何其他端口进行第二层通信。若要与其他端口通信,则必须穿越杂合端口。

② 团体 VLAN(Community VLAN)：在相同团体 VLAN 内部的团体端口之间传送流量并传送到杂合端口,团体 VLAN 内的端口可以在第二层彼此通信(只是在相同团体 VLAN 内部),但是不能与其他团体或孤立 VLAN 的端口进行通信。若要与其他端口进行通信,则必须穿越杂合端口。

具体演示如图 5.30 所示。

PVLAN 的应用对于保证接入网络的数据通信的安全性是非常有效的。用户只需与自己的默认网关连接,一个 PVLAN 不需要多个 VLAN 和 IP 子网就能提供具备二层数据通信安全性的连接,所有的用户都接入 PVLAN,从而实现了所有用户与默认网关的连接,而与 PVLAN 内的其他用户没有任何访问。PVLAN 功能可以保证同一个 VLAN 中的各个端口相互之间不能通信,但可以穿过 Trunk 端口。这样即使同一 VLAN 中的用户相互之间也不会受到广播的影响。

PVLAN 配置,私有 VLAN 的配置步骤如下。

步骤 1,VTP 模式设置为透明。

```
Switch(config)# vtp mode transparent
```

步骤 2,创建辅助 PVLAN。

```
Switch(config)# VLAN pvlan
Switch(config-vlan)# private-vlan {community | isolated}
```

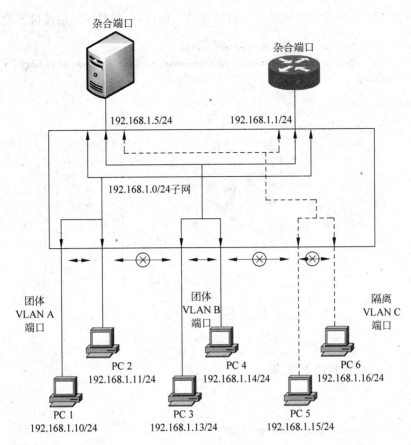

图 5.30 配置 PVLAN

步骤 3，创建主 PVLAN。

Switch(config)# **VLAN pvlan**
Switch(config-vlan)# private-vlan primary

步骤 4，将辅助 PVLAN 和主 PVLAN 进行关联（一个孤立和多个团体 VLAN）。

Switch(config)# **VLAN pvlan**   //进入主 PVLAN
Switch(config-vlan)# **private-vlan association {secondary-vlan-list | add secondary-vlan-list | remove secondary-vlan-list}**

步骤 5，将接口配置为主机端口（孤立端口或团体端口）和杂合端口。

Switch(config-if)# **switchport mode private-vlan {host | promiscuous}**

步骤 6，将孤立端口和团体端口关联给主-辅助 PVLAN 对。

Switch(config-if)# **switchport private-vlan host-association primary-vlan-id secondary-vlan-id**

步骤 7，将杂合端口关联给主-辅助 PVLAN 对。

Switch(config-if)# **switchport private-vlan mapping primary-vlan-id {secondary-vlan-id | add secondary-vlan-list | remove secondary-vlan-list}**

如果设置 PVLAN 的交换机启用 PVLAN 的三层接口,需要在三层接口下关联。

Switch(config-if)# **interface vlan primary-vlan-id**
Switch(config-if)# **private-vlan mapping {secondary-vlan-id | add secondary-vlan-list | remove secondary-vlan-list}**

拓扑图如图 5.31 所示。

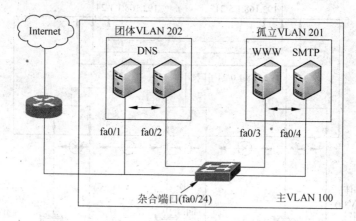

图 5.31 PVLAN 配置拓扑图

PVLAN 的具体配置如下所示。

```
sw(config)#
sw(config)# vlan 201
sw(config-vlan)# private-vlan isolated
sw(config)# vlan 202
sw(config-vlan)# private-vlan community
sw(config)# vlan 100
sw(config-vlan)# private-vlan primary
sw(config-vlan)# private-vlan association 201,202
sw(config-vlan)# interface fastethernet 0/24
sw(config-if)# switchport mode private-vlan promiscuous
sw(config-if)# switchport private-vlan mapping 100 201,202
sw(config-if)# interface range fastethernet 0/1 - 2
sw(config-if)# switchport mode private-vlan host
sw(config-if)# switchport private-vlan host-association 100 202
sw(config-if)# interface range fastethernet 0/3 - 4
sw(config-if)# switchport mode private-vlan host
sw(config-if)# switchport private-vlan host-association 100 201
```

步骤 1,创建辅助 VLAN 201,并设为孤立 VLAN;创建辅助 VLAN 202,设置为团体 VLAN。

步骤 2,创建主 VLAN 100,设为主-辅助 VLAN 100。

步骤 3,将辅助 VLAN 201 和 202 关联起来。

步骤 4,进入 Fa0/24 端口,将其设置为杂合端口。

步骤 5,将杂合端口 201 和 202 关联给主 VLAN 100。

步骤 6,进入端口 Fa0/1-0/2,将其配置为主机端口。将团体端口 VLAN 202 关联给主-

辅助 VLAN 100。

步骤 7，进入端口 Fa0/3-0/4，将其配置为主机端口，将孤立端口 VLAN 201 关联到主辅助 VLAN 100。

```
switch# show vlan private-vlan
Primary  Secondary  Type        Interfaces
-----    -------    ----------  --------
100      200        community
100      300        isolated
```

通过 show vlan private-vlan 命令可以看出团体端口 VLAN 200 关联给主-辅助 VLAN 100，孤立端口 VLAN 300，关联给主-辅助 VLAN 100。

```
sw# show interfaces fastEthernet 5/2 switchport
Name: Fa5/2
Switchport: Enabled
Administrative Mode: private-vlan host
Operational Mode: down
Administrative Trunking Encapsulation: negotiate
Negotiation of Trunking: On
Access Mode VLAN: 1 (default)
Trunking Native Mode VLAN: 1 (default)
Administrative private-vlan host-association: 100 (VLAN0200) 300 (VLAN0300)
Administrative private-vlan mapping: none
Operational private-vlan: none
Trunking VLANs Enabled: ALL
Pruning VLANs Enabled: 2-1001
Capture Mode Disabled
```

第 6 章　广域网技术

6.1　广域网技术概述

6.1.1　基本概念

广域网(Wide Area Network,WAN)是一种超越 LAN 地理范围的数据通信网络,使用电信运营商提供的设备作为信息传输平台。广域网必须按照一定的网络体系结构和相应的协议进行组织,以实现不同系统的互连和相互协同工作。

WAN 操作主要集中在第一层和第二层。WAN 中的设备主要包括调制解调器、CSU/DSU、接入服务器、WAN 交换机、路由器等。

图 6.1 中列出了一些经常使用的广域网技术同 OSI 参考模型之间的对应关系。

OSI 模型		广域网技术	
Network Layer(网络层)		X.25 PLP	
Data Link Layer（数据链路层）	LLC 子层	LAPB	
		Frame Relay	
		HDLC	
	MAC 子层	PPP	
		SDLC	
Physical Layer（物理层）		SMDS (Switched Multimegabit Data Service)	X.21Bis
			EIA/TIA-232
			EIA/TIA-449
			V.24 V.35
			HSSI G.73
			EIA-530

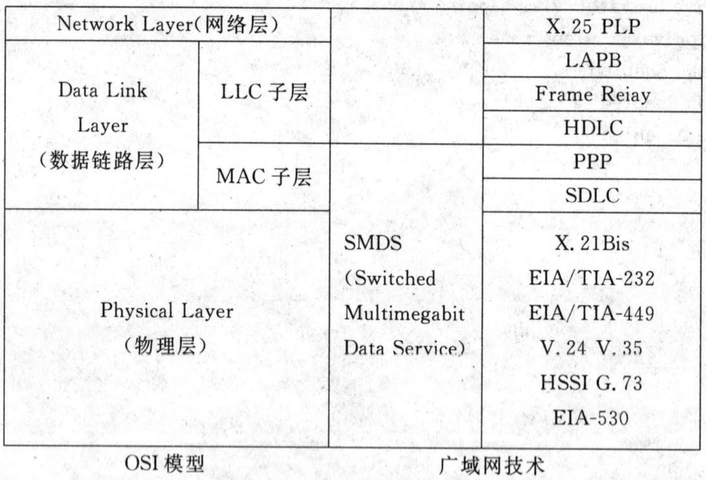

图 6.1　广域网技术同 OSI 参考模型之间的对应关系

WAN 物理层协议描述连接 WAN 服务所需的电气、机械、操作和功能特性,以及 DTE 和 DCE 之间的接口。

1. DTE 与 DCE 的区别

DTE(数据终端设备)安装在客户端。在数据通信中的作用类似于电话与电报通信中的电话机和电传机。它把人们的信息变成以数字代码表示的数据,并把这些数据送到远端的计算机系统,同时可以接收远端计算机系统的处理结果,并转换为人们可以理解的信息。DTE 相当于人和机器间的接口。

DCE(数据电路终接设备)安装在局端。DCE 是 DTE 与传输信道的接口设备。

DTE 和 DCE 只是一类设备的总称，设备的接口都不完全相同，用户必须查阅说明书。

在实际应用中，DTE 和 DCE 设备都不是绝对的。比如在通信设备中经常用到 V.35/E1 转换器，它的 V.35 接口既可以是 DCE 模式也可以是 DTE 模式，与它对接的路由器的 V.35 接口也可以是 DTE 或 DCE 模式，但只能 DCE 与 DTE 设备之间对接，不能 DCE 与 DCE 或者 DTE 与 DTE 对接。一是因为 V.35 接口 DCE、DTE 设备的端口类型是不同的（DTE 为针式，DCE 为孔式），二是因为在 DTE 和 DCE 设备上相同名称的信号输入、输出方向是不同的。

DTE 和 DCE 的概念只出现在用户数字环路上，其他地方不存在这个概念，位于用户端的叫 DTE，位于局端的叫 DCE。

因此，设备虽然是两用的，但是这个概念没有规定必须用什么设备。所以，当该设备放在用户端时称为 DTE，在局端时称为 DCE。对 Cisco 电缆，可以如下这样简单区分。

（1）DCE 电缆："C"是"凹"的，所以 DCE 电缆是孔头。

（2）DTE 电缆："T"是"凸"的，所以 DTE 电缆是针头。

简单地说 DTE 是大头的、多针的，DCE 是小头的类似计算机的并行口，一般路由器提供 DTE 口，DDN 专线的调制解调器提供 DCE 口，二者之间需要一根转接线连接。

设备之间 DTE 和 DCE 的连接如图 6.2 所示。

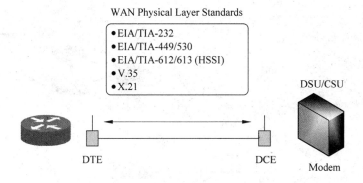

图 6.2　DTE 与 DCE 之间连接操作

不同接口的 DTE 和 DCE 接口如图 6.3 所示，Female 为 DTE 接口，Male 为 DCE 接口。

2．WAN 物理层概念

首先分为用户驻地设备和服务提供商设备，用户驻地设备例如用户公司中的所有网络设备，包括数据通信设备（DCE）、数据终端设备（DTE）。服务提供商设备由 WAN 服务提供商提供，包括各种路由器和交换机。它们之间由分界点分开，本地环路也叫"最后一千米"及用户接入运营商的连接线路。具体图示如图 6.4 所示。

3．WAN 数据链路层概念

所有 WAN 连接都使用第二层协议，对在 WAN 链路上传输的数据包进行封装。为确保使用正确的封装协议，必须为每个路由器的串行接口配置所用的第二层封装类型。封装协议的选择取决于 WAN 技术和设备。数据链路层协议主要包括专用点对点协议、分组交换协议以及电路交换协议，将在后续进行详细介绍。WAN 数据链路层概念如图 6.5 所示。

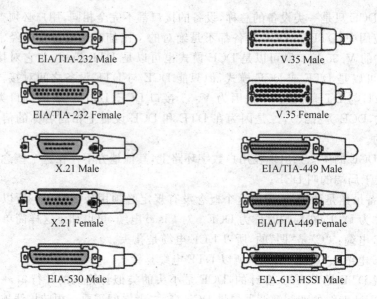

图 6.3 DTE 与 DCE 接口图

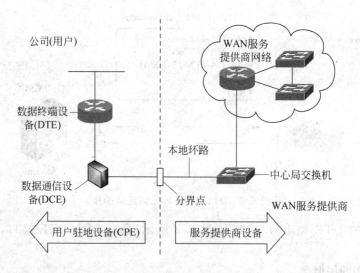

图 6.4 WAN 物理层概念图

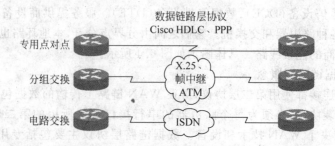

图 6.5 WAN 数据链路层概念图

WAN 连接方案简介以及分类如图 6.6 所示。

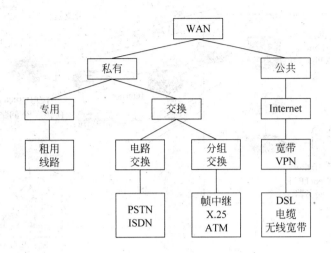

图 6.6 WAN 连接方案简介以及分类图

4. Internet 连接方案

虚拟专用网(Virtual Private Network,VPN)技术属于远程访问技术,简单地说就是利用公用网络架设专用网络。例如某公司员工出差到外地,他想访问企业内网的服务器资源,这种访问就属于远程访问。

VPN 是公共网络之上多个私有网络之间的加密连接,进行加密通信,在企业网络中有广泛的应用。

VPN 的优势分为如下几个方面:首先能够节省成本,VPN 能够让移动员工、远程员工、商务合作伙伴和其他人利用本地可用的高速宽带网(如 DSL、有线电视或者 Wi-Fi 网络)连接到企业网络;其次安全性好,VPN 能提供高水平的安全防护,使用高级的加密和身份识别协议保护数据避免受到窥探,阻止数据盗窃和其他非授权用户接触数据;第三,可扩展性强,设计良好的宽带 VPN 是模块化的和可升级的;第四,VPN 能够令应用者使用一种很容易设置的互联网基础设施,让新的用户迅速和轻松地添加到这个网络,这种能力意味着企业不用增加额外的基础设施就可以提供大量的容量和应用;第五,VPN 与宽带技术的兼容性很好。

有两种类型的 VPN 接入:站点到站点 VPN 和远程访问 VPN,如图 6.7 和图 6.8 所示。

广域网在企业体系结构中的应用如图 6.9 所示,能将园区、数据中心、分支站点以及远程工作人员有机地连接起来。

6.1.2 技术特点

广域网传送数据通常使用的是公共通信链路,利用公共载波提供的条件进行传输,例如由本地或长途电话公司提供的电话主干网。广域网可能要连接多个地理位置,WAN 中连接设备跨越的地理区域通常比 LAN 的作用区域更广。

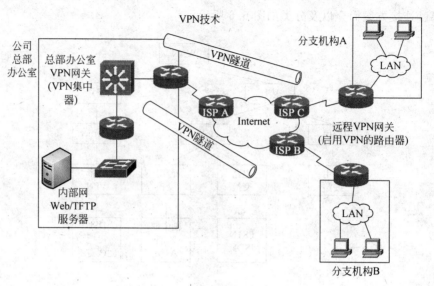

图 6.7　VPN 站点到站点连接概念图

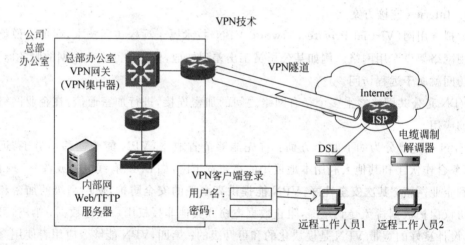

图 6.8　VPN 远程访问概念图

这些单个的地理位置即所谓的广域网节点。一个广域网连接即两个节点之间的连接。WAN 使用各种类型的串行连接提供对大范围地理区域带宽的访问功能。

1. 点对点链路

点对点链路可以提供以下两种数据传送方式。

（1）数据报传送方式。该方式主要是将数据分割成一个个小的数据帧进行传送，其中每一个数据帧都带有自己的地址信息，都需要进行地址校验。

（2）数据流传送方式。该方式用数据流取代一个个的数据帧作为数据发送单位，整个数据流具有一个地址信息，只需要进行一次地址验证即可。因为一个节点通常只连接一个其他的节点。

2. 电路交换技术

电路交换是广域网所使用的一种交换方式。在电路交换式网络中，专用物理电路只是

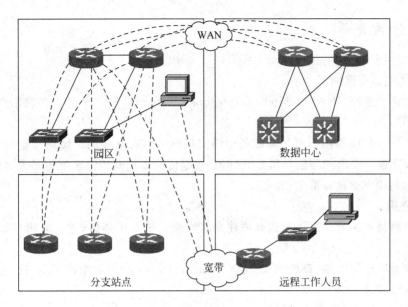

图 6.9 广域网在企业体系中的应用

每一个通信对话临时建立的。交换式电路由一个初始建立信号触发所建立。这个呼叫建立过程决定了呼叫 ID、目的 ID 和连接类型。当传输结束时,中断信号负责中断电路。

POST 是最普通的电路交换技术。使用电话服务,只有当呼叫时电路才建立,但是一旦临时电路建立,它专门属于指定的呼叫。

典型的电路交换式链路有如下几种。

(1) 异步串口连接(POTS);

(2) ISDN 基本速率接口(BRI);

(3) ISDN 基群速率接口(PRI)。

3. 包交换技术

包交换技术主要采用统计复用技术在多台设备之间实现电路共享。它不依赖于承载网络提供的专用点对点线路。而是让 WAN 中的多个网络设备共享一条虚拟电路(Virtual Circuit)进行数据传输。包交换技术可以传送大小不一的帧(数据包)或大小固定的单元。

实际上,数据包是利用包含在包中或帧头的地址进行路由而通过运营商网络从源节点传送到目的节点。这意味着包交换式广域网设备是可以被共享的,允许服务提供商通过一条物理线路、一个交换机来为多个用户提供服务。

帧中继、SMDS 和 X.25 都属于包交换式的广域网技术。

4. 虚电路技术

虚电路是分组交换的两种传输方式中的一种。在通信和网络中,虚电路是由分组交换通信所提供的面向连接的通信服务。在两个节点或应用进程之间建立起一个逻辑上的连接或虚电路后,就可以在两个节点之间依次发送每一个分组,接收端收到分组的顺序必然与发送端的发送顺序一致,因此接收端无须负责在接收分组后重新进行排序。虚电路协议向高层协议隐藏了将数据分割成段、包或帧的过程。

虚电路是建立一条逻辑连接,发送方与接收方不需要预先建立连接。

6.1.3 传输资源

组建广域网可利用的传输资源主要有以下 4 个。

1. 公共电话交换网

公共电话交换网(Public Switched Telephone Network,PSTN)即大多数家庭使用的典型的电话网络。

PSTN 是一种以模拟技术为基础的电路交换网络。在众多的广域网互连技术中,通过 PSTN 进行互连所要求的通信费用最低,但其数据传输质量及传输速度也最差,同时 PSTN 的网络资源利用率也比较低。

2. T 介质

专用线路是一种通过公用电信介质建立起的永久性专用连接,并且向用户收取基本月租费的线路。

当提到数字数据网络(Digital Date Network,DDN)时,通常指的都是 T1、部分 T1 或 T3 线路,统称为 T 介质。

T1 载波帧结构如图 6.10 所示。

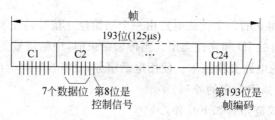

图 6.10 T1 载波帧结构

3. 同步光纤网络

同步光纤网络(Synchronous Optical NETwork,SONET)利用光纤的复用技术,能够发送数据、语音和图像。

其能够提供 64Kb/s～2.48Gb/s 的数据传输速率,它使用与 T 介质所采用的同样的 TDM 技术。在国际上,SONET 就是著名的同步数据层(Synchronous Digital Hierarchy,SDH)。

4. 无线载波技术

作为有线接入的补充,无线接入技术在不便于有线接入的地区,用无线通信设备把用户接入市话交换网,统称为无线接入系统。

无线载波技术包括卫星通信和网络微波专线等。卫星通信网络方便、灵活、见效快,但延时长。微波专线以接近光速的速度传输信号,是金属导线的 1.2～1.6 倍,是偏远山区的理想选择。在传送的两点之间不能被遮挡,易受大气、大雨的干扰。

6.1.4 广域网技术

1. X.25

X.25 协议采用的是 20 世纪 60 年代和 70 年代开发的包交换技术,提供了点对点的面向连接的通信。并且具有差错检查功能,用以保证数据的完整性。X.25 协议实现了在较低级模拟线路条件下也能提供高质量的数据传输服务。

随着容量大、质量高（误码率低于 10^{-9}）的光纤被大量使用，通信网的纠错能力就不再成为评价网络性能的主要指标。X.25 分组交换的某些优点在光纤传输系统中已经得不到体现。

2．帧中继

帧中继是一个虚电路网络。帧中继提供永久虚电路 PVC 和交换虚电路 SVC。帧中继的虚电路是用称为数据链路连接标识符（Data Link Connection Identifier，DLCI）的一个数字来表示的。

帧中继仅工作在物理层和数据链路层。

帧中继简化了可靠传输和差错控制机制，将那些用于保证数据可靠性传输的任务，如流量控制和差错控制等委托给用户终端或本地节点来完成，在减少网络时延的同时降低了通信成本。

帧中继 WAN 概念图如图 6.11 所示。

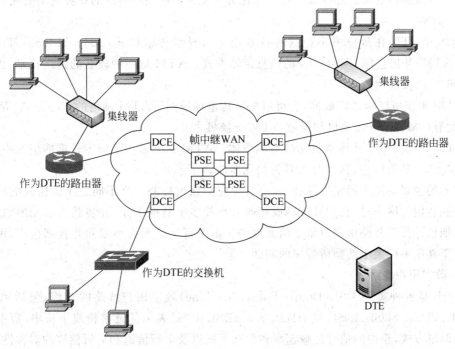

图 6.11　帧中继 WAN 概念图

3．综合业务数字网

综合业务数字网（Integrated Services Digital Network，ISDN）是国际电信联盟（International Telecommunications Union，ITU）为了在数字线路上传输数据而开发的一种国际标准。如图 6.12 所示为连接到 ISDN PRI。

ISDN 是一种由数字交换机和数字信道组成的数字通信网络，可以提供语音、数据等综合传输业务。

ISDN 的特点如下。

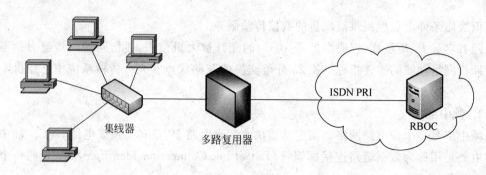

图 6.12　连接到 ISDN PRI

（1）通信业务的综合化。

（2）提高了通信的质量。端与端的信道全数字化，因此信道传输质量高于模拟信道。

（3）使用方便。信息信道和信令信道相分离。在一条 2B+D 的用户线上可以连接多达八台终端，其中三台可以同时工作。

（4）降低通信费用。业务综合在一起比分开使用不同网络传输的业务费用要低。

4. ATM

1988 年，ITU 在蓝皮书中把这种技术定名为异步传输模式（Asynchronous Transfer Mode，ATM）并把它作为 B-ISDN 的信息传输方式。ATM 是一种较新的网络技术，也是实现 B-ISDN 的关键性技术。

ATM 不仅可以构造广域网，也可以用来构造局域网。ATM 网络的核心是 ATM 交换机，因此有广域 ATM 交换机和局域 ATM 交换机之分。

ATM 信元是 ATM 传送信息的基本载体。ATM 信元采用了固定长度的信元格式，只有 53B，其中 5B 为信头，其余的 48B 为信元净荷。

信元的主要功能为确定虚路径，并完成相应的路由控制。当不同大小的格式的帧从分支网络到达信元网络时，它们被分割成相同大小的多个数据单元，并装载入信元中，这些信元和其他信元复用并路由通过整个信元网络。由于每个信元大小相同并且都很小，因此避免了由于复用不同大小的帧所带来的问题。

5. 数字用户线路

xDSL 是各种类型 DSL（Digital Subscriber Line）数字用户线路的总称，包括 ADSL、RADSL、VDSL、SDSL、IDSL 和 HDSL 等。xDSL 中"x"表示任意字符或字符串，根据采取不同的调制方式，获得的信号传输速率和距离不同以及上行信道和下行信道的对称性不同。

xDSL 是一种新的传输技术，在现有电话线路上采用较高的频率及相应调制技术，来获得高传输速率（理论值可达到 52Mb/s）。

通过计算机上的 DSL 适配器进行连接如图 6.13 所示。

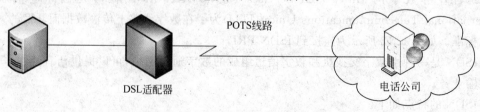

图 6.13　通过计算机上的 DSL 适配器进行连接

6. 光纤同轴混合网

光纤同轴混合网(Hybrid Fiber/Coaxial Cable,HFC)的概念由 AT&T 公司在 1994 年提出。采用光缆将信号从有线电视的前端传送到服务小区,用光接收机将光信号转换为电信号后,再用同轴电缆将其传送到用户家中。

其最大优点是充分利用已有的有线电视(Cable Television,CATV)的传输系统,解决计算机和计算机网络的接入问题。

7. SMDS

交换式多兆位数据服务(Switched Multimegabit Data Service,SMDS)是基于数据报的高速分组交换 WAN 技术,主要用于公用数据网络的通信。SMDS 接口称为分布队列双总线(Distributed Queue Dual Bus,DQDB),SMDS 通常使用 T 载波线路,可以采用光纤介质或铜介质。

SMDS 信元长度为固定的 53B,由头、分段单元和尾构成。

SMDS 可以提供高速网络通信,并且可以和 ISDN、T 载波、ATM 技术兼容。

SMDS WAN 如图 6.14 所示。

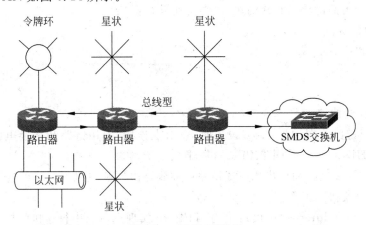

图 6.14　SMDS WAN

6.2　HDLC 和 PPP

6.2.1　概述

1. 串行点对点链路

1) 串行通信简介

利用串行连接,信息通过一条导线发送时,每次发送一位。并行连接则通过多根导线同时传输多位。时滞和串扰限制了并行通信的速率。

串口通俗地形容就是一条车道,而并口就是有 8 个车道同一时刻能传送 8 位(一个位元组)数据。某些情况下,并口不一定比串口快,由于 8 位通道之间的互相干扰,传输时速度就受到了限制。而且当传输出错时,需要同时重新传送 8 个位的数据。串口没有干扰,传输出错后重发一位即可,所以要比并口快。串口硬盘就是这样被人们重视的。

从原理上讲,串行传输是按位传输方式,只利用一条信号线进行传输,例如,要传送一个字节(8 位)数据,是按照该字节中从最高位逐位传输,直至最低位,如图 6.15 所示。

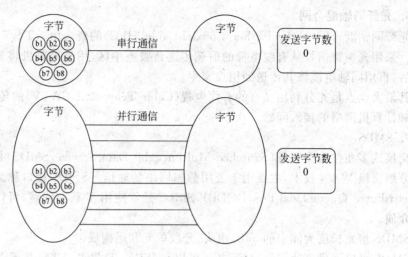

图 6.15 串行、并行通信

串行通信最大的优势是布线简单,电缆可比并行更长。

2) 串行通信标准

(1) RS-232;

(2) V.35;

(3) HSSI。

2. WAN 封装协议

HDLC:当链路两端均为 Cisco 设备时,点对点连接、专用链路和交换电路连接上的默认封装类型。HDLC 现在是同步 PPP 的基础。

PPP:通过同步电路和异步电路提供路由器到路由器和主机到网络的连接。PPP 可以和多种网络层协议协同工作。

SLIP(串行线路 Internet 协议):使用 TCP/IP 实现点对点串行连接的标准协议。在很大程度上,SLIP 已被 PPP 取代。

LAPB(X.25/平衡式链路接入协议):ITU-T 标准,它定义了如何为公共数据网络中的远程终端访问和计算机通信维持 DTE 与 DCE 之间的连接。

帧中继:行业标准,是处理多个虚电路的交换数据链路层协议。帧中继是 X.25 之后的下一代协议。帧中继消除了 X.25 中使用的某些耗时的过程(例如纠错和流控制)。

ATM:信元中继的国际标准,在此标准下,设备以固定长度(53B)的信元发送多种类型的服务。

6.2.2 HDLC 和 PPP 的帧格式

1. HDLC 封装

要确保使用正确的协议,需要配置适当的第二层封装类型。协议的选择取决于 WAN 技术和通信设备。

HDLC 是由国际标准化组织(ISO)开发的、面向比特的同步数据链路层协议。定义的帧结构采用确认机制进行流量控制和错误控制。

使用帧定界符(或标志)来标记每个帧的开头和结尾。

Cisco 已经扩展了 HDLC 协议,解决了无法支持多协议的问题。实际上,HDLC 是所有 Cisco 串行接口的默认封装协议。虽然 Cisco HDLC(也称为 cHDLC)是专用的,但 Cisco 已授权众多其他网络设备厂商实现它。Cisco HDLC 帧包含一个用于指示网络协议的字段。标准 HDLC 与 cHDLC 的区别如图 6.16 所示。

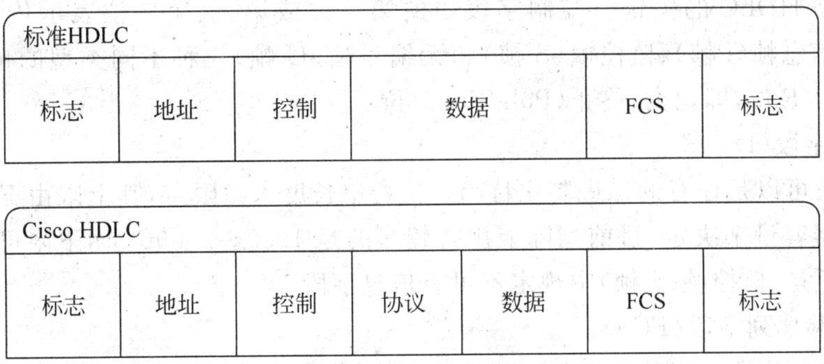

标准HDLC					
标志	地址	控制	数据	FCS	标志

Cisco HDLC						
标志	地址	控制	协议	数据	FCS	标志

图 6.16 标准 HDLC 与 cHDLC

在 HDLC 中,数据和控制报文均以帧的标准格式传送。HDLC 的完整的帧由标志字段(F)、地址字段(A)、控制字段(C)、信息字段(I)、帧校验序列字段(FCS)等组成。

起始标志　要传输的数据块　结束标志
0111111000110110000101100110111**01111110**

包括起始和终止标志的信息块称为 HDLC 的"数据帧"。起始和终止标志采用相同的帧间隔符"01111110",即在 HDLC 协议过程中,帧与帧之间用"01111110"所分隔,"帧"构成了通信双方交换的最小单位。HDLC 协议帧结构如图 6.17 所示。

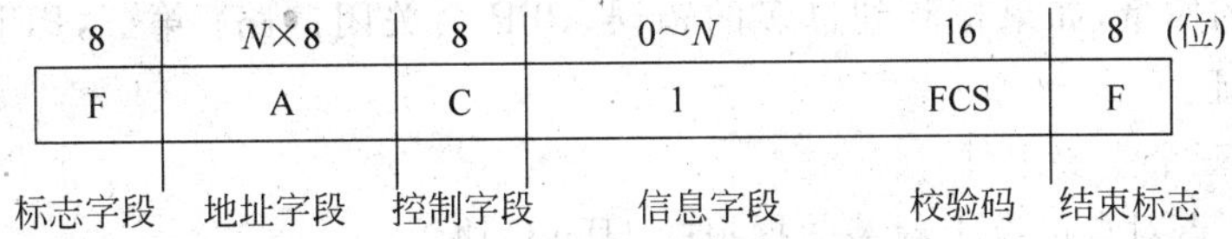

8	$N\times 8$	8	$0\sim N$	16	8	(位)
F	A	C	I	FCS	F	
标志字段	地址字段	控制字段	信息字段	校验码	结束标志	

图 6.17 HDLC 协议帧结构

1) 标志字段(F)

标志字段为"01111110"的比特模式,用于标志帧的起始和前一帧的终止。标志字段也可以作为帧与帧之间的填充字符。通常,在不进行帧传送的时刻,信道仍处于激活状态,在这种状态下,发送方不断地发送标志字段,便可认为一个新的帧传送已经开始。采用"0 比特插入法"可以实现 0 数据的透明传输。

2) 地址字段(A)

地址字段的内容取决于所采用的操作方式。在操作方式中,有主站、从站、组合站之分。每一个从站和组合站都被分配一个唯一的地址。命令帧中的地址字段携带的是对方站的地址,而响应帧中的地址字段所携带的地址是本站的地址。某一地址也可分配给不止一个站,这种地址称为组地址,利用一个组地址传输的帧能被组内所有拥有该组的站接收。

但当一个站或组合站发送响应时,它仍应当用它唯一的地址。还可用全"1"地址来表示包含所有站的地址,称为广播地址,含有广播地址的帧传送给链路上所有的站。另外,还规定全"0"地址为无站地址,这种地址不分配给任何站,仅作测试。

3) 控制字段(C)

控制字段用于构成各种命令和响应,以便对链路进行监视和控制。发送方主站或组合站利用控制字段来通知被寻址的从站或组合站执行约定的操作;相反,从站用该字段作对命令的响应,报告已完成的操作或状态的变化。

该字段是 HDLC 的关键。控制字段中的第一位或第一、第二位表示传送帧的类型,HDLC 中有信息帧(I 帧)、监控帧(S 帧)和无编号帧(U 帧)三种不同类型的帧。控制字段的第 5 位是 P/F 位,即轮询/终止(Poll/Final)位。

4) 信息字段(I)

信息字段可以是任意的二进制比特串。比特串长度未做限定,其上限由 FCS 字段或通信站的缓冲器容量来决定,目前国际上用得较多的是 1000~2000b;而下限可以为 0,即无信息字段。但是,监控帧(S 帧)中规定不可有信息字段。

5) 帧校验序列字段(FCS)

帧校验序列字段可以使用 16 位 CRC(循环冗余校验),对两个标志字段之间的整个帧的内容进行校验。FCS 的生成多项式 CCITT V4.1 建议规定的 $X^{16}+X^{12}+X^5+1$。

$$g(x) = X^{16} + X^{12} + X^5 + 1 \quad (\text{CCITT 和 ISO 使用})$$

$$g(x) = X^{16} + X^{15} + X^2 + 1 \quad (\text{IBM 和 SDLC 使用})$$

由于帧中至少含有 A(地址)、C(控制)和 FCS(帧校验序列)字段,因此整个帧的长度应大于 32b。

2. PPP 封装

PPP 封装的设计非常严谨,保留了对大多数常用支持硬件的兼容性。主要优点如下:首先,它不是基于公共标准的协议,它包含 HDLC 中没有的许多功能;第二,链路质量管理功能监视链路的质量,如果检测到过多的错误,PPP 会关闭链路;第三,PPP 支持 PAP 和 CHAP 身份验证。

1) PPP 的三个主要组件

(1) 用于在点对点链路上封装数据报的 HDLC 协议。

(2) 用于建立、配置和测试数据链路连接的可扩展链路控制协议(LCP)。链路控制协议主要用于建立、拆除和监控 PPP 数据链路,网络层控制协议簇主要用于协商在该数据链路上所传输的数据包的格式与类型。同时,PPP 还提供了用于网络安全方面的验证协议簇(PAP 和 CHAP)。

(3) 用于建立和配置各种网络层协议的一系列网络控制协议(NCP)。网络控制协议簇(NCPS)协商在该链路上所传输的数据包的格式与类型、建立、配置不同网络层协议;PPP 扩展协议簇提供对 PPP 功能的进一步支持。

2) PPP 的特点

(1) PPP 允许同时使用多个网络层协议。

(2) PPP 是数据链路层协议,支持点到点的连接(不同于 X.25,Frame Relay 等数据链路层协议)。

(3) 物理层可以是同步电路或异步电路(如 Frame Relay 等数据链路层协议)。

(4) 具有各种 NCP,如 IPCP、IPXCP 更好地支持了网络层协议。

(5) 支持验证协议 PAP/CHAP,更好地保证了网络的安全性。

3) PPP 分层体系结构

PPP 是一个分层结构。如图 6.18 所示,在底层,它能使用同步媒介(如 ISDNH 或同步 DDN 专线),也能使用异步媒介(如基于 Modem 拨号的 PSTN)。

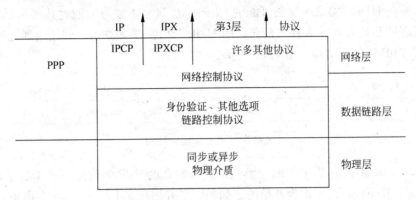

图 6.18　PPP 分层体系结构

(1) 物理层

可在以下接口配置 PPP:异步串行、同步串行、HSSI、ISDN。

(2) 数据链路层

① LCP 是 PPP 中实际工作的部分。位于物理层的上方,其职责是建立、配置和测试数据链路连接。

② LCP 负责协商和设置 WAN 数据链路上的控制选项,这些选项由 NCP 处理。

③ 一旦建立了链路,PPP 还会采用 LCP 自动批准封装格式(身份验证、压缩、错误检测)。

(3) 网络层

① PPP 允许多个网络层协议在同一通信链路上运行。

② 对于所使用的每个网络层协议,PPP 都分别使用独立的 NCP。

3. 创建 PPP 会话

PPP 会话建立可归纳为三个阶段:链路建立阶段、验证阶段、网络层协议获得阶段,如图 6.19 所示。

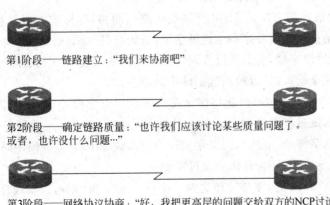

第1阶段——链路建立:"我们来协商吧"

第2阶段——确定链路质量:"也许我们应该讨论某些质量问题了。或者,也许没什么问题…"

第3阶段——网络协议协商:"好,我把更高层的问题交给双方的NCP讨论"

图 6.19　PPP 分层体系结构

PPP 选择的帧格式与本书前面介绍的 HDLC 协议帧格式非常类似。它们之间的主要区别是，PPP 是面向字符的，而 HDLC 是面向位(比特)的。另外，PPP 在调制解调器上使用了字节填充技术，所以，所有的帧都是整数个字节，例如，发送一个包含 10.25 个字节的帧是不可能的(而在 HDLC 协议中这是可能的)。PPP 协议帧不仅可以通过拨号电话线发送出去，也可以通过 SONET，或者真正面向位的 HDLC 线路(譬如路由器到路由器之间的连接)发送出去。PPP 协议帧结构如图 6.20 所示。

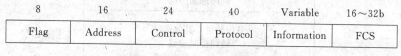

图 6.20 PPP 协议帧结构

(1) Flag：标志字段，表示帧的起始或结束。所有的 PPP 帧都是由一个标准的 HDLC 标志二进制字节(01111110)作为开始的。如果它正好出现在 Information 字段中，则需要进行字节填充。

(2) Address：地址字段，它被设置成二进制值 11111111，以表示所有的站都可以接收该帧。它是一个标准的广播地址(注意：PPP 通信不分配个人站地址)。

(3) Control：控制字段，默认为二进制值 00000011，表示这是一个无序号帧。即在默认情况下，PPP 并没有采用序列号和确认应答来实现可靠传输。在有噪声的环境下(如无线网络中)，可以利用编号模式来实现可靠传输。

(4) Protocol：协议字段，识别帧中 Information 字段封装的协议。已定义的协议代码包括：LCP、NCP、IP、IPX、AppleTalk 等。以 0 位作为开始的协议是网络层协议，如 IP、IPX、XNS 等；以 1 位作为开始的协议被用于协商其他的协议，如 LCP、NCP。协议的默认大小为 2B，但是通过 LCP 可以将它协商为 1B。

(5) Information：信息字段，可以是任意长度，包含 Protocol 字段中指定的协议数据报。如果在线路建立过程中没有通过 LCP 协商该长度，则使用默认长度 1500B。如果有需要的话，在该字段之后可以加上一些填充字节。

(6) FCS：帧校验序列(FCS)字段，通常为 16 位(2B)，也可以为 4B。PPP 的执行可以通过预先协议采用 32 位 FCS 来提高差错检测效果。

PPP 数据帧的格式与 ISO 的 HDLC(高级链路控制协议)标准类似。每一帧都以标志字符 0x7e 开始和结束。紧接着是一个地址字节，值始终是 0xff，然后是一个值为 0x03 的控制字节。接下来是协议字段，类似于以太网中类型字段的功能。FCS 字段(或 CRC，帧检验序列)是一个循环冗余检验码，以检测数据帧中的错误。

由于标志字符的值是 0x7e，因此当该字符出现在信息字段中时，PPP 需要对它进行转义。在同步链路中，该过程是通过一种称作比特填充(Bit Stuffing)的硬件技术来完成的；在异步链路中，特殊字符 0x7d 用作转义字符。当它出现在 PPP 数据帧中时，那么紧接着的字符的第 6 个比特要取其补码，具体实现过程如下：

(1) 当遇到字符 0x7e 时，需连续传送两个字符：0x7d 和 0x5e，以实现标志字符的转义。

(2) 当遇到转义字符 0x7d 时，需连续传送两个字符：0x7d 和 0x5d，以实现转义字符的转义。

（3）默认情况下，如果字符的值小于0x20（比如，一个ASCII控制字符），一般都要进行转义。例如，遇到字符0x01时需连续传送0x7d和0x21两个字符（这时，第6个比特取补码后变为1，而前面两种情况均把它变为0）。

6.2.3　HDLC和PPP的配置

1. 配置HDLC封装

Cisco HDLC是Cisco设备在同步串行线路上使用的默认封装方法。如果连接的不是Cisco设备，则应使用同步PPP。

在接口配置模式下使用encapsulation hdlc命令启用HDLC。

```
Router(config-if)# encapsulation hdlc
```

具体命令如下所示。

```
R1# show interfaces serial 0/0/0
Serial0/0/0 is up, line protocol is up
Hardware is GT96K Serial
Internet address is 172.16.0.1/30
  MTU 1500 bytes, BW 128 Kbit, DLY 20000 usec,
     reliability 255/255, txload 1/255, rxload 1/255
Encapsulation HDLC, loopback not set, keepalive set (10 sec)
```

2. 配置PPP

PPP配置选项，如图6.21所示。

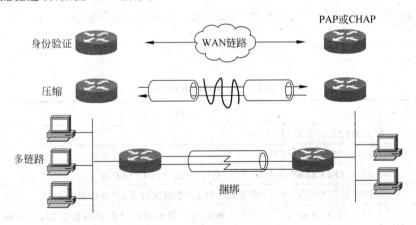

图6.21　PPP配置选项

（1）身份认证：使用PAP或CHAP验证身份。
（2）压缩：使用Stacker或Predictor进行压缩。
（3）多链路：合并两个或多个通道以增加WAN带宽的多链路。

PPP配置命令如下。

```
R3(config)# interface serial 0/0
R3(config-if)# encapsulation ppp              //在接口上启用PPP
R3(config-if)# compress [predictor | stac]    //压缩：会影响系统性能
```

```
R3(config-if)#ppp quality 80              //链路质量监视
R3(config-if)#ppp multilink               //多个链路上的负载均衡
```

校验串行 PPP 封装配置,具体配置命令如表 6.1 所示。

表 6.1 校验串行 PPP 封装配置命令

命 令	说 明
show interfaces	显示路由器上配置的所有接口的统计信息
show interfaces serial	显示有关串行接口的信息
debug PPP	调试 PPP
undebug all	关闭所有调试显示

```
R2#show interfaces serial 0/0/0
Serial0/0/0 is up, line protocol is up
Hardware is GT96K Serial
  MTU 1500 bytes, BW 128 Kbit, DLY 20000 usec,
     reliability 255/255, txload 1/255, rxload 1/255
Encapsulation PPP, LCP Open
Open: CDPCP, loopback not set
Keepalive set (10 sec)
Last input 00:00:07, output 00:00:07, output hang never
  Last clearing of "show interface" counters 00:00:11
```

6.2.4 PPP 验证配置

具体详细配置口令,如表 6.2 所示。ppp authentication 命令如下。

```
ppp authentication {chap | chap pap | pap chap | pap} [if-needed] [list-name | default]
[callin]
```

表 6.2 ppp authentication 命令

命 令	功 能
chap	在串行接口上启用 CHAP
pap	在串行接口上启用 PAP
chap pap	同时启用 CHAP 和 PAP 并在 PAP 之前执行 CHAP 身份验证
pap chap	同时启用 CHAP 和 PAP 并在 CHAP 之前执行 PAP 身份验证
if-needed(可选)	与 TACACS 和 XTACACS 一起使用。如果用户已提供身份验证,则不执行 CHAP 或 PAP 身份验证。此选项仅在异步接口上使用
list-name(可选)	与 AAA/TACACS+一起使用。指定身份验证列表的 TACACS+方法列表的名称,系统使用默认设置。使用 aaa authentication ppp 命令创建该列表
default(可选)	与 AAA/TACACS+一起使用。使用 aaa authentication ppp 命令创建
callin	指定仅对拨入(接收的)呼叫进行身份验证

1. 配置 PPP 身份验证

验证是可选的,如果使用了身份验证,就可以在 LCP 建立链路并选择身份验证协议之后验证对等点的身份。验证分为如下两种。

(1) 密码验证协议(Password Authentication Protocol,PAP),双向过程。PAP 使用双向握手为远程节点提供一个简单的设立身份的方法。PPP 链路建立阶段完成后,用户名和密码通过链路(以明文形式发送口令)进行不断重复发送,直到鉴权完成或连接终止为止。用户名和口令以纯文本格式发送,未经任何加密,并且此处不提供防止重放或跟踪错误进攻的保护措施,因此这不是一个安全的协议。远程节点是由登录尝试的频率和定时控制。详细说明如图 6.22 所示。

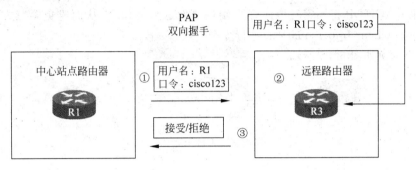

图 6.22　密码协议验证过程

中心站点路由器(被认证方)在该链路上重复发送用户名口令,直到远程路由器(认证方)确认该用户名口令正确或终止连接为止。中心站点路由器(被认证方)将控制登录尝试的频率和时间。

PAP 示例如图 6.23 所示。

图 6.23　PAP 示例

```
Router#configure terminal
Enter configuration commands, one per line.  End with CNTL/Z.
Router(config)#hostname R1
R1(config)#username bb password 456
R1(config)#interface serial 0/0/0
R1(config-if)#ip address 128.0.1.1 255.255.255.252
R1(config-if)#encapsulation ppp
R1(config-if)#ppp authentication PAP
R1(config-if)#ppp pap sent-username aa password 123


Router#configure terminal
Enter configuration commands, one per line.  End with CNTL/Z.
Router(config)#hostname R3
R3(config)#username aa password 123
R3(config)#interface serial 0/0/0
R3(config-if)#ip address 128.0.1.2 255.255.255.252
R3(config-if)#encapsulation ppp
R3(config-if)#ppp authentication PAP
R3(config-if)#ppp pap sent-username bb password 456
```

（2）挑战握手验证协议（Challenge Handshake Authentication Protocol,CHAP），该协议比 PAP 更安全。CHAP 是一种加密的验证方式，能够避免建立连接时传送用户的真实密码。CHAP 通过三次握手交换共享密钥，CHAP 对 PAP 进行了改进，不再直接通过链路发送明文口令，而是使用挑战口令以哈希算法对口令进行加密。因为服务器端存有客户的明文口令，所以服务器可以重复客户端进行操作，并将结果与用户返回的口令进行对照。CHAP 为每一次验证任意生成一个挑战字串来防止受到再现攻击（Replay Attack）。在整个连接过程中，CHAP 将不定时地向客户端重复发送挑战口令，从而避免第三方冒充远程客户（Remote Client Impersonation）进行攻击。

CHAP 示例如图 6.24 所示。

图 6.24　CHAP 示例

```
Router(config)#hostname R1
R1(config)#username R3 password hello
R1(config)#interface serial 0/0/0
R1(config-if)#ip address 128.0.1.1 255.255.255.252
R1(config-if)#encapsulation ppp
R1(config-if)#ppp authentication chap

Router(config)#hostname R3
R3(config)#username R1 password hello
R3(config)#interface serial 0/0/0
R3(config-if)#ip address 128.0.1.2 255.255.255.252
R3(config-if)#encapsulation ppp
R3(config-if)#ppp authentication chap
```

2. PPP 身份验证常见故障

第一种常见故障，PPP 认证口令不匹配。

图 6.25 中采用 PAP 单向认证，其中 R3 为认证方，路由器 R1 和路由器 R3 的具体配置命令如下所示。

图 6.25　PAP 单向认证示例

```
Router(config)#hostname R1
!
R1(config)#interface serial 0/0/0
R1(config-if)#ip address 128.0.0.1 255.255.255.252
R1(config-if)#encapsulation PAP
R1(config-if)#ppp pap sent-username R3 password cisco

Router(config)#hostname R3
R3(config)#username R3 password cisco123
```

```
!
R3(config)#interface serial 0/0/0
R3(config-if)#ip address 128.0.0.2 255.255.255.252
R3(config-if)#ppp authentication PAP
```

很明显看出路由器 R1 的密码为 cisco,但是认证方路由器 R3 的密码为 cisco123,因此匹配不上,导致身份验证出错。

第二种常见故障,PPP 认证方法不匹配。

如图 6.26 所示,采用 CHAP 双向认证,路由器 R1 和 R3 的具体配置如下。

图 6.26 CHAP 双向认证示例

```
Router(config)#hostname R1
R3(config)#username R3 password cisco123

R1(config)#interface serial 0/0/0
R1(config-if)#ip address 128.0.0.1 255.255.255.252
R1(config-if)#ppp authentication CHAP


Router(config)#hostname R3
R3(config)#username R1 password cisco123
R3(config)#interface serial 0/0/0
R3(config-if)#ip address 128.0.0.2 255.255.255.252
R3(config-if)#ppp authentication pap
```

可以看出 PPP 的验证方式,路由器 R1 和路由器 R3 采用的验证方式不同,因此会导致身份验证出错。

6.3 Frame-Relay

6.3.1 Frame-Relay 技术概述

1. FR 技术简介

目前帧中继(Frame Relay,FR)技术的主要应用之一是局域网互联,特别是在局域网通过广域网进行互联时,使用帧中继更能体现它的低网络时延、低设备费用、高带宽利用率等优点。因此,FR 技术是一种成本低、灵活性高的高效运行 WAN 技术。

由于光纤网络比早期的电话网络误码率低得多,因此可以减少 X.25 的某些差错控制过程,从而可以减少节点的处理时间,提高网络的吞吐量。FR 技术就是在这种环境下产生的。因此,FR 技术不提供纠错机制。

FR 技术在单个物理电路上提供多个逻辑连接,允许网络通过这些连接将数据发送到目的地。FR 是一种宽带分组交换,使用复用技术时,其传输速率可高达 44.6Mb/s。但是 FR 技术不适用于传输诸如话音、电视等实时信息,它仅限于传输数据。

2. 虚电路

通过为每一对 DTE 设备分配一个连接标识符,实现多个逻辑数据会话在同一条物理链路上进行多路复用。简而言之,两个 DTE 之间通过帧中继网络实现的连接叫作虚电路(VC)。DTE 即客户端设备(CPE),是数据终端设备。

利用虚电路,帧中继允许多个用户共享带宽,而无须使用多条专用物理线路,虚电路是以数据链路连接标识(Data Link Connection Identifier,DLCI),用以识别在 DTE 和 FR 之间的逻辑虚拟电路标识的。

DLCI 值通常由帧中继服务提供商(例如电话公司)分配。服务提供商分配的 DLCI 范围通常为 16~1007。0~15 和 1008~1023 的 DLCI 值留作特殊用途。帧中继中 DLCI 值仅具有本地意义,只在所在的物理通道上是唯一的。同一物理线路上的多条虚电路可以相互区分,因为每条虚电路都有自己的 DLCI 值。一个具体的 DLCI 示例如图 6.27 所示。

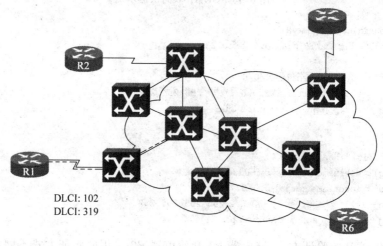

图 6.27 DLCI 示例

3. 帧中继的封装

标准的 FR 头和尾由 Q.922A 定义,对于多协议传输,通常将它们封装成一个基本的 FR 帧。在实现过程中可以使用 Cisco 私有的封装协议,也可以使用 ITEF RFC1490 的方式,如图 6.28 所示。

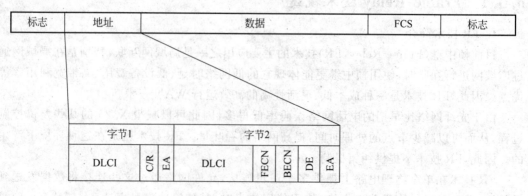

图 6.28 帧中继封装结构

图 6.28 显示了帧中继的封装结构,帧两末端的标志域用特殊的位序列作为界帧。开始标志域后面是帧中继头部,它包含地址和拥塞控制信息(包括 FECN、BECN 和 DE 位)。在它后面的是信息(载体)和帧检验序列(FCS)。在接收方,帧将重新被计算,得到一个新的 FCS 值并与 FCS 域的值比较,FCS 域的值是由发送方计算并填写的。如果它们不匹配,分组就被丢弃,而端站必须解决分组丢失的问题。这种简单的检错就是帧中继交换器所做的全部工作。

(1) 帧中继头部包含以下信息。

① 数据链路连接标识符(DLCI),这个信息包含标识号,它标识多路复用到通道的逻辑连接。

② C/R,暂无定义。

③ 扩展地址(EA)。

(2) 拥塞控制信息包含以下信息。

① 前行显式拥塞通告(FECN),这个信息告知路由器接收的帧在所经通路上发生过拥塞。

② 倒行显式拥塞通告(BECN),这个信息设置在遇到拥塞的帧上,而这些帧将沿着与拥塞帧相反的方向发送。这个信息用于帮助高层协议在提供流控时采取适当的操作。

③ 可选择丢弃位(DE),这个信息为帧设置了一个级别指示,指示当拥塞发生时一个帧能否被丢弃。

(3) 帧中继流量控制。

前行显式拥塞通知(FECN)和倒行显式拥塞通知(BECN)分别由帧头中的一个比特位控制。该比特位让路由器知道网络出现拥塞,路由器应停止传输直至拥塞消除为止。BECN 属于直接通知,FECN 属于间接通知。

可选择丢弃位(DE),用于标识不太重要、在拥塞期间可以丢弃的流量。1 表示该帧没有其他帧重要。在网络出现拥塞时,DCE 设备会先丢弃 DE 位设置为 1 的帧,再丢弃 DE 位不是 1 的帧。如果传入数据帧未超出 CIBR,则允许该数据帧通过。如果传入数据帧超过 CIBR,则将其标记为 DE。如果传入数据帧超出 CIBR 和 BE 的总和,则丢弃该数据帧。

4. 帧中继的速率和费用

首先要理解接入速率和承诺信息速率(CIR)。接入速率是指接入电路连接帧中继网络的速率。端口速度是帧中继交换机能够达到的速度。数据的发送速度不可能超过端口速度。承诺信息速率(CIR),用户与服务提供商针对每条永久虚电路协商 CIR,是指网络从接入电路接收的数据量。

帧中继的费用除了 CPE(用户驻地设备)成本之外,用户使用帧中继时还需支付以下三类费用:接入速率或端口速率,PVC,CIR。

帧中继允许用户动态访问额外的带宽和高于 CIR 的"突发量",并且这种访问是免费的。

承诺突发信息速率(CBIR)是协商的速率,高于 CIR,用户可以利用它来实现短时间的突发传输,但不得超出链路的端口速度。

超额突发量(BE)用于描述高于 CBIR 的可用带宽最高为链路的接入速率。与 CBIR 不同,BE 是不可协商的。

针对不同端口访问速率和延迟要求，Cisco 对于分段大小做了如下推荐，如表 6.3 所示。

表 6.3　Cisco 对于分段大小的推荐

	10ms	20ms	30ms	40ms	50ms	100ms	200ms
56kb/s	70	140	210	280	350	700	1400
64kb/s	80	160	240	320	400	800	n/a
128kb/s	160	320	480	640	800	n/a	n/a
256kb/s	320	640	960	1280	n/a	n/a	n/a
512kb/s	640	1280	n/a	n/a	n/a	n/a	n/a
768kb/s	1000	n/a	n/a	n/a	n/a	n/a	n/a

5. 本地管理接口（LMI）

帧中继提供了一个在帧中继交换机和帧中继 DTE（路由器）之间的简单信令协议。这个信令协议就是本地管理接口（Local Management Interface，LMI）协议。LMI 消息提供了关于当前 DLCI 值、虚电路状态等信息。LMI 信令协议可通告 PVC 的增加和删除，也使帧中继交换机和帧中继数据终端设备间的数据不被破坏。

LMI 包括以下机制。

（1）Keep alive 机制——用于检验数据正在流动。

（2）状态机制——用于提供网络和用户设备间的通信和同步，它们定期报告新的 PVC 存在和已有 PVC 删除。通常还提供关于 PVC 完整性的信息，VC 状态消息可以防止数据发送到黑洞。

（3）多播机制——允许发送者发送一个单一帧，能够通过网络传递给多个接收者。

（4）全局寻址——它使帧中继网络在寻址方面类似于一个 LAN，给予连接标识符全局意义。

Cisco 路由器支持以下三种 LMI：Cisco（默认）类型是由原来的 LMI 扩展产生的，是默认的 LMI 类型；ANSI 类型对应 ANSI 标准 T1.617；Q.933a 类型对应于 ITU 标准。其中每一种类型是与其他类型不兼容的。在路由器上配置 LMI 类型必须与服务提供商所使用的类型相匹配。

VC 标识符和 VC 类型的对应如表 6.4 所示。

表 6.4　VC 标识符和 VC 类型的对应

VC 标识符	VC 类型
0	LMI（ANSI、IT）
1…15	留给以后使用
992…1007	CLLM
2008…1022	留给以后使用（ANSI、ITU）
1019…1020	组播（Cisco）
1023	LMI（Cisco）

下面通过一个例子来深入理解 LMI。

拓扑图如图 6.29 所示，有 4 个虚电路，当 DTE 设备 R1 要连接到帧中继网络时，它会向网络中的 DCE 设备发送 LMI 状态查询消息。网络反馈 LMI 状态消息，此消息包含接入链路上配置的每条虚电路的详细信息。DTE 设备了解 VC 的状态。如果路由器需要将虚电路映射为网络层地址,则会在每条虚电路上发送一条逆向 ARP 消息。

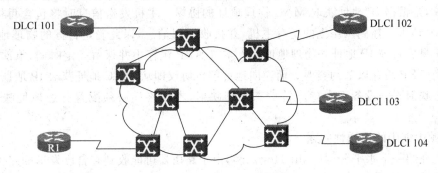

图 6.29　LMI 示例

6. 帧中继拓扑

最简单的 WAN 拓扑是星状拓扑(Hub and Spoke),如图 6.30 所示。

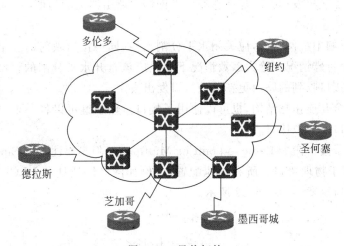

图 6.30　星状拓扑

还有一种拓扑为全网状拓扑,全网状拓扑确保很高的可靠性,每个站点都连接到其他所有站点。大型网络通常采用部分网状拓扑的配置,如图 6.31 所示。

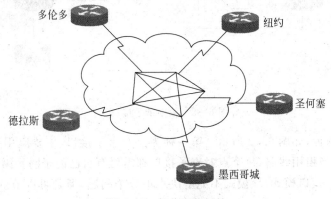

图 6.31　部分网状拓扑

7. 帧中继地址映射

逆向地址解析协议（ARP）从第二层地址中获取其他站点的第三层地址。ARP即地址解析协议，是根据IP地址获取MAC物理地址的协议。主机发送信息时将包含目标IP地址的ARP请求广播到网络上的所有主机，并接收返回消息，以此确定目标的物理地址；收到返回消息后将该IP地址和物理地址存入本机ARP缓存中并保留一定时间，下次请求时直接查询ARP缓存以节约资源。而逆向地址解析协议即从MAC地址获取IP地址。

静态映射——设备不支持反转动态地址映射，本地终端必须配置静态地址映射才能通信。

8. 帧中继中的连通性问题

首先介绍一下水平分割（Split Horizon），由于路由器可能收到它自己发送的路由信息，而这种信息是无用的，水平分割技术不反向通告任何从终端收到的路由更新信息，而只通告那些不会由于计数到无穷而清除的路由。简而言之，水平分割是一种避免路由环路的出现和加快路由汇聚的技术。水平分割法的规则和原理是：路由器从某个接口接收到的更新信息不允许再从这个接口发回去。那么在帧中继网络中路由器上的物理接口收到的更新没有在该接口上重新传输出去。

因此，在多点帧中继网络中，应关闭水平分割，否则同一接口映射的多个路由器不能交换路由，这是一个特殊情况。绝大多数情况下还是应该打开水平分割的。水平分割不允许路由器把从一个接口收到的路由更新从该接口发出去。

还可以采用全互连拓扑结构，也可以使用子接口。帧中继可以将一个物理接口分割为多个被称为子接口的虚拟接口。

配置帧中继子接口命令Point-to-point or Multipoint，但是要注意encapsulation frame-relay命令将应用于物理接口。所有其他配置项（例如网络层地址和DLCI）则应用于子接口。帧中继子接口示意图如图6.32所示。

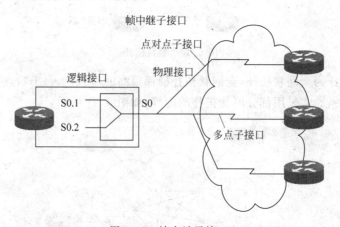

图6.32 帧中继子接口

子接口分为两种，如图6.32所示。第一种为点对点子接口，主要应用于集中星状拓扑结构中，子接口充当租用线路，每个点对点子接口都需要有自己的子网。第二种为多点子接口，也就是NBMA接口模式，该模式不能解决水平分个问题，但是可以节约地址空间，因为它只使用一个子网。

6.3.2 Frame-Relay 的配置

1. 帧中继地址静态映射配置

使用 frame-relay map 命令配置静态帧中继映射。
使用 no frame-relay inverse-arp 命令关闭帧中继动态映射。
使用 show frame-relay map 命令验证帧中继映射。
具体配置命令如下。

frame-relay map protocol protocol-address dlci [broadcast] [ietf] [cisco]　　//(默认为
　　//CISCO)

protocol-address 地址为连接远端接口的地址,DLCI 号为本地虚电路的 DLCI 号。

注意：不能对同一个 DLCI 同时使用逆向 ARP 和 MAP 语句。在配置 OSPF 协议时,可以添加可选的关键字 broadcast,这样可以大大简化配置过程。

拓扑图如图 6.33 所示。

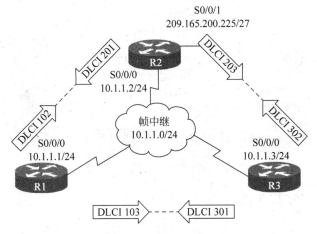

图 6.33　帧中继地址静态映射拓扑图

```
R1(config)#interface s0/0/0
R1(config-if)#ip address 10.1.1.1 255.255.255.0
R1(config-if)#encapsulation frame-relay
R1(config-if)#no frame-relay inverse-arp
R1(config-if)#frame-relay map ip 10.1.1.2 102 broadcast cisco
R1(config-if)#no shut
```

如图 6.33 所示将路由器 R1 配置静态映射,首先进入端口 S0/0/0 配置好 IP 地址和子网掩码,进而开启帧中继协议,然后配置静态映射,连接的远端端口地址为 10.1.1.2。DLCI 号为 102,最后启动端口。

通过 show frame-relay map 命令可以查看该路由器的静态映射状态,如下所示。

```
R1#show frame-relay map
Serial0/0/0 (up): ip 10.1.1.2 dlci 102(0x66,0x1860), static, broadcast, CISCO, status
defined, active
```

2. 本地管理接口配置

Cisco 路由器支持以下三种 LMI：Cisco（默认），ANSI，Q.933a。

配置命令如下：

frame-relay lmi-type [cisco | ansi | q933a]

配置完成后，可以用 show frame-relay lmi 命令来查看用了哪种 LMI 模式，如下所示，通过命令可以看出来采用的是 ANSI。

R1# show frame-relay lmi
LMI Statistics for interface Serial0/0/0 (Frame Relay DTE) LMI TYPE = ANSI

3. 配置基本的帧中继

拓扑图如图 6.34 所示。

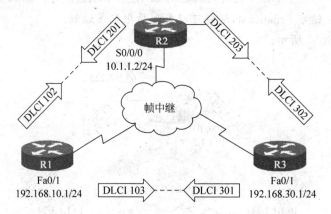

图 6.34 配置基本的帧中继拓扑图

步骤 1，设置接口的 IP 地址。
步骤 2，配置封装。
步骤 3，设置带宽。
配置如下所示。
路由器 R2 配置：

R2(config)# interface s0/0/0
R2(config)# ip address 10.1.1.2 255.255.255.0
R2(config-if)# encapsulation frame-relay
R2(config-if)# bandwidth 64

路由器 R1 配置：

R1(config)# interface s0/0/0
R1(config)# ip address 10.1.1.1 255.255.255.0
R1(config-if)# encapsulation frame-relay
R1(config-if)# bandwidth 64

步骤 4，设置 LMI 类型（可选）。
步骤 5，show interfaces serial 命令的输出可用来检验配置。

路由器 R1 的 S0/0/0 接口的状态如下所示，从最后两行可以看出已经开启了帧中继模式。

```
R1# show interfaces serial 0/0/0
Serial0/0/0 is up, line protocol is up
  Hardware is GT96K Serial
  Internet address is 10.1.1.1/24
  MTU 1500 bytes, BW 128 Kbit, DLY 20000 usec,
     reliability 255/255, txload 1/255, rxload 1/255
  Encapsulation FRAME－RELAY, loopback not set, keepalive set (10 sec)
  Keepalive set (10 sec)
```

4. 配置帧中继子接口

虚拟接口可以实现物理接口不能实现的功能，尤其是在开启水平分割后的网络中，例如，某个虚拟接口上接收的数据包可转发到另一个虚拟接口上，即使这两个虚拟接口位于同一物理接口上。

首先配置虚拟子接口。主要配置命令如下所示。

```
Router(config－if)# interface serial number.subinterface－number [multipoint | point－to－point]
```

interface serial 命令参数见表 6.5。

表 6.5 interface serial 命令参数

interface serial 命令参数	说　　明
subinterface-number	子接口号的范围为 1～4 294 967 293。点号(.)之前的接口号必须与子接口所属的物理接口号相同
multipoint	如果所有路由器位于同一子网中，则选择此项
point-to-point	要让每对点对点路由器都有自己的子网，则选择此项。点对点链路通常使用子网掩码 255.255.255.252

进而，定义连接到子接口的本地 DLCI 号。

```
Router(config－if)# frame－relay interface－dlci dlci－number
```

frame-relay interface-dlci 命令参数如表 6.6 所示。

表 6.6 frame-relay interface-dlci 命令参数

frame-relay interface-dlci 命令参数	说　　明
dlci-number	定义连接到子接口的本地 DLCI 号。这是将 LMI 生成的 DLCI 链接到子接口的唯一方法，因为 LMI 并不知道子接口的情况。仅在子接口上使用 frame-relay interface-dlci 命令

配置子接口的详细步骤如下。

步骤 1：删除为该物理接口指定的任何网络层地址。如果该物理接口带有地址，本地子接口将无法接收数据帧。

步骤 2：使用 encapsulation frame-relay 命令在该物理接口上配置帧中继封装。

步骤3：为已定义的每条永久虚电路创建一个逻辑子接口。指定端口号，后面加上点号（.）和子接口号。为方便排除故障，建议将子接口号与DLCI号设定一致。

步骤4：为该接口配置IP地址并设置带宽。

步骤5：使用frame-relay interface-dlci命令在该子接口上配置本地DLCI。

注意：如果子接口配置为点对点接口，则还必须对该子接口的本地DLCI进行配置以便将其与物理接口区分开来。对于启用逆向ARP的多点子接口，也必须配置DLCI。对于配置为静态路由映射的多点子接口，无须配置DLCI。

拓扑图如图6.35所示。

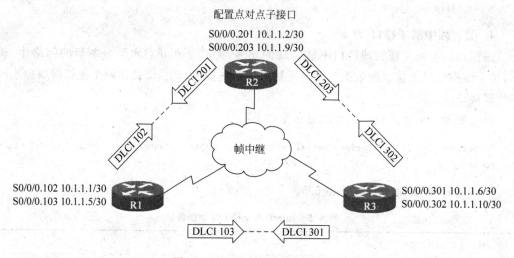

图6.35 配置点对点接口拓扑图

配置如下。

```
R1(config)# interface s1/0
R1(config-if)# no ip address
R1(config-if)# encapsulation frame-relay
R1(config-if)# no shut

%LINK-5-CHANGED: Interface Serial1/0, changed state to down
R1(config-if)# exit
R1(config)# interface s0/0/0.102 point-to-point
R1(config-if)# ip address 10.1.1.1 255.255.255.252
R1(config-if)# bandwidth 64
R1(config-if)# frame-relay interface-dlci 102
R1(config-if)# exit
R1(config)# interface s0/0/0.103 point-to-point
R1(config-if)# ip address 10.1.1.5 255.255.255.252
R1(config-if)# bandwidth 64
R1(config-if)# frame-relay interface-dlci 103
R1(config-if)# end
```

验证帧中继配置：

```
show interfaces                //查看接口封装协议类型
```

```
show frame-relay lmi                    //查看接口 LMI 类型及其他参数
show frame-relay pvc dlci-number        //查看 PVC 状态(含拥塞)
show frame-relay map                    //查看虚电路映射表,具体示例如下所示

R1#show frame-relay map
Serial0/0/0 (up): ip 10.140.1.1 dlci 100(0x64,0x1840), dynamic, broadcast,
                  CISCO, status defined, active

clear frame-relay-inarp                 //清除帧中继动态映射
```

6.4 ATM

6.4.1 ATM 技术概述

ATM(Asynchronous Transfer Mode,异步传输模式)是新一代数据传输与分组交换技术,在 LAN 环境中使用 ATM,可以改善普通 LAN 技术支持的通信业务的服务质量(QoS)。

ATM 技术是一种使用短的、固定长度的信元的快包网络技术。短的信元具有传输的灵活性,对固定长度信元的传输,便于预测其传输状况,减少发生传输阻塞的可能性。此外,在网络机制中加进了优先级别,对不同类别的通信规定不同的优先级。

ATM 网络技术具有传输速度快、距离不受限制等特点,其集语音、图像和声音等传输于一体的特色,尤其适合多媒体业务的应用。

ATM 的主要技术特点如下。

(1) ATM 是一种面向连接的技术,数据传输单元长度短小且固定。

(2) 各类信息均采用信元为单位进行传送,ATM 能够支持多媒体通信。

(3) 以统计时分多路复用方式动态地分配网络,网络传输延迟小,适应实时通信的要求。

(4) 没有链路对链路的纠错与流量控制,协议简单,数据交换率高。

1. 原理

ATM 是一种传输模式,在这一模式中,将要传送的数据、视频和音频信息分成一个个长度固定的数据分组,为与传统的 X.25 分组相区别,称之为信元。信元共有 53 个字节,分为两个部分。前面 5 个字节为信头,主要完成寻址的功能。在用户与网络间传输的信元,这 5 个字节包括流量控制信息、虚通路标示符、虚通道标示符、信元丢失优先级及信头的误码控制等有用信息。在网络节点与节点间传输的信元,仅包含虚通路标示符、虚通道标示符、信元丢失优先级及信头的误码控制等有用信息。后面的 48 个字节为信息段,用来装载来自不同用户、不同业务的信息。

ATM 以面向连接的方式工作,用户在进行通信前必须先申请虚路径,提出业务请求,如峰值比特率、平均比特率、突发性、优先级等,网络根据用户要求和本身资源的占用情况来决定是否可以为用户提供虚路径,从而实现按需来动态分配网络带宽,通过统计复用技术达到网络资源的充分利用,保证服务质量。

语音、数据、图像等所有的数字信息都要经过分割,封装成统一格式的信元在网络中传

递,并在接收端恢复成所需格式。由于ATM技术简化了交换过程,去除了不必要的数据校验,采用易于处理的固定信元格式,所以ATM交换速率大大高于传统的数据网,如X.25、DDN、帧中继等。对于如此高速的数据网,ATM网络采用有效的业务流量监控机制,对网络上用户的数据进行实时监控,把网络阻塞发生的可能性降到最小。对不同请求赋予不同的"特权",如语音的"实时性"特权最高,一般数据文件的"正确性"特权最高。网络对不同业务给予不同的网络资源,这样不同的业务在网络中才能做到共处,才能充分利用有限的资源。

2. ATM协议分层

ATM技术标准规定网络分为三个层次:物理层、ATM层和ATM适配层(AAL)。物理层负责在物理媒体上传输和接收比特流,以及实现信源流和比特流的转换等工作。ATM层主要完成用虚拟的连接,对ATM信元提供交换和复用及流量控制等功能,这种虚拟的连接有两种形式:虚拟通道连接和虚拟电路连接。

许多个虚拟通道可以同时共享单个的物理链路。属于客户的所有虚拟电路可以被集中在单个的虚拟通道内,以便简化管理。

在信元交换层上面的是AAL层。AAL层把各种类型的通信变换成信元,或者把它们从信元中恢复回来。AAL层必须对数据、语音和视频等类通信做出区分。按照这些通信的不同传输要求,规定了5种类型的AAL:AAL1,用于语音和视频通信的固定的位速率服务;AAL2,用于音频和视频通信的可变的位速率服务;AAL3,用于数据的面向连接的服务;AAL4,用于数据的无连接的服务;AAL5,高性能的多媒体服务。AAL5能够把ATM信元发送到桌面机,以用于分布式数据库服务,有利于高速率的多媒体通信应用。

在AAL层,用户通常要运行两个协议:一个用来向网络传送控制信息,称为控制面;另一个用来传送数据信息,称为用户面。

3. ATM技术的局限性

ATM技术的局限性主要有以下三点。

(1) ATM呼叫编码尚未统一。ATM是面向连接的传输技术,使用类似于电话号码的十进制数字进行呼叫连接。其呼叫编码目前有4种之多,统一呼叫编码的工作任重而道远。

(2) 建立连接时间需进一步缩短。在每个ATM交换机上,建立连接过程需要10~30ms的时间,相对于最快10μs的ATM交换机速度而言,10~30ms实在是太长。此外,为保证服务质量所需的资源预约等也需要在此阶段进行,又增加了建立连接的时间。所以现在ATM网中多采用永久虚电路(静态路由),这就限制了ATM网的伸缩能力。

(3) 与其他网络协议的整合不够。其他协议的数据包要经由ATM网传送时,必须在入网处经过切割封装成统一格式的ATM信元流,出网时再恢复成原来的数据包。若信道质量不高,或因传输控制策略不佳,就会出现信元丢弃的现象,而一个信元的丢弃将导致整个数据包的重传。这些处理都会增加系统开销,加大传输时延,降低ATM网的传输能力,使ATM技术的各种优越性大打折扣。

4. ATM技术的优点

ATM技术具有如下三处优点。

(1) ATM使用相同的数据单元,可实现广域网和局域网的无缝连接。

(2) ATM支持VLAN(虚拟局域网)功能,可以对网络进行灵活的管理和配置。

(3) ATM 具有不同的速率,分别为 25Mb/s、51Mb/s、155Mb/s、622Mb/s,从而为不同的应用提供不同的速率。

5. ATM 技术的应用

在实际运用中,ATM 技术无法对所有用户提供廉价的共享传输,所以一种将 ATM 与 PON 结合的新型技术出现了,即 APON 技术,它结合了二者的优点,相对于其他接入方式来说,具有以下优点。

(1) 系统稳定、可靠;
(2) 可以适应不同带宽、传输质量的需求;
(3) 与有线电视 CATV 相比,每个用户可占用独立的带宽,而不会发生拥塞;
(4) 接入距离可以达到 20~30km。

6.4.2 ATM 的配置

ATM 点到点子接口配置,通过本实验掌握使用子接口配置 ATM 链路。实验背景:某企业通过 ATM 线路与其分公司进行通信,其使用的是 point-to-point 网络连接方式。实验拓扑图如图 6.36 所示,需要在 ATM 网络环境中使用动态路由协议 OSPF 实现总公司与分公司之间的网络互通。

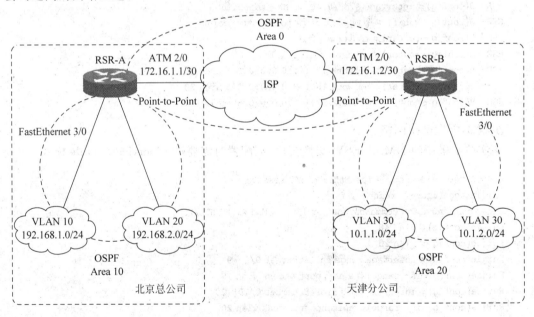

图 6.36 ATM 接口配置拓扑图

实验步骤如下。
步骤 1,配置 ATM 接口。

```
RSR - A(config)# interface ATM2/0
RSR - A(config - if - ATM2/0)# no shutdown
RSR - A(config)# interface ATM 2/0.10 point - to - point
RSR - A(config - subif)# ip address 17.1.1.1 255.255.255.252
RSR - A(config - if - atm - vc)# pvc net 10/10
```

```
RSR-A(config-if-atm-vc)#protocol ip 17.1.1.1 broadcast
RSR-A(config-if-atm-vc)#protocol ip 17.1.1.2 broadcast

RSR-B(config)#interface ATM2/0
RSR-B(config-if-ATM2/0)#no shutdown
RSR-B(config)#interface ATM2/0.10 point-to-point
RSR-B(config-subif)#ip address 17.1.1.2 255.255.255.252
RSR-B(config-if-atm-vc)#pvc net 10/10
RSR-B(config-if-atm-vc)#protocol ip 17.1.1.1 broadcast
RSR-B(config-if-atm-vc)#protocol ip 17.1.1.2 broadcast
```

步骤2,配置OSFP路由协议。

```
RSR-A(config)#interface ATM2/0.10 point-to-point
RSR-A(config-subif)#ip ospf network point-to-point
RSR-A(config-router)#router ospf 10
RSR-A(config-router)#router-id 2.2.2.2
RSR-A(config-router)#network 192.168.1.0 0.0.0.255 area 10
RSR-A(config-router)#network 192.168.2.0 0.0.0.255 area 10
RSR-A(config-router)#network 17.1.1.0 0.0.0.3 area 0

RSR-B(config)#interface ATM2/0.10 point-to-point
RSR-B(config-subif)#ip ospf network point-to-point
RSR-B(config-router)#router ospf 10
RSR-B(config-router)#router-id 1.1.1.1
RSR-B(config-router)#network 10.1.1.0 0.0.0.255 area 20
RSR-B(config-router)#network 10.1.2.0 0.0.0.255 area 20
RSR-B(config-router)#network 17.1.1.0 0.0.0.3 area 0
```

步骤3,配置交换网络。

本实验中采用的NMX24ESW交换模块,在配置时需要进入service-module模式。

```
RSR-A#service-module fastEthernet3/0 session
Ruijie#configure terminal
Enter configuration commands, one per line. End with CNTL/Z.
Ruijie(config)#vlan 10
Ruijie(config)#vlan 20
Ruijie(config)#interface range fastEthernet 0/1-9
Ruijie(config-if-range)#switchport access vlan 10
Ruijie(config)#interface range fastEthernet 0/10-20
Ruijie(config-if-range)#switchport access vlan 20
```

配置完成后,使用Ctrl+X键退出service-module模式。

```
RSR-A(config)#int fastEthernet3/0.10
RSR-A(config-subif)#interface FastEthernet3/0.10
RSR-A(config-subif)#encapsulation dot1Q 10
RSR-A(config-subif)#ip address 192.168.1.254 255.255.255.0
RSR-A(config)#interface FastEthernet 3/0.20
RSR-A(config-subif)#encapsulation dot1Q 20
RSR-A(config-subif)#ip address 192.168.2.254 255.255.255.0
RSR-B#service-module fastEthernet3/0 session
```

```
Ruijie#configure terminal
Enter configuration commands,one per line.   End with CNTL/Z.
Ruijie(config)#vlan 30
Ruijie(config)#vlan 40
Ruijie(config)#interface range fastEthernet0/1-9
Ruijie(config-if-range)#switchport access vlan 30
Ruijie(config)#interface range fastEthernet0/10-20
Ruijie(config-if-range)#switchport access vlan 40
```

配置完成后,使用 Ctrl+X 键退出 service-module 模式。

```
RSR-B(config)#int fastEthernet3/0.10
RSR-B(config-subif)#interface FastEthernet3/0.30
RSR-B(config-subif)#encapsulation dot1Q 30
RSR-B(config-subif)#ip address 10.1.1.1 255.255.255.0
RSR-B(config)#interface FastEthernet3/0.40
RSR-B(config-subif)#encapsulation dot1Q 40
RSR-B(config-subif)#ip address 10.1.2.1 255.255.255.0
```

步骤 4,监控与维护。

```
RSR-B#show ip route
Codes:   L - local, C - connected, S - static, R - RIP, M - mobile, B - BGP
         D - EIGRP, EX - EIGRP external, O - OSPF, IA - OSPF inter area
         N1 - OSPF NSSA external type 1, N2 - OSPF NSSA external type 2
         E1 - OSPF external type 1, E2 - OSPF external type 2, E - EGP
         i - IS-IS, L1 - IS-IS level-1, L2 - IS-IS level-2, ia - IS-IS inter area
         * - candidate default, U - per-user static route, o - ODR
         P - periodic downloaded static route

Gateway of last resort is not set
C        10.1.1.0/24 is directly connected, FastEthernet 3/0.30
C        10.1.1.1/32 is local host
C        10.1.2.0/24 is directly connected, FastEthernet 3/0.40
C        10.1.2.1/32 is local host
C        17.1.1.0/30 is directly connected, ATM 2/0.10
C        17.1.1.1/32 is local host
O IA     192.168.1.0/24 [110/2] via 17.1.1.2, 00:00:55, ATM 2/0.10
O IA     192.168.2.0/24 [110/2] via 17.1.1.2, 00:00:55, ATM 2/0.10

RSR-B#show ip ospf neighbor
Neighbor   ID   Pri  State       Dead Time   Address     Interface
1.1.1.1         1    FULL/-      00:00:34    17.1.1.2    ATM2/0.10

RSR-B#sh atm map
Maplist ATM 2/0.10 pvc 2: PERMANENT
ip 17.1.1.1 maps to VC 2, VPI 10, VCI 10, ATM 2/0.10, broadcast
ip 17.1.1.2 maps to VC 2, VPI 10, VCI 10, ATM 2/0.10, broadcast

RSR-B#sh atm vc
Interface   VCD/Name   VPI   VCI   Type   Encaps   SC   Peak Kbps   Avg/Min Kbps   Burst Cells   Sts
ATM 2/0.10  2          10    10    PVC    SNAP     na   0           0              0             ACT
```

```
RSR-B# show interface atm 2/0
ATM2/0 is up, line protocol is UP
  Hardware is ATM
  Interface address: no ip address
    MTU 1500 bytes, BW 155520 Kbit
    Encapsulation ATM, loopback not set
Keepalive interval is 0 sec, set
Carrier delay is 2 sec
RXload is 1,TXload is 1
512 maximum active VCs,1024 VCs per VP,1 current VCCs
PLIM Type: SDH- 155000Kbps,TX clocking: LINE
Queueing strategy: FIFO
  Output queue 0/40, 0 drops;
  Input queue 0/75, 0 drops
  OAM: Input 0,err 0.drop 0. Output 0,err 0,drop 0.
  AAL5: MTU drop 0,Down drop 0.Now configure mtu is 1524.
  AAL5: Output 273,twice 0. OAM: L2 send 0,twice 0.
    5 minute input rate 64 bits/sec, 0 packets/sec
    5 minute output rate 79 bits/sec, 0 packets/sec
      258 packets input, 20644 bytes, 0 no buffer, 0 dropped
      Received 0 broadcasts, 0 runts, 0 giants
      0 input errors, 0 CRC, 0 frame, 0 overrun, 0 abort
      273 packets output, 21868 bytes, 0 underruns, 2 dropped
      0 output errors, 0 collisions, 0 interface resets
```

第7章 路由技术

7.1 路由概述

路由器是一种典型的网络层设备,它在两个局域网之间按帧传输数据,在 OSI/RM 参考模型之中被称为中介系统,完成网络层在两个局域网的网络层间按帧传输数据,转发帧时需要改变帧中的地址。它在 OSI/RM 中的位置如图 7.1 所示。

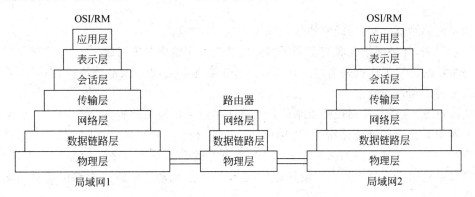

图 7.1 OSI/RM 上的路由器

7.1.1 路由的工作过程及原理

路由器(Router)是用于连接多个逻辑上分开的网络,所谓逻辑网络是代表一个单独的网络或者一个子网。当数据从一个子网传输到另一个子网时,可通过路由器来完成。因此,路由器具有判断网络地址和选择路径的功能,它能在多网络互联环境中,建立灵活的连接,可用完全不同的数据分组和介质访问方法连接各种子网,路由器只接收源站或其他路由器的信息,是网络层的一种互连设备。它不关心各子网使用的硬件设备,但要求运行与网络层协议相一致的软件。

路由器工作在 OSI/RM 参考模型中第一、第二和第三层。

首先,路由器在第一层物理层接收一串编码比特流,比特流被解码后传至第二层数据链路层,然后路由器解压缩数据帧,并将数据包传至第三层网络层,在这层检测目的 IP 地址决定路由路径,之后数据包被压缩封装送至出口。具体工作流程如图 7.2 所示。

路由器分为本地路由器和远程路由器。本地路由器使用专业连接网络传输介质,如光纤、同轴电缆、双绞线;远程路由器使用专业连接远程传输介质,并要求具有相应的设备,如

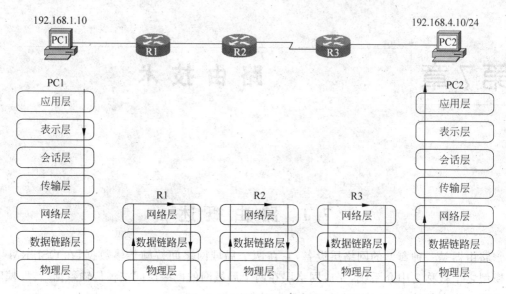

图 7.2　路由器的工作流程

电话线要配调制解调器,无线要通过无线接收机、发射机。

一般说来,异种网络互联与多个子网互联都应采用路由器来完成。

路由器的主要工作就是为经过路由器的每个数据帧寻找一条最佳传输路径,并将该数据有效地传送到目的站点。

由此可见,选择最佳路径的策略即路由算法是路由器的关键所在。为了完成这项工作,在路由器中保存着各种传输路径的相关数据——路径表(Routing Table),供路由选择时使用。路径表中保存着子网的标志信息、网上路由器的个数和下一个路由器的名字等内容。路径表可以是由系统管理员固定设置好的,也可以由系统动态修改或由路由器自动调整以及由主机控制。

1. 静态路由表

由系统管理员事先设置好固定的路由表称为静态(Static)路由表,一般是在系统安装时就根据网络的配置情况预先设定的,它不会因未来网络结构的改变而改变。

静态路由是网络管理员根据网络的情况手动在路由器上设定的路由,它不会随着网络拓扑的变化而动态地修改,静态路由一经设定就存在于路由表中。在网络结构发生变化后,网络管理员必须手工地修改路由表。

由于静态路由不能对网络的改变做出反应,因此两个运行静态路由的路由器之间是无须进行路由信息交换的,这样就可以节省网络的带宽、提高路由器 CPU 和内存的利用率。静态路由一般用于网络规模不大、拓扑结构固定的网络中(尤其是广域网接入链路)。

2. 动态路由表

动态(Dynamic)路由表是路由器根据网络系统的运行情况而自动调整的路由表。路由器根据路由选择协议(Routing Protocol)提供的功能,自动学习和记忆网络运行情况,在需要时自动计算数据传输的最佳路径。

下面通过一个例子来说明路由器工作原理。

工作站 A 需要向工作站 B 传送信息(并假定工作站 B 的 IP 地址为 120.0.5.1),它们之间需要通过多个路由器的接力传递,路由器的分布如图 7.3 所示。

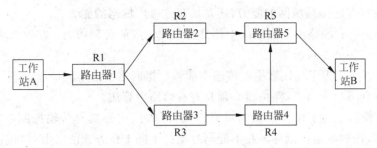

图 7.3　工作站 A、B 之间的路由器分布

其工作原理如下。

(1) 工作站 A 将工作站 B 的地址 120.0.5.1 连同数据信息以数据帧的形式发送给路由器 1。

(2) 路由器 1 收到工作站 A 的数据帧后,先从报头中取出地址 120.0.5.1,并根据路径表计算出发往工作站 B 的最佳路径:R1→R2→R5→B;并将数据帧发往路由器 2。

(3) 路由器 2 重复路由器 1 的工作,并将数据帧转发给路由器 5。

(4) 路由器 5 同样取出目的地址,发现 120.0.5.1 就在该路由器所连接的网段上,于是将该数据帧直接交给工作站 B。

(5) 工作站 B 收到工作站 A 的数据帧,一次通信过程宣告结束。

事实上,路由器除了这一功能外,还具有网络流量控制功能。部分路由器仅支持单一协议,但大部分路由器可以支持多种协议的传输,即多协议路由器。由于每一种协议都有自己的规则,要在一个路由器中完成多种协议的算法,势必会降低路由器的性能。因此,我们认为,支持多协议的路由器性能相对较低。

7.1.2　路由器的功能

路由器最主要的功能是路径选择。

对于路径选择问题来说,路由器是在支持网络层寻址的网络协议及其结构上进行的,其工作就是要保证把一个进行网络寻址的报文传送到正确的目的网络中。完成这项工作需要路由信息协议支持。

路由信息协议简称路由协议,其主要目的就是在路由器之间保证网络连接。每个路由器通过收集到的其他路由器的信息,建立起自己的路由表以决定如何把所控制的本地系统的通信表传送到网络中的其他位置。总之,路由协议是为在网络系统中提供路由服务而开发设计的。

路由器的功能还包括过滤、存储转发、流量管理、媒体转换等,即在不同的多个网络之间存储和转发分组,实现网络层上的协议转换,把在网络中被传输数据传送到正确的下一个子网上。在这一过程中,路由器根据实际传输媒体和传输协议的变化进行协议及对传输媒体的适应性的转变。一些增强功能的路由器还有加密、数据压缩、优先、容错管理等功能。

总之,在网络中,路由器的功能是复杂多样的,一个路由器要保证其连接任务就必须具有如下功能。

（1）连接。一般来说，利用路由器连接的网络在地理范围方面覆盖面都比较大。因此，路由器不仅要具有连接局域网的能力，还要具有连接广域网的能力。

（2）管理。所有的路由器在系统中都具有不同程度的管理功能。路由器的管理功能与整个网络的管理是密不可分的。

（3）路由算法。为了保证数据在传输中能够根据网络中的不同情况，从一个节点正确、有效地被转发到下一个节点，路由器必须具有有效路由算法。

（4）传输控制。为了保证数据的可靠传输，要求路由器具有传输控制功能，如数据过滤、压缩、加密，传输流量控制等。在不能同时支持不同工作方式的路由器的系统中，路由器还要具有能将数据封装在广域网的帧格式中的功能，以保证数据传输。

7.1.3 路由器在网络中的作用

路由器上的每个接口都是不同 IP 网络的成员。每个接口必须配置一个 IP 地址以及对应网络的子网掩码。Cisco IOS 不允许同一路由器上的两个活动接口属于同一网络。

如图 7.4 所示，路由器的 Serial 0/0/0 和 Serial 0/0/1 的 IP 地址不同。

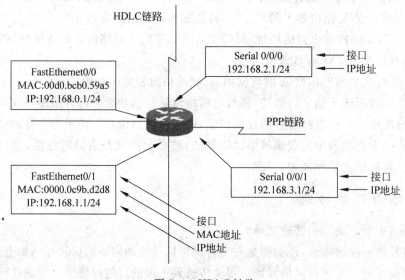

图 7.4 HDLC 链路

路由器的主要用途是连接多个网络，并将数据包转发到自身的网络或其他网络。

由于路由器的主要转发决定是根据第三层 IP 数据包（即根据目的 IP 地址）做出的，因此路由器被视为第三层设备。做出决定的过程称为路由。

7.2 路由分类

路由分为静态路由和动态路由，其相应的路由表称为静态路由表和动态路由表。

静态路由表由网络管理员在系统安装时根据网络的配置情况预先设定，网络结构发生变化后由网络管理员手工修改路由表。动态路由随网络的运行情况的变化而变化，路由表根据路由协议提供的功能自动计算数据传输的最佳路径，由此得到动态路由表。

1. 路由协议的概念

路由协议由一组处理进程、算法和消息组成,用于交换路由信息,并将其选择的最佳路径添加到路由表中。

路由协议的算法定义了以下过程:第一,发送和接收路由信息的机制。第二,计算最佳路径并将路由添加到路由表的机制。第三,检测并响应拓扑结构变化的机制。

2. 路由协议特征

(1) 收敛时间的快慢;

(2) 是否具有扩展性;

(3) 无类或有类网络;

(4) 资源使用率情况;

(5) 实现和后期维护。

7.2.1 静态路由

静态路由表在开始选择路由之前就被网络管理员建立,并且只能由网络管理员更改,所以只适于网络传输状态比较简单的环境。通过配置静态路由或启用动态路由协议,可以将远程网络添加至路由表。通过配置静态路由或启用动态路由协议,可以将远程网络添加至路由表。在以下情况中可以使用静态路由:网络中仅包含几台路由器。网络仅通过单个ISP接入 Internet,以集中星状拓扑结构配置的大型网络。

静态路由具有以下优点。

(1) 静态路由无须进行路由交换,因此节省网络的带宽、CPU 的利用率和路由器的内存。

(2) 静态路由具有更高的安全性。在使用静态路由的网络中,所有要连接到网络上的路由器都需要在邻接路由器上设置其相应的路由。因此,在某种程度上提高了网络的安全性。

(3) 某些情况下必须使用静态路由,如 DDR、使用 NAT 技术的网络环境。

静态路由具有以下缺点。

(1) 管理者必须真正理解网络的拓扑并正确配置路由。

(2) 网络的扩展性能差。如果要在网络上增加一个网络,管理者必须在所有路由器上加一条路由。

(3) 配置烦琐,特别是当需要跨越几台路由器通信时,其路由配置更为复杂。

7.2.2 动态路由

动态路由协议的发展如图 7.5 所示,展示了动态路由协议的发展历史以及诞生时间,例如,EGP 在 1982 年就被发明了。

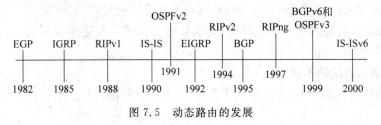

图 7.5 动态路由的发展

动态路由协议的目的有以下4点,第一,用于发现远程网络;第二,维护最新路由信息;第三,选择通往目的网络的最佳路径;第四,当前路径无法使用时找出新的最佳路径。

路由器使用动态路由协议共享有关远程网络连通性和状态的信息。动态路由协议的功能包括:网络发现,更新和维护路由表。

常用的IP路由协议有如下6个。

(1) RIP(路由信息协议)。

(2) IGRP(内部网关路由协议)。

(3) EIGRP(增强型内部网关路由协议)。

(4) OSPF(开放最短路径优先)。

(5) IS-IS(中间系统到中间系统)。

(6) BGP(边界网关协议)。

例如,在配置有动态路由协议的路由器中使用show ip route命令可以查看用到了什么路由协议,如下所示采用动态路由协议为RIP。

```
R1# show ip route
Codes:    L - local, C - connected, S - static, R - RIP, M - mobile, B - BGP
          D - EIGRP, EX - EIGRP external, O - OSPF, IA - OSPF inter area
          N1 - OSPF NSSA external type 1, N2 - OSPF NSSA external type 2
          E1 - OSPF external type 1, E2 - OSPF external type 2, E - EGP
          i - IS-IS, L1 - IS-IS level-1, L2 - IS-IS level-2, ia - IS-IS inter area
          * - candidate default, U - per-user static route, o - ODR
          P - periodic downloaded static route

Gateway of last resort is not set
C    192.168.1.0/24 is directly connected, FastEthernet0/0
C    192.168.2.0/24 is directly connected, Serial0/0/0
S    192.168.3.0/24 [1/0] via 192.168.2.2
R    192.168.4.0/24 [120/1] via 192.168.2.2, 00:00:20, Serial0/0/0
```

1. 动态路由的优缺点

动态路由具有以下优点。

(1) 增加或删除网络时,管理员维护路由配置的工作量较少。

(2) 网络拓扑结构发生变化时,协议可以自动做出调整。

(3) 配置不容易出错。

(4) 扩展性好,网络增长时不会出现问题。

(5) 网络拓扑结构发生了变化,路由器就会相互交换路由信息。

动态路由还有以下两条缺点。

(1) 需要占用路由器资源(CPU时间、内存和链路带宽)。

(2) 对管理员的技术水平要求较高,要求管理员需要掌握更多的网络知识才能进行配置、验证和故障排除工作。

2. 动态路由协议的不同分类

动态路由协议根据不同的划分方式有不同的分类方法,以下列出了4种不同的划分方式。

(1) 根据路由算法划分：距离矢量路由协议、链路状态路由协议、混合路由协议。
① 距离矢量路由协议：RIP(v1/v2)、IGRP、BGP。
② 链路状态路由协议：OSPF、IS-IS。
③ 混合路由协议：EIGRP。
(2) 根据自治系统划分：内部路由协议、外部路由协议。
① 内部路由协议(IGP)：RIP、IGRP、EIGRP、OSPF、IS-IS。
② 外部路由协议(EGP)：BGP。
(3) 根据有类无类划分：有类路由协议、无类路由协议。
① 有类路由协议：RIPv1、IGRP、BGP。
② 无类路由协议：RIPv2、EIGRP、OSPF、IS-IS。
(4) 根据公有、私用划分：公有协议、私用协议。
① 公有协议：RIP、OSPF、IS-IS、BGP。
② 私用协议：Cisco 的 IGRP、EIGRP。

3. 内部和外部网关协议

动态路由协议分类如图 7.6 所示，首先动态路由协议分为内部网关协议(IGP)和外部网关协议(EGP)，进而内部网关协议分为距离矢量协议和链路状态协议。

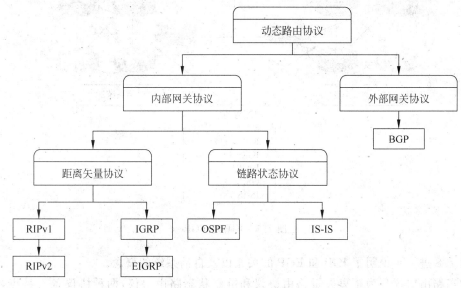

图 7.6 动态路由协议分类

首先讲解内部网关协议(IGP)和外部网关协议(EGP)。

在大型网络中，例如 Internet，极小的互联网络分解为自治系统(Autonomous System，AS)，也称为路由域，是指一个共同管理区域内的一组路由器。由于 Internet 基于自治系统，因此既需要使用内部路由协议，也需要使用外部路由协议。每个 AS 被认为是一个自我管理的互联网络。

连接到 Internet 上的大型公司网络是自己拥有的自治系统，因为 Internet 上的其他主机并不由它来管理，而且它和 Internet 路由器并不共享内部路由选择信息。AS 的关键优点在于对粒状路由的过滤。相反,仅交换汇总路由。这最大限度地减少了来自变动路由的路由选择更新数量。

IGP:一般路由选择协议是在一个自治系统内部为管理系统而开发的,它们称为内部网关协议。内部网关协议也称为域内协议,因为它们工作在域内,比如单个公司或者组织管理机构是工作在域内,而不是在域之间。这些协议认为,它们所处理的路由器是它们系统的一部分,并且可以自由交换路由选择信息。适用于 IP 协议的 IGP 包括 RIP、IGRP、EIGRP、OSPF 和 IS-IS。

EGP:一般的路由选择协议也是为在一个较大的互联网络中连接自治系统而开发的。它们称为外部网关协议(EGP)。外部网关协议即所谓的域间协议,因为它们工作在域之间。这些协议认为,它们在系统的边缘上,而且仅交换必需的最少的信息,以维持对信息提供路由的能力。BGP(边界网关协议)是目前唯一使用的一种 EGP,属于距离矢量路由协议,可认为是一种高级的距离向量路由协议。

IGP 和 EGP 的形象描述如图 7.7 所示。

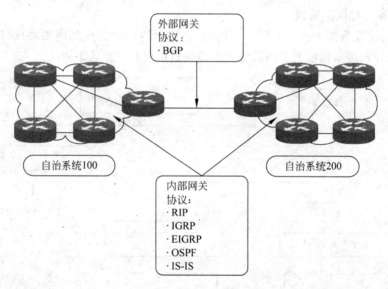

图 7.7　IGP 与 EGP

图 7.8 进一步说明了 IGP 和 EGP 的关系以及自治系统的概念。

动态路由协议分为距离矢量路由协议和链路状态路由协议,两种协议各有特点,分述如下。

4. 距离矢量协议

距离矢量路由协议适用于以下情形。

(1) 网络结构简单、扁平,不需要特殊的分层设计。

(2) 管理员没有足够的能力来配置链路状态协议和排查故障。

(3) 无须关注网络最差情况下的收敛时间。

距离矢量指协议使用跳数或向量来确定从一个设备到另一个设备的距离。不考虑每跳链路的速率。

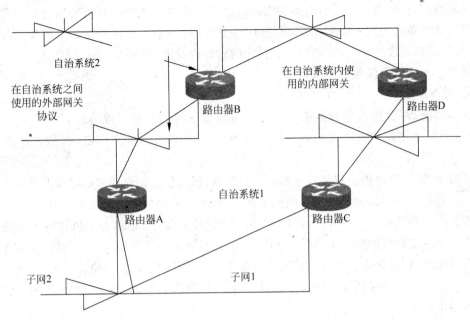

图 7.8 自治系统

距离矢量路由协议不使用正常的邻居关系,可用以下两种方法获知拓扑的改变和路由的超时。

(1) 当路由器不能直接从连接的路由器收到路由更新时;

(2) 当路由器从邻居收到一个更新,通知它网络的某个地方拓扑发生了变化。

在小型网络中(少于 100 个路由器,或需要更少的路由更新和计算环境),距离矢量路由协议运行得相当好。当小型网络扩展到大型网络时,该算法计算新路由的收敛速度极慢,而且在它计算的过程中,网络处于一种过渡状态,极可能发生循环并造成暂时的拥塞。并且当网络底层链路技术多种多样,带宽各不相同时,距离矢量算法对此视而不见。

距离矢量路由协议的这种特性不仅造成了网络收敛的延时,而且消耗了带宽。随着路由表的增大,需要消耗更多的 CPU 资源,并消耗了内存。

距离矢量路由协议主要包括:RIPv1,RIPv2,IGRP 和 EIGRP。

5. 链路状态路由协议

链路状态协议适用于以下情形。

(1) 网络进行了分层设计,大型网络通常如此。

(2) 管理员对于网络中采用的链路状态路由协议非常熟悉。

(3) 网络对收敛速度的要求极高。

链路状态路由协议没有跳数的限制,使用"图形理论"算法或"最短路径优先"算法。链路状态路由协议有更短的收敛时间、支持 VLSM(可变长子网掩码)和 CIDR(无类别域间路由)等优点。

链路状态路由协议在直接相连的路由之间维护正常的邻居关系。这允许路由更快地收敛。链路状态路由协议在会话期间通过交换 Hello 包(也叫链路状态信息)创建对等关系,这种关系加速了路由的收敛。

与距离向量路由协议不同,链路状态路由协议更新时发送整个路由表。链路状态路由协议只广播更新的或改变的网络拓扑,这使得更新信息更小,节省了带宽和 CPU 利用率。另外,如果网络不发生变化,更新包只在特定的时间内发出(通常为 30min～2h)。

链路状态路由协议包括:OSPF,IS-IS。

6. 混合路由

顾名思义,混合协议兼有距离矢量和链路状态协议的特征。混合协议只发送变化后的信息(类似于链路状态协议),同时只将这些信息发送给邻接路由器(类似于距离矢量协议)。

一般来说,混合路由协议是基于距离矢量协议,但是它们包含许多链接状态协议的特点和优势。这种类型的路由协议最好的例子是 EIGRP 或外部内部网关路由协议。

混合路由协议是第三个分类的路由算法。在这个协议中,距离矢量协议用于更精确地度量距离来决定最好的路径可用的路由器连接,一旦距离矢量协议发送出信息,就不会再被发送回源路由器,直到有一个网络的拓扑结构变化。一旦网络拓扑结构发生变化,则立即报告回源。混合路由协议从而允许快速收敛,而且与链路状态协议相比,它需要更少的内存和处理能力来实现其功能。

7.3 路由协议的度量和管理距离

7.3.1 度量

度量是指路由协议用来分配到达远程网络的路由开销的值。有多条路径通往同一远程网络时,路由协议使用度量来确定最佳的路径。

每一种路由协议都有自己的度量。例如,RIP 使用跳数;EIGRP 使用带宽和延迟;OSPF 和 IS-IS 使用开销(Cisco 版本的 OSPF 使用的是带宽)。

如图 7.9 所示路由间的协议采用的 RIP,从 R1 到 R1 的跳数为零,即自己到自己的距离肯定为零;从 R1 到 R2 的跳数为 1;从 R1 到 R3 由于之间有 R2 连接,因此跳数为 2。

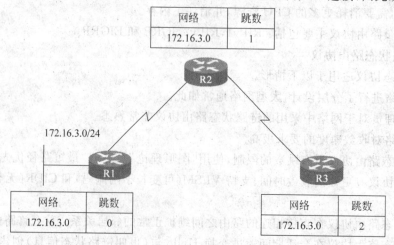

图 7.9 路由间采用 RIP 计算度量

7.3.2 管理距离

管理距离,这个数值用于指定路由协议的优先级。当有多种路由协议同时运行并计算出到达目标网络的路径时,使用管理距离值按从低到高的优先顺序选择路由协议。管理距离为 0~255 的整数值,值越低表示路由来源的优先级别越高。

表 7.1 中展示了不同路由协议间的管理距离。

表 7.1 不同路由协议间的管理距离

路 由 来 源	管 理 距 离
相连	0
静态	1
EIGRP 总结路由	5
外部 BGP	20
内部 EIGRP	90
IGRP	100
OSPF	110
IS-IS	115
RIP	120
外部 EIGRP	170
内部 BGP	200

下面通过实例来学习管理距离,用到的命令为 show ip route 和 show ip protocols,从以下命令行中可以看出 D 表示 EIGRP,管理距离为 90；R 代表 RIP,管理距离为 120。

```
R2#show ip route
Codes:   L - local, C - connected, S - static, R - RIP, M - mobile, B - BGP
         D - EIGRP, EX - EIGRP external, O - OSPF, IA - OSPF inter area
         N1 - OSPF NSSA external type 1, N2 - OSPF NSSA external type 2
         E1 - OSPF external type 1, E2 - OSPF external type 2, E - EGP
         i - IS-IS, L1 - IS-IS level-1, L2 - IS-IS level-2, ia - IS-IS inter area
         * - candidate default, U - per-user static route, o - ODR
         P - periodic downloaded static route

Gateway of last resort is not set
D    192.168.1.0/24 [90/2172416] via 192.168.2.1, 00:00:24, Serial0/0/0
C    192.168.2.0/24 is directly connected, Serial0/0/0
C    192.168.3.0/24 is directly connected, FastEthernet0/0
C    192.168.4.0/24 is directly connected, Serial0/0/1
R    192.168.5.0/24 [120/1] via 192.168.4.1, 00:00:08, Serial0/0/1
D    192.168.6.0/24 [90/2172416] via 192.168.2.1, 00:00:24, Serial0/0/0
R    192.168.7.0/24 [120/1] via 192.168.4.1, 00:00:08, Serial0/0/1
R    192.168.8.0/24 [120/2] via 192.168.4.1, 00:00:08, Serial0/0/1

R2#show ip protocols
Routing Protocol is "eigrp 100"
  Outgoing update filter list for all interfaces is not set
  Incoming update filter list for all interfaces is not set
```

```
Default networks flagged in outgoing updates
Default networks accepted from incoming updates
EIGRP metric weight K1 = 1, K2 = 0, K3 = 1, K4 = 0, K5 = 0
EIGRP maximum hopcount 100
EIGRP maximum metric variance 1
Redistributing: eigrp 100
Automatic network summarization is not in effect
Automatic address summarization
Maximum path: 4
Routing for Networks:
    192.168.2.0
    192.168.3.0
    192.168.4.0
Routing Information Sources:
    Gateway                       Distance              Last Update
    192.168.2.1                   90                    2366569
Distance: internal 90 external 170

Routing Protocol is "rip"
Sending updates every 30 seconds, next due in 12 seconds
Invalid after 180 seconds, hold down 180, flushed after 240
Outgoing update filter list for all interfaces is not set
Incoming update filter list for all interfaces is not set
Redistributing: rip
Default version control: send version 1, receive any version
    Interface             Send    Recv    Triggered    RIP    Key-chain
    Serial0/0/1           1       2       1
    FastEtheernet0/0      1       2       1
Automatic network summarization is in effect
Maximum path: 4
Routing for Networks:
    192.168.3.0
192.168.4.0
Passive Interface(s):
Routing Information Sources:
    Gateway    Distance    Last Update
    192.168.4.1    120
```

7.4 静态路由的配置

7.4.1 静态路由的配置及应用

  随着宽带接入的普及,很多家庭和小企业都组建了局域网来共享宽带接入,并且随着局域网规模的扩大,很多地方都涉及两台或两台以上路由器的应用。当一个局域网内存在两台以上的路由器时,由于其下主机互访的需求,往往需要设置路由。由于网络规模较小且不经常变动,所以静态路由是最合适的选择。

1. ip route 的用途和命令语法

在前面已讨论过,路由器可通过两种方式获知远程网络:手动方式,通过配置的静态路由获知;自动方式,通过动态路由协议获知。

小规模网络和末节网络可以使用静态路由。其中,末节网络是只能通过单条路由访问的网络。

ip route 命令如下所示。

`Router(config)# ip route network-address subnet-mask {ip-address | exit-interface}`

ip route 参数描述如表 7.2 所示。

表 7.2　ip route 参数描述

参　　数	描　　述
network-address	要加入路由表的远程网络的目的网络地址
subnet-mask	要加入路由表的远程网络的子网掩码。可对此子网掩码进行修改,以总结一组网络
ip-address	一般指下一跳路由器的 IP 地址
exit-interface	将数据包转发到目的网络时使用的送出接口

通俗来说,其中的 ip-address 指的是下一跳地址的静态路由。exit-interface 指的是送出接口的静态路由。

下面通过一个示例来演示静态路由的配置,网络拓扑如图 7.10 所示。

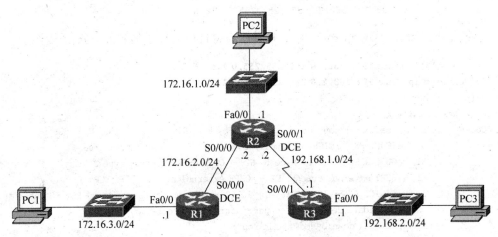

图 7.10　静态路由配置拓扑图

首先按照拓扑图搭建实验平台,配好 IP 地址以及子网掩码,接下来配置路由器 R1 的静态路由,命令如下。

`R1(config)# ip route 172.16.1.0 255.255.255.0 172.16.2.2`

其中,172.16.1.0 为要加入路由表的目的网络地址,255.255.255.0 为目的网络的子网掩码,172.16.2.2 为路由器 R1 的下一跳地址。

配置完成后,如下命令行中高亮部分显示。接下来通过 show ip route 命令可以看到刚刚配置的静态路由条目。

```
R1# conf t
R1(config)# ip route 172.16.1.0 255.255.255.0 172.16.2.2

00:20:15: RT: add 172.16.1.0/24 via 172.16.2.2, static metric [1/0]

R1# show ip route
Codes:    L - local, C - connected, S - static, R - RIP, M - mobile, B - BGP
          D - EIGRP, EX - EIGRP external, O - OSPF, IA - OSPF inter area
          N1 - OSPF NSSA external type 1, N2 - OSPF NSSA external type 2
          E1 - OSPF external type 1, E2 - OSPF external type 2, E - EGP
          i - IS-IS, L1 - IS-IS level-1, L2 - IS-IS level-2, ia - IS-IS inter area
          * - candidate default, U - per-user static route, o - ODR
          P - periodic downloaded static route

Gateway of last resort is not set
     172.16.0.0/24 is subnetted, 3 subnets
S       172.16.1.0 [1/0] via 172.16.2.2
C       172.16.2.0 is directly connected, Serial0/0/0
C       172.16.3.0 is directly connected, FastEthernet0/0
R1#
```

接下来将 192.168.1.0 网络和 192.168.2.0 网络加入到静态路由表中。配置命令:

```
R1(config)# ip route 192.168.1.0 255.255.255.0 172.16.2.2
R1(config)# ip route 192.168.2.0 255.255.255.0 172.16.2.2
```

配置完成后通过 show ip route 命令查看已经将目标网络添加到静态路由表中。

```
R1(config)# ip route 192.168.1.0 255.255.255.0 172.16.2.2
R1(config)# ip route 192.168.2.0 255.255.255.0 172.16.2.2
R1(config)# end
R1# show ip route
Codes:    L - local, C - connected, S - static, R - RIP, M - mobile, B - BGP
          D - EIGRP, EX - EIGRP external, O - OSPF, IA - OSPF inter area
          N1 - OSPF NSSA external type 1, N2 - OSPF NSSA external type 2
          E1 - OSPF external type 1, E2 - OSPF external type 2, E - EGP
          i - IS-IS, L1 - IS-IS level-1, L2 - IS-IS level-2, ia - IS-IS inter area
          * - candidate default, U - per-user static route, o - ODR
          P - periodic downloaded static route

Gateway of last resort is not set
     172.16.0.0/24 is subnetted, 3 subnets
S       172.16.1.0 [1/0] via 172.16.2.2
C       172.16.2.0 is directly connected, Serial0/0/0
C       172.16.3.0 is directly connected, FastEthernet0/0
S       192.168.1.0/24 [1/0] via 172.16.2.2
S       192.168.2.0/24 [1/0] via 172.16.2.2
```

检查静态路由表命令除了 show ip route 以外还有 show running-config。配置命令:

```
R1#show running-config
```

如以下命令行所示。

```
R1#show running-config
Building configuration...

Current configuration: 849 bytes
!
hostname R1
!
(**省略部分输出**)
!
ip classless
ip route 172.16.1.0 255.255.255.0 172.16.2.2
ip route 192.168.1.0 255.255.255.0 172.16.2.2
ip route 192.168.2.0 255.255.255.0 172.16.2.2
!
(**省略部分输出**)
!
end

R1#
```

2. 路由表三大原理

路由表三大原理如下所述。

（1）每台路由器根据其自身路由表中的信息独立做出决策。
（2）一台路由器的路由表中包含某些信息并不表示其他路由器也包含相同的信息。
（3）有关两个网络之间路径的路由信息并不能提供反向路径（即返回路径）的路由信息。

了解了路由表三大原理之后，接下来思考数据包是如何递归到送出接口的。

在路由器转发任何数据包之前，路由表过程必须确定用于转发数据包的送出接口，此过程称为路由解析。

递归路由查找：如果路由器在转发数据包前需要执行多次路由表查找，那么它的查找过程就是一种递归查找。查找步骤：首先匹配下一跳地址与目的地址，然后下一跳地址匹配一个送出接口。

具体过程如以下命令行所示，例如，路由器要将数据包转发到 192.168.2.0 网络中，首先通过路由表可以得知要经过的下一跳 IP 地址为 172.16.2.2，第二步通过查看路由表可以看出路由器与 172.16.2.0 网络是直连的，通过 Serial 0/0/0 接口，因此数据包会从 Serial 0/0/0 接口转发出去。

```
R1#show ip route
Codes:   L - local, C - connected, S - static, R - RIP, M - mobile, B - BGP
         D - EIGRP, EX - EIGRP external, O - OSPF, IA - OSPF inter area
         N1 - OSPF NSSA external type 1, N2 - OSPF NSSA external type 2
         E1 - OSPF external type 1, E2 - OSPF external type 2, E - EGP
         i - IS-IS, L1 - IS-IS level-1, L2 - IS-IS level-2, ia - IS-IS inter area
         * - candidate default, U - per-user static route, o - ODR
```

```
            P - periodic downloaded static route

Gateway of last resort is not set
     172.16.0.0/24 is subnetted, 3 subnets
S      172.16.1.0 [1/0] via 172.16.2.2
C      172.16.2.0 is directly connected, Serial0/0/0          步骤2
C      172.16.3.0 is directly connected, FastEthernet0/0
S   192.168.1.0/24 [1/0] via 172.16.2.2
S   192.168.2.0/24 [1/0] via 172.16.2.2                       步骤1
```

上面例子是通过两次搜索才解析出送出接口，那么有没有搜索一次就可以解析出送出接口的方法呢？答案是肯定的，大多数静态路由都可以配置送出接口，这使得路由表可以在一次搜索中解析出送出接口，而不用进行两次搜索。

配置命令如下。

```
R1(config)# no ip route 192.168.2.0 255.255.255.0 172.16.2.2
R1(config)# ip route 192.168.1.0 255.255.255.0 serial 0/0/0
```

配置完成后如以下命令行所示，通过一次搜索就可以解析出送出接口 Serial 0/0/0。

```
R1(config)# no ip route 192.168.2.0 255.255.255.0 172.16.2.2
R1(config)# ip route 192.168.2.0 255.255.255.0 serial 0/0/0
R1(config)# end
R1# show ip route
Codes:  L - local, C - connected, S - static, R - RIP, M - mobile, B - BGP
        D - EIGRP, EX - EIGRP external, O - OSPF, IA - OSPF inter area
        N1 - OSPF NSSA external type 1, N2 - OSPF NSSA external type 2
        E1 - OSPF external type 1, E2 - OSPF external type 2, E - EGP
        i - IS-IS, L1 - IS-IS level-1, L2 - IS-IS level-2, ia - IS-IS inter area
        * - candidate default, U - per-user static route, o - ODR
        P - periodic downloaded static route

Gateway of last resort is not set
     172.16.0.0/24 is subnetted, 3 subnets
S      172.16.1.0 [1/0] via 172.16.2.2
C      172.16.2.0 is directly connected, Serial0/0/0
C      172.16.3.0 is directly connected, FastEthernet0/0
S   192.168.1.0/24 [1/0] via 172.16.2.2
S   192.168.2.0/24 is directly connected, Serial0/0/0
```

当送出接口关闭时路由表的变化：当关闭送出接口，所有被解析到该端口转出的静态路由都被删除。但是，这些静态路由仍保留在设备的运行配置内。如果该接口重新开启（通过 no shutdown 再次启用），则 IOS 路由表过程将把这些静态路由重新安装到路由表中。

如以下命令行所示。

```
R1(config)# int s0/0/0
R1(config)# shutdown
R1(config)# end
```

```
is_up: 0 state: 6 sub state: 1 line: 0
RT: interface Serial0/0/0 removed from routing table
RT: del 172.16.2.0/24 via 0.0.0.0, connected metric [0/0]
RT: delete subnet route to 172.16.2.0/24
RT: del 192.168.1.0 via 172.16.2.2, static metric [1/0]
RT: delete network route to 192.168.1.0
RT: del 172.16.1.0/24 via 172.16.2.2, static metric [1/0]
RT: delete subnet route to 172.16.1.0/24

R1#show ip route
＊＊＊ 省略部分输出 ＊＊＊
Gateway of last resort is not set
     172.16.0.0/24 is subnetted, 1 subnets
C       172.16.3.0 is directly connected, FastEthernet0/0
```

3. 修改静态路由

出现以下情况时，需要对以前配置的静态路由进行修改：目的网络不再存在，此时应删除相应的静态路由。拓扑发生变化，所以中间地址或送出接口必须进行相应修改。修改时必须将现有的静态路由删除，然后重新配置一条。删除静态路由时，使用 no ip route 命令删除静态路由，例如：

```
R1(config)# no ip route 192.168.2.0 255.255.255.0 172.16.2.2
```

检查静态路由命令如下。

```
show running-config
show ip route
ping
traceroute
```

7.4.2 默认路由的配置及应用

默认路由是一种特殊的静态路由，目的地址(0.0.0.0)与掩码(0.0.0.0)配置为全零，指明当路由表中与包的目的地址之间没有匹配的表项时路由器能够做出的选择。如果没有默认路由，那么目的地址在路由表中没有匹配表项的包将被丢弃。

默认路由在某些时候非常有效，当存在末节网络时，默认路由会大大简化路由器的配置，减轻管理员的工作负担，提高网络性能。这个路由将匹配所有的包，与路由汇总一样能减少路由条目。

默认静态路由与静态路由相似，但 IP 地址和子网掩码全部是零，子网掩码 0.0.0.0 代表匹配所有网络。例如：

```
Router(config)# ip route 0.0.0.0 0.0.0.0 [exit-interface | ip-address]
```

默认路由一般使用在什么场合？

例如末节网络。如图 7.11 中，R1 路由器的 S0/0/0 口连接外部网络，相当于整个内部网络的边缘，即末节位置。

配置命令如下。

```
R1(config)# ip route 0.0.0.0 0.0.0.0 serial 0/0/0
```

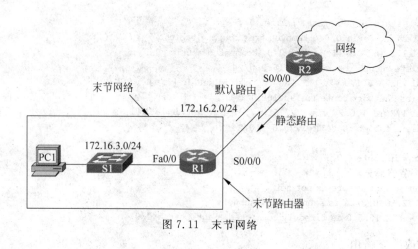

图 7.11 末节网络

7.5 路由汇总

7.5.1 概述

路由汇总的含义是把一组路由汇总为一个单个的路由广播。路由汇总的最终结果和最明显的好处是缩小网络上的路由表的尺寸。这样将减少与每一个路由跳有关的延迟，因为由于减少了路由登录项数量，查询路由表的平均时间将加快。由于路由登录项广播的数量减少，路由协议的开销也将显著减少。随着整个网络（以及子网的数量）的扩大，路由汇总将变得更加重要。

路由汇总的"用意"是当用户采用了一种体系化编址规划后的用一个 IP 地址代表一组 IP 地址的集合的方法。

除了缩小路由表的尺寸之外，路由汇总还能通过在网络连接断开之后限制路由通信的传播来提高网络的稳定性。如果一台路由器仅向下一个下游的路由器发送汇总的路由，那么，它就不会广播与汇总的范围内包含的具体子网有关的变化。例如，如果一台路由器仅向其邻近的路由器广播汇总路由地址 172.16.0.0/16，那么，如果它检测到 172.16.10.0/24 局域网网段中的一个故障，它将不更新邻近的路由器。

这个原则在网络拓扑结构发生变化之后能够显著减少任何不必要的路由更新。实际上，这将加快汇总，使网络更加稳定。为了执行能够强制设置的路由汇总，需要一个无类路由协议。不过，无类路由协议本身还是不够的。制定这个 IP 地址管理计划是必不可少的，这样就可以在网络的战略点实施没有冲突的路由汇总。

这些地址范围称为连续地址段。例如，一台把一组分支办公室连接到公司总部的路由器，能够把这些分支办公室使用的全部子网汇总为一个单个的路由广播。如果所有这些子网都在 172.16.16.0/24～172.16.31.0/24 的范围内，那么，这个地址范围就可以汇总为 172.16.16.0/20。这是一个与位边界（Bit Boundary）一致的连续地址范围，因此，可以保证这个地址范围能够汇总为一个单一的声明。要实现路由汇总的好处的最大化，制定细致的地址管理计划是必不可少的。

路由汇总算法的实现如下。

假设下面有4个路由：
172.18.129.0/24
172.18.130.0/24
172.18.132.0/24
172.18.133.0/24

如果这4个进行路由汇总,能覆盖这4个路由的是：172.18.128.0/21。
算法为：129 的二进制代码是 10000001
   130 的二进制代码是 10000010
   132 的二进制代码是 10000100
   133 的二进制代码是 10000101

这4个数的前5位相同都是10000,所以加上前面的172.18这两部分相同的位数,网络号就是8+8+5=21。而10000000的十进制数是128,所以,路由汇总的IP地址就是172.18.128.0。所以最终答案就是172.18.128.0/21。

使用前缀地址来汇总路由能够将路由条目保持为可管理的,而它带来的优点如下。
(1) 路由更加有效。
(2) 减少重新计算路由表或匹配路由时的CPU周期。
(3) 减少路由器的内存消耗。
(4) 在网络发生变化时可以更快地收敛。
(5) 容易排错。

路由汇总比CIDR的要求低,它描述了网络的汇总,这个汇总的网络是有类的网络或是有类的网络的汇总,聚合在边界路由协议(BGP)中使用的更多。

此外,虽然不是传统的方法,也可以将有类的子网进行汇总。下面看一个具体的示例,拓扑图如图7.12所示。

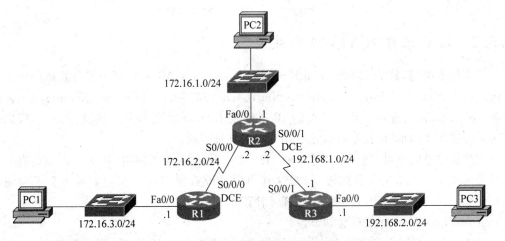

图7.12 有类的子网汇总拓扑图

配置汇总静态路由步骤如下。
步骤1,删除当前静态路由。

R3(config)# no ip route 172.16.1.0 255.255.255.0 serial 0/0/1

```
R3(config)# no ip route 172.16.2.0 255.255.255.0 serial 0/0/1
R3(config)# no ip route 172.16.3.0 255.255.255.0 serial 0/0/1
```

步骤2,配置汇总静态路由。

```
R3(config)# ip route 172.16.0.0 255.255.0.0 serial 0/0/1
```

步骤3,检验。

```
R3# show ip route
```

如以下命令行所示,配置路由器R3的静态路由到目标网络172.16.1.0,172.16.2.0,172.16.3.0都是通过Serial 0/0/1接口将数据包转发出去,那么就可以通过路由汇总将三个网络转化为一个网络172.16.0.0,从而减小路由表。

```
R3# show ip route
***省略部分输出***
Gateway of last resort is not set
     172.16.0.0/24 is subnetted, 3 subnets
S       172.16.1.0 is directly connected, Serial0/0/1
S       172.16.2.0 is directly connected, Serial0/0/1
S       172.16.3.0 is directly connected, Serial0/0/1
C    192.168.1.0/24 is directly connected, Serial0/0/1
C    192.168.2.0/24 is directly connected, FastEthernet0/0

R3# show ip route
***省略部分输出***
Gateway of last resort is not set
     172.16.0.0/22 is subnetted, 1 subnets
S       172.16.0.0 is directly connected, Serial0/0/1
C    192.168.1.0/24 is directly connected, Serial0/0/1
C    192.168.2.0/24 is directly connected, FastEthernet0/0
```

7.5.2 路由汇总对VLSM的支持

可变长子网掩码(Variable Length Subnetwork Mask, VLSM)是为了有效地使用无类别域间路由(Classless Inter-Domain Routing, CIDR)和路由汇总(Route Summary)来控制路由表的大小,网络管理员使用先进的IP寻址技术,VLSM就是其中的常用方式,可以对子网进行层次化编址,以便最有效地利用现有的地址空间。

这里要注意的是对"使用了两个掩码"的理解。比方说A类网络10.0.0.0,当所有的子网都使用255.255.255.0的掩码时,在这其中设计没有使用VLSM。如果一个子网使用/24掩码,另一个子网使用/30掩码,这样才使用了VLSM。

重叠VLSM子网相关概念如下。

阻止重叠:在同一台路由器上,IOS可以检测到重叠的IP配置,当配置接口IP重叠时,系统会有overlaps的重叠提示并阻止配置;或者IOS会接受配置,但是绝不会启用该接口。

允许重叠:当一台路由器的一个ip address命令与另一台路由器的一个ip address命令暗含重叠时,IOS不能检测到重叠。

在发生重叠的两个子网中，如 172.16.5.0/24 和 172.16.5.192/26，较小的子网内的 PC 工作良好，在较大的重叠子网内的 PC 则不能运行。如果发生地址重复，情况更糟。其中的一台可以工作，另一台却无法工作，当用户去 ping 时，也会得到响应，但其实是另一台在工作的给出的响应，具有一定的迷惑性。另外，重叠 VLSM 子网的另一个难点是问题可能在短时间内不会显现。当用户使用 DHCP 分配 IP 时，在开始的几个月里，前面分配的 IP 并不会发生重叠，网络可以正常运行，随着主机数量的增加，使用到后面的 IP 时，地址重叠才发生。

如表 7.3 所示为路由选择协议总结。

表 7.3 路由选择协议总结

路由选择协议	在更新中是否发送掩码	支持 VLSM	支持手动路由汇总	是否支持自动汇总	是否默认使用自动汇总	是否可以禁用自动汇总
RIPv1	否	否	否	是	是	否
IGRP	否	否	否	是	是	否
RIPv2	是	是	是	是	是	是
EIGRP	是	是	是	是	是	是
OSPF	是	是	是	否	N/A	N/A

(1) 如果一个路由器在多个 A 类、B 类或 C 类网络中都有接口，则对一个完整的 A 类、B 类或 C 类网络，路由器可用单条路由将其通告给其他网络。该特性被称为自动汇总。

(2) 自动汇总使得带有不连续网络的 Internet 无法正常工作，解决这种问题的办法就是使用 VLSM 路由协议和关闭自动路由汇总。

(3) 连续网络：在这种有类网络的每对子网间传送的数据包，只经过同类别的子网，不经过其他类别网络的子网。

(4) 不连续网络：在这种有类网络的至少一对子网间传送数据包，必须经过不同类别的网络。

(5) 关闭自动路由汇总：no auto-sum 此命令在协议子命令下完成。

(6) 手动路由汇总：RIP-2 和 EIGRP 路由汇总在接口子命令下完成，OSPF 汇总在协议子命令下完成(area * range ip sub_mask)。

7.5.3 路由汇总对不连续子网的支持

连续子网和不连续子网的概念如下。

(1) 不连续子网：指在一个网络中，某几个连续由同一主网划分的子网在中间被多个其他网段的子网或网络隔开了，如图 7.13 所示。

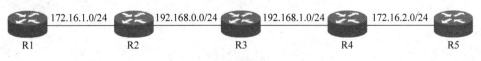

图 7.13 不连续子网示意图

注意：如果中间只隔了一个网络，则不属于不连续子网，如图 7.14 所示。

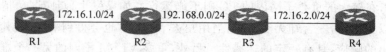

图 7.14　非不连续子网示意图

（2）连续子网：由一主网划分的多个子网连续，没有被其他多个网络隔开，如图 7.15 所示。

图 7.15　连续子网示意图

路由汇总上文中已经叙述过，举一个简单的例子，有两台路由器 A 和 B，A 连接着 172.16.12.0，172.16.13.0，172.16.14.0，172.16.15.0 的内网，A 与 B 连接时使用 192.168.12.0 的网段，B 连接互联网，这样看来 A 是连接着两个不同类的网络的，那它就会将内网的网段自动汇总成一条 172.16.0.0 的路由给 B，这就是自动汇总。

那么在不连续子网中就要手动关闭路由汇总，no auto-summary 这个命令的作用是关闭路由协议的自动汇总功能，主要是为了解决不连续子网互相访问的问题，在这种情况下都会关闭自动汇总，而采用手工汇总的方式通告路由，这个命令在 RIPv2 和 EIGRP 上面使用 OSPF 的自动汇总功能默认是关闭的。

7.5.4　不同路由协议的汇总属性

由于 RIPv1 会自动汇总有类网络间各子网的路由，所以 RIPv1 不支持不连续子网。

如果是 RIPv2，则全都显示明细路由，子网不会生成（可以强制生成）同一主网的有类聚合路由，所以在 RIPv2 中不连续子网下，两个由同一主网划分的子网侧主机也可正常通信。

OSPF 协议是支持路由汇总的。Cisco 允许对地址进行汇总，以通过限制区域间通告的路由来达到节省资源的目的。Cisco 路由器支持两种类型的地址汇总：区域间汇总和外部路由汇总。区域间汇总用于在区域间汇总地址，而外部汇总用于收集到某个域中的一系列外部路由的汇总。

EIGRP 是支持路由汇总的。EIGRP 是思科私有的路由协议，它收敛速度快、无环，其实它是 RIP 以及 IGRP 的后身，都是距离矢量，因为它支持无类的，可以在任何地方手动汇总。汇总最主要的是限制查询范围，这样可以减少邻居出现 SIA（Stuck In Active）状态，还可以减少路由表条目。对一般的路由器来说，可以减轻负荷，另外也能隐藏明细路由的不稳定性。

第 8 章 RIP

8.1　RIP 概述

路由信息协议（Routing Information Protocol，RIP）是路由器生产商之间使用的第一个开放标准，是典型的距离向量协议。RIP 是一种在网关与主机之间交换路由选择信息的标准。当使用 RIP 时，一台 Cisco 路由器可以与其他厂商的路由器连接。

在国家级规模的大型网络中，如当前的因特网，有很多用于整个网络的路由选择协议。作为形成网络的每一个自治系统，都有属于自己的路由选择技术，不同的 AS 系统，路由选择技术也不同。作为一种外部网关协议，路由信息协议应用于 AS 系统。连接 AS 系统有专门的协议，其中最早的这样的协议是外部网关协议，目前仍然应用于因特网，这样的协议通常被视为外部 AS 路由选择协议。RIP 主要设计利用同类技术在大小适度的网络中工作。因此通过速度变化不大的接线连接，RIP 比较适用于简单的校园网和区域网，但并不适用于复杂网络的情况。

RIP 有 RIPv1 和 RIPv2 两个版本，需要注意的是，RIPv2 不是 RIPv1 的替代，而是 RIPv1 功能的扩展。它们均基于经典的距离向量路由算法，最大跳数为 15 跳，超过 15 跳则认为目标网络不可达。

RIPv2 由 RIP 而来，属于 RIP 的补充协议，主要用于扩大 RIP 信息装载的有用信息的数量，同时增加其安全性能。RIPv2 是一种基于 UDP 的协议。在 RIPv2 下，每台主机通过路由选择进程发送和接收来自 UDP 端口 520 的数据包。

8.1.1　RIP 的特点

RIP 具有以下主要特点。

（1）RIP 属于典型的距离向量路由选择协议。

（2）RIP 消息通过广播地址 255.255.255.255 进行发送，使用 UDP 的 520 端口。

（3）RIP 以到目的网络的最小跳数作为路由选择度量标准，而不是在链路的带宽和延迟的基础上进行选择。

（4）RIP 是为小型网络设计的。它的跳数计数限制为 15 跳，16 跳为不可到达。

（5）RIPv1 是一种有类路由协议，不支持不连续的子网设计。RIPv2 支持 CIDR 及 VLSM 可变长子网掩码，使其支持不连续子网设计。

（6）RIP 周期进行路由更新，将路由表广播给邻居路由器，广播周期默认为 30s。

（7）RIP 的管理距离为 120。

RIP 通过用户数据报协议（User Datagram Protocol，UDP）报文交换路由信息，使用跳数来衡量到达目的地的距离。由于在 RIP 中大于 15 的跳数被定义为无穷大，所以 RIP 一般用于采用同类技术的中等规模网络，如校园网及一个地区范围内的网络，RIP 并非为复杂、大型的网络而设计。但由于 RIP 使用简单，配置灵活，使它在今天的网络设备和互联网中被广泛使用。

此外，RIP 也有局限性。比如 RIP 支持站点的数量有限，这使 RIP 只适用于较小的自治系统，不能支持超过 15 跳数的路由。再如，路由表更新信息将占用较大的网络带宽，因为 RIP 每隔一定时间就向外广播发送路由更新信息，在有许多节点的网络中，这会消耗相当大的网络带宽。另外，RIP 的收敛速度慢，因为一个更新要等 30s，而宣布一条路由无效必须等 180s，而且这还只是收敛一条路由所需要的时间，有可能要经过好几个更新才能完全收敛新拓扑，RIP 的这些局限性显然削弱了网络的性能。

RIPv1 被提出较早，其中有许多缺陷。为了改善 RIPv1 的不足，在 RFC1388 中提出了改进的 RIPv2，并在 RFC1723 和 RFC2453 中进行了修订。与 RIPv1 最大的不同是 RIPv2 为一个无类别路由协议，其更新消息中携带了子网掩码，它支持 VLSM、CIDR、认证和多播。目前这两个版本都在广泛应用，两者之间的差别导致的问题在 RIP 故障处理时需要特别注意。

RIPv2 定义了一套有效的改进方案，比如 RIPv2 更好地利用原来 RIPv1 分组中必须为零的域来增加功能，不仅支持可变长子网掩码，也支持路由对象标志。此外，RIPv2 还支持明文认证和 MD5 密文认证，确保路由信息的正确。

8.1.2　RIP 的原理

RIP 通过广播 UDP 报文来交换路由信息，每 30s 发送一次路由信息更新。RIP 提供跳跃计数作为尺度来衡量路由距离，跳跃计数是一个包到达目标所必须经过的路由器的数目。如果到相同目标有两个不等速或不同带宽的路由器，但跳跃计数相同，则 RIP 认为两个路由是等距离的。RIP 最多支持的跳数为 15，即在源和目的网间所要经过的最多路由器的数目为 15，跳数 16 表示不可达。RIP 进程使用 UDP 的 520 端口来发送和接收 RIP 分组。RIP 分组每隔 30s 以广播的形式发送一次，为了防止出现"广播风暴"，其后续的分组将做随机延时后发送。在 RIP 中，如果一个路由在 180s 内未被更新，则相应的距离就被设定成无穷大，并从路由表中删除该表项。

对于相同开销路径的处理是采用先入为主的原则。在具体的应用中，可能会出现这种情况，去往相同网络有若干条相同距离的路径。在这种情况下，哪个网关的路径广播报文先到，就采用谁的路径，直到该路径失败或被新的更短的路径来代替。

随着 OSPF 和 IS-IS 的出现，许多人认为 RIP 已经过时了。但事实上 RIP 也有它自己的优点。对于小型网络，RIP 就所占带宽而言开销小，易于配置、管理和实现，并且 RIP 还在大量使用中。但 RIP 也有明显的不足，即当有多个网络时会出现环路问题。为了解决环路问题，IETF 提出了分割范围的方法，即路由器不可以通过它得知路由的接口去宣告路由。分割范围解决了两个路由器之间的路由环路问题，但不能防止三个或多个路由器形成路由环路。触发更新是解决环路问题的另一方法，它要求路由器在链路发生变化时立即传输它的路由表。这加速了网络的聚合，但容易产生广播泛滥。总之，环路问题的解决需要消耗一定的时间和带宽。

在最初开发 RIP 时就发现了环路的问题,所以已经在 RIPv1 和 RIPv2 中集成了几种防止环路的方式。

(1) 最大跳数:当一个路由条目作为副本发送出去时就会自动加 1 跳,最大加到 16 跳,到 16 跳就已经被视为最大条数不可达了。

(2) 水平分割:路由器不会把从某个接口学习到的路由再从该接口广播回去或者以组播的方式发送出去。

(3) 带毒性逆转的水平分割:路由器从某些接口学习到的路由有可能从该接口反发送出去,只是这些路由已经具有毒性,即跳数都被加到了 16 跳。

(4) 抑制定时器:当路由表中的某个条目所指网络消失时,路由器不会立刻删除该条目而学习新条目,严格按照前面所介绍的计时器时间将条目设置为无效,然后挂起,在 240s 时才删除该条目,这样做其实是为了尽可能地给予一个时间等待发生改变的网络恢复。

(5) 触发更新:因网络拓扑发生变化导致路由表发生改变时,路由器立刻产生更新通告直连邻居,不再需要等待 30s 的更新周期,这样做是为了尽可能地将网络拓扑的改变通告给其他人。

RIPv1 作为距离矢量路由协议,具有与 D-V(Distance-Vector)算法有关的所有限制,如慢收敛和易于产生路由环路和广播更新占用带宽过多等;RIPv1 作为一个有类别路由协议,更新消息中是不携带子网掩码的,这意味着它在主网边界上自动聚合,不支持 VLSM 和 CIDR;同样,RIPv1 作为一个古老协议,不提供认证功能,这可能会产生潜在的危险性。总之,简单性是 RIPv1 广泛使用的原因之一,但简单性带来的一些问题,也是 RIP 故障处理中必须关注的。

8.2 路由更新和 RIP 定时器

8.2.1 RIP 的运行

RIP 的运行过程如下所述。

(1) 网关启动时,运行 D-V 算法,对 D-V 路由表进行初始化,为每一个和它直接相连的实体建立一个路由条目,并设置目的 IP 地址,距离为 1(这里 RIP 和 D-V 略有不同),下一站的 IP 为 0,同时还要为这个条目设置两个定时器(超时定时器和垃圾收集定时器)。每隔 30s 就向它相邻的实体广播路由表的内容。相邻的实体收到广播时,在对广播的内容进行细节上的处理之前,对广播的数据报进行检查。因为广播的内容可能引起路由表的更新,所以这种检查是细致的。

(2) 当报文传至 IP 层时,首先检查报文是否来自端口 520 的 UDP 数据报,如果不是,则丢弃,因为路由器不转发受限广播。否则看 RIP 报文的版本号:如果为 0,这个报文就被忽略;如果为 1,检查必须为 0 的字段,如果不为 0,忽略该报文;如果大于 1,RIPv1 对必须为 0 的字段不检查。然后对源 IP 地址进行检查,看它是否来自直接相连的邻居,如果不是来自直接邻居,则报文被忽略。如果上面的检查都是有效的,则对广播的内容进行逐项处理。看它的度量值是否大于 15,如果是则忽略该报文(实际上,如果来自相邻网关的广播,这是不可能的)。然后检查地址族的内容,如果不为 2,则忽略该报文。如果是更新自己的路由表,并为每个条目设置两个定时器,初始化其为0。

(3) 这样所有的网关均每隔 30s 向外广播自己的路由表,相邻的网关和主机收到广播后来更新自己的路由表。直到每个实体的路由表都包含所有实体的寻径信息。如果某条路由突然断了,或者是其度量值大于 15,与其直接相邻的网关采用分割范围或触发更新的方法向外广播该信息,其他的实体在两个定时器溢出的情况下将该路由从路由表中删除。如果某个网关发现了一条更好的路径,它也向外广播,与该路由相关的每个实体都要更新自己的路由表的内容。

为了更好地理解 RIP 的运行,下面以如图 8.1 所示的简单的互联网为例来讨论图中各个路由器中的路由表是怎样建立起来的。

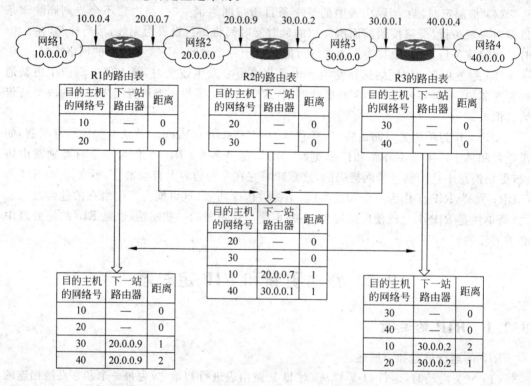

图 8.1　使用 RIP 时路由表的建立过程

一开始,所有路由器中的路由表只有路由器所接入的网络(共有两个网络)的情况。现在的路由表增加了一列,这就是从该路由表到目的网络上的路由器的"距离"。在图中"下一站路由器"项目中有符号"—",表示直接交付。这是因为路由器和同一网络上的主机可直接通信而不需要再经过别的路由器进行转发。同理,到目的网络的距离也均为零,因为需要经过的路由器个数为零。图中粗的空心箭头表示路由表的更新,细的箭头表示更新路由表要用到相邻路由表传送过来的信息。

此后,各路由器都向其相邻路由器广播 RIP 报文,这实际上就是广播路由表中的信息。假定路由器 R2 先收到了路由器 R1 和 R3 的路由信息,然后更新自己的路由表。更新后的路由表再发送给路由器 R1 和 R3。路由器 R1 和 R3 分别再进行更新。

RIP 存在的一个问题是:当网络出现故障时,要经过比较长的时间才能将此信息传送到所有的路由器。以图 8.1 为例，设三个路由器都已经建立了各自的路由表，现在路由器 R1 和网 1 的连接线断开。路由器 R1 发现后，将到网 1 的距离改为 16，并将此信息发给路由器 R2。由于路由器 R3 发给 R2 的信息是"到网 1 经过 R2 距离为 2"，于是 R2 将此项目更新为"到网 1 经过 R3 距离为 3"，发给 R3。R3 再发给 R2 信息"到网 1 经过距离为 4"。这样一直到距离增大到 16 时，R2 和 R3 才知道网 1 是不可达的。RIP 的这一特点叫作"好消息传播得快，而坏消息传播得慢"。像这种网络出故障的传播时间往往需要较长的时间，这是 RIP 的一个主要缺点。

1. RIP 路由互相学习过程解析

RIP 运行前 R1、R2、R3 的路由表中只有直连路由的信息，如图 8.2 所示。

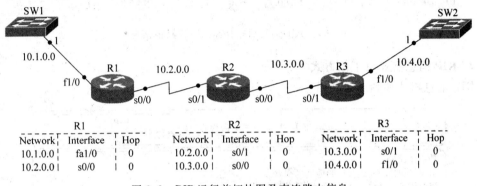

图 8.2　RIP 运行前拓扑图及直连路由信息

步骤 1，运行 RIP，R1、R2、R3 宣告各自直连网络。

步骤 2，假设 R1 先发送路由更新，R1 将自己直连网络 10.1.0.0 和 10.2.0.0 以 1 跳的度量值告诉 R2。

步骤 3，R2 收到 R1 的路由表后，将自己的路由与 R1 传过来的路由进行比较，R2 发现自己的路由表中没有 10.1.0.0，R2 记下这条路由以及路由对应的接口和跳数 1；并且 R2 发现自己的路由表中已经有 10.2.0.0 这个条目，而且是直连条目，直连路由的管理距离是 0，学到的 RIP 路由的管理距离是 120，所以 R2 忽略 R1 传过来的 10.2.0.0 这个条目。

步骤 4，R2 把自己路由表中的直连网络 10.2.0.0 和 10.3.0.0 以 1 跳的度量值告诉 R3；并且将从 R1 那里学到的 10.1.0.0 网络以 2 跳的度量值告诉 R3。

步骤 5，R3 收到 R2 发过来的路由条目，将自己的路由表和 R2 发过来的条目进行比较，R3 发现自己路由表中没有 10.1.0.0，R3 记录下这条路由以及对应端口和跳数 2；R3 发现自己路由表中没有 10.2.0.0，R3 记录下这条路由和对应端口以及跳数 1；R3 发现自己的路由表中已经存在 10.3.0.0，并且是直连，比 R2 发过来的 RIP 更新有更好的度量值，R3 忽略 R2 发来的 10.3.0.0。这样 R3 学到了完整的路由条目。

步骤 6，类似地，R3 也会将路由发给 R2，R2 再发给 R1，最后所有路由都可以学到所有条目。

运行 RIP 后各路由上的路由表如图 8.3 所示。

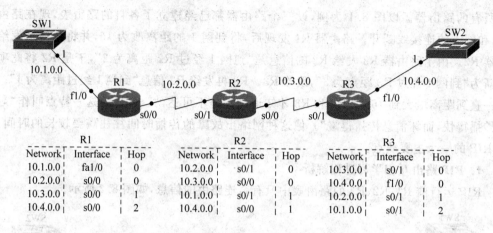

图 8.3　RIP 运行后拓扑图及直连路由信息

2. RIP 消息格式及工作方式

RIP 消息格式如图 8.4 所示。

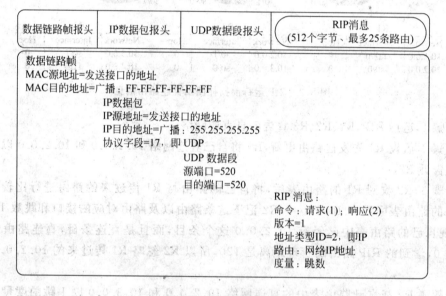

图 8.4　RIP 消息格式

　　RIP 消息的数据部分封装在 UDP 数据段内,其源端口号和目的端口号都被设为 520。在消息从所有配置了 RIP 的接口发送出去之前,IP 报头和数据链路报头会加入广播地址作为目的地址。

　　RIP 报头:RIP 报头长度为 4 个字节,这 4 个字节被划分为三个字段,命令字段指定了消息类型;版本字段设置为 1,表示为 RIPv1;第三个字段被标记为必须为零,"必须为零"字段用于为协议将来的扩展预留空间。

　　消息的路由条目部分包含三个字段,其内容分别是:地址类型标识符(设置为 2 代表 IP 地址,但在路由器请求完整的路由表时设置为 0)、IP 地址以及度量,如图 8.5 所示。

命令=1或2	版本=1	必须为零
地址类型标识符(2=IP)		必须为零
IP 地址(网络地址)		
必须为零		
必须为零		
度量(跳数)		
多个路由条目,最多 25 个		

图 8.5　消息的路由条目格式

路由条目部分代表一个目的路由及与其关联的度量。一个 RIP 更新最多可包含 25 个路由条目。数据报最大可以是 512 个字节,不包括 IP 或 UDP 报头。

RIP 的工作方式如下。

(1) RIP 请求/响应过程:RIP 使用两种类型的消息(在"命令"字段中指定)——请求消息和响应消息。每个配置了 RIP 的接口在启动时都会发送请求消息,要求所有 RIP 邻居发送完整的路由表。启用 RIP 的邻居随后传回响应消息,响应后将发送更新路由表。

(2) IP 地址类和有类路由:RIP 是有类路由协议。读者可能已经从前面的消息格式中发现 RIPv1 不会在更新中发送子网掩码信息。因此,路由器将使用本地接口配置的子网掩码,或者根据地址类应用默认子网掩码。

(3) 管理距离:RIP 的默认管理距离为 120。可以通过 show ip route 和 show ip protocols 命令查看。

RIP 有两种消息类型,request(请求消息)和 response(响应消息)。

(1) request:RIP 的 request 消息在特殊情况下发送,当路由器需要时它可以提供即时的路由信息。最常见的例子是当路由器第一次加入网络时,通常会发送 request 消息,以要求获取相邻路由器的最新路由信息。

(2) response:当 RIP 接收到 request 消息,将处理并发送一个 response 消息。消息包含自己的整个路由表,或请求要求的条目,正常情况下路由器通常不会发送对路由信息有特殊要求的请求消息。RIP 会每 30s 发送一个 response 消息,用于路由表更新。

3. 问题

RIPv1 的局限性:RIPv1 属于有类别路由协议(路由更新不发送子网掩码);不支持非连续子网;不支持 VLSM;路由更新采用广播的方式。

RIPv2——RIPv1 的增强和扩充属于无类别路由协议(路由更新携带子网掩码),其局限性:支持 VLSM;路由更新采用组播;路由更新中包含下一跳地址;可选择使用检验功能。

两个版本的 RIP 都存在以下特点或局限性。

(1) 使用抑制定时器和其他定时器来帮助防止路由环路。

(2) 使用带毒性逆转的水平分割来防止路由环路。

(3) 在拓扑结构发生变化时使用触发更新加速收敛。

(4) 最大跳数限制为 15 跳,16 跳意味着网络不可达。

8.2.2 RIP 定时器

下面通过一个案例来学习 RIP 定时器。

实验拓扑图如图 8.6 所示。

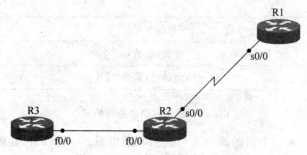

图 8.6 RIP 定时器实验拓扑图

首先将 R2 路由器 f0/0 和 s0/0 口分别配置 IP 地址如以下命令行所示。

Router(config)# int fa0/0
Router(config-if)# ip add 192.168.1.0 255.255.255.0
Router(config)# int s0/0
Router(config-if)# ip add 192.168.2.1 255.255.255.0
Router(config-if)# no shut

开启 RIP 协议：

Router(config)# router rip

并公告 RIP 网络：

Router(config-router)# network 192.168.1.0
Router(config-router)# network 192.168.2.0
Router(config-router)#

通过 show ip protocols 命令查看：

R2# show ip protocols
Routing Protocol is "rip"
  Outgoing update filter list for all interfaces is not set
  Incoming update filter list for all interfaces is not set
  Sending updates every 30 seconds, next due in 24 seconds
  Invalid after 180 seconds, hold down 180, flushed after 240
  Redistributing: rip
Default version control: send version 1, receive any version
  Interface   Send   Recv   Triggered   RIP   Key-chain
  FastEtheernet0/0   1   1 2
  Serial0/0   1   1 2
Automatic network summarization is in effect
Maximum path: 4
Routing for Networks:
    192.168.1.0
    192.168.2.0
Passive Interface(s):

```
Routing Information Sources:
    Gateway    Distance    Last Update
Distance: (default is 120)
```

从以上命令行中可以看到 RIP 有以下 4 种不同类型的定时器,如图 8.7 所示。

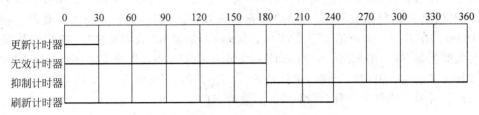

图 8.7　RIP 4 种定时器

(1) 路由更新定时器"Sending updates every 30 seconds",默认每隔 30s 将自己的路由信息完整地复制给邻居。为了避免在 MA(多路访问)的网络中由于系统时延引起的更新同步,在 Cisco 中实际更新时间是 25.5～30s 之间,即 30s 减去一个在 4.5s 内的随机值。

(2) 路由失效定时器"Invalid after 180 seconds",默认 180s,如果这个期间没有收到某个路由器的更新,它认为这个路由失效,这一情况发生时,路由器将给所有的相邻路由发送一个更新消息,通知它们这个路由已经失效。

(3) 抑制定时器"hold down 180",当收到指示某个路由不可达的更新数据包时,路由器将进入"抑制时间",抑制时间默认 180s。抑制定时器是 Cisco 私有定时器。路由器如果在相同的接口上收到某个路由条目的距离比原先收到的距离大,那么将启动一个抑制定时器。在抑制定时器的时间内该目的不可达,路由器也不学习该条路由信息,除非是一条更好的路由信息即度量值更小的路由才接收;抑制周期过后,即使是差的路由信息也接收。抑制定时器主要是在 RIP 中用来避免路由抖动保持网络的稳定性,也可以避免路由环路。例如,路由器收到了一个不可达报文即 16 跳的通告时,在接下来的 60s 内会显示 possibly down,60s 后刷新定时器超时时会删除该路由,但这时抑制定时器才过去了 60s 还有 120s 的时间,而这 120s 就是保持网络稳定用的,即使有一个新的路由也不更新,它会一直等到 120s 后再更新。在抑制定时器开始时就开始对外发送毒化的路由即 hop=16,收到这个路由的设备毒性逆转再发送回来(打破水平分割原则),抑制定时器存在的理由就是为了使全网毒化的路由接收一致,防止路由环路。该定时器的原理是引用一个怀疑量,不管是真的还是假的路由消息,路由器先认为是假消息来避免路由抖动。如果在抑制定时器超时后还接收到该消息,那么这个路由器就认为该消息是真的。

(4) 路由刷新定时器"flushed after 24",用于设置某个路由成为无效路由并将它从路由表中删除的时间间隔。在这个路由条目无效之后,并将它从路由表中删除前,路由器会通告它的邻居这个路由即将消亡。如果在刷新时间内没有收到更新报文,那么该目的的路由条目将被刷掉也就是直接删除;如果在刷新时间内收到更新报文,那么该刷新定时器将置 0,并重新无效计时。RIP 中真正删除路由条目的是刷新定时器超时(无效定时器过后 60s,会删除无效的路由条目)。路由无效定时器的值比无效定时器多了 60s,也就是说无效定时器的值必须要小于路由刷新定时器的值,这就为路由器提供足够的时间在本地路由表更新前通告它的邻居有关这一无效路由条目的情况。

在不考虑使用任何防止距离矢量协议路由选择环路的情况下,可以这样来理解上面的

4 种定时器。

结合图 8.8,默认情况下,网络中的路由 30s 发送一次 RIP 路由更新,如果此时 R1 上面的"网络 1"失效,R1 发往 R2 的路由更新中不再含有"网络 1",R2 上的路由失效定时器、路由抑制定时器、路由刷新定时器同时开启,连续 6 个更新周期(180s)后,R2 都没有收到 R1 发过来的"网络 1"的路由更新,R2 认为"网络 1"失效,这里用到的就是路由失效定时器(倒计时 180s)。在 R2 认为"网络 1"失效以前(180s 内),如果 R2 收到发往"网络 1"的数据,R2 仍然转发数据给 R1。在 R2 认为"网络 1"失效前的这 180s 中,"网络 1"在 R2 上处于抑制状态。在接下来的 60s 中(240−180,也就是 R2 认为"网络 1"失效后),R2 认为"网络 1"可能 down 掉了,并且不再转发去往"网络 1"的数据给 R1。

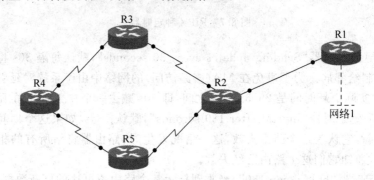

图 8.8 RIP 定时器实验拓扑图

8.3 RIPv1 的配置与管理

8.3.1 RIPv1 的特点及消息格式

RIPv1 具有以下特点。
(1) 路由更新是广播地址 255.255.255.255 更新。
(2) 在主类边界路由器执行自动汇总,并且该自动汇总无法人工关闭。
(3) 有类路由协议,所有的主机和路由器接口使用相同的子网掩码(不支持 VLSM,不支持不连续子网)。

消息格式如图 8.9 所示。

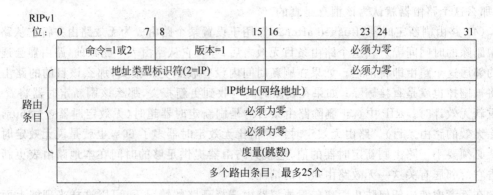

图 8.9 RIPv1 的消息格式

Command(命令)：当为 1 时表示 request 报文；当为 2 时表示 response 报文。request 报文：要求接收方路由器发送其全部或部分路由表。

response 报文：主动提供周期性路由更新或对请求消息的响应。大的路由表可以由多个 response 报文来传递信息。

Version Number(版本号)：使用的 RIP 版本。

Zero(0)：未使用。

Address Family Identifier(地址簇标志)：指明使用的地址簇。RIP 设计用于携带多种不同协议的路由信息。每个项都有地址标志来表明使用的地址类型，IP 的 AFI 为 2，0 为没有指定。

IP Address(地址)：目的网络地址(自然网段地址、子网地址、主机地址)。

Metric(跳数)：到目的的过程中经过了多少跳数。有效路径的值在 1～15 跳之间，16 跳为不可达路径。

RIPv1 request 报文如图 8.10 所示。

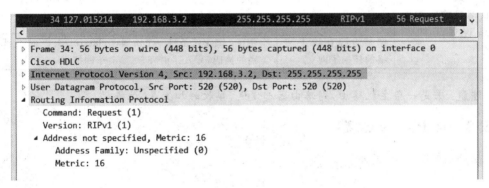

图 8.10　RIPv1 request 报文

RIPv1 response 报文如图 8.11 所示。

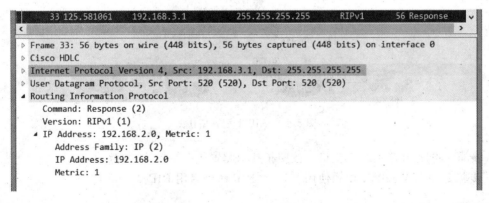

图 8.11　RIPv1 response 报文

注意：一个 IP RIP 报文中最多可有 25 条地址项；如果是 RIPv2 的验证报文，第一条路由表项作为验证项，所以最多可以有 24 条路由表项。RIP 请求报文中 AFI 为 0，Metric 为 16。

RIPv1 发送、接收规则如下。

发送规则见表 8.1,接收规则见表 8.2。

表 8.1 RIPv1 发送规则

发送端口判断	判断过程		备注
是否属于水平分割	是:不发送		防止路由环路
	否:发送		
比较要发送的条目和发送端口的主类网络是否属于同一主网	相同:比较掩码是否相同	相同:不汇总,发送	子网划分的长度一样
		不同:不发送	子网划分的长度不一样
	不相同:自动汇总成主类网络后发送		classful,不支持 VLSM

表 8.2 RIPv1 接收规则

接收端口判断	判断过程		备注
比较收到的条目和接收端口的主类网络是否属于同一主网	相同:用接收端口的掩码填充该条目的掩码,加入路由表		不支持 VLSM
	不相同:查看路由表中是否存在该主网络的任一子网	存在:丢弃该路由条目	不支持不连续子网
		不存在:赋予该条目一个所属类别的掩码,写入路由表	classful,更新时不携带子网掩码

注意:若是一条主机路由,则路由器都发送,接收时加上 32 位掩码。

8.3.2 RIPv1 的配置

拓扑图如图 8.12 所示。

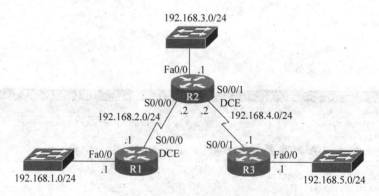

图 8.12 RIPv1 配置拓扑图

步骤 1,配置和激活所有接口。按照拓扑图配置所有接口 IP 并激活。
步骤 2,进入全局配置模式使用 Router RIP 命令启用 RIP。

```
R1(config)#router rip
```

步骤 3,进入 RIP 路由配置模式 R1(config-router)#,使用 network 命令设置需要通告的本地连接的网络。

```
R1(config-router)#network 192.168.1.0
```

```
R1(config-router)#network 192.168.2.0
```

Network 的作用：公告网络，该公告网络所包含的接口即启用 RIP。

(1) 相关接口开始发送和接收 RIP 更新。
(2) 相关接口的网络被通告给邻居。
(3) 公告路由器 R1,R2,R3 的网络。

```
R1(config)#router rip
R1(config-router)#network 192.168.1.0
R1(config-router)#network 192.168.2.0

R2(config)#router rip
R2(config-router)#network 192.168.2.0
R2(config-router)#network 192.168.3.0
R2(config-router)#network 192.168.4.0

R3(config)#router rip
R3(config-router)#network 192.168.4.0
R3(config-router)#network 192.168.5.0
```

步骤 4，通过 show ip route 命令来查看路由器 R1 的配置情况，检验从 RIP 邻居处接收的路由是否已添加到路由表中(代号 R)。

R 192.168.5.0/24 [120/2] via192.168.2.2, 00:00:23, Serial0/0/0

可以看出路由器 R1 发送数据包到远程网络地址 192.168.5.0 是通过本地 Serial0/0/0 接口发送到下一条地址 192.168.2.2，具体参数如表 8.3 所示。

表 8.3 配置输出说明

输出	说 明
R	标识路由来源为 RIP
192.168.5.0	指明远程网络的地址
/24	该网络的子网掩码
[120/2]	管理距离(120)和度量(2 跳)
via 192.168.2.2	指定下一跳路由器(R2)的地址以便向远程网络发送数据
00:00:23	指定路由上次更新以来经过的时间量(此处为 23s)。下一次更新应该在 7s 后开始
Serial0/0/0	指定能够到达远程网络的本地接口

8.3.3 RIPv1 的检验和故障排除

可以使用以下的命令来验证。
show ip protocols //查看是否有用户宣告的网段，并能查看采用的路由协议、自动汇总情况、最大跳数、路由信息的源地址以及管理距离。

```
R2#show ip protocols
Routing Protocol is "rip"
    Sending updates every 30 seconds, next due in 12 seconds
```

```
    Invalid after 180 seconds, hold down 180, flushed after 240
    Outgoing update filter list for all interfaces is not set
    Incoming update filter list for all interfaces is not set
Redistributing: rip
Default version control: send version 1, receive any version
    Interface              Send       Recv       Triggered    RIP    Key-chain
    FastEtheernet0/0       1          1 2
    Serial0/0/0            1          1 2
    Serial0/0/1            1          1 2
Automatic network summarization is in effect
Maximum path: 4
Routing for Networks:
  192.168.2.0
  192.168.3.0
  192.168.4.0
Passive Interface(s):
Routing Information Sources:
    Gateway            Distance       Last Update
    192.168.2.1        120            00:00:18
    192.168.4.1        120            00:00:22
Distance: (default is 120)
```

不必要的 RIP 更新会影响网络性能,在 LAN 上发送不需要的更新会在以下三个方面对网络造成影响。

(1) 带宽浪费在传输不必要的更新上。因为 RIP 更新是广播,所以交换机将向所有端口转发更新。

(2) LAN 上的所有设备都必须逐层处理更新,直到传输层后接收设备才会丢弃更新。

(3) 在广播网络上通告更新会带来严重的风险。RIP 更新可能会被数据包嗅探软件中途截取。路由更新可能会被修改并重新发回该路由器,从而导致路由表根据错误度量误导流量。

停止不需要的 RIP 更新:使用 passive-interface 命令,该命令可以阻止路由更新通过某个路由器接口传输,但仍然允许向其他路由器通告该网络。配置的方法如下。

```
Router(config-router)#passive-interface interface-type interface-number
```

验证的方法:

Show ip protocols 查看更新接口已经没有那个接口了,但 Routing for Networks 下还有这个网络。

例如,验证如图 8.13 所示拓扑图中的 Fast Ethernet 0/0 接口已不是更新接口。

```
R2#show ip protocols
Routing Protocol is "rip"
    Sending updates every 30 seconds, next due in 14 seconds
    Invalid after 180 seconds, hold down 180, flushed after 240
    Outgoing update filter list for all interfaces is
    Incoming update filter list for all interfaces is
    Redistributing: rip
    Default version control: send version 1, receive any version
```

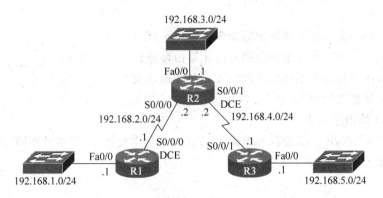

图 8.13 拓扑图

```
  Interface         Send    Recv    Triggered    RIP    Key-chain
  Serial0/0/0       1       1 2
  Serial0/0/1       1       1 2
Automatic network summarization is in effect
Maximum path: 4
Routing for Networks:
  192.168.2.0
  192.168.3.0
  192.168.4.0
Passive Interface(s):
  FastEthernet0/0
Routing Information Sources:
  Gateway           Distance        Last Update
  192.168.2.1       120             00:00:27
  192.168.4.1       120             00:00:23
Distance: (default is 120)
```

注意，FastEthernet0/0 不再列在 Default version control 下；不过，R2 仍为 192.168.3.0 路由，并且现在将 FastEthernet0/0 列在 Passive interface(s) 下。

8.4 RIPv2 的配置与管理

8.4.1 RIPv2 的特点及消息格式

由于 RIPv1 协议是有类别路由协议（路由更新不发送子网掩码）；不支持非连续子网；不支持 VLSM；路由更新采用广播。因此，作为加强版 RIPv2 协议产生了。

RIPv2 实际是对 RIPv1 的增强和扩充，而不是一种全新的协议。其中一些增强功能包括：

（1）路由更新中包含下一跳地址。
（2）路由更新是组播地址 224.0.0.9 更新（减少网络与系统资源消耗）。
（3）支持外部路由标记。可选择使用检验功能。
（4）无类别路由协议（路由更新携带子网掩码）。
（5）支持 VLSM。在路由更新中发送了子网掩码。

与 RIPv1 一样，RIPv2 也是距离矢量路由协议。这两个版本的 RIP 都存在以下特点和局限性。

(1) 使用抑制定时器和其他定时器来帮助防止路由环路。

(2) 使用带毒性逆转的水平分割来防止路由环路。

(3) 在拓扑结构发生变化时使用触发更新加速收敛。

(4) 最大跳数限制为 15 跳，16 跳意味着网络不可达。

1. RIPv2 的消息格式

如图 8.14 所示，RIPv2 协议和 RIPv1 协议的区别主要在于，版本号不同，路由条目中增加了路由标记和子网掩码以及下一条地址。

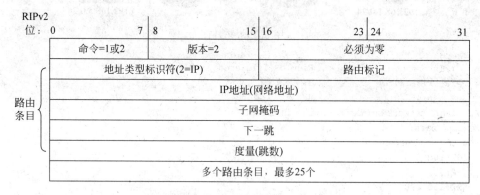

图 8.14 RIPv2 的消息格式

CMD(命令)：取值 1 或 2。1 表示请求消息，2 表示响应消息。

VER(版本号)：v2 版该字段的值为 2。如果为 0 或者虽然是 1，但消息是无效的 v1 格式，那这个消息会被丢掉。v2 只处理有效的 RIPv1 消息。

Address Family(地址类型标识符)：如果是 IPv4，该值都是设置为 2。但是，当该消息对路由或主机的整个路由表进行请求时，这个字段则为 0。

NETWORK(IP 地址)：路由条目的 IPv4 的目的地址。它可以是主网络地址、子网地址或主机路由。

Route Tag(路由标记)：用来支持 EGP，它传递自治系统的标号给 EGP 及 BGP(边界网关协议)。在路由策略中可根据路由标记对路由进行灵活的控制。没有路由标记的路由器必须将 0 作为自己的路由标记对外广播。

Subnet Mask(子网掩码)：包含该条路由项目的子网掩码，支持路由聚合和 CIDR。如果此字段为 0，则该项不指定子网掩码。

Next Hop(下一跳)：指明下一跳的 IP 地址。在广播网上可以选择到最优下一跳地址。

METRIC(跳数)：取值在 1~16 之间，最大 15 跳，16 跳为不可达。

RIPv2 request 报文如图 8.15 所示。

RIPv2 response 报文如图 8.16 所示。

说明：启动 RIP 前在接口模式下已配置了 RIP 相关命令，则这些配置只有在 RIP 启动后才生效；RIP 只在指定网段的接口上运行，对于不在指定网段上的接口，RIP 既不在它上面接收和发送路由，也不将它的接口路由转发出去，因此 RIP 启动后必须指定其工作网段；R1(config-router)#network 0.0.0.0 命令用来在所有接口上使能 RIP。

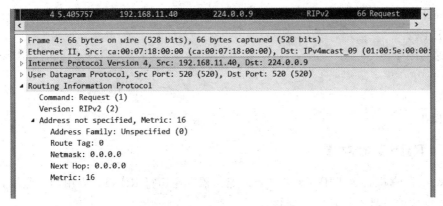

图 8.15　RIPv2 request 报文

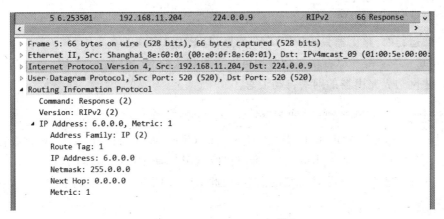

图 8.16　RIPv1 response 报文

2. RIPv2 的身份验证

身份验证是为了确保路由器只接收配置了相同密码或身份验证信息的路由器发送的路由信息，如图 8.17 所示。

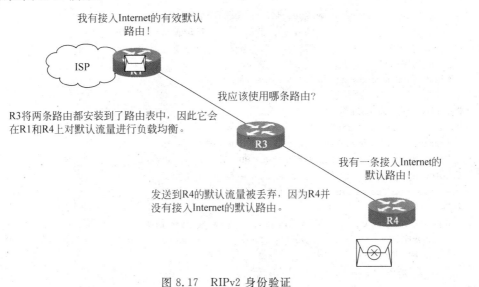

图 8.17　RIPv2 身份验证

支持身份认证的路由协议如下：
- RIPv2；
- EIGRP；
- OSPF；
- IS-IS；
- BGP。

8.4.2 RIPv2 的配置

默认情况下，配置了 RIP 过程的 Cisco 路由器上会运行 RIPv1。启用第二版本，只需在第一版本配置的基础上增加以下配置。

```
R1(config)#router rip
R1(config-router)#version 2
```

RIPv2 运行时，路由器只收发 RIPv2 消息（与 RIPv1 不兼容）。
version 1 命令和 no version 命令均可恢复为默认的 RIPv1。
关闭主网边界路由器的网络自动汇总。

```
R1(config-router)#no auto-summary
```

通过 show ip protocols 可以看出 RIPv1 和 RIPv2 协议的区别，如以下命令行所示，RIPv1 协议只发送 RIPv1 版本的消息，可以接收 RIPv1 和 RIPv2 版本的消息；RIPv2 协议只可以发送和接收 RIPv2 版本协议的消息，因此 RIPv2 版本与 RIPv1 不兼容。

```
R2#show ip protocols
Routing Protocol is "rip"
  Sending updates every 30 seconds, next due in 1 seconds
  Invalid after 180 seconds, hold down 180, flushed after 240
  Outgoing update filter list for all interfaces is
  Incoming update filter list for all interfaces is
  Redistributing: rip
  Default version control: send version 1, receive any version
    Interface           Send    Recv    Triggered RIP  Key-chain
    Serial0/0/0         1       1 2
    Serial0/0/1         1       1 2
  Automatic network summarization is in effect

R2#show ip protocols
Routing Protocol is "rip"
  Sending updates every 30 seconds, next due in 1 seconds
  Invalid after 180 seconds, hold down 180, flushed after 240
  Outgoing update filter list for all interfaces is
  Incoming update filter list for all interfaces is
  Redistributing: rip
  Default version control: send version 2, receive version 2
    Interface           Send    Recv    Triggered RIP  Key-chain
    Serial0/0/0         2       2
    Serial0/0/1         2       2
```

Automatic network summarization is in effect

RIPv2 协议关闭自动汇总前如下命令行中阴影部分所示自动汇总开启。

```
R1#show ip protocols
Routing Protocol is "rip"
   Sending updates every 30 seconds, next due in 20 seconds
   Invalid after 180 seconds, hold down 180, flushed after 240
   Outgoing update filter list for all interfaces is not set
   Incoming update filter list for all interfaces is not set
   Redistributing: rip
   Default version control: send version 2, receive version 2
     Interface           Send    Recv    Triggered    RIP    Key-chain
     FastEthernet0/0      2       2
     FastEthernet0/1      2       2
     Serial0/1/0          2       2
Automatic network summarization is in effect
```

关闭自动汇总命令如以下命令行所示,关闭自动汇总后如阴影所示,自动汇总没有开启。

```
R1(config)#router rip
R1(config-router)#no auto-summary
R1(config-router)#end
R1#show ip protocols
Routing Protocol is "rip"
***省略部分输出***
   Default version control: send version 2, receive version 2
     Interface           Send    Recv    Triggered    RIP    Key-chain
     FastEthernet0/0      2       2
     FastEthernet0/1      2       2
     Serial0/1/0          2       2
Automatic network summarization is not in effect
```

一个接口上的更新在发送到另一个接口之前,会先增加度量。如以下命令行所示。

```
RIP: received v2 update from 209.165.200.234onSerial0/0/1
   172.30.100.0/24 via 0.0.0.0 in 1 hops
   172.30.110.0/24 via 0.0.0.0 in 1 hops
   172.30.200.16/28 via 0.0.0.0 in 1 hops
   172.30.200.32/28 via 0.0.0.0 in 1 hops
R2#
RIP: sending v2 update to 224.0.0.9 via Serial0/0/0(209.165.200.229)
RIP: build update entries
   10.1.0.0/16 via 0.0.0.0,metric1, tag 0
   172.30.100.0/24 via 0.0.0.0,metric 2, tag 0
   172.30.110.0/24 via 0.0.0.0,metric 2, tag 0
   172.30.200.16/28 via 0.0.0.0,metric 2, tag 0
   172.30.200.32/28 via 0.0.0.0,metric 2, tag 0
   192.168.0.0/16 via 0.0.0.0,metric 1, tag 0
   209.165.200.232/30 via 0.0.0.0,metric 1, tag 0
```

路由重分布是指获取来自某个路由源的路由,然后将这些路由发送到另一个路由源。路由重分布实验拓扑图如图 8.18 所示。

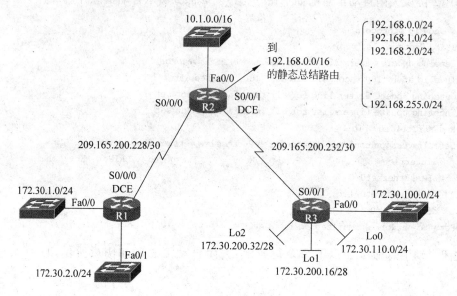

图 8.18　路由重分布拓扑图

```
R2(config)#router rip
R2(config-router)#redistribute static
R2(config-router)#network 10.0.0.0
R2(config-router)#network 209.165.200.0
R2(config-router)#exit
R2(config)#ip route 192.168.0.0 255.255.0.0 null0
```

首先要在路由器上启动 RIP 进程,然后要将路由器上所有启动 RIP 的接口的主网络号宣告出去,具体配置命令如下。

```
Router(config)#router rip
Router(config-router)#network network-number
```

RIPv2 在发送路由更新的时候携带子网掩码,支持不连续子网,但是 RIPv2 默认情况下在主网络边界上进行路由汇总,因此要关闭路由汇总功能,允许子网通告通过主网络的边界。具体配置命令如下。

```
Router(config)#router rip
Router(config-router)#version 2
Router(config-router)#no auto-summary
```

实验环境如图 8.19 所示。
把三个路由器分别改名为 A、B、C。

```
A(config)#int f0/0
A(config-if)#ip address 10.1.1.1 255.255.255.0
A(config-if)#no shutdown
```

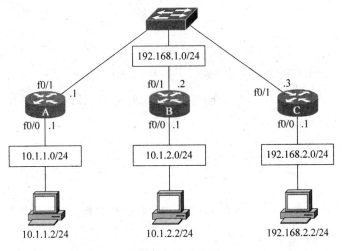

图 8.19　实验环境

```
A(config)#int f0/1
A(config-if)#ip address 192.168.1.1 255.255.255.0
A(config-if)#no shutdown

B(config)#int f0/0
B(config-if)#ip address 10.1.2.1 255.255.255.0
B(config-if)#no shutdown

B(config)#int f0/1
B(config-if)#ip address 192.168.1.2 255.255.255.0
B(config-if)#no shutdown

C(config)#int f0/0
C(config-if)#ip address 192.168.2.1 255.255.255.0
C(config-if)#no shutdown

C(config)#int f0/1
C(config-if)#ip address 192.168.1.3 255.255.255.0
C(config-if)#no shutdown
```

路由器接口 IP 地址配置完毕，然后在路由器上启动 RIPv2，并宣告主网络号。

```
A(config)#router rip
A(config-router)#version 2
A(config-router)#no auto-summary
A(config-router)#network 10.1.1.0
A(config-router)#network 192.168.1.0

B(config)#router rip
B(config-router)#version 2
B(config-router)#no auto-summary
B(config-router)#network 10.1.2.0
B(config-router)#network 192.168.1.0
```

```
C(config)#router rip
C(config-router)#version 2
C(config-router)#no auto-summary
C(config-router)#network 192.168.2.0
C(config-router)#network 192.168.1.0
```

在路由器上配置使用 RIPv2 后，查看路由协议的配置，可以看到接收和发送路由更新都是使用版本 2。相关查看命令如下。

```
A#show ip protocol
A#debug ip rip
A#show ip route
```

最后在 PC 上设置合适的 IP 地址和网关，用 ping 命令来检测连通情况。

8.4.3 RIPv2 的监控

基本故障处理步骤如下。

步骤 1，确保所有链路（接口）已启用而且运行正常（线缆连接、始终同步）。

步骤 2，检查并确保每个接口均配置了正确的 IP 地址和子网掩码。

步骤 3，删除所有不再需要的配置命令，或者已被其他命令所替代的配置命令。

常用检查指令如下。

```
show ip route
show ip protocols
debug ip rip(使用 undebug all 或 no debug ip rip 关闭)
show ip interface brief
ping
show running-config
```

常见的 RIPv2 问题如下。

（1）版本问题。

如果需要启用 RIPv2，请确保所有的路由器正确配置 RIPv2。

（2）network 语句。

network 语句不正确或缺少 network 语句也会造成网络无法正确公告。

（3）自动总结。

如果希望发送具体的子网路由而不仅是自动汇总的主网路由，请务必在主网边界路由器上禁用自动汇总功能。

8.5 RIPv1 和 RIPv2

8.5.1 RIPv1 和 RIPv2 的主要区别

RIPv1 和 RIPv2 的主要区别如下。

（1）RIPv1 是有类路由协议，RIPv2 是无类路由协议。

（2）RIPv1 不能支持 VLSM，RIPv2 可以支持 VLSM。

（3）RIPv1 没有认证的功能，RIPv2 可以支持认证，并且有明文和 MD5 两种认证。

（4）RIPv1 没有手工汇总的功能，RIPv2 可以在关闭自动汇总的前提下，进行手工汇总。

（5）RIPv1 是广播更新，RIPv2 是组播更新。

（6）RIPv1 对路由没有标记的功能，RIPv2 可以对路由打标记（Tag），用于过滤和做策略。

（7）RIPv1 发送的 updata 包中最多可以携带 25 条路由条目，RIPv2 在有认证的情况下最多只能携带 24 条路由。

（8）RIPv1 发送的 updata 包中没有 next-hop 属性，RIPv2 有 next-hop 属性，可以用于路由更新的重定。

具体区别如表 8.4 所示。

表 8.4 RIPv1 与 RIPv2 的区别

路由协议	距离矢量	无类别	使用抑制时间	使用水平分割和带毒性翻转的水平分割	最大跳数为15	自动总结	支持CIDR	支持VLSM	使用身份认证
RIPv1	Yes	No	Yes	Yes	Yes	Yes	No	No	No
RIPv2	Yes	Yes	Yes	Yes	Yes	Yes	Yes	Yes	Yes

8.5.2 RIPv2 对 VLSM、不连续子网、无类路由的支持

1. VLSM

VLSM 规定了如何在一个进行了子网划分的网络中的不同部分使用不同的子网掩码。这对于网络内部不同网段需要不同大小子网的情形来说很有效。

VLSM 其实就是相对于类的 IP 地址来说的。A 类的第一段是网络号（前 8 位），B 类地址的前两段是网络号（前 16 位），C 类的前三段是网络号（前 24 位）。而 VLSM 的作用就是在类的 IP 地址的基础上，从它们的主机号部分借出相应的位数来作网络号，也就是增加网络号的位数。

各类网络可以用来再划分子网的位数为：A 类有 24 位可以借，B 类有 16 位可以借，C 类有 8 位可以借（可以再划分的位数即主机号的位数。实际上不可以都借出来，因为 IP 地址中必须要有主机号的部分，并且主机号部分剩下一位是没有意义的，所以在实际中可以借的位数是在上面那些数字中再减去 2，借的位作为子网部分）。

例如，某公司从网络运营商申请到地址块 210.100.100.0/24，网络规划希望按照部分来划分子网，网络规划统计公司相关部门及部门主机数如下。

业务一部：33 台主机。

业务二部：28 台主机。

研发部：60 台主机。

网管部：20 台主机。

办公室：16 台主机。

如何划分子网？

(1) 按照子网数,5个子网,子网掩码为:255.255.255.224(11100000)。
(2) 按照主机数,最大为60,子网掩码为:255.255.255.192(11000000)。
(3) 要按照地址数要求从大到小的需求来逐级分配。那么每个子网的地址数分别是:60、33、28、20、16,如表8.5所示。

表8.5 按照地址数要求划分子网

主机数	主机位	网络地址	子网位	主机地址范围
60	主机位需要保留6位	202.194.64.0/26	子网位使用两位	202.194.64.1/26~ 202.194.64.62/26
33	主机位需要保留6位	202.194.64.64/26	子网位使用两位	202.194.64.65/26~ 202.194.64.126/26
28	主机位需要保留5位	202.194.64.128/27	子网位使用三位	202.194.64.129/27~ 202.194.64.158/27
20	主机位需要保留5位	202.194.64.160/27	子网位使用三位	202.194.64.161/27~ 202.194.64.190/27
16	主机位需要保留5位	202.194.64.192/27	子网位使用三位	202.194.64.193/27~ 202.194.64.222/27

RIPv1不支持VLSM(可变长子网掩码),原因是RIPv1在进行路由更新时没有携带子网掩码信息,具体如图8.20所示的数据帧,所以它只能识别与公告"主类网络"。

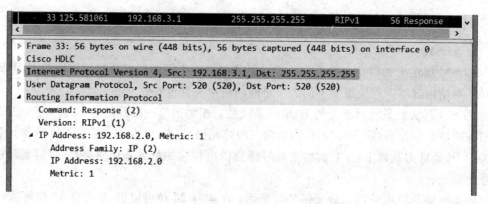

图8.20 RIPv1的更新消息没有携带子网信息

RIPv2支持VLSM(可变长子网掩码)更新,因为RIPv2在进行路由更新时携带了子网掩码信息,具体如图8.21所示的数据帧,所以它只能识别与公告"可变长子网掩码"。

2. 不连续子网

不连续子网指在一个网络中,某几个连续由同一主网划分的子网在中间被多个其他网段的子网或网络隔开了。详细概念见7.5节。

RIPv2对不连续子网的支持实验,实验拓扑结构如图8.22所示。

在部署了RIPv2的网络中全显示明细路由,子网不会生成(可以强制生成)同一主网的有类聚合路由,所以在RIPv2中不连续子网下,两个由同一主网划分的子网的两侧的主机也可正常通信。

查看配置结果,显示R2的IP路由表。

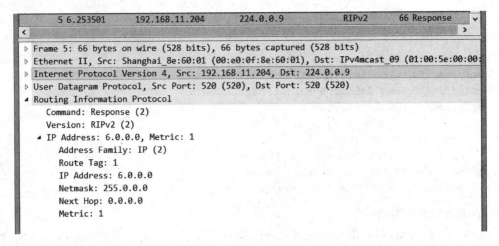

图 8.21 RIPv2 的更新消息携带子网信息

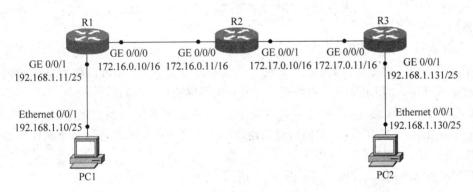

图 8.22 RIPv2 对不连续子网支持实验拓扑图

```
Routing Tables: Public
         Destinations: 10      Routes: 10
Destination/Mask       Proto    Pre    Cost    Flags   NextHop          Interface
127.0.0.0/8            Direct   0      0       D       127.0.0.1        InLoopBack0
127.0.0.1/32           Direct   0      0       D       127.0.0.1        InLoopBack0
127.255.255.255/32     Direct   0      0       D       127.0.0.1        InLoopBack0
172.16.0.0/16          Direct   0      0       D       172.16.0.11      GigabitEthernet0/0/0
172.16.0.11/32         Direct   0      0       D       127.0.0.1        GigabitEthernet0/0/0
172.16.255.255/32      Direct   0      0       D       127.0.0.1        GigabitEthernet0/0/0
172.17.0.0/16          Direct   0      0       D       172.17.0.10      GigabitEthernet0/0/1
172.16.0.10/32         Direct   0      0       D       127.0.0.1        GigabitEthernet0/0/1
172.16.255.255/32      Direct   0      0       D       127.0.0.1        GigabitEthernet0/0/1
192.168.1.0/25         RIP      100    1       D       172.16.0.10      GigabitEthernet0/0/0
192.168.1.128/25       RIP      100    1       D       172.17.0.11      GigabitEthernet0/0/1
255.255.255.255/32     Direct   0      0       D       127.0.0.1        InLoopBack0
```

在 PC1 上使用 ping 命令验证 PC2 是否可达（假定主机安装的操作系统为 Windows XP）。

```
C:\Documents and Settings\Administrator>ping 192.168.1.130
```

```
Pinging 192.168.1.130 with 32 bytes of data:

Reply from 192.168.1.130: bytes = 32 time = 1ms TTL = 255
Reply from 192.168.1.130: bytes = 32 time = 1ms TTL = 255
Reply from 192.168.1.130: bytes = 32 time = 1ms TTL = 255
Reply from 192.168.1.130: bytes = 32 time = 1ms TTL = 255

Ping statistics for 192.168.1.130:
    Packets: Sent = 4, Received = 4, Lost = 0 (0% loss),
Approximate round trip times in milli-seconds:
    Minimum = 1ms, Maximum = 1ms, Average = 1ms
```

3. 无类别域间路由

无类别域间路由(Classless Inter-Domain Routing,CIDR)是一个在 Internet 上创建附加地址的方法,这些地址提供给服务提供商(ISP),再由 ISP 分配给客户。CIDR 将路由集中起来,使一个 IP 地址代表主要骨干提供商服务的几千个 IP 地址,从而减轻 Internet 路由器的负担。

CIDR 能够更灵活地使用 IPv4 地址空间,并通过前缀聚合,减小了路由表。此外路由更新中要求提供子网掩码,因为地址类别已经没有意义了。CIDR 可以根据具体的需要而不是按照地址类,使用可变长子网掩码(VLSM)为子网分配 IP 地址。

CIDR 支持前缀聚合,这种将多条路由信息总结为单条路由信息的方式有助于减小 Internet 路由表。CIDR 支持"超网路由",使用小于类掩码的掩码来总结多个网络地址。例如:202.194.64.0/20。

CIDR 实施路由汇总,拓扑图如图 8.23 所示。

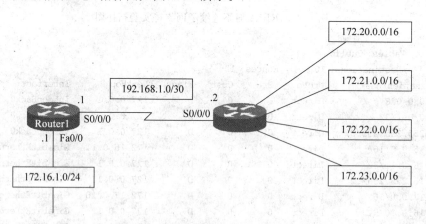

图 8.23 CIDR 实施路由汇总拓扑图

CIDR 允许使用小于默认有类掩码的掩码进行总结。计算路由汇总步骤如下。

第 1 步,以二进制格式列出网络。

172.20.0.0	10101100.00010100.00000000.00000000
172.21.0.0	10101100.00010101.00000000.00000000
172.22.0.0	10101100.00010110.00000000.00000000

172.23.0.0　　　10101100.00010111.00000000.00000000

第2步,计算所有网络地址中从左侧开始的相同位数来确定掩码。其中有14个位数相同,掩码为 /14(即 255.252.0.0)。

第3步,复制这些相同的位,然后添加 0 位,确定网络地址。

172.20.0.0　　　10101100.000101　　00.00000000.00000000
　　　　　　　　　　复制　　　　　　添加 0 位

得到最终汇总的地址为 172.20.0.0/14。

CIDR 与 VLSM 的区别如下。

(1) CIDR 是把几个标准网络合成一个大的网络。

(2) VLSM 是把一个标准网络分成几个小型网络(子网)。

(3) CIDR 是子网掩码往左边移了,VLSM 是子网掩码往右边移了。

路由汇总与 CIDR 汇总的区别:路由汇总还有类的概念,汇总后的掩码长度必须要大于或等于主类网络的掩码长度;CIDR 是无类域间路由,网络地址一致就能进行 CIDR 汇总。

注:RIPv2 支持 VLSM 和不连续子网,不支持 CIDR 汇总,但是支持传递 CIDR 汇总。

VLSM 和 CIDR 练习:

(1) 某公司申请到一个地址块 202.194.64.0/25,根据公司需求需要划分三个子网,每个子网主机需求为 50、22、25 台主机提供 IP,如何划分?

50:202.194.64.0/26。

22 和 25:202.194.64.64/27 或 202.194.64.96/27。

(2) 某路由上有以下直连网络,为了减小路由更新,可以将下列网络汇总为哪一条路由?

示例 1:192.168.8.0/24;192.168.9.0/24;192.168.10.0/24;192.168.11.0/24

192.168.8.0/22。

示例 2:211.64.80.0/25;211.64.80.128/26;211.64.80.192/26

211.64.80.0/24。

8.5.3　RIPv2 的路由总结

在 RIP 中支持路由汇总(Route Summarization),以提高 RIP 路由在大型网络中的可伸缩性和路由效率。汇总 IP 地址也就是在 RIP 路由表中无须为子路由(也就是为一个汇总地址内部的任何单一 IP 地址所创建的路由)配置专门的路由项,减小路由表的大小,使路由器可以处理更多的路由。注意,RIPv1 不支持路由汇总。

汇总 IP 地址功能比多个个别通告 IP 路由具有更高的效率,主要原因如下:首先,在 RIP 路由数据库中,汇总路由将优先处理;其次,在汇总路由中的任何关联子路由都是不会在 RIP 路由数据库中查找的,减少了所需的处理时间。

RIP 自动汇总:传递路由条目时不携带子网掩码,不支持 VLSM,不支持不连续子网。

RIPv2 之所以支持 VLSM、不连续子网就是因为可以关闭自动汇总功能,而且还支持手动汇总。

8.5.4 实验案例

下面通过实验 1、2、3 来理解 RIPv1 和 RIPv2 的区别。

实验 1 拓扑图如图 8.24 所示。

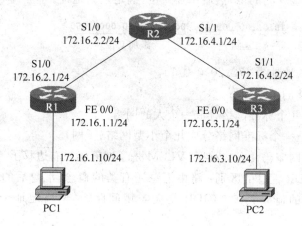

图 8.24 实验 1 拓扑图

通过该案例：掌握 debug 调试命令 debug ip rip；了解 RIPv1 转发路由数据包的过程；了解 RIPv1 转发路由数据包中的内容。

路由器 R1 具体配置如下。

```
R1#conf t
Enter configuration commands, one per line. End with CNTL/Z.
R1(config)#int fa0/0
R1(config-if)#ip address 172.16.1.1 255.255.255.0
R1(config-if)#no shutdown
R1(config)#int s1/0
R1(config-if)#ip add 172.16.2.1 255.255.255.0
R1(config-if)#no shutdown
R1(config-if)#exit
R1(config)#router rip
R1(config-router)#network 172.16.0.0
R1(config-router)#
```

路由器 R2 具体配置如下。

```
R2#conf t
Enter configuration commands, one per line. End with CNTL/Z.
R2(config)#int s1/0
R2(config-if)#ip address 172.16.2.2 255.255.255.0
R2(config-if)#no shutdown
R2(config)#int s1/1
R2(config-if)#ip add 172.16.4.1 255.255.255.0
R2(config-if)#no shutdown
R2(config-if)#exit
R2(config)#router rip
R2(config-router)#network 172.16.0.0
R2(config-router)#
```

路由器 R3 具体配置如下。

```
R3#conf t
Enter configuration commands, one per line. End with CNTL/Z.
R3(config)#int s1/1
R3(config-if)#ip address 172.16.4.2 255.255.255.0
R3(config-if)#no shutdown
R3(config)#int fa0/0
R3(config-if)#ip add 172.16.3.1 255.255.255.0
R3(config-if)#no shutdown
R3(config-if)#exit
R3(config)#router rip
R3(config-router)#network 172.16.0.0
R3(config-router)#
```

RIPv1 是有类路由协议,而且在发送路由更新条目时不携带子网掩码;如果接收到该路由条目的路由器有相同的主网络号,那么就用该路由器上的子网掩码。通过 debug 命令可以看到如下信息:在 R3 上使用 debug ip rip 命令可以看到路由器三能学习到 172.16.1.0 网络地址。

```
R3#debug ip rip
RIP protocol debugging is on
R3#
RIP: sending v1 update to 255.255.255.255 via Serial1/1 (172.16.4.2)
RIP: build update entries
      network 172.16.3.0 metric 1
RIP: sending v1 update to 255.255.255.255 via FastEthernet0/0 (172.16.3.1)
RIP: build update entries
      network 172.16.1.0 metric 3
      network 172.16.2.0 metric 2
      network 172.16.4.0 metric 1
RIP: received v1 update from 172.16.4.1 on Serial1/1
      172.16.1.0 in 2 hops
      172.16.2.0 in 1 hops
```

实验 2 拓扑图如图 8.25 所示。

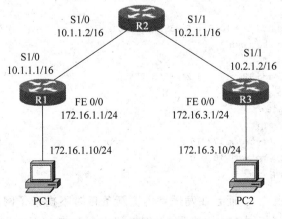

图 8.25 实验 2 拓扑图

通过该案例：掌握 RIPv1 不支持不连续子网；了解 RIPv1 转发路由数据包的过程；了解 RIPv1 转发路由数据包中的内容。

路由器 R1 具体配置如下。

```
R1#conf t
Enter configuration commands, one per line. End with CNTL/Z.
R1(config)#int fa0/0
R1(config-if)#ip address 172.16.1.1 255.255.255.0
R1(config-if)#no shutdown
R1(config)#int s1/0
R1(config-if)#ip address 10.1.1.1 255.255.0.0
R1(config-if)#no shutdown
R1(config-if)#exit
R1(config)#router rip
R1(config-router)#network 10.0.0.0
R1(config-router)#network 172.16.0.0
R1(config-router)#
```

路由器 R2 具体配置如下。

```
R2#conf t
Enter configuration commands, one per line. End with CNTL/Z.
R2(config)#int s1/0
R2(config-if)#ip address 10.1.1.2 255.255.0.0
R2(config-if)#no shutdown
R2(config)#int s1/1
R2(config-if)#ip add 10.2.1.1 255.255.0.0
R2(config-if)#no shutdown
R2(config-if)#exit
R2(config)#router rip
R2(config-router)#network 10.0.0.0
R2(config-router)#
```

路由器 R3 具体配置如下。

```
R3#conf t
Enter configuration commands, one per line. End with CNTL/Z.
R3(config)#int s1/1
R3(config-if)#ip address 10.2.1.2 255.255.0.0
R3(config-if)#no shutdown
R3(config)#int fa0/0
R3(config-if)#ip add 172.16.3.1 255.255.255.0
R3(config-if)#no shutdown
R3(config-if)#exit
R3(config)#router rip
R3(config-router)#network 172.16.0.0
R3(config-router)#network 10.0.0.0
R3(config-router)#
```

RIPv1 是有类路由协议，而且在发送路由更新条目时不携带子网掩码；如果接收到该路由条目的路由器没有相同的主网络号，就把该路由条目自动汇总为主网络号。路由器 2

把路由器1发过来的172.16.1.0和路由器3发过来的172.16.3.0都汇总为主网络号172.16.0.0。路由器1和3处在不连续子网环境,无法学习到对方的子网地址,两边网络不通。通过debug命令可以看出,如下。

```
Router#
Router#debug ip rip
RIP protocol debugging is on
Router#RIP: sending v1 update to 255.255.255.255 via Serial1/0 (10.1.1.2)
RIP: build update entries
        network 10.2.0.0 metric 1
RIP: sending v1 update to 255.255.255.255 via Serial1/1 (10.2.1.1)
RIP: build update entries
        network 10.1.0.0 metric 1
RIP: received v1 update from 10.2.1.2 on Serial1/1
        172.16.0.0 in 1 hops
RIP: received v1 update from 10.1.1.1 on Serial1/0
        172.16.0.0 in 1 hops
```

实验3拓扑图如图8.26所示。

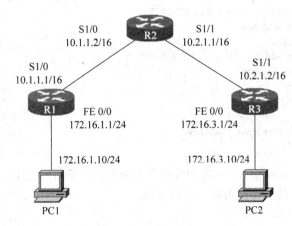

图8.26 实验3拓扑图

通过该案例:通过RIPv2解决不连续子网问题;了解RIPv2转发路由数据包的过程;了解RIPv2转发路由数据包中的内容。

路由器R1具体配置如下。

```
R1#conf t
Enter configuration commands, one per line. End with CNTL/Z.
R1(config)#int fa0/0
R1(config-if)#ip address 172.16.1.1 255.255.255.0
R1(config-if)#no shutdown
R1(config)#int s1/0
R1(config-if)#ip address 10.1.1.1 255.255.0.0
R1(config-if)#no shutdown
R1(config-if)#exit
R1(config)#router rip
R1(config-router)#version 2
R1(config-router)#no atuo-summary
R1(config-router)#
```

路由器 R2 具体配置如下。

```
R2#conf t
Enter configuration commands, one per line. End with CNTL/Z.
R2(config)#int s1/0
R2(config-if)#ip address 10.1.1.2 255.255.0.0
R2(config-if)#no shutdown
R2(config)#int s1/1
R2(config-if)#ip add 10.2.1.1 255.255.0.0
R2(config-if)#no shutdown
R2(config-if)#exit
R2(config)#routerrip
R2(config-router)#version 2
R2(config-router)#no atuo-summary
```

路由器 R3 具体配置如下。

```
R3#conf t
Enter configuration commands, one per line. End with CNTL/Z.
R3(config)#int s1/1
R3(config-if)#ip address 10.2.1.2 255.255.0.0
R3(config-if)#no shutdown
R3(config)#int fa0/0
R3(config-if)#ip add 172.16.3.1 255.255.255.0
R3(config-if)#no shutdown
R3(config-if)#exit
R3(config)#routerrip
R3(config-router)#version 2
R3(config-router)#no atuo-summary
R3(config-router)#
```

实验结果，通过 show ip route 命令可以看出路由器 2 学习到了 172.16.1.0/24 和 172.16.2.0/24 网段，路由器 1 和路由器 3 可以互通。

```
R1#show ip route
Codes:      L - local, C - connected, S - static, R - RIP, M - mobile, B - BGP
            D - EIGRP, EX - EIGRP external, O - OSPF, IA - OSPF inter area
            N1 - OSPF NSSA external type 1, N2 - OSPF NSSA external type 2
            E1 - OSPF external type 1, E2 - OSPF external type 2, E - EGP
            i - IS-IS, L1 - IS-IS level-1, L2 - IS-IS level-2, ia - IS-IS inter area
            * - candidate default, U - per-user static route, o - ODR
            P - periodic downloaded static route

Gateway of last resort is not set
        172.16.0.0/24 is subnetted, 2 subnets
R       172.16.1.0 [120/1] via 10.1.1.1, 00:00:01, Serial1/0
R       172.16.3.0 [120/1] via 10.2.1.2, 00:00:17, Serial1/1
        10.0.0.0/16 is subnetted, 2 subnets
C       10.2.0.0 is directly connected, Serial1/1
C       10.1.0.0 is directly connected, Serial1/0
```

通过这三个实验，可以帮助我们加深对 RIP 路由协议的理解，掌握 RIPv1 和 RIPv2 的区别，学会如何用 debug 命令来调试路由器。

第 9 章　IGRP 和 EIGRP

9.1　IGRP 概述

9.1.1　IGRP 简介

IGRP(Interior Gateway Routing Protocol)是一种动态距离向量路由协议,它由 Cisco 公司于 20 世纪 80 年代中期设计,是一种动态的、长跨度(最长可支持 255 跳)的路由协议,使用度量(向量)来确定到达一个网络的最佳路由,由延时带宽、可靠性和负载等来计算最优路由,它在同一个自治系统内具有高跨度,适合复杂的网络。Cisco IOS 允许路由器管理员对 IGRP 的网络带宽、延时、可靠性和负载进行权重设置,以影响度量的计算。

IGRP 是一种距离向量(Distance Vector)内部网关协议(IGP)。距离向量路由选择协议采用数学上的距离标准计算路径大小,该标准就是距离向量。距离向量路由选择协议通常与链路状态路由选择协议(Link-State Routing Protocols)相对,这主要在于:距离向量路由选择协议是对互联网中的所有节点发送本地连接信息。

为具有更大的灵活性,IGRP 支持多路径路由选择服务。在循环(Round Robin)方式下,两条同等带宽线路能运行单通信流,如果其中一根线路传输失败,系统会自动切换到另一根线路上。多路径可以是具有不同标准但仍然奏效的多路径线路。例如,一条线路比另一条线路优先三倍(即标准低三级),那么意味着这条路径可以使用三次。只有符合某特定最佳路径范围或在差量范围之内的路径才可以用作多路径。差量(Variance)是网络管理员可以设定的另一个值。

与 RIP 相同的是,IGRP 使用 UDP 发送路由表项。每个路由器每隔 90s 更新一次路由信息,如果 270s 内没有收到某路由器的回应,则认为该路由器不可到达;如果 630s 内仍未收到应答,则 IGRP 进程将从路由表中删除该路由。

与 RIP 不同的是,IGRP 使用 IP 层的端口号 9 来进行报文交换(RIP 是使用的 520 端口,UDP)。与 RIP 相比,IGRP 的收敛时间更长,但传输路由信息所需要的带宽减少,此外 IGRP 的分组格式中无空字节,从而提高了 IGRP 的报文效率。但 IGRP 为 Cisco 公司专有,仅限于 Cisco 产品。

IGRP 是一种协议,可以让多个网关协调它们的路由。其目标如下。

(1) 即使是在非常大而复杂的网络里也能生成稳定的路由。不会出现路由环路,哪怕是瞬时的路由环路也不会出现。

(2) 快速对网络拓扑的更改做出响应。

(3) 低开销,即 IGRP 本身不会使用比实际需要更多的带宽。
(4) 当几条路由的状况大概相同时,在这几条平行的路由之间平分流量。
(5) 考虑不同路径上的出错率和流量水平。

当前 IGRP 的实施方案可以处理 TCP/IP 的路由选择。然而,基本设计是希望能够处理不同类型的协议。

IGRP 使用了自治系统(Autonomous System,AS)的概念。自治系统可以定义为一个路由选择域(Routing Domain),也可以定义为一个进程域(Process Domain)。IGRP 自治系统是一个进程域,即一组使用 IGRP 作为共同的路由选择协议的路由器。通过定义和跟踪多个自主系统,IGRP 允许在一个 IGP 环境里面运行多个进程域,这样可以把一个域内部的通信和另一个域内部的通信孤立起来。域间的通信量可以通过路由重新分配。

关于这些数字的定义,例如 AS 10 IGRP 10 IGRP 30。IGRP 内,两个自主系统号 10 和 30 是 IGRP 的两个进程域,就此处而言,进程域 10 和 30 是通过和这两个进程域都相连的一台路由器来进行通信的。AS 10 则是指路由选择域。

9.1.2 IGRP 路由更新

在 IGRP 更新报文中,IGRP 把路由条目分成三类:内部路由(Interior Route)、系统路由(System Route)和外部路由(Exterior Route)。每个 IGRP 的路由条目都属于这三个类别中的一个,如图 9.1 所示。

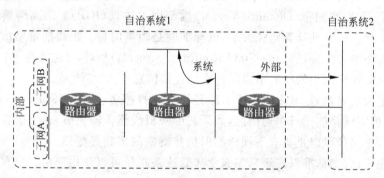

图 9.1 内部、系统和外部路由

内部路由是连接到路由器接口的网络中的子网之间的路由。如果连接到路由器的网络没有子网,则 IGRP 不通过内部路由。

系统路由是自治系统内的路由。从直接连接,网络接口和其他采用 IGRP 的路由器或访问服务器所提供的系统路由信息中,Cisco IOS 软件获取系统路由。系统路由不包括子网信息。

外部路由是确认最近常访问网关(Gateway of Last Resort)时,到自治系统外部网络的路由。Cisco IOS 从 IGRP 提供的外部路由表中选择最近常访问网关。如果包没有更优路由且目的地不在所连接的网络上,软件使用最近常访问的网关(路由器)。如果自治系统连接了不止一个外部网络,不同路由器可以选择不同的外部路由器作为最近常访问网关。

IGRP 更新机制,默认情况下,运行 IGRP 的路由器每 90s 发送一次更新广播,如果在三个更新周期内(即 270s),没有从路由中的第一个路由器接收到更新,则宣布路由不可访问。

在7个更新周期(即630s)后,Cisco IOS软件从路由表中清除路由。

IGRP使用快速更新(Flash Update)和抑制可逆更新(Poison Reverse Update),加速路由算法的收敛。当通知其他路由器尺度改变时,在标准周期性更新时间段之前就会产生快速更新。

发出抑制可逆更新以清除路由,并把此路由设置为阻塞(Hold Down),这使新的路由信息与某一时间周期相分离。抑制可逆更新避免了由路由距离增大而引起的大量环路。

9.1.3 IGRP 的特性

IGRP是一种距离向量型的内部网关协议(IGP)。距离向量路由协议要求每个路由器以一定的时间间隔向其相邻的路由器发送其路由表的全部或部分。随着路由信息在网络上扩散,路由器就可以计算到所有节点的距离。

IGRP使用一组metric的组合(向量),网络延迟、带宽、可靠性和负载都被用于路由选择,网管可以为每种metric设置权值,IGRP可以用管理员设置的或默认的权值来自动计算最佳路由。IGRP为其metric提供了较宽的值域。例如,可靠性和负载可在1～255之间取值;带宽值域为1200b/s～10Gb/s;延迟可取值1～24。宽的值域可以提供满意的metric设置,更重要的是,metric各组件以用户定义的算法结合,因此,网管可以以直观的方式影响路由选择。

为了提供更多的灵活性,IGRP允许多路径路由。两条等带宽线路可以以循环(Round-Robin)方式支持一条通信流,当一条线路断掉时自动切换到第二条线路。此外,即使各条路的metric不同也可以使用多路径路由。例如,如果一条路径比另一条好三倍,它将以三倍使用率运行。只有具有一定范围内的最佳路径metric值的路由才用作多路径路由。

IGRP提供许多特性以增强其稳定性,包括抑制(Hold-down)、水平分割(Split-horizon)和毒性反转更新(Poison-reverse)。

Hold-down用于阻止定期更新信息不适当地发布一条可能失效的路由信息。当一个路由器失效时,相邻的路由器通过未收到定期的更新消息检测到该情况,这些路由器就计算新的路由并发送路由更新信息把路由改变通知给它们相邻的路由器。这一举动激发一系列触发的更新,这些触发的更新并不能立刻到达每一个网络设备,所以可能发生这样的情况:一个还未收到网络失效信息的设备给一个刚被通知网络失效的设备发送定期更新信息,说那条已断掉的路由还是好的,这样,后者就会含有(还可能发布)错误的路由信息。Hold-down告诉路由器把可能影响路由的改变保持一段时间。Hold-down时期通常只比整个网络更新某一路由改变所需时间多一点儿。

Split-horizon来源于下列承诺:把路由信息发回到其来源是无意义的。如图9.2所示为Split-horizon规则。

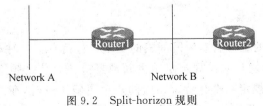

图 9.2 Split-horizon 规则

路由器1(R1)首先发布到网络 A 的路由,路由器2(R2)没有必要在给 R1 的更新信息中含有该路由,因为 R1 离网络 A 更近。Split-horizon 规则要求 R2 在给 R1 的更新信息中去掉该路由。Split-horizon 规则可以帮助避免路由环。例如,假设 R1 到网络 A 的接口失效了,R2 继续通知 R1 说它可以到达网络 A(通过 R1),如果 R1 不够聪明,就可能用 R2 的路由取代已失效的直接连接,于是就产生了路由环。虽然 Hold-down 应该防止这类情况,IGRP 也实现了 Split-horizon,因为它可提供更好的算法稳定性。

Split-horizon 应该防止相邻路由器间的路由环,而 Poison-reverse 对于防止较大的路由环是必要的。路由 metric 的持续增长通常意味着存在路由环,Poison-reverse 更新就被发送以删除该路由并置于 Hold-down 状态。在 Cisco 的 IGRP 实现中,如果路由 metric 以 1.1 或更大的比例增长就发送 Poison-reverse 更新信息。

9.1.4　IGRP 的度量值

IGRP 使用一个复合度量标准,它通过带宽、延迟、负载和可靠性来计算。默认情况下,只考虑带宽和延迟特性;其他参数值仅在配置启用后才考虑。延迟和带宽不是测试值,但是可以使用 delay 和 bandwidth 接口命令来设置。

IGRP 度量值的计算公式如下。

度量值 $=[k_1 \times 带宽 + (k_2 \times 带宽)/(256 - 负载) + k_3 \times 延迟] \times [k_5/(可靠性 + k_4)]$

度量标准 k_1 表示带宽,度量标准 k_3 表示延迟。默认情况下,度量标准 k_1 和 k_3 的值设置为1,而 k_2、k_4 和 k_5 设置为0。

默认的常数值是 $k_1 = k_3 = 1, k_2 = k_4 = k_5 = 0$。因此,IGRP 的度量标准计算简化为:

度量值 = 带宽 + 延迟

带宽的获得是从所有出站接口中找出最小的带宽,然后用 10 000 000 除以这个值(带宽是以 kb/s 为单位与 10 000 000 的比例)。延迟的获得是把所有出站接口的延迟都加起来,然后再除以 10(延迟以 10μs 为单位)。

这个复合度量标准在选择到目的地的最佳路径时,比 RIP 单一度量值"跳数"更精确。度量值最小的路由为最佳路由。

IGRP 度量标准中包含以下成分。

(1) 带宽:路径中的最低带宽。

(2) 延迟:路径上的累积接口延迟。

(3) 可靠性:信源和目的地之间的链路上的负载,通过交换 keepalive 信息来确定,单位为 b/s。

(4) 负载:到达目的的链路负载。

(5) MTU:路径上的最大传输单元。

9.1.5　IGRP 计时器

IGRP 维护一组计时器和含有时间间隔的变量。包括更新计时器、失效计时器、保持计时器和清空计时器。更新计时器规定路由更新消息应该以什么频度发送,IGRP 中此值默认为90s。失效计时器规定在没有特定路由的路由更新消息时,在声明该路由失效前路由器应等待多久,IGRP 中此值默认为更新周期的三倍。保持时间变量规定 Hold-down 周期,

IGRP 中此值默认为更新周期的三倍加 10s,即 280s。最后,清空计时器规定路由器清空路由表之前等待的时间,IGRP 的默认值为路由更新周期的七倍。

9.2 IGRP 的配置

下面通过一个配置案例,来掌握 IGRP 的配置、测试和验证。

1. 要求

配置 IGRP,连通如图 9.3 所示的子网 1 和子网 2(假设 Router1 的 S0 端口工作在 DCE 方式下)。

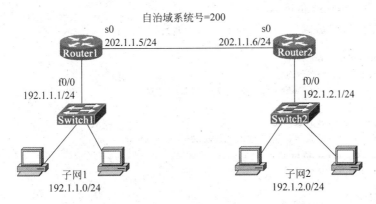

图 9.3 IGRP 配置图

在模拟器中搭建实验环境如图 9.4 所示。

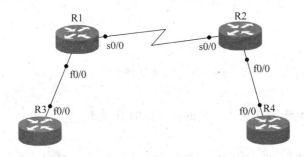

图 9.4 模拟器中的实验环境图

2. IGRP 的配置过程

(1) 路由器 Router1 的配置。

① 配置路由器局域网口和广域网口的 IP 地址。

```
Router>en
Router#conf t
Router(config)#inter f0/0
Router(config-if)#ip address 192.1.1.1 255.255.255.0
Router(config-if)#noshut
Router(config-if)#inter s0/0
Router(config-if)#ip address 202.1.1.5 255.255.255.0
```

```
Router(config-if)#no shut
Router(config-if)#clock rate 64000
Router(config-if)#exit
```

② 启用 IGRP。

```
Router1(config)#router igrp 200
```

③ 指定 Router1 各端口直接相连网络的网络号。

```
Router1(config-router)#network 192.1.1.0
Router1(config-router)#network 202.1.1.0
```

(2) 路由器 Router2 的配置。

① 配置路由器局域网口和广域网口的 IP 地址。

```
Router>en Router#conf t
Router(config)#inter f0/0
Router(config-if)#ip address 192.1.2.1 255.255.255.0
Router(config-if)#no shut
Router(config-if)#inter s0
Router(config-if)#ip address 202.1.1.6 255.255.255.0
Router(config-if)#no shut
Router(config-if)#exit
```

② 启用 IGRP。

```
Router1(config)#router igrp 200
```

③ 指定 Router2 各端口直接相连网络的网络号。

```
Router1(config-router)#network 192.1.2.0
Router1(config-router)#network 202.1.1.0
```

(3) 配置各主机的 IP 地址、子网掩码和默认网关。

3. 测试 IGRP 路由

从任一计算机 ping 位于另一子网的计算机的 IP 地址，应能 ping 通。

4. 查看路由表

在 Router1 中输入命令: show ip route。

```
Router1#show ip route
Codes:    L - local, C - connected, S - static, R - RIP, M - mobile, B - BGP
          D - EIGRP, EX - EIGRP external, O - OSPF, IA - OSPF inter area
          N1 - OSPF NSSA external type 1, N2 - OSPF NSSA external type 2
          E1 - OSPF external type 1, E2 - OSPF external type 2, E - EGP
          i - IS-IS, L1 - IS-IS level-1, L2 - IS-IS level-2, ia - IS-IS inter area
          * - candidate default, U - per-user static route, o - ODR
          P - periodic downloaded static route

Gateway of last resort is not set
C       192.1.1.0/24 is directly connected, FastEthernet0/0
C       202.1.1.0/24 is directly connected, Serial0
I       192.1.2.0/24 [100/273] via 202.1.1.6, 00:04:13, Serial0
```

9.3 EIGRP 概述

随着网络规模的扩大和用户需求的增长,原来的 IGRP 已显得力不从心,于是,Cisco 公司又开发了增强的 IGRP,即 EIGRP(增强内部网关路由协议)。EIGRP 使用与 IGRP 相同的路由算法,但它集成了链路状态路由协议和距离向量路由协议的长处,同时加入扩散更新算法(DUAL)。

EIGRP 与早先的网络协议相比,它可以使路由器更加有效地交换信息。EIGRP 是由内部网关路由协议(IGRP)发展而来的并且路由器不论使用 EIGRP 还是 IGRP 都可以交互操作,因为在一个协议中使用的度量(用来选择路由的标准)可以转化为另一个协议的度量。EIGRP 不仅可以用在 Internet 协议网络,还可以用在 AppleTalk(Mac 机所用的网络协议之一)和 Novell NetWare 网络中。

EIGRP 具有如下特点。

(1) 快速收敛。快速收敛是因为使用了扩散更新算法,通过在路由表中备份路由而实现,也就是到达目的网络的最小开销和次最小开销(也称为适宜后继)路由都被保存在路由表中,当最小开销的路由不可用时,快速切换到次最小开销路由上,从而达到快速收敛的目的。

(2) 减少了带宽的消耗。EIGRP 不像 RIP 和 IGRP 那样,每隔一段时间就交换一次路由信息,它仅当某个目的网络的路由状态改变或路由的度量值发生变化时,才向邻接的 EIGRP 路由器发送路由更新,因此,其更新路由所需要的带宽比 RIP 和 EIGRP 小得多——这种方式为触发式。

(3) 增大网络规模。对于 RIP,其网络最大只能是 15 跳,而 EIGRP 最大可支持 255 跳。

(4) 减少路由器 CPU 的利用。路由更新仅被发送到需要知道状态改变的邻接路由器,由于使用了增量更新,EIGRP 比 IGRP 使用更少的 CPU。

(5) 支持可变长子网掩码(VLSM)。

(6) IGRP 和 EIGRP 可自动移植。IGRP 路由可自动重新分发到 EIGRP 中,EIGRP 也可将路由自动重新分发到 IGRP 中。如果愿意,也可以关掉路由的重分发。

(7) EIGRP 为模块化设计,支持三种可路由的协议(IP、IPX、Apple Talk),更新版本支持 IPv6。

(8) 支持非等值路径的负载均衡。

(9) 因 EIGIP 是 Cisco 公司开发的专用协议,因此,当 Cisco 设备和其他厂商的设备互连时,不能使用 EIGRP。

使用 EIGRP,路由器保留一份它的邻近路由器的路由表副本。如果它不能从这些表中找到一条到达目的地的路由,它向它的邻近路由器询问一个路由并且它们轮流询问它们的邻近路由器直到找到一个路由。当一个路由表的条目在其中的一个路由器中改变了,它会只把变化通知给它的邻近路由器(一些早先协议要求发送整个路由表)。为了保持所有的路由器注意邻近路由器的状态,每个路由器定时发出"hello"信息包。一个在一定时间间隔内没有收到"hello"信息包的路由器被认为是无效的。

因此，EIGRP 路由器彼此交换路由必须是邻居，建立邻居关系要满足以下三点。

(1) 收到"hello"或 ACK。

(2) 匹配 AS 号。

(3) 相同度量。

9.3.1 EIGRP 路由更新

EIGRP 通过部分和限定更新降低了发送 EIGRP 数据包时占用的带宽。

部分更新：更新仅包含与路由变化相关的信息。EIGRP 在目的地状态变化时发送这些增量更新，而非发送路由表的全部内容。

限定更新：部分更新仅传播给受变化影响的路由器。部分更新自动"受到限定"，这样，只有需要该信息的路由器才会被更新。

EIGRP 周期性地使用组播在各个接口上发送一种低开销的 Hello 报文，收到 Hello 报文的路由器会把这个路由器加入到自己的"邻居表"中，于是这两个路由器开始进行路由信息交换。以后每次收到 Hello 报文，路由器则认为路由器是"活动着的"，并且可以与之交换信息。当连续一段时间没有收到对端路由器的 Hello 报文，那么就会认为对端路由器已经失效，将其从邻居表中删除，其通告所有路由都随之变成不可达。

在两台已经建立了邻居关系的路由器第一次交换路由时，它们将交换所有的路由信息；但是在这之后，只有当网络结构或者路由发生了变化时才会向外更新变化了的那一部分路由。EIGRP 并不像 RIP 一样，EIGRP 没有定期更新路由的机制。EIGRP 将所有收到的路由信息存放在"拓扑表"中，包括路由的目的地址、掩码、下一跳、度量距离（metric）等信息。EIGRP 按照 DUAL 从拓扑表中挑选出最佳并且没有环路的路由，加入到路由表中。

DUAL（Diffusing Update Algorithm，扩散更新算法）是 EIGRP 核心内容，也正是 DUAL 保证了 EIGRP 的路由计算是没有环路的。DUAL 使用一个有限状态自动机（FSM）来描述 EIGRP 的路由计算过程，这个有限状态机被称为"DUAL 状态机"，有限状态机的机制保证了 DUAL 算法可以收敛。在后面的描述中提到 DUAL 这个缩写时，根据上下文，可能表示 DUAL 状态机，也可能表示 DUAL 算法。

DUAL 算法是一种 D-V 算法。D-V 算法即距离-矢量算法，它的基本思想是：要计算一台路由器到目标网络的距离，那么把它到邻居的距离和邻居到目标网络的距离相加，得到经由某个邻居到目标网络的距离，然后对所有的邻居进行计算并从中取最小值，就得到了路由器到目标网络的最短距离。所有采用 D-V 算法的路由协议都必须考虑如何避免环路的生成。

所谓"距离"，对各个动态路由协议的定义是不一致的，例如 RIP 的定义是到目标网络所经过的路由器的数目——"跳数"。EIGRP 针对每条网络路径，根据传输延时、链路带宽、有效带宽等参数计算出一个的综合度量距离，用它来衡量各条路由的优劣。在后文中提到"距离"这个词，往往指的是综合度量距离。

后继是指被选中作为到达一个目的地所使用的主要路由的路由。DUAL 从包含在邻居表和拓扑表中的信息里标识出这条路由，并将其放在路由选择表中。对于任何特定的路由可以有多达 4 条的后继路由。它们可以有相等的或不相等的成本，并被标识为到达给定目的地的最好的无环路径。

可行后继是一条备份路由。这些路由与后继路由同时也被标识出来。后继和可行后继被记录在路由器的拓扑表里,而路由器的路由表只有后继。拓扑表中可以保留一个目的地的多条可行后继路由。但后继路径发生故障时,路由器会立即从拓扑表中的可行后继里选出新的后继。

如图9.5所示,就路由器A而言,对一个目标网络。可行后继是指这样的邻居路由器B:通过B到达目标网络有一条路径,并且B到目标网络的距离小于A到目标网络的距离。而"后继"指的是某条路由当前正在使用的下一跳。

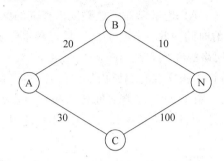

图9.5 关于可行后继的说明

假定:

B-N的距离是10,C-N的距离是100。

A到N的最短路径是A-B-N,最短距离是30。

那么对于目标N:路由器A的可行后继有B,但C却不是它的可行后继,路由器B的可行后继有N,但A却不是它的可行后继。

如果B是A的可行后继,那么可以确信:路由器A通过路由器B到达目标网络不会有环路。即可行后继是没有环路的充分条件。

当网络发生变化时,DUAL会首先检测对目标网络是否还存在可行后继。

(1) 如果存在可行后继,那么使用可行后继中最优的一个作为到达目标网络的下一跳,没有必要重新计算路由。

(2) 没有可行后继,拓扑中也没有关于此目的地址的路由项,这说明目标网络已经不可达。

(3) 没有可行后继,但是拓扑表中还存在到达此目的地址的路由项,即还有相邻路由器宣称它可以通往此目的地。这种情况下,相邻路由器所报告的这条路由不能满足可行后继条件,因此无法对这条路由做出没有环路的保证。此时不可以采用这个相邻路由器作为通往目的地址的下一跳,因为不能确保没有环路,而必须启动DUAL进行路由重算,这也是一个重新确定可行后继的过程。当计算结束时,或者可以找到新的可行后继,找到新的可以确保无环路的路由,或者可以确信目标网络已经不可达。

DUAL被称为扩散更新算法,是因为它采用一种"分布的""扩散的"计算方式。具体说来,当一台路由器对某条路由找不到可行后继,开始进行路由重算时,它会向所有邻居路由器提出"查询"(Query),这时称这条路由进入了active状态。等到所有的邻居路由器都对查询做出"应答"(Reply)后,这台路由器才会根据这些应答计算出新的可行后继和新的最佳路由,这时称这条路由回到了passive状态,这个过程称为"收敛"。

当邻居路由器收到查询时,会立即检查自己的可行后继条件:若条件满足,可行后继存在,那么该路由器将马上对查询做出应答;若条件不满足,找不到可行后继,那么只好先将查询搁置起来。然后该路由器也会启动路由重算的过程,会向其所有的邻居发出查询,直到它的所有邻居应答后,它才会收敛并计算出新的可行后继,这时它才会对先前搁置的查询做出应答。

可以看出,DUAL 是一个不断向外扩散的计算过程,看起来似乎是越来越多的路由器卷入到计算过程中。但是实际上,DUAL 的机制可以保证计算不会被扩散到太远,计算一般只会波及必需的路由器;DUAL 也可以保证这些发出查询的路由器不会相互无休止地等待应答,它们都会在比较快的时间内收敛。计算的传播过程也伴随着路由信息的传播,这使 EIGRP 可以很快地感受到网络的变化并做出响应。

伴随着 DUAL 计算,有许多报文在相邻路由器之间传送,这些报文携带着 EIGRP 的路由信息。EIGRP 使用 Raw IP 在相邻路由器之间传送报文,因为 Raw IP 是一种不可靠的传输,所以 EIGRP 必须建立自身的可靠传输体系。EIGRP 使用的序号确认、超时重传等机制确保报文的可靠送达。

注意:TCP/UDP 类型的套接字只能够访问传输层以上的数据,因为当 IP 层把数据传递给传输层时,下层的数据包头已经被丢掉了。而原始套接字却可以访问传输层以下的数据,所以 Raw 套接字可以实现上至应用层的数据操作,也可以实现下至链路层的数据操作。

9.3.2 EIGRP 的度量值

EIGRP 使用度量值来确定到目的地的最佳路径。对于每一个子网,EIGRP 拓扑表包含一条或者多条可能的路由。每条可能的路由都包含各种度量值:带宽、延迟等。EIGRP 路由器根据度量值计算一个整数度量值,来选择前往目的地的最佳路由。

EIGRP 度量值是一个 32 位数,它用带宽、延迟、可靠性、负载和 MTU 来计算。计算一个路由器的度量值是一个两步过程,并使用链路的 5 种不同特征以及 k 值。k 值是可配置的但并不常用。默认的 k 值为:$k_1=1, k_2=0, k_3=1, k_4=0, k_5=0$。

EIGRP 度量值计算如下。

(1) 度量值=k_1×带宽+(k_2×带宽)/(256-负载)+k_3×延迟。

(2) 如果 k_5 不为 0,从第 1 步开始,将第 1 步求得的度量值乘以[k_5×(可靠性+k_4)],即:度量值=度量值×[k_5×(可靠性+k_4)]。如果 k_5 为 0,忽略第 2 步。

如前文所示,Cisco 公司将 k_2, k_4, k_5 设置为 0。这种情况只剩两个变量来计算 EIGRP 度量值(带宽和延迟),因为有三个 k 值为 0,公式简化如下。

$$度量值=带宽+延迟$$

这个带宽的产生是在到达目的端的道路中寻找最小带宽并用这个数去除 10 000 000。延迟是将道路中所有的延迟加起来,并用 10 去除它所得。再把两个结果的和相加后乘以 256。公式如下所示。

$$度量值=[(10\ 000\ 000/最小带宽)+(接口延迟/10)]×256$$

通过与 IGRP 度量值的计算公式相比较可得知,EIGRP 用一个取值为 256 的因子扩展了 IGRP 的度量值。

带宽的计算公式为：

$$\text{IGRP 的带宽} = 10\,000\,000/\text{网络实际带宽}$$
$$\text{EIGRP 的带宽} = (10\,000\,000/\text{网络实际带宽}) \times 256$$

延迟的计算公式为：

$$\text{IGRP 的延迟} = \text{实际延迟时间}/10$$
$$\text{EIGRP 的延迟} = (\text{实际延迟时间}/10) \times 256$$

因此，通过乘以或者除以 256，EIGRP 可以很容易地与 IGRP 交换信息。

根据图 9.6 来判断路由器 R2 到达网络 172.16.1.0 的度量值是什么。

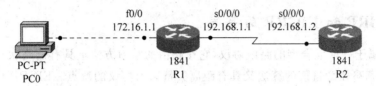

图 9.6 判断路由器 R2 到达网络的度量值

在每个路由器上使用 show interface 命令来查看每个接口的带宽和延迟。

```
R1# show interfaces fastEthernet 0/0
MTU 1500 bytes, BW 100000 Kbit, DLY 100 usec
```

```
R2(config)# show interfaces s0/0/0
MTU 1500 bytes, BW 1544 Kbit, DLY 20000 usec
```

为了从路由器 R2 到达网络 172.16.1.0，一个包将会穿过路由器 R1 和路由器 R2 之间的串行口以及路由器 R1 上的以太网接口。因为计算要使用最低带宽，所以使用的是串行接口的带宽。

度量值 $= [10\,000\,000/\text{串行链路带宽} + (\text{串行链路延迟} + \text{以太网链路延迟})/10] \times 256$

$\qquad = [(10\,000\,000/1544) + (20\,000 + 1000)/10] \times 256$

$\qquad = (6476 + 2010) \times 256 = 2\,172\,416$

在路由器 R2 上通过 show ip route 命令查看到达 172.16.1.0 网络的度量值如下。

```
R2# show ip route
D    172.16.0.0/16 [90/2172416] via 192.168.1.1, 00:47:11, Serial0/0/0
```

9.3.3　EIGRP 计时器

在解决 EIGRP 的 SIA（Stuck-In-Active）的问题上，先后编出了两个计时器程序：①Active-time；②SIA-Retransmit。

（1）Active-time 默认时间周期是 180s；而 SIA-Retransmit 默认时间周期是 90s，一般为 Active-time 时间周期的 1/2。

（2）在 Active-time 超时前，若收到全部 reply 数据包，那么被查询的路由条目进行本地计算后，进入 Passive 状态；否则，该路由条目进入 SIA 状态后，删除该路由。

（3）SIA-Retransmit 超时后，本地路由器开始发送第一次 SIA-Query 数据包给没有回复 Reply 数据包的邻居路由器，邻居路由器收到 SIA-Query 后，立即回复本地路由器 SIA-Reply 数据包。收到 SIA-Reply 数据包的本地路由器，重置 Active-time 和 SIA-Retransmit 两个计时器，随后，Active-time 和 SIA-Retransmit 两个计时器重新开始计时，并且重复上述步骤，直到第三次发送 SIA-Query 后的 90s 之内，还未收到 reply 数据包，那么本地路由器就会在 neighbor-table 中将该邻居删除。那么在此期间，本地路由器将等待 360s。

（4）SIA-Retransmit 超时后，若本地路由器在三次中的任意一次发出 SIA-Query 数据包后，并未收到 SIA-Reply 数据包，那么，Active-time 将继续计时，直到 180s 时还未收到 reply 或者是 SIA-Reply 数据包，则开始断掉邻居，删除该被查询路由。

9.3.4 IGRP 和 EIGRP 的异同

EIGRP 属于一种混合型的路由协议，它在路由的学习方法上具有链路状态路由协议的特点，而它计算路径度量值的算法又具有距离矢量路由协议的特点。EIGRP 路由协议是增强的 IGRP，是由 IGRP 发展而来的。EIGRP 是基于 IGRP 专有路由选择协议，所以只有 Cisco 的路由器之间可以使用该路由协议。

IGRP 是一种有类别路由选择协议，而 EIGRP 支持无类域间路由（CIDR）和可变长子网掩码（VLSM）。与 IGRP 相比，EIGRP 具有收敛更加迅速，可扩展性更好，更高效地处理路由环路问题等特点。

EIGRP 在路由的学习上使用与 OSPF 类似的方法，在路径的度量值的计算上又使用与 IGRP 类似的算法，所以它具有更优化的路由算法和更快速的收敛速率。

EIGRP 是由 IGRP 发展而来的，EIGRP 和 IGRP 是相互兼容的，这增强了 EIGRP 与 IGRP 之间的相互协作能力。用户可以利用两种协议的优势。EIGRP 可以支持多协议栈，IGRP 则不能。

EIGRP 主要优点如下。

（1）精确路由计算和多路由支持。EIGRP 继承了 IGRP 的最大的优点是矢量路由权。EIGRP 在路由计算中要对网络带宽、网络时延、信道占用率和信道可信度等因素做全面的综合考虑，所以 EIGRP 的路由计算更为准确，更能反映网络的实际情况。同时 EIGRP 支持多路由，使路由器可以按照不同的路径进行负载分担。

（2）较少带宽占用。使用 EIGRP 的对等路由器之间周期性地发送很小的 Hello 报文，以此来保证从前发送报文的有效性。路由的发送使用增量发送方法，即每次只发送发生变化的路由。发送的路由更新报文采用可靠传输，如果没有收到确认信息则重新发送，直至确认。EIGRP 还可以对发送的 EIGRP 报文进行控制，减少 EIGRP 报文对接口带宽的占用率，从而避免连续大量发送路由报文而影响正常数据业务的事情发生。

（3）快速收敛。路由计算的无环路和路由的收敛速度是路由计算的重要指标。EIGRP 由于使用了 DUAL，使得 EIGRP 在路由计算中不可能有环路路由产生，同时路由计算的收敛时间也有很好的保证。因为，DUAL 算法使得 EIGRP 在路由计算时，只会对发生变化的路由进行重新计算；对一条路由，也只有此路由影响的路由器才会介入路由的重新计算。

（4）MD5 认证。为确保路由获得的正确性，运行 EIGRP 进程的路由器之间可以配置 MD5 认证，对不符合认证的报文丢弃不理，从而确保路由获得的安全。

(5) 路由聚合。EIGRP 可以通过配置,对所有的 EIGRP 路由进行任意掩码长度的路由聚合,从而减少路由信息传输,节省带宽。

(6) 实现负载分担。去往同一目的地的路由表项,可根据接口的速率、连接质量和可靠性等属性,自动生成路由优先级,报文发送时可根据这些信息自动匹配接口的流量,达到几个接口负载分担的目的。

(7) 配置简单。使用 EIGRP 组建网络,路由器配置非常简单,它没有复杂的区域设置,也无须针对不同网络接口类型实施不同的配置方法。使用 EIGRP 只需使用 routereigrp 命令在路由器上启动 EIGRP 路由进程,然后再使用 network 命令使能网络范围内的接口即可。

EIGRP 的主要缺点如下。

(1) 没有区域概念。EIGRP 没有区域的概念,而 OSPF 在大规模网络的情况下,可以通过划分区域来规划和限制网络规模。所以 EIGRP 适用于网络规模相对较小的网络,这也是距离-矢量(D-V)路由算法的局限所在。

(2) 定时发送 Hello 报文。运行 EIGRP 的路由器之间必须通过定时发送 Hello 报文来维持邻居关系,这种邻居关系即使在拨号网络上,也需要定时发送 Hello 报文,这样在按需拨号的网络上,无法定位这是有用的业务报文还是 EIGRP 发送的定时探询报文,从而可能误触发按需拨号网络发起连接,尤其在备份网络上,会引起不必要的麻烦。所以,一般运行 EIGRP 的路由器,在拨号备份端口还需配置 Dialerlist 和 Dialergroup,以便过滤不必要的报文,或者运行 TRIP,这样做会增加路由器运行的开销。而 OSPF 可以提供对拨号网络按需拨号的支持,只用一种路由协议就可以满足各种专线或拨号网络应用的需求。

(3) 基于分布式的 DUAL。EIGRP 的无环路计算和收敛速度是基于分布式的 DUAL 的,这种算法实际上是将不确定的路由信息散播(向邻居发 Query 报文),得到所有邻居的确认后(Reply 报文)再收敛的过程,邻居在不确定该路由信息可靠性的情况下又会重复这种散播,因此某些情况下可能会出现该路由信息一直处于活动状态(这种路由被称为活动路由栈),并且,如果在活动路由的这次 DUAL 计算过程中,出现到该路由的后继(successor)的测量发生变化的情况,就会进入多重计算,这些都会影响 DUAL 的收敛速度。而 OSPF 算法则没有这种问题,所以从收敛速度上看,虽然整体相近,但在某种特殊情况下,EIGRP 还有不理想的情况。

9.4 EIGRP 数据包

9.4.1 EIGRP 数据包类型

在 EIGRP 中,总共会使用 5 种类型的数据包,分别为 Hello、Update、Query、Reply、Ack。下面介绍各种数据包的功能与用途。

1. Hello

Hello 数据包以组播的方式发送,用来发现和维护 EIGRP 邻居关系,并维持邻居关系。目标地址为 224.0.0.10,Hello 包在邻居收到后不需要确认。

2. Update（更新）

当路由器收到某个邻居路由器的第一个 Hello 包时,以单点传送方式回送一个包含它所知道的路由信息的更新包。

当路由信息发生变化时,以组播的方式发送一个只包含变化信息的更新包。

发给邻居的路由表,通过单播发送 Update 数据包,邻居收到后必须回复确认消息。

3. Query（查询）

当路由信息丢失并没有备用路由时,使用 Query 数据包向邻居查询,邻居必须回复确认。

当一条链路失效,路由器重新进行路由计算但在拓扑表中没有可行的后继路由时,路由器就以组播的方式向它的邻居发送一个查询包,以询问它们是否有一条到目的地的可行后继路由。

4. Reply（应答）

Reply 数据包是对邻居 Query 数据包的回复,也需要邻居回复确认。以单播的方式回传给查询方,对查询数据包进行应答。

5. Ack（确认）

Ack 数据包以单播的方式传送,用来确认更新、查询、应答数据包,以确保更新、查询、应答传输的可靠性。

Ack 数据包是对收到的数据包的确认,告诉邻居自己已经收到数据包了,收到 Ack 包后,不需要再对 Ack 做回复,因为这是没有意义的,并且可能造成死循环。

由以上可以看出,5 种数据包中,Update、Query、Reply 在对方收到后,都需要回复确认,这些数据包是可靠的,回复是发送 Ack;而 Hello 和 Ack,是不需要回复的,因此被认为不可靠。

9.4.2 EIGRP 的数据库

运行了 EIGRP 的路由器有以下三张表。

（1）neighbor table 邻居表:保存了和路由器建立了邻居关系的、直接相连的路由器。

（2）topology table 拓扑表:包含路由器学习到的到达目的地的所有路由条目。

（3）routing table 路由表。

三张表学习过程如下。

（1）邻居中的每个邻居都转发一份 IP 路由表的备份给它们的邻居。

（2）然后每个邻居把从它们自己的邻居处得来的路由表存储在自己的 EIGRP 拓扑表中。

（3）EIGRP 检查拓扑表,然后选择出一条到达目的地的最佳路由。

（4）EIGRP 从拓扑表中选择到达目的地的最佳的 successor,然后把它们放到路由表里。

路由器为每种协议（如 IP、IPX）各自保持一张单独的路由表。

9.5 EIGRP 的配置

9.5.1 EIGRP 的配置及其监控

1. 自治系统和进程 ID

自治系统(AS)是由单个实体管理的一组网络,这些网络通过统一的路由策略连接到 Internet。AS 编号由互联网编号指派机构(IANA)分配。在 2007 年之前,AS 编号的长度为 16 位,范围为 0～65 535;现在的 AS 编号长度为 32 位,可用编号数目增加到超过 40 亿个。尽管 EIGRP 将该参数称为"自治系统"编号,实际上起进程 ID 的作用,与 AS 无关,是一个 16 位的任意值。一个进程 ID 代表各自在路由器上运行的协议实例。

Router(config)#**router eigrp** *autonomous-system*

router eigrp 命令:
EIGRP 路由域内的所有路由器都必须使用同一个进程 ID 号。

Router(config-router)#**router eigrp** *autonomous-system*

network 命令:
任何符合 network 命令中的网络地址的接口都将发送和接收更新。

Router(config-router)#**network** *network-address*

带通配符掩码(wildcard-mask)的 network 命令,仅通告特定子网时使用。

Router(config-router)#**network** *network-address* [wildcard-mask]

注意:通配符掩码可看作子网掩码的反掩码。例如,子网掩码 255.255.255.252 的反掩码为 0.0.0.3。

检验 EIGRP:

show ip eigrp neighbors

下面的实验完成 EIGRP 的配置、测试和验证。

2. EIGRP 基本配置及自动汇总

EIGRP 基本配置如图 9.7 所示。

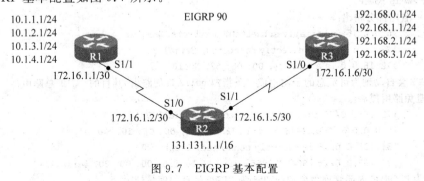

图 9.7 EIGRP 基本配置

(1) 配置各台路由器的 IP 地址，并且使用 ping 命令确认各路由器的直连口的互通性。
(2) 配置 EIGRP，自治系统号为 90。

```
R1(config)# router eigrp 90
R1(config-router)# net 172.16.0.0
R1(config-router)# net 10.0.0.0
R1(config-router)# end


R2(config)# router eigrp 90
R2(config-router)# net 172.16.0.0
//默认情况下，EIGRP 在配置路由器时，可以直接 network 主类网络号。此处配置，可以同时将 R2 路由
//器两个串口直接加入到 EIGRP 的路由进程中
R2(config-router)# net 131.131.0.0
R2(config-router)# end


R3(config)# router eigrp 90
R3(config-router)# net 172.16.0.0
R3(config-router)# net 192.168.0.0
R3(config-router)# net 192.168.1.0
R3(config-router)# net 192.168.2.0
R3(config-router)# net 192.168.3.0
R3(config-router)# end
```

(3) 在任意一台路由器上观察 EIGRP 的邻居关系，以 R2 为例。

```
R2# show ip eigrp neighbors
IP-EIGRP neighbors for process 90
H   Address        Interface   Hold   Uptime    SRTT   RTO   Q    Seq
                                (sec)            (ms)         Cnt  Num
1   172.16.1.6     Se1/0       11     00:20:20  124    744   0    13
0   172.16.1.1     Se1/0       10     00:20:50  1326   1326  0    14
```

注意：列 H 指出邻居学习的顺序，Address 指出邻居地址，Interface 指出邻居所在本地接口，Hold 为将邻居标识为 down 的剩余时间，Uptime 为建立邻居关系之后经过的时间，SRTT 为平均回程计时器，RTO 为重传间隔，Q 为等待发送的 EIGRP 包，Seq 为 Sequence Number 序列号。

(4) 在任意一台路由器上查看路由器，确认路由，以 R2 为例。

```
R2# show ip route
*** 省略部分输出 ***
    172.16.0.0/16 is variably subnetted, 3 subnets, 2 masks
C      172.16.1.4/30 is directly connected, Serial1/1
D      172.16.0.0 is a summary, 00:00:52, Null0
//EIGRP 会自动地为可汇总的子网生成一条指向 null0 口的路由。其目的：①汇总路由；
//②避免路由黑洞
C      172.16.1.0/30 is directly connected, Serial1/0
D   10.0.0.0/8 [90/2297856] via 172.16.1.1, 00:00:56, Serial1/0
C   131.131.0.0/16 is directly connected, Loopback0
D   192.168.0.0/24 [90/2297856] via 172.16.1.6, 00:00:20, Serial1/1
//90 为 EIGRP 的内部管理距离，2297856 为 EIGRP 计算的度量(FD)
```

```
D       192.168.1.0/24 [90/2297856] via 172.16.1.6,00: 00: 17,Serial1/1
D       192.168.2.0/24 [90/2297856] via 172.16.1.6,00: 00: 15,Serial1/1
D       192.168.3.0/24 [90/2297856] via 172.16.1.6,00: 00: 12,Serial1/1
```

(5) 在 R2 路由器上使用更简洁的查看关于 EIGRP 的路由命令。

```
R2# show ip route eigrp
* * * 省略部分输出 * * *
       172.16.0.0/16 is variably subnetted, 3 subnets, 2 masks
D       172.16.0.0/16 is is a summary, 00: 05: 11, Null0
D       10.0.0.0/8 [90/2297856] via 172.16.1.1, 00: 05: 15, Serial1/0
//R1 路由器的自动汇总的路由
D       192.168.0.0/24 [90/2297856] via 172.16.1.6, 00: 04: 40, Serial1/1
D       192.168.1.0/24 [90/2297856] via 172.16.1.6, 00: 04: 36, Serial1/1
D       192.168.2.0/24 [90/2297856] via 172.16.1.6, 00: 04: 33, Serial1/1
D       192.168.3.0/24 [90/2297856] via 172.16.1.6, 00: 04: 29, Serial1/1
```

(6) 在 R2 路由器上会看到有一条指向 S1/0 口的 10.0.0.0/8 汇总路由,这是 EIGRP 自动汇总的特性体现。可以使用 no auto-summary 命令关闭。配置如下。

```
R1(config)# router eigrp 90
R1(config-router)# no auto-summary
//关闭 EIGRP 的自动汇总特性
```

R1 上关闭自动汇总后,在 R2 上观察路由表的变化,如下所示。

```
R2# show ip route
* * * 省略部分输出 * * *
       172.16.0.0/16 is variably subnetted, 3 subnets, 2 masks
C       172.16.1.4/30 is directly connected, Serial1/1
D       172.16.0.0/16 is a summary, 00: 06: 15, Null0
C       172.16.1.0/30 is directly connected, Serial1/0
       10.0.0.0/24 is subnetted, 4 subnets
D       10.1.3.0 [90/2297856] via 172.16.1.1, 00: 00: 09, Serial1/0
D       10.1.2.0 [90/2297856] via 172.16.1.1, 00: 00: 09, Serial1/0
D       10.1.1.0 [90/2297856] via 172.16.1.1, 00: 00: 09, Serial1/0
D       10.1.4.0 [90/2297856] via 172.16.1.1, 00: 00: 10, Serial1/0
//当关闭了自动汇总后,R2 可以看到明细路由
C       131.131.0.0/16 is directly connected, Loopback0
D       192.168.0.0/24 [90/2297856] via 172.16.1.6, 00: 05: 45, Serial1/1
D       192.168.1.0/24 [90/2297856] via 172.16.1.6, 00: 05: 42, Serial1/1
D       192.168.2.0/24 [90/2297856] via 172.16.1.6, 00: 05: 39, Serial1/1
D       192.168.3.0/24 [90/2297856] via 172.16.1.6, 00: 05: 35, Serial1/1
```

(7) EIGRP 也可以进行手工地址总结。手工地址总结,可以有效地减少路由表的大小。比如在 R2 上的路由中关于 R3 的 192.168.*.* 的网络显示为 4 条具体路由,可以在 R3 上进行如下配置,减少路由通告条目。

```
R3(config)# int s1/0
R3(config-if)# ip summary-address eigrp 90 192.168.0.0 255.255.252.0
```

此时,观察 R2 路由器的路由表:

```
R2#show ip route eigrp
***省略部分输出***
     172.16.0.0/16 is variably subnetted, 3 subnets, 2 masks
D    172.16.0.0/16 is a summary, 00:35:14, Null0
     10.0.0.0/24 is subnetted, 4 subnets
D    10.1.3.0 [90/2297856] via 172.16.1.1, 00:29:08, Serial1/0
D    10.1.2.0 [90/2297856] via 172.16.1.1, 00:29:08, Serial1/0
D    10.1.1.0 [90/2297856] via 172.16.1.1, 00:29:08, Serial1/0
D    10.1.4.0 [90/2297856] via 172.16.1.1, 00:29:08, Serial1/0
D    192.168.0.0/22 [90/2297856] via 172.16.1.6, 00:27:29, Serial1/1
```
//显示为一条汇总路由,有效地减少路由表的大小

（8）在 R2 上使用通配符掩码进行配置 EIGRP。

```
R2(config)#no router eigrp 90
*Mar 1 02:28:53.355: %DUAL-5-NBRCHANGE: IP-EIGRP(0) 90: Neighbor 172.16.1.1(Serial1/0) is down: interface down
*Mar 1 02:28:53.375: %DUAL-5-NBRCHANGE: IP-EIGRP(0) 90: Neighbor 172.16.1.6(Serial1/1) is down: interface down
R2(config)#router eigrp 90
R2(config-router)#net 172.16.1.0 0.0.0.3
```

//使用通配符掩码,可以很好地控制哪些接口加入到 EIGRP 的进程中工作,否则可能需要使用
//passive-interface 命令进行设置.此处仅将 S1/0 接口加入到 EIGRP 中,所以 R2 的 S1/1
//接口和 R3 的路由不会被转发给 R1

```
*Mar 1 02:29:10.867: %DUAL-5-NBRCHANGE: IP-EIGRP(0)90: Neighbor 172.16.1.1(Serial1/0) is up: new adjacency
R2(config-router)#net 131.131.0.0
```

（9）在 R2 上确认邻居,此处仅发现与 R1 建立了邻居关系。

```
R2#show ip eigrp neighbors
IP-EIGRP neighbors for process 90
H   Address         Interface   Hold    Uptime     SRTT    RTO   Q      Seq
                                (sec)              (ms)          Cnt    Num
0   172.16.1.1      Se1/0       12      00:02:26   80      480   0      18
```

（10）查看 R1 的路由表,进行确认所学习到的路由。

```
R2#show ip route eigrp
***省略部分输出***
D   131.131.0.0/16 [90/2297856] via 172.16.1.2, 00:05:29, Serial1/1
```

//由于采用通配符掩码,进行选择性的配置,所以 R1 仅学习到 131.131.0.0/16 的路由条目,
//而无法学习到 R3 的直接路由

9.5.2 EIGRP 负载均衡

实验拓扑图及相关 IP 设置如图 9.8 所示。

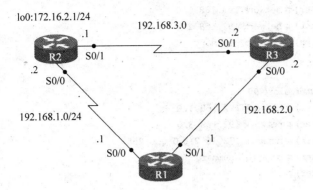

图 9.8　EIGRP 负载平衡基本配置

实验步骤如下。
(1) 设置相关的 IP。

R1(config)# int s0/0
R1(config-if)# ip address 192.168.1.1 255.255.255.0
R1(config-if)# no shutdown
R1(config-if)# int s0/1
R1(config-if)# ip address 192.168.2.1 255.255.255.0
R1(config-if)# no shutdown
R1(config-if)#

R2>en
R2#conf t
Enter configuration commands, one per line. End with CNTL/Z.
R2(config)# int s0/0
R2(config-if)# ip address 192.168.1.2 255.255.255.0
R2(config-if)# no shutdown
R2(config-if)# int s0/1
R2(config-if)# ip address 192.168.3.1 255.255.255.0
R2(config-if)# no shutdown
R2(config-if)# int loop 0
R2(config-if)# ip address 192.168.2.1 255.255.255.0
R2(config-if)#

R3>en
R3#conf t
Enter configuration commands, one per line. End with CNTL/Z.
R3(config)# int s0/0
R3(config-if)# ip address 192.168.2.2 255.255.255.0
R3(config-if)# no shutdown
R3(config-if)# int s0/1
R3(config-if)# ip address 192.168.3.2 255.255.255.0
R3(config-if)# no shutdown

(2) 在各个路由器上启用 EIGRP 并关闭自动汇总。

R1(config)# router eigrp 90

```
R1(config-router)# network 192.168.1.0
R1(config-router)# network 192.168.2.0
R1(config-router)# no auto-summary

R2(config)#
R2(config)# router eigrp 90
R2(config-router)# network 192.168.1.0
R2(config-router)# network 192.168.3.0
R2(config-router)# network 172.16.2.0 0.0.0.255
R2(config-router)# no auto-summary
R2(config-router)#

R3(config)# router eigrp 90
R3(config-router)# network 192.168.3.0
R3(config-router)# network 192.168.2.0
R3(config-router)# no auto-summary
R3(config-router)#
```

（3）查看 R1 的路由表。

```
R1# show ip route
* * * 省略部分输出 * * *
      172.16.0.0/16 is subnetted, 1 subnets
D        172.16.2.0 [90/2297856] via 192.168.1.2, 00:00:52, Serial0/0
C        192.168.1.0/24 is directly connected, Serial0/0
C        192.168.2.0/24 is directly connected, Serial0/1
D        192.168.3.0/24 [90/2681856] via 192.168.2.2, 00:00:52, Serial0/1
                       [90/2681856] via 192.168.1.2, 00:00:52, Serial0/0
```

可以看到 R1 到 192.168.3.0 网段有两条路径，默认情况下 EIGRP 是实现等价均衡负载的，即到目标网络的度量值是相等的，为什么到 R2 的 lo0 口没有两条路由呢？

（4）查看 R1 的拓扑表。

```
R1# show ip eigrp topology
Codes:    P - Passive, A - Active, U - Update, Q - Query, R - Reply, r - reply Status, s -
sia Status

P  192.168.1.0/24, 1 successors, FD is 2169856
        via Connected, Serial0/0
P  192.168.2.0/24, 1 successors, FD is 2169856
        via Connected, Serial0/1
P  192.168.3.0/24, 2 successors, FD is 2681856
        via 192.168.1.2 (2681856/2169856), Serial0/0
        via 192.168.2.2 (2681856/2169856), Serial0/1
P  172.16.2.0/24, 1 successors, FD is 2297856
        via 192.168.1.2 (2297856/128256), Serial0/0
```

可以看到，R1 到 192.168.3.0 有条后继路由，因为它们的 FD 都是相同的，而 R1 到 R2 的 lo0 口却只有一条后继路由，没有可行的后继路由，因为本实验中所用的链路都是相同的，各段的度量都相等，于是 R1 的通告距离（AD）便等于它的可行距离（FD），不满足成为可行的后继路由(AD<FD)的条件,所以 R1 到 R2 的 lo0 口网段没有可行的后继路由。

如果在 R3 上把 S0/0 口的延迟改小点儿应该会出现在拓扑表中了(度量值＝(10^7/以 kb/s 为单位的最小带宽＋累积延迟)×256)。

(5) show interface 查看 R3 S0/1 的延迟。

```
Router#show interfaces s0/1
Serial0/1 is up, line protocol is up
  Hardware is M4T
  Internet address is 192.168.3.2/24
  MTU 1500 bytes, BW 1544 Kbit, DLY 20000 usec,
     reliability 255/255, txload 1/255, rxload 1/255
  Encapsulation HDLC, crc 16, loopback not set
```

(6) 修改延迟。

```
R3#conf t
Enter configuration commands, one per line. End with CNTL/Z.
R3(config)#int s0/1
R3(config-if)#delay 1000
R3(config-if)#
```

(7) 此时查看 R1 的拓扑表。

```
R1#show ip eigrp topology
Codes: P - Passive, A - Active, U - Update, Q - Query, R - Reply, r - reply Status, s - sia
Status

P  192.168.1.0/24, 1 successors, FD is 2169856
        via Connected, Serial0/0
P  192.168.2.0/24, 1 successors, FD is 2169856
        via Connected, Serial0/1
P  192.168.3.0/24, 2 successors, FD is 2425856
        via 192.168.2.2 (2425856/1913856), Serial0/1
        via 192.168.1.2 (2425856/2169856), Serial0/0
P  172.16.2.0/24, 1 successors, FD is 2297856
        via 192.168.1.2 (2297856/128256), Serial0/0
        via 192.168.2.2 (2553856/2041856), Serial0/1
```

可以看到已经有个可行的后继路由了,前面已经说过了 EIGRP 默认是等价负载均衡的,此时 R1 到 R2 的 lo0 还是只有一条路径,通过修改 R1 的 variance 值可以实现非等价负载均衡。(variance 默认是 1 即等价负载均衡,它的值范围是 1~128,它的意思是度量值相差多少倍可以实现负载均衡。)

```
R1(config)#router eigrp 90
R1(config-router)#variance 2
R1(config-router)#
```

(8) 查看 R1 的路由表。

```
R1#show ip route
* * * 省略部分输出 * * *
```

```
         172.16.0.0/16 is subnetted, 1 subnets
D        172.16.2.0 [90/2553856] via 192.168.2.2, 00:00:16, Serial0/1
                   [90/2297856] via 192.168.1.2, 00:00:16, Serial0/0
C        192.168.1.0/24 is directly connected, Serial0/0
C        192.168.2.0/24 is directly connected, Serial0/1
D        192.168.3.0/24 [90/2425856] via 192.168.2.2, 00:00:16, Serial0/1
                       [90/2681856] via 192.168.1.2, 00:00:16, Serial0/0
```

已经实现非等价负载均衡了。因为刚才修改了延迟,所以 R1 到 192.168.3.0 也是非等价的了。

几种常用接口的带宽和延迟见表 9.1。

表 9.1 常用接口的带宽和延迟

Interface	BW/kb/s	DLY/μsec
Ethernet	10 000	1000
FAST	100 000	100
Serial	1544	20 000
Loopback	8 000 000	5000

度量值计算时延迟采用的单位是"$10\mu m$",所以计算时要除以 10。

9.5.3 EIGRP 末梢区域

满足以下 4 个条件的区域可以认定为 Stub 或者 Totally Stub 区域。
(1) 只有一个默认路由作为其区域的出口。
(2) 区域不能作为虚链路的穿越区域。
(3) Stub 区域里无自治系统边界路由器 ASBR。
(4) 不是骨干区域 area 0。

EIGRP 末梢区域基本配置如图 9.9 所示。

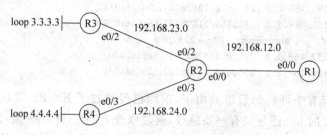

图 9.9 EIGRP 末梢区域基本配置

简单的配置使网络互通,使 R1,R2,R3,R4 能互相学到路由。

用 debug 观察正常情况下,若网络中其他任意一个节点出现故障,路由器向每个路由器都发送查询 query。

(1) 将 R3 的 loop 端口关闭。

```
R3#
R3(config)# int loopback 0
```

```
R3(config-if)#shutdown
R3#
```

（2）在 R4 上用 debug 查看。

```
R4#debug ip eigrp
IP-EIGRP Route Events debugging is on
R4#
R4#
*Mar 1 00:19:38.727: IP-EIGRP(Default-IP-Routing-Table:100): Processing incoming QUERY packet
*Mar 1 00:19:38.731: IP-EIGRP(Default-IP-Routing-Table:100): Int 3.3.3.3/32 M 4294967295 - 0 4294967295 SM 4294967295 - 0 4294967295
*Mar 1 00:19:38.731: IP-EIGRP(Default-IP-Routing-Table:100): 3.3.3.3/32 routing table not updated thru 192.168.24.2
*Mar 1 00:19:38.751: IP-EIGRP(Default-IP-Routing-Table:100): 3.3.3.3/32 - not in IP routing table
*Mar 1 00:19:38.751: IP-EIGRP(Default-IP-Routing-Table:100): Int 3.3.3.3/32 metric 4294967295 - 256000 4294967295
```

再用 debug 观察有 stub 网络情况下，若网络中其他任意一个节点出现故障，路由器不向 stub 路由器发送查询 query。

（3）将 R4 路由器配置为 stub 区域。

```
R4#
R4(config)#router eigrp 100
R4(config-router)#eigrp stub
R4#
```

（4）此时再将 R3 的 loop 端口关闭，在 R4 上用 debug 查看。

```
R3#
R3(config)#int loopback 0
R3(config-if)#shutdown
R3#

R4#
*Mar 1 00:22:47.479: IP-EIGRP(Default-IP-Routing-Table:100): Processing incoming UPDATE packet
*Mar 1 00:22:47.483: IP-EIGRP(Default-IP-Routing-Table:100): Int 3.3.3.3/32 M 4294967295 - 0 4294967295 SM 4294967295 - 0 4294967295
*Mar 1 00:22:47.499: IP-EIGRP(Default-IP-Routing-Table:100): Int 3.3.3.3/32 metric 4294967295 - 0 4294967295
*Mar 1 00:22:47.739: IP-EIGRP(Default-IP-Routing-Table:100): Processing incoming REPLY packet
*Mar 1 00:22:47.739: IP-EIGRP(Default-IP-Routing-Table:100): Int 3.3.3.3/32 M 4294967295 - 0 4294967295 SM 4294967295 - 0 4294967295
```

可以看出两次发送的包不一样，非 stub 区域发送的是 Processing incoming QUERY packet，not in IP routing table；而 stub 区域发送的是 Processing incoming UPDATE packet，Processing incoming REPLY packet。

注意：stub 区域中的路由器没有任何后门路由到其他任何节点，这些路由器不用来为网络中的任何地址提供透明路径。一台具有 EIGRP 末梢邻居的路由器将不会向它的末梢发送查询。

（5）现在将 R4 配置成 stub receive-only，配置前 R4 的路由表。

```
R4#show ip route
Codes:    L - local, C - connected, S - static, R - RIP, M - mobile, B - BGP
          D - EIGRP, EX - EIGRP external, O - OSPF, IA - OSPF inter area
          N1 - OSPF NSSA external type 1, N2 - OSPF NSSA external type 2
          E1 - OSPF external type 1, E2 - OSPF external type 2, E - EGP
          i - IS-IS, L1 - IS-IS level-1, L2 - IS-IS level-2, ia - IS-IS inter area
          * - candidate default, U - per-user static route, o - ODR
          P - periodic downloaded static route

Gateway of last resort is not set
D       192.168.12.0/24 [90/307200] via 192.168.24.2, 00:15:28, Ethernet0/3
        2.0.0.0/32 is subnetted, 1 subnets
D       2.2.2.2 [90/409600] via 192.168.24.2, 00:15:28, Ethernet0/3
        3.0.0.0/32 is subnetted, 1 subnets
D       3.3.3.3 [90/435200] via 192.168.24.2, 00:15:28, Ethernet0/3
        4.0.0.0/32 is subnetted, 1 subnets
C       4.4.4.4 is directly connected, Loopback0
C       192.168.24.0/24 is directly connected, Ethernet0/3
D       192.168.23.0/24 [90/307200] via 192.168.24.2, 00:15:28, Ethernet0/3
R4#
```

（6）配置前 R2 的路由表。

```
R2#
R2#show ip route
Codes:    L - local, C - connected, S - static, R - RIP, M - mobile, B - BGP
          D - EIGRP, EX - EIGRP external, O - OSPF, IA - OSPF inter area
          N1 - OSPF NSSA external type 1, N2 - OSPF NSSA external type 2
          E1 - OSPF external type 1, E2 - OSPF external type 2, E - EGP
          i - IS-IS, L1 - IS-IS level-1, L2 - IS-IS level-2, ia - IS-IS inter area
          * - candidate default, U - per-user static route, o - ODR
          P - periodic downloaded static route

Gateway of last resort is not set
C       192.168.12.0/24 is directly connected, Ethernet0/0
        2.0.0.0/32 is subnetted, 1 subnets
C       2.2.2.2 is directly connected, Loopback0
        3.0.0.0/32 is subnetted, 1 subnets
D       3.3.3.3 [90/409600] via 192.168.23.3, 00:19:18, Ethernet0/2
        4.0.0.0/32 is subnetted, 1 subnets
D       4.4.4.4 [90/409600] via 192.168.24.4, 00:15:54, Ethernet0/3
C       192.168.24.0/24 is directly connected, Ethernet0/3
C       192.168.23.0/24 is directly connected, Ethernet0/2
R2#
```

（7）将 R4 配置为 stub receive-only。

```
R4#
R4(config)# router eigrp 100
R4(config-router)# eigrp stub receive-only
R4#
```

此时再查看 R4 的路由表,跟之前的一样。

```
R4# show ip route
Codes:     L - local, C - connected, S - static, R - RIP, M - mobile, B - BGP
           D - EIGRP, EX - EIGRP external, O - OSPF, IA - OSPF inter area
           N1 - OSPF NSSA external type 1, N2 - OSPF NSSA external type 2
           E1 - OSPF external type 1, E2 - OSPF external type 2, E - EGP
           i - IS-IS, L1 - IS-IS level-1, L2 - IS-IS level-2, ia - IS-IS inter area
           * - candidate default, U - per-user static route, o - ODR
           P - periodic downloaded static route

Gateway of last resort is not set
D       192.168.12.0/24 [90/307200] via 192.168.24.2, 00:15:28, Ethernet0/3
        2.0.0.0/32 is subnetted, 1 subnets
D       2.2.2.2 [90/409600] via 192.168.24.2, 00:15:28, Ethernet0/3
        3.0.0.0/32 is subnetted, 1 subnets
D       3.3.3.3 [90/435200] via 192.168.24.2, 00:15:28, Ethernet0/3
        4.0.0.0/32 is subnetted, 1 subnets
C       4.4.4.4 is directly connected, Loopback0
C       192.168.24.0/24 is directly connected, Ethernet0/3
D       192.168.23.0/24 [90/307200] via 192.168.24.2, 00:15:28, Ethernet0/3
R4#
```

查看 R2 的路由表,跟之前的不一样,D 4.4.4.4 [90/409600] via 192.168.24.4, 00:15:54, Ethernet0/3:路由条目消失了。

```
R2#
R2# show ip route
Codes:     L - local, C - connected, S - static, R - RIP, M - mobile, B - BGP
           D - EIGRP, EX - EIGRP external, O - OSPF, IA - OSPF inter area
           N1 - OSPF NSSA external type 1, N2 - OSPF NSSA external type 2
           E1 - OSPF external type 1, E2 - OSPF external type 2, E - EGP
           i - IS-IS, L1 - IS-IS level-1, L2 - IS-IS level-2, ia - IS-IS inter area
           * - candidate default, U - per-user static route, o - ODR
           P - periodic downloaded static route

Gateway of last resort is not set
C       192.168.12.0/24 is directly connected, Ethernet0/0
        2.0.0.0/32 is subnetted, 1 subnets
C       2.2.2.2 is directly connected, Loopback0
        3.0.0.0/32 is subnetted, 1 subnets
D       3.3.3.3 [90/409600] via 192.168.23.3, 00:19:18, Ethernet0/2
        4.0.0.0/32 is subnetted, 1 subnets
C       192.168.24.0/24 is directly connected, Ethernet0/3
```

C   192.168.23.0/24 is directly connected, Ethernet0/2
R2#

(8) 在 R4 上 ping R2，路径可行。

R4#
R4#
R4# ping 2.2.2.2
Type escape sequence to abort.
Sending 5, 100 - byte ICMP Echos to 2.2.2.2, timeout is 2 seconds:
!!!!!
Success rate is 100 percent (5/5), round - trip min/avg/max = 20/83/148 ms
R4#

(9) 在 R2 上 ping R4，路径不可行。

R2#
R2#
R2# ping 4.4.4.4
Type escape sequence to abort.
Sending 5, 100 - byte ICMP Echos to 4.4.4.4, timeout is 2 seconds:
...
Success rate is 0 percent (0/5)
R2#

注意：在使用 receive-only 选项的配置下，远端的路由器在更新消息中将不包括任何地址。可以通过在远端路由器（图中 R2 的位置）添加静态路由来实现路径相通。

R2#
R2(config)# ip route 4.4.4.4 255.255.255.255 192.168.24.4
R2#
R2#
R2# ping 4.4.4.4
Type escape sequence to abort.
Sending 5, 100 - byte ICMP Echos to 4.4.4.4, timeout is 2 seconds:
!!!!!
Success rate is 100 percent (5/5), round - trip min/avg/max = 20/64/164 ms
R2#

第 10 章　OSPF

10.1　OSPF 的特性

10.1.1　OSPF 概述及优缺点

OSPF 是一个链路状态路由协议，其操作以网络连接或者链路的状态为基础。与其他路由协议相同的是，OSPF 也要完成路由协议算法的两大主要功能：路由选择，路由交换。

OSPF 是一种内部网关协议，它只能在属于同一自治系统内的路由器之间交换路由信息。互联网工程任务组于 1988 年开发了 OSPF 协议，目的是为了解决 RIP 等具有距离矢量路由协议无法适应大型网络的问题。

启用 OSPF 之后，处于同一路由自治系统中的路由器之间通过相互交换信息来了解整个网络的拓扑结构。然后每个路由器经过 SPF 算法计算生成路由表。由于每个路由器都有整个网络的拓扑，它们对网络结构的认识是宏观性的，这与距离矢量路由协议是有根本区别的。所以说链路状态路由协议相比距离矢量路由协议更不容易出现路由环路。

由于 OSPF 具有这样的操作特性，所以与距离向量协议相比，OSPF 协议有许多突出的优点。

（1）开销减少。OSPF 减去了通过广播进行路由更新的网络开销。OSPF 只在检测到拓扑变化时发送路由更新信息，而不是定时发送整个路由表，只在有必要进行更新时给路由表发送改变路由的信息，而不是整个路由表。

（2）支持 VLSM 和 CIDR。OSPF 路由更新中包括子网掩码。

（3）支持不连续网络。

（4）支持手工路由汇总。

（5）收敛时间短。在一个设计合理的 OSPF 网络中，一条链路发生故障之后可以很快达到收敛，因为 OSPF 具有一个包含 OSPF 域中所有路径的完整的拓扑数据库。

（6）生成的拓扑结构没有环路。

（7）跳步数只受路由器资源使用和 IP TTL 的限制。

OSPF 的配置相对复杂。由于网络区域划分和网络属性的复杂性，需要网络分析员有较高的网络知识水平才能配置和管理 OSPF 网络。

OSPF 的路由负载均衡能力比较弱。OSPF 虽然能根据接口的速率、连接可靠性等信息，自动生成接口路由优先级，但通往同一目的的不同优先级路由，OSPF 只选择优先级较高的转发，不同优先级的路由，不能实现负载分担。只有相同优先级的，才能达到负载均衡的目的,因此不像 EIGRP 那样可以做非等价负载均衡,只能实现等价负载均衡。

10.1.2 SPF 算法及 OSPF 协议的度量值

OSPF 协议使用最短路径优先算法(SPF)来计算生成路由表,其参考值为链路成本(Cost)。链路成本的定义是基于链路带宽的,带宽越高则链路成本越低,带宽越低则链路成本越高。为了理解 SPF 算法和链路成本概念,见图 10.1 所示的例子。

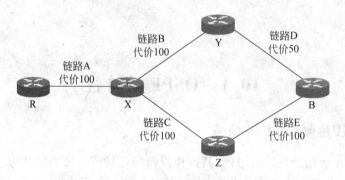

图 10.1 SPF 算法实例

这个例子要求寻找从路由器 R 到路由器 B 的最短路径。在这两个路由器之间还有许多其他能提供最好路径的路由器。

本例的目的是寻找去往 B 路由器开销最小的路径。有些路径会优于其他的路径,它们可能会比较快。为了确定从 R 到 B 的最短路径,在此为每一个链路赋予一个基于速度的数值。由于计算机只能理解数字而不能判断路径的需求,所以必须手工为每条路径赋值来进行协助。路由器能够理解数值为 50 的路径比数值为 100 的路径更有效。

由于本例的参考是 OSPF 协议,所以在本例中 OSPF 协议要收集从 R 到 B 的所有路径信息,然后用 SPF 算法来计算最短路径。

(1) 从起点路由器 R 开始,到达 R 的距离为 0,因为就在本地。

(2) 路由器 R 获知可以通过路由器 X 到达路由器 B,并且到达 X 的开销为 100。于是就在拓扑数据库中记录下这条链路信息作为参考:

链路 A-成本 100-X-Link up

(3) 路由器 X 知道两条以它为起始的路径可以到达 B。OSPF 检查这些链路,得到如下链路信息。

链路 B-成本 100-Y-Link up

链路 C-成本 100-Z-Link up

(4) 路由器 Y 获知一条路径可以到达 B,成本为 50:

链路 D-成本 50-B-Link up

路由器 Z 也获知一条到达 B 的路径,成本为 100:

链路 E-成本 100-B-Link up

由于有两条路径可以到达路由器 B,SPF 算法必须确定哪条是最短路径。

(5) 经过 OSPF 信息交互,拓扑数据库生成了,里面记录了整个网络的链路信息。

链路 A-成本 100-X-Link up

链路 B-成本 100-Y-Link up

链路 C-成本 100-Z-Link up

链路 D-成本 50-B-Link up

链路 E-成本 100-B-Link up

(6) OSPF 使用 SPF 算法计算最短路径,并建立了一个到路由器 B 的路径映射图。这个映射图以路由器 R 为根,其他路由器作为枝。计算到两条路径如下。

路径 1:链路 A(100)+链路 B(100)+链路 D(50)=总成本(250)

路径 2:链路 A(100)+链路 C(100)+链路 E(100)=总成本(300)

SPF 算法经过比较,选择路径 1 为最短路径,因为它有比路径 2 更低的链路成本。

(7) 得出最短路径为路径 1,并将路径 1 加入路由表。

为了引入后面需要了解的概念,OSPF 协议的关键特性概括如下。

(1) 链路状态路由选择协议(LS)。

(2) 内部网关协议(IGP)。

(3) 最短路径优先协议(SPF)。

(4) 分布式路由协议。

(5) 开放体系结构。

(6) 随拓扑结构变化进行动态调整。

(7) 可以实现 TOS(Type of Service)路由。

(8) 支持层次化网络设计。

(9) 支持负载均衡。

(10) 支持三种链路类型:

① 点对点;

② 广播多点网络;

③ 非广播多点网络。

(11) 通过交互信息得到了网络拓扑数据库,利用 SPF 算法计算最佳路由。

(12) 通过自治系统和区域将网络分段,简化网络管理和通信。

(13) 支持组播实现。

(14) 允许使用虚链路连接非骨干直连区域。

(15) 支持可变长子网掩码(VLSM)和无类域间路由。

10.1.3 OSPF 层次化网络设计

OSPF 的一个重要特性就是支持层次化的路由结构。在考虑构建这种类型的层次结构时应该记住如下特性。

(1) 层次化结构必须按照一定顺序产生。

(2) 清晰的拓扑结构应优先于编址。

自治系统就是一组共享公共路由策略的区域,它们属于一个通用的管理域。自治系统通过一个唯一的编号来进行识别。自治系统编号既可以是私有的也可以是公有的,这取决于需求。自治系统内部路由选择信息只会以以下三种情况中的一种出现。

(1) 如果报文的源地址和目的地址在同一个区域内部,就使用区域内部路由选择。

(2) 如果报文的源地址和目的地址不在同一个区域内部但仍属于同一个自治系统,就使用域间路由选择。

(3) 如果报文的目的地址在自治系统外部,就使用外部路由选择。

当进行 OSPF 网络设计的时候,应该考虑以下的参考因素。

(1) 三层骨干网络的策略可以加快收敛,并且能够在网络规模扩大时节省网络开支。

(2) 从源端到目的端的网络直径最好不超过 6 跳。

(3) 每个区域包含的路由器最好限制在 100 台以下。

(4) 除了与骨干区域连接外,最好不要让每个区域边界路由器(ABR)连接多于两个区域,否则 ABR 就必须保存过多的链路状态数据库轨迹。

OSPF 可以使用以下三种类型的路由选择策略。

(1) 区域内部。

(2) 区域间。

(3) 外部。

1. 区域内部路由

区域内部路由指目的地址在同一个 OSPF 区域之内的路由选择。路由器(类型 1)和网络(类型 2)链路状态通告(LSA)描述 OSPF 区域内拓扑。在 OSPF 路由表中,这些区域内部路由条目表示为"O"。

2. 区域间路由

区域间路由指目的地址需要穿过两个或多个 OSPF 区域但仍然属于同一个自治系统。网络汇总(类型 3)LSA 用于描述这种拓扑。当报文在两个非骨干区域间路由的时候,需要使用骨干区域做转发。例如:

(1) 从源路由器到区域边界路由器之间需要使用区域内部路径。

(2) 从源区域到目的区域需要经过骨干区域。

(3) 从目的区域的边界路由器到目的地址之间需要使用区域内部路径。

这三种路由放在一起就形成了区域间路由,在路由表中用"OIA"来表示。

3. 外部路由

外部路由是指通过非 OSPF 协议获得或从自治系统外获得的路由信息。最常见的情况就是通过其他路由协议的重发布。由于外部路由往往很重要,所以必须保证整个 OSPF 自治系统都能访问到这些信息。自治系统边界服务器(ASBR)不会汇总这些外部路由信息,但会在整个自治系统中进行洪泛。除了末节区域之外的所有路由器都会收到这些信息。

OSPF 中使用的外部路由类型如下。

(1) E1 路由:E1 路由的度量值是内部加外部的 OSPF 度量值总和。例如,如果报文是发往另外一个自治系统的,那么 E1 路由就获得远端自治系统的度量再加上所有内部 OSPF 度量值。在路由表中用"O E1"来表示。

(2) E2 路由:E2 路由是 OSPF 外部路由的默认值。这种路由的度量值并不加上内部 OSPF 度量值。无论处于哪个自治系统中,都只采用远程 AS 的度量。例如,如果分组是去往另一个自治系统的,E2 路由只加在目的自治系统的度量值。

10.1.4 OSPF 区域类型

OSPF 区域是指组合在一起的网络连续逻辑段,通过在 OSPF 中定义区域,可以更方便地管理网络降低路由流量。OSPF 区域外部的路由器无法看到区域内部的拓扑,这样一来除了可以降低网络流量,还能把 SFP 算法局限在一个比较小的范围中,而且一旦某个区域拓扑发生变化,也不至于瞬间全网 OSPF 重新计算路由。区域的概念允许其内部路由器有自己的链路状态拓扑数据库和 SPF 算法。区域中的每个路由器都有其所属区域的链路状态数据库的一份备份。随着网络规模的扩大和节点的增多,OSPF 的性能会逐渐降低。例如,路由器数目的增多,链路状态数据库也相应增大,这也是 OSPF 不利的一个方面。

大量的 LSA 洪泛也有可能带来堵塞的问题。为了解决这些问题,需要把自治系统分成多个区域。将路由器组合成区域时,要考虑到每个区域内路由器数据的限制。每个路由器都有一个路由表,区域内的每个路由器都与其中的记录相对应。

1. 标准 OSPF 区域的特性

标准 OSPF 区域具有以下 4 个特点。

(1) 区域内包含一组连续的节点和网络。

(2) 每个区域内路由器都有该区域拓扑数据库,并运行统一的 SPF 算法。

(3) 每个区域都连接到成为区域 0 的骨干区域上。

(4) 当出现特殊情况时,可以用虚链路将物理上无法直连骨干区域的区域逻辑连接至骨干区域。

2. 标准 OSPF 区域的设计规则

标准 OSPF 区域的设计要遵循以下 4 点规则。

(1) 骨干区域必须最先存在。

(2) 所有区域,即使是末节区域,也必须和骨干区域连接。

(3) 骨干区域必须是连续的。

(4) 虚链路虽然能够逻辑连接非直连骨干区域,但这只是一种临时手段。

3. 骨干区域(区域 0)

骨干区域是 OSPF 自治系统的核心,负责互连多个非骨干 OSPF 区域。骨干区域被标注为区域 0(0.0.0.0)。OSPF 骨干区域具有标准区域的所有属性。骨干区域必须是连续的,但它不一定要保持物理上的连接。骨干区域的连续性也可以通过虚链路来建立。

4. 末节区域(Stub 区域)

末节区域又被称为 Stub 区域,当区域只有一个来自该区域的出口或到达外部区域的路由不是最优路由时,这样的区域被称为末节区域。报文只能通过 ABR 进出。使用这种区域的原因是网络规模,通过建立末节区域可以降低末节区域内部路由器的路由表条数。末节区域具有下列功能特性。

(1) 外部路由是无法洪泛至末节区域的。ABR 可以阻止 LSA 类型 4 和类型 5,因此末节区域内部路由器没有外部路由。

（2）末节区域的配置可以减少区域内路由器链路状态数据库的规模，从而减少末节区域内路由器对存储器空间的需求。

（3）自末节区域到外部网络的路由是基于一条默认路由，这条默认路由是由 ABR 扩散更新时加入的。

（4）一般典型的末节区域会有一个 ABR，如果一个末节区域有多个 ABR 的话有可能导致次优路由出现。

末节区域内的所有路由器都应该配置成末节路由器，因为无论在什么时候将区域配置成末节区域，该区域内的所有接口都会开始交换 OSPF 的 Hello 报文，这些分组里都带有表示该接口属于末节区域的标志。具有相同区域的所有路由器都应该对该标志达成一致，否则它们就不能成为邻居，路由也无法更新。

末节区域对操作有一定的限制，因为末节区域并不携带外部路由，而以下任何一种情况都会导致外部链路与末节区域的连接。

（1）末节区域不能作为虚链路的区域。

（2）末节区域中不能有 ASBR。

（3）OSPF 不允许把骨干区域配置成末节区域。

（4）末节区域内不能有 LSA4 和 LSA5。

5. 完全末节区域（Totally Stub 区域）

完全末节区域是末节区域的一个变体，通过在末节区域配置中加入 no-summary 参数实现的。完全末节区域可以阻止外部路由和汇总路由进入该区域。完全末节区域内只存在区域内部路由和 ABR 加入的默认路由。

6. 次末节区域（NSSA 区域）

次末节区域允许向 OSPF 末节区域中引入外部路由，这违背了原先末节区域的定义，为了实现 NSSA 区域，必须实现一种新型的 LSA，这种 LSA 被称为 LSA 类型 7。通过使用这种新型的 LSA，OSPF 得以向末节区域引入外部路由，如图 10.2 所示。

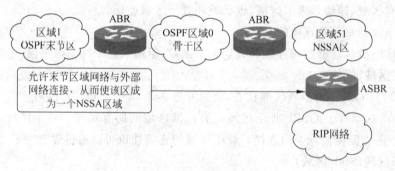

图 10.2　NSSA 区域

10.1.5　OSPF 路由器类型

OSPF 所使用的层次化路由结构规定了 4 种路由器类型。每种路由器都有其特定的操作及支持的特性。OSPF 各种区域类型如图 10.3 所示。

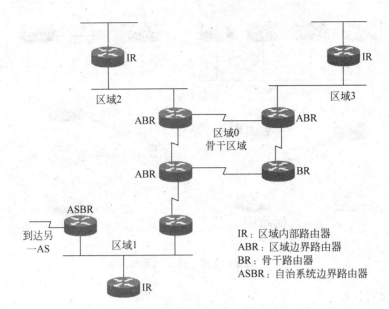

图 10.3　OSPF 各种区域类型

1. 区域内部路由器(IR)

区域内部路由器指路由器本身及与其相连接的网络都属于同一个 OSPF 区域。这种路由器只有一个单一的链路拓扑数据库,因为它们只属于一个区域。

区域内部路由器上仅运行其所属区域的 OSPF 运算法则。

2. 区域边界路由器(ABR)

区域边界路由器连接于多个 OSPF 区域,所以在一个 OSPF 网络中有可能有多个 ABR。因此,ABR 需要维护多个链路状态数据库实例。ABR 为每个区域创建一个汇总数据库,并将其发送到骨干区域中。

那些位于一个或多个 OSPF 区域边界并且连接这些区域与骨干网络的路由器叫作区域边界路由器。它们既属于 OSPF 区域又属于其他附属区域。ABR 会向骨干区域发送 LSA,ABR 必须与骨干区域连接。

3. 自治系统边界路由器(ASBR)

与多个自治系统相连的 OSPF 路由器成为自治系统边界路由器。ASBR 在其所属自治系统内部通告得到的外部路由信息。

自治系统内的路由器知道如何到达本自治系统的 ASBR。一般情况下,ASBR 既运行 OSPF 协议,也运行其他协议。ASBR 所存在的区域必须是非末节区域。

4. 骨干路由器(BR)

如果路由器所有的接口只与骨干区域相连接,这种路由器就被称为骨干路由器(BR)。BR 没有与其他区域连接的接口,否则就成了 ABR。

该类路由器至少有一个接口属于骨干区域。因此,所有的 ABR 和位于 Area0 的内部路由器都是骨干路由器。

10.1.6　OSPF 网络类型

OSPF 协议支持 4 种不同类型的网络,如图 10.4 所示。

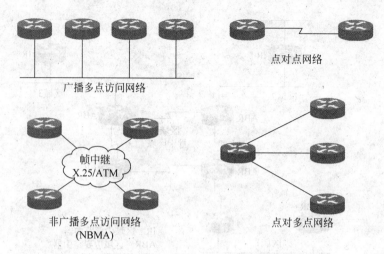

图 10.4 OSPF 支持 4 种不同类型的网络

1. 广播多点访问网络

广播多点访问网络建立在广播介质上,如以太网或 FDDI。同时与一个或多个 OSPF 路由器相连,每个路由器都直接与其他任何一个路由器相连,并且支持广播数据报文。通过 Hello 报文建立邻居关系,形成指定路由器(DR)和备份指定路由器(BDR)。

OSPF 路由器之间的 Hello 数据包每 10s 发送一次,邻居的死亡间隔时间为 40s。

2. 非广播多点访问网络(NBMA)

非广播多点访问网络结构同广播多点网络相同,但不支持广播数据报文,这种网络类型常见的有:ATM、X.25、帧中继。虽然可能会有多个邻居,但可能无法形成正确的邻居关系。

OSPF 路由器之间的 Hello 数据包每 30s 发送一次,邻居的死亡间隔时间为 120s。

3. 点对点网络

点对点网络只连接两台路由器的单独链路。允许建立单一的邻居关系。这种网络一般使用点对点协议(PPP)或高级数据链路控制协议(HDLC)。在这种网络中由于没有全网状互连关系,所以不需要形成 DR 和 BDR。

OSPF 路由器之间的 Hello 数据包每 10s 发送一次,邻居的死亡间隔时间为 40s。

4. 点对多点网络

点对多点网络是用来配置 NBMA 网络的一种方法,可以想象成多个点对点链路的集合。这种网络类型中,路由器之间也没有形成全互连,所以没有 DR 和 BDR 存在的必要。

OSPF 路由器之间的 Hello 数据包每 30s 发送一次,邻居的死亡间隔时间为 120s。

10.2 OSPF 数据包

10.2.1 链路状态通告

链路是 OSPF 路由器之间的连接类型,例如帧中继或以太网。

状态是指链路的情况,比如链路是否可用。

通告是 OSPF 路由器向其他邻居路由器提供信息的方法。

因此，LSA 是 OSPF 路由器向其邻居通告特定链路状态变化的一种特殊类型报文。

10.2.2 LSA 的类型

OSPF 不像距离矢量路由协议那样把自己的路由表发送给邻居路由器。而是通过链路状态拓扑数据库计算产生路由表。OSPF 有着各种各样的路由器类型和区域类型，这种复杂度就要求 OSPF 尽可能准确地交流信息以得到最佳路由。OSPF 通过使用不同类型的 LSA 来完成相互通信。OSPF 各种 LSA 类型如表 10.1 所示。

表 10.1 OSPF 各种 LSA 类型及作用

LSA 类型编号	LSA 作用
1	路由链路通告
2	网络链路通告
3	ABR 汇总链路通告
4	ASBR 汇总链路通告
5	自治系统扩展路由通告
6	多播 LSA(Cisco 没有实现)
7	非完全末节区域(NSSA)扩展
9	不透明 LSA：本地链路范围
10	不透明 LSA：本地区域范围
11	不透明 LSA：自治系统范围

1. 路由 LSA(类型 1)

路由 LSA 描述的是区域内部的路由器链路状态，并且只在路由器是其成员的区域内传播。事实上这种类型的 LSA 描述的区域链路是它和其他类型 LSA 的区别之处。链路状态 ID 来源于路由器 ID。例如，一个 ABR 处于两个区域，负责为这两个区域的链路转发 LSA 分组。

OSPF 有以下两种本地路由器。

(1) 区域内路由：在 OSPF 区域内发现的路由器。

(2) 区域间路由：在不同的 OSPF 区域发现的路由器。

2. 网络 LSA(类型 2)

网络 LSA 不仅由指定路由器产生，它描述连接到一个特定非广播多点访问网络(NBMA)或广播多点访问网络的一组路由器。网络 LSA 的作用是保证对多点访问网络只产生一个 LSA。这是一种内部 OSPF 汇总的形式。这个信息对所有的连接到一个多点访问网络的路由器都是一个提示。链路状态 ID 是 DR 的接口 IP 地址。

3. ABR 汇总 LSA(类型 3)

汇总 LSA 由 ABR 产生，用来描述不同网络区域的路由器。这种 LSA 描述在一个自治系统内，但在一个特定的接受 LSA 的 OSPF 区域之外的网络。

第 3 类 LSA 的扩散范围是没有找到网络或子网的区域。例如，如果一个 ABR 连接区域 1 和区域 0，区域 1 内有一个包含子网 172.16.1.0/24 的网络，因为这个子网的存在，第 3 类 LSA 就不会洪泛到区域 1。ABR 产生一个第 3 类 LSA 并将它洪泛到区域 0 而不是区域

1。链路状态 ID 是目的网络号。

4. ASBR 汇总 LSA(类型 4)

第 4 类 LSA 在功能上与第 3 类 LSA 相似。每个汇总 LSA 描述通往一个在 OSPF 区域之外但在自治系统之内的目的地路由。第 4 类 LSA 描述自治系统边界路由器的路由,由 ABR 产生。因此,第 4 类 LSA 能使其他路由器可以找到并到达 ASBR。链路状态 ID 是 ASBR 路由器 ID。

5. 自治系统外部 LSA(类型 5)

第 5 类 LSA 由 ASBR 产生。这些 LSA 描述在 AS 之外的目的路由。这些外部路由可以通过各种来源注入 OSPF,如静态或重分配。ASBR 的任务就是帮助这些路由注入 AS。链路状态 ID 是外部网络号。

6. 非完全末节区域 LSA(类型 7)

第 7 类 LSA 由 ASBR 产生。这种 LSA 用来描述非完全末节区域内的路由。第 7 类 LSA 能够被 ABR 汇总并被第 5 类 LSA 覆盖,以传送到其他 OSPF 区域。当第 7 类 LSA 被包含进第 5 类 LSA 之后,它们便被分发到支持第 5 类 LSR 的区域。NSSA 区域的一个特征是它们用覆盖面更广的第 5 类 LSA 来包含第 7 类 LSA,以便让 OSPF 自治系统内的其他部分知道外部路由。

7. 不透明 LSA:本地链路范围(类型 9)

不透明 LSA 被用于 MPLS 流量工程,用来发放各种 MPLS 属性。它的传送范围和本地网络或子网相对。

8. 不透明 LSA:本地区域范围(类型 10)

不透明 LSA(类型 10)的传送范围与一个 OSPF 区域相对应。

9. 不透明 LSA:自治系统范围(类型 11)

不透明 LSA(类型 11)的传送范围与一个 OSPF 自治系统相对应。

OSPF 在协议中使用 5 种不同类型的报文,如表 10.2 所示。

表 10.2 OSPF 在协议中 5 种不同类型的报文

报文名称	类型/编号	功 能
Hello	1	发现并维持邻居关系
DBD	2	汇总数据库内容
LSR	3	请求路由器发送 LSA,只在交换、载入、FULL 状态时被发送
LSU	4	包含一个 LSA 更新列表,通常在洪泛中使用
LSAck	5	确认洪泛分组,以保证洪泛有效

10.2.3 LSA 运行实例

如前文描述,路由器链接说明了属于某个区域的路由器的接口状态。每个路由器为它的所有接口产生一个路由器链接。汇总链接由 ABR 产生,这是网络在区域间传播可达信息的方式。一般地,所有的信息都被汇入骨干区域(区域 0),再由骨干区域一次将它传送到其他区域。ABR 还要负责准备 ASBR 的信息,这样路由器就知道如何到达外部的其他自治系统的路由了。

Cisco 对于 OSPF 使用了 9 种不同的 LSA 实现,每一种都是为了保证 OSPF 网络路由表的完整和正确而产生的。当一个路由器接收到一个 LSA,将检查它的链路状态数据库。如果 LSA 是新的,则路由器将 LSA 洪泛到它的其他邻居。当新的 LSA 加入到 LSA 数据库中后,路由器运行 SPF 算法。这种重新计算对于保证准确的路由选择表很有必要。SPF 算法负责计算路由表,任何 LSA 的变化都可能导致路由表变化。

如图 10.5 所示,路由器 A 删除了一条链接,重新计算最短路径优先算法,然后将这个 LSA 变化发送到其他接口。这个新的 LSA 立即被洪泛到其他所有路由器,然后由路由器 B 和 C 进行分析,即重新计算并继续将 LSA 洪泛到通往路由器 D 的接口。

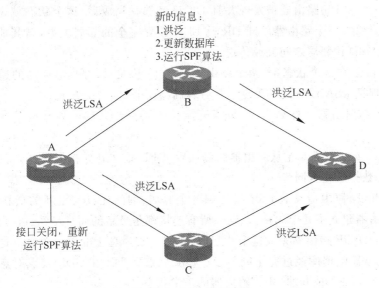

图 10.5　LSA 运行实例

在相同区域的 OSPF 路由器都含有相同的链路状态数据库并且它们自己为根运行相同的 SPF 算法。SPF 算法使用记录来决定网络拓扑,并计算到达目的地的最短路径。链路状态数据库的特点如下。

(1) 所有属于同一区域的网络都有相同的链路状态数据库。
(2) 区域中的每个路由器独立使用 SPF 计算路由。
(3) LSA 洪泛到发生拓扑变化的区域。
(4) 链路状态数据库由 LSA 组成。
(5) 每个路由器对它所属的每个区域含有一个独立的链路状态数据库。

SPF 算法计算从网络内本地 OSPF 路由器到每个目的地的最短路径。当计算出最短路径时,这些信息被放到一个路由表中。从这些计算中,路由器得到通往目的地的下一跳地址。路由器就用这些信息来将报文路由到它们的目的地。很多因素会影响这些计算,例如 TOS 和外部获得的路由。

链路状态数据库同步过程的主要状态如下。

(1) Down:这是 OSPF 建立邻居关系的第一个状态,它代表了无法从邻居那里获得任何信息,但是 Hello 报文仍然能够发送给这个邻居。
(2) Attempt:此状态只对 NBMA 环境中的邻居状态有效。说明路由器正在向邻居发送 Hello 报文，但还没有接收到任何消息。在 OSPF 中，如果路由器相互之间曾经成为过邻居，但后来邻居关系丢失，路由器会通过发送 Hello 报文尝试重新建立邻居关系来启动相互通信。

（3）Init：这个状态说明路由器已经接收到邻居发来的 Hello 报文，但是接收路由器的 ID 没有包含在 Hello 报文中。当一个路由器从邻居接收到 Hello 报文时，路由器会在它的报文中加入发送路由器 ID 来说明它接收到一个有效的 Hello 报文。

（4）2-way：OSPF 路由器完成这个状态后，才能相互通信。这个状态说明路由器之间已经建立起了双向通信。双向是指每个路由器都看到了对方发来的带有自己 ID 的 Hello 报文。当另一个 OSPF 路由器被发现并且 DR 已经选举完成后，这个状态就完成了。在广播多点访问网络中，一个路由器仅同 DR 及 BDR 建立完全的邻居关系，与其他邻居保持在 2-way 状态。DBD 在邻居之间完成传送。

（5）Exstart：在这个状态中，两个路由器形成主/从关系，并且对启动的递增顺序编号达成一致，来保证 LSA 没有发生重复。具有较高路由器 ID 的一方成为"主"，它是唯一能够增加序列编号的路由器。然后 DBD 分组开始传送，初始 DBD 序列号也是在这里达成一致的。

（6）Exchange：完成对主从路由器的确认后，DBD 报文开始持续发送，每次一个，直到双方链路状态数据库完全同步。

（7）Loading：路由器发送 LSR 报文到各个邻居，询问还没有更新的最新 LSA。在这个状态中，路由器建立了几个表格，以确保所有连接都是最新的而且是经过认可的。

（8）Full：OSPF 路由器完成这个状态后，才相互成为真正的邻居关系。这个状态又表示双方的链路状态数据库经过完全同步了。Full 状态是 DR 和 BDR 及点对点链路的正常状态。2-way 只是非 DR 和非 BDR 路由器的正常状态。

在链路状态数据库同步过程的开始，并不发送标准的 LSA，而是路由器之间交换 DBD 报文。当邻居在初始化时，两个路由器同步它们的链路状态数据库，使用第二类报文。DBD 报文包含链路状态数据库的简单描述。当路由器发现 DBD 中包含自己目前没有的 LSA 时，就会发出链路状态请求，接收到请求的路由器会回答 LSA，然后请求方在收到 LSA 时会发送链路状态确认报文。

10.2.4 Hello 协议

在 OSPF 中，Hello 协议具有如下作用。
（1）保证邻居之间的通信是双向的。
（2）发现、建立并保持邻居关系。
（3）挑选广播和 NBMA 网络中的 DR 与 BDR。
（4）验证邻居 OSPF 路由器是可以运行的。

如图 10.6 所示说明了 OSPF 路由器如何发送 Hello 报文来发现它们的邻居。

除非有其他配置，Hello 报文默认在 NBMA 网络中发送时间为每 10s 一次。当一个新的 OSPF 路由器加入网络时，Hello 协议将会如下运行。
（1）OSPF 路由器发送 Hello 报文。
（2）Hello 报文被新路由器接收。

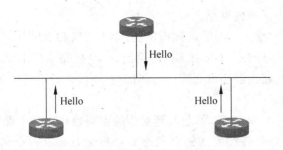

图 10.6　OSPF 路由器发送 Hello 报文发现邻居

（3）所有存在于该网段上的 OSPF 路由器都接收到并转发 Hello 报文，只有新路由器用它自己的组播 Hello 报文来回答。

OSPF 的 Hello 报文为组播报文是由 OSPF 工程组确定的。组播使 Hello 报文只对那些启用 OSPF 协议的路由器接口有意义，避免了资源浪费。因此，路由器的网络接口只侦听那些发送到 OSPF 组播地址的报文，没有运行 OSPF 协议的接口或设备就会忽略这些报文。

在 OSI 参考模型的数据链路层，IP 组播地址被映射成为一个第二层组播地址。例如，在以太网中，IP 组播地址的最后 23 位添加至以太网组播头部 0100.5e。因此 OSPF 路由器组播地址被映射到一个 MAC 地址：0100.5e00.0005。在广播多点访问网段不支持组播的情况下，组播报文是以广播的方式来处理的。根据网络类型的不同，OSPF 的 Hello 协议在运行时会有一些变化。

10.2.5　交换协议

当两个路由器之间建立起了双向通信，它们将同步链路状态数据库。对于点对点链路，两个路由器直接在它们之间交流信息。对于广播多点访问网络或非广播多点访问网络，同步发生在 OSPF 路由器和 DR 之间。交换协议的作用就是同步链路状态数据库。同步完成后，任何路由器链路的变化都使用洪泛协议来更新。

交换协议是不对称的。交换协议的第一步是确定主从路由器。当角色确定之后，两个路由器开始交换它们各自的 DBD。这个信息通过交换协议在两个路由器之间传送。

当路由器接收到这些 DBD 报文后，路由器建立一个独立的列表，包含它们以后需要交换的记录。当比较结束后，路由器交换列表里存储的必要的更新信息可以确保它们的链路状态数据库是最新的。

10.2.6　洪泛过程

OSPF 中的洪泛在链路状态发生变化或更新的时候负责确认和分发链路状态更新信息。当洪泛发生时，变化和更新是最关键的。洪泛是 OSPF 中 LSDB 同步的一种机制。这个机制的主要目的是保证一个 OSPF 区域内路由器的 LSDB 在拓扑发生变化的时间内同步。

链路状态发生变化时，路由器就会发送洪泛分组，其中就包含状态的变化。这个更新会洪泛到 OSPF 路由器的所有接口。这样做是为了确保每个路由器都可以收到更新的 LSA。

OSPF 洪泛会由于下列因素而有不同的情况。

(1) 第1类在一个区域内洪泛。

(2) 第5类 LSA 在整个 OSPF 区域内洪泛,除了端区和 NSSA。

(3) 当 DR 存在时,只有非 DR 到 DR 的洪泛。DR 向每个提出要求的节点洪泛。

(4) 当两个 OSPF 路由器还没有建立起邻接关系时,它们不向彼此洪泛,也就是说它们处在 LSDB 同步中间。

OSPF 路由器发送 LSA 更新后,会收到对方的更新确认。为了保证洪泛报文被每个邻居接收,OSPF 路由器将会持续发送链路状态更新报文直到从每个邻居接收到确认信息。OSPF 使用以下两种方式确认一个更新。

(1) 当目的路由器直接向源路由器发送确认时:这种情况下,OSPF 不使用 DR 路由器来发送确认。

(2) 当使用了 DR 并且它接收到一个更新时:DR 立即将这个更新传送到所有其他路由器。因此,当发送路由器侦听到这个中继时,它认为是一个确认,并且不再采取任何其他动作。

10.3 OSPF 基本配置

如图 10.7 所示,在本例中需要配置两台路由器以启用 OSPF 路由选择,路由器使用一个 B 类地址范围和一个 C 类子网掩码。最终要建立一个小型网络,并且生成 OSPF 路由表。

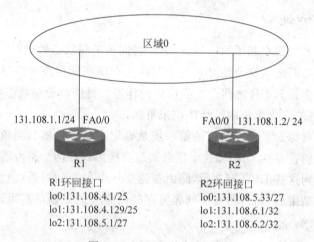

图 10.7 OSPF 基本配置图

除此之外,还需要配置一些环回接口来构建 IP 路由表。图中是两个通过以太网连接的路由器 R1 和 R2。配置路由器的 OSPF 区域 0,并将环回配置到区域 0。

先配置 R1 的 OSPF 协议,然后给所有的接口分配区域 0。需要注意的是本示例使用了 VLSM。使用 network 命令,并正确匹配子网。

R1 的 OSPF 配置如下。

```
R1(config)# router ospf 1
R1(config-router)# network 131.108.1.0 0.0.0.255 area 0
```

```
R1(config-router)#network 131.108.4.0 0.0.0.127 area 0
R1(config-router)#network 131.108.4.128 0.0.0.127 area 0
R1(config-router)#network 131.108.5.0 0.0.0.31 area 0
```

R2 的 OSPF 配置如下。

```
R2(config)#router ospf 1
R2(config-router)#network 131.108.1.0 0.0.0.255 area 0
R2(config-router)#network 131.108.5.32 0.0.0.31 area 0
R2(config-router)#network 131.108.6.1 0.0.0.0 area 0
R2(config-router)#network 131.108.6.2 0.0.0.0 area 0
```

这里需要注意的是，OSPF 的进程 ID 是本地唯一的，不必在路由器之间匹配。此 ID 可以是 1~65 535 范围内的任何整数。同时，因为 R2 在环回路由 2 和 3 上有主机掩码，所以反掩码用 0.0.0.0 来完全匹配。

在此可以使用 show ip route 命令来查看 R1 的路由表，显示如下。

```
R1#show ip route
* * * 省略部分输出 * * *
     131.108.0.0/16 is variably subnetted, 7 subnets, 4 masks
C       131.108.1.0/24 is directly connected, FastEthernet0/0
C       131.108.4.0/25 is directly connected, Loopback0
C       131.108.4.128/25 is directly connected, Loopback1
C       131.108.5.0/27 is directly connected, Loopback2
O       131.108.5.33/32 [110/2] via 131.108.1.2, 00:10:27, FastEthernet0/0
O       131.108.6.1/32 [110/2] via 131.108.1.2, 00:10:05, FastEthernet0/0
O       131.108.6.2/32 [110/2] via 131.108.1.2, 00:09:50, FastEthernet0/0
```

其中显示了三个通过 OSPF 学习来的远端网络，三个网络的链路成本都是 11。通过接口 Fa0/0，下一跳地址是 131.108.1.2。为什么有的网络掩码配置的是 27，路由表中却显示的是 32。因为在默认情况下，OSPF 通告环回接口为主机地址，也就是掩码为 32 的路由。可以把环回接口配置为其他网络类型来改变这种默认行为。可以使用如下命令来查看指定接口的 OSPF 特性。

```
R1#sh ip ospf interface fa0/0
FastEthernet0/0 is up, line protocol is up
  Internet address is 131.108.1.1/24, Area 0
  Process ID 1, Router ID 131.108.5.1, Network Type BROADCAST, Cost: 1
  Transmit Delay is 1 sec, State DR, Priority 1
  Designated Router (ID) 131.108.5.1, Interface address 131.108.1.1
  Backup Designated Router (ID) 131.108.6.2, Interface address 131.108.1.2
  Timer intervals configured, Hello 10, Dead 40, Wait 40, Retransmit 5
    Hello due in 00:00:03
  Index 1/1, flood queue length 0
  Next 0x0(0)/0x0(0)
  Last flood scan length is 1, maximum is 1
  Last flood scan time is 0 msec, maximum is 0 msec
  Neighbor Count is 1, Adjacent neighbor count is 1
    Adjacent with neighbor 131.108.6.2 (Backup Designated Router)
  Suppress hello for 0 neighbor(s)
```

其中有比较重要的几个参数为路由器 ID、网络类型和链路成本，后面则给出了 DR 和

BDR 的路由器 ID。路由器 ID 是当前活动接口的最高 IP 地址，如果有环回接口，则优先使用环回接口。一般为第一个激活的环回接口的 IP 地址，因为环回接口相对比较稳定，所以其 IP 适合作为路由器 ID 使用。以太网的默认网络类型为广播多点访问网络。

路由器 R1 的完整配置如下。

```
Router(config)# hostname R1
R1(config)# no ip domain-lookup
R1(config)# interface Loopback 0
R1(config-if)# ip address 131.108.4.1 255.255.255.128
R1(config-if)# interface Loopback 1
R1(config-if)# ip address 131.108.4.129 255.255.255.128
R1(config-if)# interface Loopback 2
R1(config-if)# ip address 131.108.5.1 255.255.255.224
R1(config-if)# interface Fa0/0
R1(config-if)# ip address 131.108.1.1 255.255.255.0
R1(config-if)# duplex auto
R1(config-if)# speed auto
R1(config-if)# interface Fa0/1
R1(config-if)# no ip address
R1(config-if)# duplex auto
R1(config-if)# speed auto
R1(config-if)# shutdown
R1(config-if)# interface vlan1
R1(config-if)# no ip address
R1(config-if)# shutdown
R1(config-if)# router ospf 1
R1(config-router)# log-adjacency-changes
R1(config-router)# network 131.108.1.0 0.0.0.255 area 0
R1(config-router)# network 131.108.4.0 0.0.0.127 area 0
R1(config-router)# network 131.108.4.128 0.0.0.127 area 0
R1(config-router)# network 131.108.5.0 0.0.0.31 area 0
R1(config)# ip classless
R1(config)# line console 0
R1(config-line)# logging synchronous
R1(config-line)# line vty 0 4
R1(config-line)# login
R1(config-line)# end
```

路由器 R2 的完整配置如下。

```
Router(config)# hostname R2
R2(config)# no ip domain-lookup
R2(config)# interface Loopback 0
R2(config-if)# ip address 131.108.5.33 255.255.255.224
R2(config-if)# interface Loopback 1
R2(config-if)# ip address 131.108.6.1 255.255.255.255
R2(config-if)# interface Loopback 2
R2(config-if)# ip address 131.108.6.2 255.255.255.255
R2(config-if)# interface Fa0/0
R2(config-if)# ip address 131.108.1.2 255.255.255.0
R2(config-if)# duplex auto
R2(config-if)# speed auto
```

```
R2(config-if)# interface Fa0/1
R2(config-if)# no ip address
R2(config-if)# duplex auto
R2(config-if)# speed auto
R2(config-if)# shutdown
R2(config-if)# interface vlan1
R2(config-if)# no ip address
R2(config-if)# shutdown
R2(config-if)# router ospf 1
R2(config-router)# log-adjacency-changes
R2(config-router)# network 131.108.1.0 0.0.0.255 area 0
R2(config-router)# network 131.108.5.32 0.0.0.31 area 0
R2(config-router)# network 131.108.6.1 0.0.0.0 area 0
R2(config-router)# network 131.108.6.2 0.0.0.0 area 0
R2(config)# ip classless
R2(config)# line console 0
R2(config-line)# logging synchronous
R2(config-line)# line vty 0 4
R2(config-line)# login
R2(config-line)# end
```

10.4 OSPF 路由多区域配置

这是一个比前面单区 OSPF 配置更复杂的实验操作,在此将会使用一些 OSPF 的高级特性,实验拓扑如图 10.8 所示。

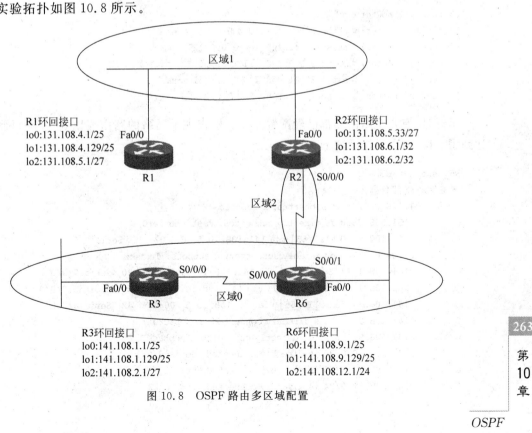

图 10.8 OSPF 路由多区域配置

这个场景中，使用到了 4 个路由器，并创建了三个区域，分别是：区域 0、区域 1、区域 2。R3 和 R6 之间是骨干区域，R6 和 R2 之间是区域 2，以及 R1 和 R2 之间的区域 1。在这种情况下，R2 和 R6 被指定为区域边界路由器，这是因为每个路由器上配置了多于一个区域。在这个环境中，R1 是一个内部路由器，R2 是一个 ABR，R6 同时是主干路由器和 ABR，R3 是一个主干路由器。

基于前面的实验，R1 的配置不需要改变，但需要改变 R2 的配置，并在 R3 和 R6 上启用 OSPF 协议。首先配置 R2 成为 ABR：

```
R2(config)#router ospf 1
R2(config-router)#network 141.108.10.0 0.0.0.3 area 2
```

接下来需要启动 R3 和 R6 的 OSPF 协议。图中的 IP 地址是由 B 类网络 131.108.0.0 和 141.108.0.0 不同子网组成的。本环境使用 VLSM 来说明 OSPF 处理可变长子网掩码的能力。在 R6 上启动 OSPF 配置如下。

```
R6(config)#router ospf 1
R6(config-router)#network 141.108.9.0 0.0.0.127 area 0
R6(config-router)#network 141.108.9.128 0.0.0.127 area 0
R6(config-router)#network 141.108.10.4 0.0.0.3 area 0
R6(config-router)#network 141.108.12.0 0.0.0.255 area 0
R6(config-router)#network 141.108.10.0 0.0.0.3 area 2
R6(config-router)#network 131.108.26.0 0.0.0.255 area 0
```

然后启用 R3 的 OSPF 协议。

```
R3(config)#router ospf 1
R3(config-router)#network 141.108.10.4 0.0.0.3 area 0
R3(config-router)#network 141.108.1.0 0.0.0.127 area 0
R3(config-router)#network 141.108.1.128 0.0.0.127 area 0
R3(config-router)#network 141.108.2.0 0.0.0.31 area 0
R3(config-router)#network 131.108.33.0 0.0.0.255 area 0
```

至此，所有 4 个路由器都已经配置完成。检查主干网络的路由表以确保所有网络都可达到了。R6 路由表显示如下。

```
R6#show ip route
***省略部分输出***
     131.108.0.0/24 is subnetted, 2 subnets
C       131.108.26.0 is directly connected, FastEthernet0/0
O       131.108.33.0 [110/65] via 141.108.10.5, 00:07:26, Serial0/0/0
     141.108.0.0/16 is variably subnetted, 8 subnets, 4 masks
O       141.108.1.1/32 [110/65] via 141.108.10.5, 00:08:20, Serial0/0/0
O       141.108.1.129/32 [110/65] via 141.108.10.5, 00:08:03, Serial0/0/0
O       141.108.2.1/32 [110/65] via 141.108.10.5, 00:07:42, Serial0/0/0
C       141.108.9.0/25 is directly connected, Loopback0
C       141.108.9.128/25 is directly connected, Loopback1
C       141.108.10.0/30 is directly connected, Serial0/0/1
C       141.108.10.4/30 is directly connected, Serial0/0/0
C       141.108.12.0/24 is directly connected, Loopback2
```

可以看出,路由表上包含 R3 上的网段,但没有显示来自 R1 和 R2 的网络。例如,区域 1 内的以太网 131.108.1.0/24 在 R6 上是不可路由的。检查一下 R3 的路由表:

```
R3#show ip route
***省略部分输出***
       131.108.0.0/24 is subnetted, 1 subnets
C         131.108.33.0 is directly connected, FastEthernet0/0
       141.108.0.0/16 is variably subnetted, 8 subnets, 4 masks
C         141.108.1.0/25 is directly connected, Loopback0
C         141.108.1.128/25 is directly connected, Loopback1
C         141.108.2.0/27 is directly connected, Loopback2
O         141.108.9.1/32 [110/782] via 141.108.10.6, 00:15:46, Serial0/0/0
O         141.108.9.129/32 [110/782] via 141.108.10.6, 00:15:46, Serial0/0/0
O IA      141.108.10.0/30 [110/845] via 141.108.10.6, 00:15:46, Serial0/0/0
C         141.108.10.4/30 is directly connected, Serial0/0/0
O         141.108.12.1/32 [110/782] via 141.108.10.6, 00:15:46, Serial0/0/0
```

在 R3 的路由表中同样看不见 R1 和 R2 上区域 1 内的网络。再来看一下路由器 R2 的路由表:

```
R2#show ip route
***省略部分输出***
       131.108.0.0/16 is variably subnetted, 8 subnets, 3 masks
C         131.108.1.0/24 is directly connected, FastEthernet0/0
O         131.108.4.1/32 [110/2] via 131.108.1.1, 03:00:23, FastEthernet0/0
O         131.108.4.129/32 [110/2] via 131.108.1.1, 03:00:23, FastEthernet0/0
O         131.108.5.1/32 [110/2] via 131.108.1.1, 03:00:23, FastEthernet0/0
C         131.108.5.32/27 is directly connected, Loopback0
C         131.108.6.1/32 is directly connected, Loopback1
C         131.108.6.2/32 is directly connected, Loopback2
O IA      131.108.33.0/24 [110/846] via 141.108.10.2, 02:35:26, Serial0/0/0
       141.108.0.0/16 is variably subnetted, 8 subnets, 2 masks
O IA      141.108.1.1/32 [110/846] via 141.108.10.2, 02:36:19, Serial0/0/0
O IA      141.108.1.129/32 [110/846] via 141.108.10.2, 02:36:02, Serial0/0/0
O IA      141.108.2.1/32 [110/846] via 141.108.10.2, 02:35:42, Serial0/0/0
O IA      141.108.9.1/32 [110/782] via 141.108.10.2, 02:47:01, Serial0/0/0
O IA      141.108.9.129/32 [110/782] via 141.108.10.2, 02:47:01, Serial0/0/0
C         141.108.10.0/30 is directly connected, Serial0/0/0
O IA      141.108.10.4/30 [110/845] via 141.108.10.2, 02:37:59, Serial0/0/0
O IA      141.108.12.1/32 [110/782] via 141.108.10.2, 02:45:57, Serial0/0/0
```

可以看到 R2 能够访问区域 0 上的网段,但反之却不行。因为 R2 连接到区域 2,而区域 2 却不是从骨干区域上分离出来的。事实上,区域 2 通过路由器 R6 直接连接到骨干上。区域 1 没有连接到骨干区域,因此区域 1 是被漏掉的网络。

任何 OSPF 网络要遵守所有区域必须连接到骨干区域的规定。如果任何一个区域没有连接到骨干区域,就必须有一条虚链路来将这些隔离区域逻辑上连接到骨干区域上。

因此需要在 R2 和 R6 之间建立一条虚链路,从而允许区域 1 的链路状态通告可以发送到骨干区域。这个问题的另一个解决办法是把区域 1 改成区域 2,或者物理连接区域 1 和骨干区域。在 R2 和 R6 中分别加入如下配置。

R2:
R2(config)# router ospf 1
R2(config-router)# area 2 virtual-link 141.108.12.1

R6:
R6(config)# router ospf 1
R6(config-router)# area 2 virtual-link 131.108.6.2

这时再到 R3 上查看路由表,发现 R3 已经得到了区域 1 的网段了。

```
R3# show ip route
* * * 省略部分输出 * * *
    131.108.0.0/16 is variably subnetted, 8 subnets, 2 masks
O IA    131.108.1.0/24 [110/846] via 141.108.10.6, 00:02:03, Serial0/0/0
O IA    131.108.4.1/32 [110/847] via 141.108.10.6, 00:02:03, Serial0/0/0
O IA    131.108.4.129/32 [110/847] via 141.108.10.6, 00:02:03, Serial0/0/0
O IA    131.108.5.1/32 [110/847] via 141.108.10.6, 00:02:03, Serial0/0/0
O IA    131.108.5.33/32 [110/846] via 141.108.10.6, 00:02:03, Serial0/0/0
O IA    131.108.6.1/32 [110/846] via 141.108.10.6, 00:02:03, Serial0/0/0
O IA    131.108.6.2/32 [110/846] via 141.108.10.6, 00:02:03, Serial0/0/0
C       131.108.33.0/24 is directly connected, FastEthernet0/0
    141.108.0.0/16 is variably subnetted, 8 subnets, 4 masks
C       141.108.1.0/25 is directly connected, Loopback0
C       141.108.1.128/25 is directly connected, Loopback1
C       141.108.2.0/27 is directly connected, Loopback2
O       141.108.9.1/32 [110/782] via 141.108.10.6, 02:48:46, Serial0/0/0
O       141.108.9.129/32 [110/782] via 141.108.10.6, 02:48:46, Serial0/0/0
O IA    141.108.10.0/30 [110/845] via 141.108.10.6, 02:48:46, Serial0/0/0
C       141.108.10.4/30 is directly connected, Serial0/0/0
O       141.108.12.1/32 [110/782] via 141.108.10.6, 02:48:46, Serial0/0/0
```

由此一来,可以得知通过虚链路能够达到连接隔离区域的目的,但是从设计思路上来讲虚链路只能用作临时办法。虚链路中的 LSA 是 LSA 中唯一一种能够跨越多跳的 LSA 类型。

路由器 R2 的完整配置:

```
Router(config)# hostname R2
R2(config)# no ip domain-lookup
R2(config)# interface Loopback 0
R2(config-if)# ip address 131.108.5.33 255.255.255.224
R2(config-if)# interface Loopback 1
R2(config-if)# ip address 131.108.6.1 255.255.255.255
R2(config-if)# interface Loopback 2
R2(config-if)# ip address 131.108.6.2 255.255.255.255
R2(config-if)# interface Fa0/0
R2(config-if)# ip address 131.108.1.2 255.255.255.0
R2(config-if)# duplex auto
R2(config-if)# speed auto
R2(config-if)# interface Fa0/1
R2(config-if)# no ip address
R2(config-if)# duplex auto
```

```
R2(config-if)#speed auto
R2(config-if)#shutdown
R2(config-if)#interface Serial0/0/0
R2(config-if)#ip address 141.108.10.1 255.255.255.252
R2(config-if)#clock rate 64000
R2(config-if)#interface vlan1
R2(config-if)#no ip address
R2(config-if)#shutdown
R2(config-if)#router ospf 1
R2(config-router)#area 2 virtual-link 141.108.12.1
R2(config-router)#network 131.108.1.0 0.0.0.255 area 1
R2(config-router)#network 131.108.5.32 0.0.0.31 area 1
R2(config-router)#network 131.108.6.1 0.0.0.0 area 1
R2(config-router)#network 131.108.6.2 0.0.0.0 area 1
R2(config-router)#network 141.108.10.0 0.0.0.3 area 2
R2(config)#ip classless
R2(config)#line console 0
R2(config-line)#logging synchronous
R2(config-line)#line vty 0 4
R2(config-line)#login
R2(config-line)#end
```

路由器 R3 的完整配置：

```
Router(config)#hostname R3
R3(config)#no ip domain-lookup
R3(config)#interface Loopback 0
R3(config-if)#ip address 141.108.1.1 255.255.255.128
R3(config-if)#interface Loopback 1
R3(config-if)#ip address 141.108.1.129 255.255.255.128
R3(config-if)#interface Loopback 2
R3(config-if)#ip address 141.108.2.1 255.255.255.224
R3(config-if)#interface Fa0/0
R3(config-if)#ip address 131.108.33.1 255.255.255.0
R3(config-if)#duplex auto
R3(config-if)#speed auto
R3(config-if)#interface Fa0/1
R3(config-if)#no ip address
R3(config-if)#duplex auto
R3(config-if)#speed auto
R3(config-if)#shutdown
R3(config-if)#interface Serial0/0/0
R3(config-if)#ip address 141.108.10.5 255.255.255.252
R3(config-if)#clock rate 64000
R3(config-if)#interface vlan1
R3(config-if)#no ip address
R3(config-if)#shutdown
R3(config-if)#router ospf 1
R3(config-router)#log-adjacency-changes
R3(config-router)#network 141.108.10.4 0.0.0.3 area 0
R3(config-router)#network 141.108.1.0 0.0.0.127 area 0
```

```
R3(config-router)#network 141.108.1.128 0.0.0.127 area 0
R3(config-router)#network 141.108.2.0 0.0.0.31 area 0
R3(config-router)#network 131.108.33.0 0.0.0.255 area 0
R3(config)#ip classless
R3(config)#line console 0
R3(config-line)#logging synchronous
R3(config-line)#line vty 0 4
R3(config-line)#login
R3(config-line)#end
```

10.5 OSPF 路由协议的验证及总结

基于上面的实验,需要熟悉一些监测、管理及维护 OSPF 协议的常用方法。例如,修改 OSPF 路由表、更改链路成本计量标准、DR/BDR 的选择过程等。常用的 OSPF 监测及管理命令如表 10.3 所示。

表 10.3 常用 OSPF 监测及管理命令

命令	作用
show ip ospf	显示 OSPF 进程和一些细节,如进程 ID 和路由器 ID
show ip ospf database	显示路由器的拓扑数据库
show ip ospf neighbor	显示 OSPF 邻居
show ip ospf neighbor detail	显示 OSPF 邻居的细节信息,提供一些参数如邻居地址、Hello 间隔、Dead 间隔
show ip ospf interface	对一个给定的接口,显示 OSPF 的配置信息
ip ospf priority	接口命令,用于改变 DR/BDR 的选择过程
ip ospf cost	接口命令,用于改变一个 OSPF 接口的成本

show ip ospf 的输出如下所示。

```
Router#show ip ospf
Routing Process "ospf 1" with ID 141.108.2.1
  Supports only single TOS(TOS0) routes
  Supports opaque LSA
  SPF schedule delay 5 secs, Hold time between two SPFs 10 secs
  Minimum LSA interval 5 secs. Minimum LSA arrival 1 secs
  Number of external LSA 0. Checksum Sum 0x000000
  Number of opaque AS LSA 0. Checksum Sum 0x000000
  Number of DCbitless external and opaque AS LSA 0
  Number of DoNotAge external and opaque AS LSA 0
  Number of areas in this router is 1. 1 normal 0 stub 0 nssa
  External flood list length 0
    Area BACKBONE(0)
        Number of interfaces in this area is 5
        Area has no authentication
        SPF algorithm executed 22 times
        Area ranges are
        Number of LSA 12. Checksum Sum 0x0b26cd
```

```
Number of opaque link LSA 0. Checksum Sum 0x000000
Number of DCbitless LSA 0
Number of indication LSA 0
Number of DoNotAge LSA 0
Flood list length 0
```

其中重要字段的含义如表 10.4 所示。

表 10.4 重要字段含义

输入信息	解 释
Routing process ID	显示进程 ID,本例中为 141.108.2.1
Minimum LSA interval 5 secs	收到一个路由更新后,完成 SPF 算法之前 IOS 所需要等待的时间
Minimum LSA arrival 1 secs	最小 LSA 间隔是 5s,最小 LSA 到达是 1s
Number of area in this router is 1	显示配置在本地路由器上的区域数量。本例中,R3 所有的接口都属于区域 0,因此显示只有一个区域
Area BACKBONE(0)	显示路由器为之配置的区域。R3 是一个骨干路由器,所以输出显示的是骨干区域 0
Number of interface is this area is 5	显示区域 0 内的接口数量,R3 在区域 0 内有 5 个接口
Area has no authentication	显示 R3 没有使用认证

在路由器 R2 上执行 show ip ospf neighbor 会出现下面的显示信息。

```
R2#show ip ospf neighbor
Neighbor ID      Pri   State       DeadTime    Address         Interface
131.108.5.1      1     FULL/DR     00:00:32    131.108.1.1     FastEthernet0/0
141.108.12.1     0     FULL/ -     00:00:35    141.108.10.2    Serial0/0/0
141.108.12.1     0     FULL/ -     00:00:32    141.108.10.2    OSPF_VL0
```

路由器 R2 有两个邻居,一个穿过以太网,另一个通过到 R6 的穿行链路。这个命令显示了路由器 ID、邻居的优先级和 DR 等信息。R2 上看到的 DR 是 R1,但需要注意的是邻居 141.108.12.1 有两个条目,最后面那个条目是因为建立了虚链路才出现的。除此之外,还显示了邻居关系的状态和终止时间。终止时间是在邻居被宣布为断开或非激活之前没有收到 Hello 包的这段时间的长度。终止时间必须和邻居路由器达成一致,一般是 Hello 间隔的 4 倍。地址字段显示远程路由器的 IP 地址。接口字段代表了发现邻居的出接口。

在路由器 R6 上使用 show ip ospf neighbor detail 命令部分显示输出如下。

```
R6#show ip ospf neighbor detail
Neighbor 141.108.2.1, interface address 141.108.10.5
In the area 0 via interface Serial0/0/0
Neighbor priority is 0, State is FULL, 6 state changes
DR is 0.0.0.0 BDR is 0.0.0.0
Options is 0x00
Dead timer due in 00:00:36
Neighbor is up for 04:05:26
Index 2/2, retransmission queue length 0, number of retransmission 0
First 0x0(0)/0x0(0) Next 0x0(0)/0x0(0)
Last retransmission scan length is 0, maximum is 0
```

Last retransmission scan time is 0 msec, maximum is 0 msec

路由器 R6 没有任何邻居穿越广播介质。因此，其邻居都处于 FULL 状态。但在广域网链路上却没有制定 DR 或 BDR，因为 WAN 链路默认是点对点链路。为了判断给定接口是什么类型，可以使用命令 show ip ospf interface，显示如下。

```
R6# show ip ospf interface
Loopback0 is up, line protocol is up
  Internet address is 141.108.9.1/25, Area 0
  Process ID 1, Router ID 141.108.12.1, Network Type LOOPBACK, Cost: 1
  Loopback interface is treated as a stub Host
Loopback1 is up, line protocol is up
  Internet address is 141.108.9.129/25, Area 0
  Process ID 1, Router ID 141.108.12.1, Network Type LOOPBACK, Cost: 1
  Loopback interface is treated as a stub Host
Loopback2 is up, line protocol is up
  Internet address is 141.108.12.1/24, Area 0
  Process ID 1, Router ID 141.108.12.1, Network Type LOOPBACK, Cost: 1
  Loopback interface is treated as a stub Host
Serial0/0/0 is up, line protocol is up
  Internet address is 141.108.10.6/30, Area 0
  Process ID 1, Router ID 141.108.12.1, Network Type POINT-TO-POINT, Cost: 64
  Transmit Delay is 1 sec, State POINT-TO-POINT, Priority 0
  No designated router on this network
  No backup designated router on this network
  Timer intervals configured, Hello 10, Dead 40, Wait 40, Retransmit 5
    Hello due in 00:00:03
  Index 4/4, flood queue length 0
  Next 0x0(0)/0x0(0)
  Last flood scan length is 1, maximum is 1
  Last flood scan time is 0 msec, maximum is 0 msec
  Neighbor Count is 1 , Adjacent neighbor count is 1
    Adjacent with neighbor 141.108.2.1
  Suppress hello for 0 neighbor(s)
FastEthernet0/0 is up, line protocol is up
  Internet address is 131.108.26.1/24, Area 0
  Process ID 1, Router ID 141.108.12.1, Network Type BROADCAST, Cost: 1
  Transmit Delay is 1 sec, State DR, Priority 1
  Designated Router (ID) 141.108.12.1, Interface address 131.108.26.1
  No backup designated router on this network
  Timer intervals configured, Hello 10, Dead 40, Wait 40, Retransmit 5
    Hello due in 00:00:05
  Index 5/5, flood queue length 0
  Next 0x0(0)/0x0(0)
  Last flood scan length is 1, maximum is 1
  Last flood scan time is 0 msec, maximum is 0 msec
  Neighbor Count is 0, Adjacent neighbor count is 0
  Suppress hello for 0 neighbor(s)
Serial0/0/1 is up, line protocol is up
  Internet address is 141.108.10.2/30, Area 2
  Process ID 1, Router ID 141.108.12.1, Network Type POINT-TO-POINT, Cost: 64
```

```
  Transmit Delay is 1 sec, State POINT-TO-POINT, Priority 0
  No designated router on this network
  No backup designated router on this network
  Timer intervals configured, Hello 10, Dead 40, Wait 40, Retransmit 5
    Hello due in 00:00:07
  Index 6/6, flood queue length 0
  Next 0x0(0)/0x0(0)
  Last flood scan length is 1, maximum is 1
  Last flood scan time is 0 msec, maximum is 0 msec
  Neighbor Count is 1 , Adjacent neighbor count is 1
    Adjacent with neighbor 131.108.6.2
  Suppress hello for 0 neighbor(s)
```

路由器 R6 有 6 个接口配置了 OSPF，接口默认类型为点对点和广播多点访问网络，只有环回接口通告为 32 位掩码长度。

在此可以使用一些特殊命令来改变 DR/BDR 的选举过程。首先改变区域 1 中的指定路由器并确保 R2 为 DR。手工将 R2 的优先级改为 255，从而使其优先级高于 R1。效果如下。

```
R2# show ip ospf neighbor
Neighbor ID     Pri  State     Dead Time    Address        Interface
131.108.5.1     1    FULL/DR   00:00:31     131.108.1.1    FastEthernet0/0
141.108.12.1    0    FULL/ -   00:00:33     141.108.10.2   Serial0/0/0
141.108.12.1    0    FULL/ -   00:00:30     141.108.10.2   OSPF_VL0

R2# conf t
Enter configuration commands, one per line. End with CNTL/Z.
R2(config)# inter fa0/0
R2(config-if)# ip ospf priority 255
R2# sh ip ospf neighbor

Neighbor ID     Pri  State     Dead Time    Address        Interface
131.108.5.1     1    FULL/DR   00:00:32     131.108.1.1    FastEthernet0/0
141.108.12.1    0    FULL/ -   00:00:35     141.108.10.2   Serial0/0/0
141.108.12.1    0    FULL/ -   00:00:32     141.108.10.2   OSPF_VL0
```

由此发现即使优先级改为 255 之后，DR 仍然没有变化，这是因为 DR 的选择过程在此之前已经发生过了，所以 R1 仍然是 DR。因此可以通过关闭 Fa0/0 接口来模拟网络重启的过程，然后再次观察。

```
R2# show ip ospf neighbor
Neighbor ID     Pri  State     Dead Time    Address        Interface
131.108.5.1     1    FULL/BDR  00:00:37     131.108.1.1    FastEthernet0/0
141.108.12.1    0    FULL/ -   00:00:30     141.108.10.2   Serial0/0/0
141.108.12.1    0    FULL/ -   00:00:37     141.108.10.2   OSPF_VL0
```

这时路由器 R2 已经成为 DR，而优先级次之的 R1 成为 BDR。

总之，OSPF 路由协议应该说是内部网关路由协议中最复杂的一个，它自身具备了很多先进的特性，用以支持大规模网络和灵活多样的链路环境。OSPF 非常适合应用在中大型企业网络中。由于 OSPF 自身的复杂性，读者需要仔细地学习 OSPF 的各种特性，才能真正设计实施一个较为完善的 OSPF 网络。

第 11 章　BGP

11.1　BGP 概述

11.1.1　BGP 简介

随着科技的高速发展、网络日益扩大、网络设备数量的增多以及路由条路数量的增多，IGP 已经不能满足当前的网络状况。

基于上面这些原因，需要将网络进行划分，划分出来的区域范围即自治系统（Autonomous System，AS），IGP 的更新只能在同一个 AS 内传递，全网通信，即不同 AS 之间通信。需要在 AS 之间运行的协议，即边界网关协议（Border Gateway Protocol，BGP）。

注意：虽然 EIGRP 也有 AS 概念，但是与 BGP 的 AS 不同。

BGP 是一种自治系统间的动态路由发现协议，它的基本功能是在自治系统间自动交换无环路的路由信息，通过交换带有 AS 序列属性的路径可达信息，来构造自制系统的拓扑图，从而消除路由环路并实施用户配置的策略。BGP 经常用于 ISP 之间。

BGP 从 1989 年就开始使用。它最早发布的三个版本分别是 RFC1105（BGP-1）、RFC1163（BGP-2）和 RFC1267（BGP-3），当前使用的是 RFC1771（BGP-4）。它适用于分布式结构并支持无类域间路由 CIDR。

11.1.2　BGP 的应用

BGP 是一种路径矢量路由协议，用于传输自治系统间的路由信息，BGP 在启动的时候传播整张路由表，以后只传播网络变化的部分触发更新。它采用 TCP 连接传送信息，端口号为 179。

在 Internet 上，BGP 需要通告的路由数目极大，由于 TCP 提供了可靠的传送机制，同时 TCP 使用滑动窗口机制，使得 BGP 可以不断地发送分组，而无须像 OSPF 或 EIGRP 那样停止发送并等待确认。

BGP 使用一个 AS 号列表，数据包必须通过这些 AS 才能到达目的地，同时对产生的 AS-path 做一定的策略。AS-path 对于路由环路非常容易检测到，如果路由器接收到一条含有本地 AS 号的 AS-path，说明出现环路。

BGP 的用途及使用时机如下。

1. 基本策略的路由选择

（1）BGP 支持 AS 级策略。制定路由选择策略，被称为基于策略的路由选择。BGP 根据路由选择信息中的属性可以制定 AS 策略。

(2) BGP 路由器只把自己获悉或使用的最佳路由通告给邻接自主系统,其他路由不通告。邻接自主系统,即与本自主系统相邻的自主系统。

即 BGP 路由器只把自己获悉的最佳路由通告给相邻自主系统的 BGP 路由器。

2. 使用 BGP 的时机

(1) AS 有多条到其他自主系统的连接。
(2) 必须对数据流进入和离开 AS 的方式进行控制。
(3) AS 允许分组穿过它前往其他自主系统。

3. 不使用 BGP 的时机

(1) 只有一条到 Internet 或另一个 AS 的连接。
(2) 自主系统之间带宽较低。
(3) 当一个 AS 与另一个 AS 的路由策略相同时。
(4) 路由器没有足够的能力来处理 BGP 更新。

以上情况应用静态路由来解决。

浮动静态路由:即把静态路由的管理距离调整到比动态路由协议的管理距离还要大。只有动态路由协议不可用时,此静态路由才被使用。

11.1.3 BGP 邻居的建立和配置

如果在自己的 PC 上从某个 FTP 服务器去下载文件,那么 PC 只要和 FTP 服务器是通畅的即可,即 PC 要 ping 得通 FTP 服务器,不管距离有多远,因为不可能每个从 FTP 服务器上下载文件的 PC 都与之是直接连在一起的。PC 从 FTP 服务器下载文件时,使用的是 TCP 传输,当数据在中途出现丢包时,被丢弃的数据包能够得到重新传递,从而保证下载的文件是完整的。由于 BGP 运行在整个互联网,传递着数量庞大的路由信息,因此需要让 BGP 路由器之间的路由传递具有高可靠性和高准确性,所以 BGP 路由器之间的数据传输使用了 TCP,端口号为 179,并且指的是会话的目标端口号为 179,而会话源端口号是随机的。

正因为 BGP 使用了 TCP 传递,所以两台运行 BGP 的路由器只要通信正常,即只要 ping 得通,而不管路由器之间的距离有多远,都能够形成 BGP 邻居,从而互换路由信息。

一个配置了 BGP 进程的路由器只能称为 BGP-Speaker,当和其他运行了 BGP 的路由器形成邻居之后,就被称为 BGP-Peer。如果一个网络中的多台路由器都运行 OSPF 之后,那么这些路由器会在相应网段去主动发现 OSPF 邻居,并主动和对方形成 OSPF 邻居。而一个路由器运行 BGP 后,并不会主动去发现和寻找其他 BGP 邻居,BGP 的邻居必须手工指定。

BGP 和其他路由协议一样,传递的是网络层协议,如 IP 协议,除此之外,BGP 还能够传递除 IP 协议之外的其他网络层协议,能够传递的协议如下。

```
IP version 4 (IPv4)
IP version 6 (IPv6)
Virtual Private Networks version 4 (VPNv4)
Connectionless Network Services (CLNS)
```

Layer 2 VPN (L2VPN)

这些协议被称为 Address Family，配置时，需要进入相应的协议 Address Family 模式，而 IPv4 除外。所有命令在 Address Family 中独立配置，独立生效，并且都拥有独立的数据库。正常的 BGP 配置模式被称为 NLRI 模式，而 Address Family 模式称为 AFI 模式，像 MPLS，只能在 AFI 中配置，而不能在 NLRI 模式中配置，在 NLRI 模式中配置的参数只对 IPv4 单播生效。

IOS 支持 4 个 AFI 模式，分别为：IPv4、IPv6、CLNS、VPNv4，并且 IPv4 和 IPv6 还有单播和组播之分。

思科路由器运行的 BGP 为 version 4，一台路由器只能运行一个 BGP 进程，并且整台路由器只能属于一个 AS，但是一台路由器可以承载多个 Address Family，而一个支持多个 Address Family 的 BGP 和一个不支持的可以正常通信，但这也仅限于 IPv4。

一台 BGP 路由器运行在一个单一的 AS 内，在和其他 BGP 路由器建立邻居时，如果对方路由器和自己属于相同 AS，则邻居关系为 Internal BGP(IBGP)，如果属于不同 AS，则邻居关系为 External BGP(EBGP)。BGP 要求 EBGP 邻居必须直连，而 IBGP 邻居可以任意距离，但这些都是可以改变的。

在 BGP 形成邻居后，初始时交换所有路由信息，但是之后都采用增量更新，即只有在路由有变化时才更新，并且只更新有变化的路由。

BGP 建立邻居后，会通过相互发送类似 Hello 包的数据来维持邻居关系，这个数据包称为 keepalive，默认每 60s 发送一次，hold timer 为 180s，即到达 180s 没有收到邻居的 keepalive，便认为邻居丢失，则断开与邻居的连接。

BGP 之间建立邻居，需要经历如下几个过程。

（1）Idle——BGP 进程被启动或被重置，这个状态是等待开始，比如等于指定一个 BGP peer，当收到 TCP 连接请求后，便初始化另外一个事件，当路由器或 peer 重置，都会回到 idle 状态。

（2）Connect——检测到有 peer 要尝试建立 TCP 连接。

（3）Active——尝试和对方 peer 建立 TCP 连接，如有故障，则回到 idle 状态。

（4）OpenSent——TCP 连接已经建立，BGP 发送了一个 OPEN 消息给对方 peer，然后切换到 OpenSent 状态，如果失败，则切换到 Active 状态。

（5）OpenReceive——收到对方 peer 的 OPEN 消息，并等待 keepalive 消息，如果收到 keepalive，则转到 Established 状态，如果收到 notification，则回到 idle 状态，比如错误或配置改变，都会发送 notification 而回到 idle 状态。

（6）Established——从对端 peer 收到了 keepalive，并开始交换数据，收到 keepalive 后，hold timer 都会被重置，如果收到 notification，就回到 idle 状态。

11.1.4 BGP 管理距离

管理距离（Administrative Distance）是指一种路由协议的路由可信度。每一种路由协议按可靠性从高到低，依次分配一个信任等级，这个信任等级就是管理距离。

在自治系统内部，如 RIP 是根据路径传递的跳数来决定路径长短即传输距离，而像 EIGRP 是根据路径传输中的带宽和延迟来决定路径开销从而体现传输距离的。这是两种不同单位的度量值,无法进行比较。

为了方便比较,定义了管理距离。这样可以统一单位从而衡量不同协议的路径开销进而选出最优路径。正常情况下,管理距离越小,它的优先级就越高,即可信度越高。

对于两种不同的路由协议到一个目的地的路由信息,路由器首先根据管理距离决定相信哪一个协议。

AD 值越低,则它的优先级越高。一个管理距离是一个 0~255 的整数值,0 是最可信赖的,而 255 则意味着不会有业务量通过这个路由。

思科路由器默认 BGP 管理距离为 20,通过 show ip route 命令可以查看。

```
Router# show ip route
B       200.46.200.0/24 [20/0] via 12.123.1.236, 2w1d
B       200.29.251.0/24 [20/0] via 12.123.1.236, 5d14h
B       200.12.234.0/24 [20/0] via 12.123.1.236, 4d08h
B       199.226.11.0/24 [20/0] via 12.123.1.236, 2w1d
B       199.192.41.0/24 [20/0] via 12.123.1.236, 2w1d
B       199.46.199.0/24 [20/0] via 12.123.1.236, 2w1dbgp
            ↓              ↓
         目的网段        AD/Metric
```

11.1.5 BGP 同步

同步是指 BGP 必须等待直到 IGP 在其所在自治系统中成功传播该选路信息,才向其他自治系统通告过渡信息。即当一个路由器从 IBGP 对等体收到一个目的地的更新信息,再把它通告给其他 EBGP 对等体之前,要试图验证该目的地通过自治系统内部能否到达(即验证该目的地是否存在于 IGP,非 BGP 路由器是否可传递业务量到该目的地)。若 IGP 认识这个目的地,才接收这样一条路由信息并通告给 EBGP 对等体,否则将把这个路由当作与 IGP 不同步,不进行通告。

(1) BGP 同步规则的定义。

在 BGP 同步打开的情况下,一个 BGP 路由器不会把那些通过 IBGP 邻居学到的 BGP 路由通告给自己的 EBGP 邻居;除非自己的 IGP 路由表中存在这些路由,才可以向 EBGP 路由器通告。

(2) BGP 同步规则的目的。

为防止一个 AS(不是所有的路由器都运行 BGP)内部出现路由黑洞,即向外部通告了一个本 AS 不可达的虚假的路由。

(3) BGP 同步规则的基本需求。

如果一个 AS 内部存在非 BGP 路由器,那么就出现了 BGP 和 IGP 的边界,需要在边界路由器将 BGP 路由发布到 IGP 中,才能保证 AS 所通告到外部的 BGP 路由,在 AS 内部是连通的。实际上是要求 BGP 路由和 IGP 路由的同步。

(4) 满足 BGP 同步规则的基本需求的结果。

如果将 BGP 路由发布到 IGP 中,由于 BGP 路由主要是来自 AS 外部的路由(来自 Internet),那么结果是 IGP 路由器要维护数以万计的外部路由,对路由器的 CPU 和 Memory 以及 AS 内部的链路带宽的占用将带来巨大的开销。

(5) 结论。

通常 BGP 的运行需要关闭同步。

同步的目的有以下三点。

① 默认情况下同步打开,不会将 IBGP 路由通告给 EBGP 邻居。

② 防止内部出现路由黑洞,向外界公布虚假路由。

③ 当 BGP 和 IGP 同时存在时,为了保证向外界公告的路由是真实的,理论上要求同步。

但是 BGP 路由主要来自于互联网,IGP 不能承受数以万计的外部路由;因此一般不建议将 BGP 路由注入 IGP 中。

11.1.6 BGP 的基本配置

拓扑图如图 11.1 所示。

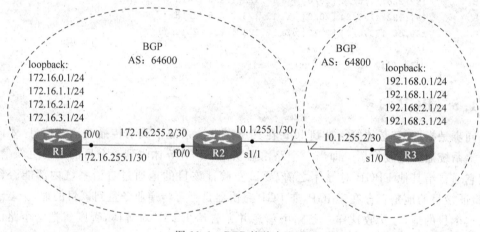

图 11.1 BGP 的基本配置

详细配置及说明如下。

(1) 配置各路由器的 IP 地址,保证直连链路的直通性,确保有 TCP 的连接。

(2) 在 R1 上的配置如下。

```
R1(config)#router bgp 64600                                      //启用 BGP
R1(config-router)#nei 172.16.255.2 remote 64600                  //指定 BGP 对端邻居,加 AS 号
                                                                 //为了区分 IBGP 和 EBGP
R1(config-router)#net 172.16.255.0 mask 255.255.255.252          //注入直连网络,
                                                                 //无类地址带有掩码发布
R1(config-router)#net 172.16.1.0 mask 255.255.255.0
R1(config-router)#net 172.16.2.0 mask 255.255.255.0
R1(config-router)#net 172.16.3.0 mask 255.255.255.0
```

(3) 在 R2 上的配置,由于 R2 有两个直连的路由,所以要指定两个邻居。

```
R2(config-router)#nei 172.16.255.1 remote 64600
R2(config-router)#nei 10.1.255.2 remote 64800
R2(config-router)#net 172.16.255.0 mask 255.255.255.252          //无类地址带有掩码发布
R2(config-router)#network 10.1.255.0 mask 255.255.255.252
```

(4) 在 R3 上的配置如下。

```
R3(config)#router bgp 64513
R3(config-router)#neighbor 10.1.255.1 remote-as 64800
R3(config-router)#network 10.1.255.0 mask 255.255.255.252
R3(config-router)#network 192.168.0.0                    //有类地址,没有带掩码发布
R3(config-router)#network 192.168.1.0
R3(config-router)#network 192.168.2.0
R3(config-router)#network 192.168.3.0
```

(5) 在 R2 上查看一下 BGP 的路由表。

```
R2#sh ip route bgp
***省略部分输出***
     172.16.0.0/16 is variably subnetted, 5 subnets, 2 masks
B       172.16.0.0/24 [200/0] via 172.16.255.1, 00:08:50
B       172.16.1.0/24 [200/0] via 172.16.255.1, 00:08:50
B       172.16.2.0/24 [200/0] via 172.16.255.1, 00:08:50
B       172.16.3.0/24 [200/0] via 172.16.255.1, 00:08:50
B    192.168.0.0/24 [20/0] via 10.1.255.2, 00:07:32
B    192.168.1.0/24 [20/0] via 10.1.255.2, 00:07:32
B    192.168.2.0/24 [20/0] via 10.1.255.2, 00:07:32
B    192.168.3.0/24 [20/0] via 10.1.255.2, 00:07:32
```

(6) 查看一下简单的 BGP 汇总信息。

```
R2#sh ip bgp summary
BGP router identifier 172.16.255.2, local AS number 64600
BGP table version is 11, main routing table version 11
10 network entries using 1170 bytes of memory
12 path entries using 624 bytes of memory
4/3 BGP path/bestpath attribute entries using 496 bytes of memory
1 BGP AS-PATH entries using 24 bytes of memory
0 BGP route-map cache entries using 0 bytes of memory
0 BGP filter-list cache entries using 0 bytes of memory
BGP using 2314 total bytes of memory
BGP activity 10/0 prefixes, 12/0 paths, scan interval 60 secs

Neighbor        V    AS    MsgRcvd  MsgSent  TblVer  InQ  OutQ  Up/Down    State/PfxRcd
10.1.255.2      4    64800    33      34       11     0    0   00:28:14    5
172.16.255.1    4    64600    34      35       11     0    0   00:29:31    5
```

(7) 在 BGP 中 clear ip bgp * 会造成邻居的 down 然后再 up 的过程。但可以用 clear ip bgp * soft 软清除命令去刷新 BGP 路由表而不会重置邻居关系,因为 BGP 建立邻居是要基于 TCP 连接的,所以 TCP 连接不会重置。

```
R1#clear ip bgp *
R1#
*Mar 1 00:52:32.927: %BGP-5-ADJCHANGE: neighbor 172.16.255.2 Down User reset
R1#
*Mar 1 00:52:33.959: %BGP-5-ADJCHANGE: neighbor 172.16.255.2 Up    //邻居关系重置了
R1#clear ip bgp * soft
```

R1#   //邻居关系没有重置

(8) 查看 BGP 的邻居。

R1# show ip bgp neighbors
BGP neighbor is 172.16.255.2, remote AS 64600, internal link //指出了 BGP 邻居和 AS 号且是 IBGP
BGP version 4, remote router ID 172.16.255.2
BGP state = Established, up for 00:25:06   //邻居关系的状态已建立
Last read 00:00:06, last write 00:00:06, hold time is 180, keepalive interval is 60 seconds
  Neighbor capabilities:
    Route refresh: advertised and received(old & new)
    Address family IPv4 Unicast: advertised and received
  Message statistics:
    InQ depth is 0
    OutQ depth is 0

                          Sent   Rcvd
    Opens: 2   2
    Notifications: 0   0
    Updates: 3   6
    Keepalives: 67   67
    Route Refresh: 1   0
    Total: 73   75   （BGP 几种数据包发送和接收数量）
Default minimum time between advertisement runs is 0 seconds
...
R1#

通过以上配置，了解了 BGP 的基本配置以及如何去查看一些 BGP 的路由特性。

11.2　IBGP 和 EBGP

11.2.1　IBGP 和 EBGP 邻居的建立

从 BGP 的配置中可以看到，在配置邻居时，需要使用多条命令指定多个参数，比如 AS 号码、BGP 更新源地址、TTL 等，才能够配置一个正常的邻居；而 BGP 是使用在大型网络中的，这就意味着一台 BGP 路由器将要使用许多的命令来完成邻居的建立，而这其中势必会有许多邻居都拥有相同的配置参数。

为了能够简化 BGP 对邻居的参数配置，BGP 使用了 Peer Group 的概念，BGP 的 Peer Group 就相当于一个容器，这个容器拥有着 BGP 参数和策略，只要将 BGP 邻居放入这个容器中，那么该邻居即可获得容器的所有参数和策略，从而大大简化为每个邻居重复配置相同参数和策略。

BGP 的 Peer Group 创建之后，就可以为其配置参数，所有可以为邻居配置的一切参数，都可以为 Peer Group 配置，在配置了 Peer Group 之后，就可以不必再为每个邻居一一配置参数，只要将邻居划入 Peer Group 即可，对 Peer Group 配置的参数会对 Peer Group 中所有邻居生效。

在使用普通方式配置 BGP 邻居时，假如配置一个特定的邻居需要 4 条命令，那么配置

10个邻居就需要40条命令,在使用Peer Group时,创建Peer Group使用1条命令,再使用4条命令为Peer Group配置参数,最后再使用10条命令将10个邻居全部划入Peer Group,可以看出,使用Peer Group配置10个邻居所使用的15条命令,远远少于使用普通方式的40条命令,从而体现出使用Peer Group对配置BGP工作量的简化是相当明显的。

除了可以对Peer Group配置各种参数外,各种可以为邻居配置的属性和策略,也完全可以对Peer Group进行配置。

Peer Group唯一的限制就是,同一个Peer Group中的所有邻居,必须全部为IBGP邻居,或者全部为EBGP邻居,即不能将IBGP邻居和EBGP邻居同时混杂在同一个Peer Group中,但是如果全部都为EBGP邻居,这些邻居可以是任意AS的,而不必所有邻居都是同一个AS的。

在使用Peer Group配置邻居后,可以对Peer Group配置参数和策略,也可以对Peer Group中的单个邻居配置参数和策略,如果对单个邻居配置,那么配置只对单个特定的邻居生效,而不影响Peer Group中的其他邻居,所以在使用Peer Group配置减少工作量的同时,也能保证邻居策略的多样化。

注意:图11.2中所有路由器都配有Loopback地址,地址分别如下。

R1	Loopback 0	1.1.1.1/32	Loopback 11	11.1.1.1/24
R2	Loopback 0	2.2.2.2/32	Loopback 22	22.2.2.2/24
R3	Loopback 0	3.3.3.3/32	Loopback 33	33.3.3.3/24
R4	Loopback 0	4.4.4.4/32	Loopback 44	44.4.4.4/24

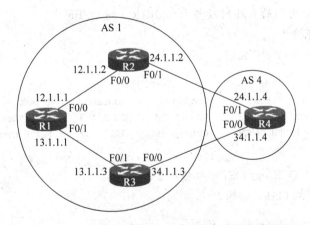

图 11.2 IBGP 和 EBGP 建立邻居基本配置

所有路由器之间运行OSPF,并将Loopback 0的地址发布到OSPF中,保证全网Loopback 0之间是可以通信的,以此作为BGP的连接地址。

1. IGP 使全网 Loopback 0 互通

使用OSPF保证Loopback 0之间的通信,从而建立BGP连接。配置各路由器的OSPF如下。

```
R1:
R1(config)# router ospf 1
R1(config-router)# router-id 1.1.1.1
```

```
R1(config-router)# network 12.1.1.1 0.0.0.0 area 0
R1(config-router)# network 13.1.1.1 0.0.0.0 area 0
R1(config-router)# network 1.1.1.1 0.0.0.0 area 0
```

R2:
```
R2(config)# router ospf 1
R2(config-router)# router-id 2.2.2.2
R2(config-router)# network 12.1.1.2 0.0.0.0 area 0
R2(config-router)# network 24.1.1.2 0.0.0.0 area 0
R2(config-router)# network 2.2.2.2 0.0.0.0 area 0
```

R3:
```
R3(config)# router ospf 1
R3(config-router)# router-id 3.3.3.3
R3(config-router)# network 13.1.1.3 0.0.0.0 area 0
R3(config-router)# network 34.1.1.3 0.0.0.0 area 0
R3(config-router)# network 3.3.3.3 0.0.0.0 area 0
```

R4:
```
R4(config)# router ospf 1
R4(config-router)# router-id 4.4.4.4
R4(config-router)# network 24.1.1.4 0.0.0.0 area 0
R4(config-router)# network 34.1.1.4 0.0.0.0 area 0
R4(config-router)# network 4.4.4.4 0.0.0.0 area 0
```

说明：发布各路由器的直连网段与 Loopback 0 到 OSPF 中。

2. 检查 IGP 连接

（1）检查 R1 上的 OSPF 邻居。

```
R1# show ip ospf neighbor
Neighbor ID    Pri    State        Dead Time    Address      Interface
3.3.3.3         1     FULL/BDR     00:00:34     13.1.1.3     FastEthernet0/1
2.2.2.2         1     FULL/BDR     00:00:38     12.1.1.2     FastEthernet0/0
R1#
```

说明：R1 与 R2 和 R3 的 OSPF 邻居正常。

（2）检查 R4 上的 OSPF 邻居。

```
R4# show ip ospf neighbor
Neighbor ID    Pri    State        Dead Time    Address      Interface
3.3.3.3         1     FULL/DR      00:00:34     34.1.1.3     FastEthernet0/0
2.2.2.2         1     FULL/DR      00:00:29     24.1.1.2     FastEthernet0/1
R4#
```

注意：R4 与 R2 和 R3 的 OSPF 邻居正常。

（3）在 R1 上查看全网的 Loopback 0 通信情况。

```
R1# ping 2.2.2.2 source loopback 0
Type escape sequence to abort.
Sending 5, 100-byte ICMP Echos to 2.2.2.2, timeout is 2 seconds:
Packet sent with a source address of 1.1.1.1
```

```
!!!!!
Success rate is 100 percent (5/5), round-trip min/avg/max = 1/2/4 ms
R1#
R1#ping 3.3.3.3 source loopback 0
Type escape sequence to abort.
Sending 5, 100-byte ICMP Echos to 3.3.3.3, timeout is 2 seconds:
Packet sent with a source address of 1.1.1.1
!!!!!
Success rate is 100 percent (5/5), round-trip min/avg/max = 1/2/4 ms

R1#ping 4.4.4.4 source loopback 0
Type escape sequence to abort.
Sending 5, 100-byte ICMP Echos to 4.4.4.4, timeout is 2 seconds:
Packet sent with a source address of 1.1.1.1
!!!!!
Success rate is 100 percent (5/5), round-trip min/avg/max = 1/2/4 ms
R1#
```

注意：全网的 Loopback 0 通信正常，可以用此地址建立 BGP 连接。

3. 建立 BGP 邻居

（1）在 R1 与 R2 之间建立 BGP 邻居。

```
R1(config)#router bgp 1
R1(config-router)#bgp router-id 1.1.1.1
R1(config-router)#neighbor 2.2.2.2 remote-as 1
```

注意：配置 R1 的 Router-ID，并指定邻居为 2.2.2.2，邻居 AS 为 1。

（2）在 R1 与 R2 之间建立 BGP 邻居。

```
R2(config)#router bgp 1
R2(config-router)#bgp router-id 2.2.2.2
R2(config-router)#neighbor 1.1.1.1 remote-as 1
```

注意：配置 R2 的 Router-ID，并指定邻居为 1.1.1.1，邻居 AS 为 1。

（3）查看 BGP 邻居。

```
R1#sh ip bgp summary
BGP router identifier 1.1.1.1, local AS number 1
BGP table version is 1, main routing table version 1

Neighbor   V   AS   MsgRcvd   MsgSent   TblVer   InQ   OutQ   Up/Down   State/PfxRcd
2.2.2.2    4   1    0         0         0        0     0      never     Active
R1#
```

注意：R1 无法与 R2 建立 BGP 邻居，因为自己的目的地址是 2.2.2.2，而对方源地址是 12.1.1.2，同样对方目的是 1.1.1.1，而自己源是 12.1.1.1，源与目的不匹配，所以必须修改。

（4）修改 R1 的 BGP 源地址。

```
R1(config)#router bgp 1
R1(config-router)#neighbor 2.2.2.2 update-source loopback 0
```

注意：将 R1 的源地址改为 Loopback 0，即 1.1.1.1，而 R2 的目标地址也是 1.1.1.1，与 R1 的源相同。

（5）查看 R1 的 BGP 邻居。

R1# sh ip bgp summary
BGP router identifier 1.1.1.1, local AS number 1
BGP table version is 1, main routing table version 1

Neighbor	V	AS	MsgRcvd	MsgSent	TblVer	InQ	OutQ	Up/Down	State/PfxRcd
2.2.2.2	4	1	9	9	1	0	0	00:05:43	0

R1#

注意：因为 R1 的源与 R2 的目的相匹配，所以双方正常建立 BGP 邻居。

（6）修改 R2 的 BGP 源地址。

R2(config)# router bgp 1
R2(config-router)# neighbor 1.1.1.1 update-source loopback 0

注意：虽然 R1 的源与 R2 的目的相匹配，已正常建立 BGP 邻居，但为了统一，也配置使 R2 的源与 R1 的目的相匹配。

4. 建立 R2 与 R4 的 BGP 邻居

（1）配置 R2 的 BGP 参数。

R2(config)# router bgp 1
R2(config-router)# neighbor 4.4.4.4 remote-as 4
R2(config-router)# neighbor 4.4.4.4 update-source loopback 0

注意：在 R2 上指定邻居为 4.4.4.4，邻居 AS 为 4，并且 R2 的源为 Loopback 0，即 2.2.2.2。

（2）配置 R4 的 BGP 参数。

R4(config)# router bgp 4
R4(config-router)# bgp router-id 4.4.4.4
R4(config-router)# neighbor 2.2.2.2 remote-as 1
R4(config-router)# neighbor 2.2.2.2 update-source loopback 0

注意：配置 R4 的 Router-ID，并指定邻居为 2.2.2.2，邻居 AS 为 1，R4 的源地址为 4.4.4.4。

（3）查看 BGP 邻居。

R2# sh ip bgp summary
BGP router identifier 2.2.2.2, local AS number 1
BGP table version is 1, main routing table version 1

Neighbor	V	AS	MsgRcvd	MsgSent	TblVer	InQ	OutQ	Up/Down	State/PfxRcd
1.1.1.1	4	1	12	12	1	0	0	00:08:45	0
4.4.4.4	4	4	0	0	0	0	0	never	Idle

R2#

注意：因为 R2 与 R4 之间为 EBGP 邻居，Hello 的 TTL 值默认为 1，而 R2 的源 2.2.2.2 到达 R4 的源 4.4.4.4，不止经过了一个网段，所以 TTL 值必须修改，才能够建立连接。

(4) 修改 R2 与 R4 的 TTL 值。

R2(config)# router bgp 1
R2(config-router)# neighbor 4.4.4.4 EBGP-multihop

R4(config)# router bgp 4
R4(config-router)# neighbor 2.2.2.2 EBGP-multihop

注意：将 R2 与 R4 之间的 TTL 值改大，默认改为 255。

(5) 查看 BGP 邻居。

R2# sh ip bgp summary
BGP router identifier 2.2.2.2, local AS number 1
BGP table version is 1, main routing table version 1

Neighbor	V	AS	MsgRcvd	MsgSent	TblVer	InQ	OutQ	Up/Down	State/PfxRcd
1.1.1.1	4	1	14	14	1	0	0	00:10:27	0
4.4.4.4	4	4	4	4	1	0	0	00:00:16	0

R2#

注意：由于邻居参数配置，所以邻居已经正常建立。

11.2.2 IBGP 和 EBGP 的作用范围以及区别

外部边界网关协议(External Border Gateway Protocol，EBGP)用于在不同的自治系统间交换路由信息。

内部 BGP(Internal Border Gateway Protocol，IBGP)的主要作用是向内部路由器提供更多信息。IBGP 路由器必须以全网状结构相连，以防止路由环回。如果使用了路由反射器或路由联盟，那么 IBGP 网状结构可能遭遇收敛问题，而导致路由黑洞。

EBGP 与 IBGP 的区别如下。

(1) 路由环路的避免措施不一样，IBGP 强制规定 IBGP speaker 不允许把从一个 IBGP 邻居学习到的前缀传递给其他 IBGP 邻居，因此 IBGP 要求逻辑全连接。EBGP 没有这样的要求，EBGP 对路由环路的避免是通过 AS_PATH 属性来实现的。

(2) 使用的 BGP 属性不同，例如，IBGP 可以传递 LOCAL_PREF(本地优先属性)，而 EBGP 不行。

(3) IBGP 有同步的要求，而 EBGP 没有同步的要求。

(4) IBGP 不需要 IBGP 邻居之间有物理连接，只需要逻辑连接即可，而 EBGP 一般情况下都要求 EBGP 邻居之间存在物理连接。

BGP 路由表是独立于 IGP 路由表的，但是这两个表之间可以进行信息的交换，即"再分布"技术(Redistribution)。信息的交换有两个方向：从 BGP 注入 IGP，以及从 IGP 注入 BGP。前者是将 AS 外部的路由信息传给 AS 内部的路由器，而后者是将 AS 内部的路由信息传到外部网络，这也是路由更新的来源。把路由信息从 BGP 注入 IGP 涉及一个重要概念——同步(Synchronization)。

同步规则，是指当一个 AS 为另一个 AS 提供了过渡服务时，只有当本地 AS 内部所有的路由器都通过 IGP 的路由信息的传播收到这条路由信息以后，BGP 才能向外发送这条路由信息。当路由器从 IBGP 收到一条路由更新信息时,在转发给其他 EBGP 对等体之前,路由器会对同步性进行验证。只有 IGP 认识这个更新的目的时(即 IGP 路由表中有相应的条目),路由器才会将其通过 EBGP 转发;否则,路由器不会转发该更新信息。同步规则的主要目的是为了保证 AS 内部的连通性,防止路由循环的黑洞。

BGP 同步详见 11.1.5 节。

11.3　BGP 路径属性及选路原则

选择最佳路径时,Cisco 路由器上的 BGP 只考虑同步、没有 AS 环路且下一跳地址有效的路径,选择步骤如表 11.1 所示。

表 11.1　选路步骤

步骤	说　　明
1	优选最大权重(Weight)
2	优选最高本地优先级(Local Preference)
3	优选本路由器起源的路由(Next-hop=0.0.0.0)
4	优选最短 AS_Path
5	优选最小的起源代码(IGP<EGP<Incomplete)
6	优选最小的 MED
7	EBGP 路径优于 IBGP 路径
8	优选最短 IGP 邻居的路径
9	优选 EBGP 路径中最老的路由
10	优选最小邻居 BGP Router ID 的路径
11	优选最小邻居 IP 地址的路径

1. Weight(权重)属性

思科私有,该属性不传递给任何 BGP 邻居(包括 IBGP 和 EBGP 邻居),仅对本路由器有效。其他厂商也有类似的路径属性。在 BGP 选路时,优选 Weight 值大的路径。默认本地注入的为 32 768,外部学习而来的为 0。

(1) 配置方式 1。

```
Router(config - router)# neighbor A.B.C.D weight 100   //表示本 BGP 路由器从邻居 A.B.C.D
                                                      //学习的 BGP 路由均设置 weight 为 100
```

(2) 配置方式 2。

```
Router(config)# access - list 1 permit 10.1.1.0        //定义一个 access - list 来匹配一组路由
Router(config)# route - map WEIGHT permit 10
Router(config - route - map)# match ip address 1
Router(config - route - map)# set weight 100
Router(config - route - map)# route - map WEIGHT permit 20
Router(config - route - map)# router bgp 200
Router(config - router)# neighbor 12.1.1.1 route - map WEIGHT in //表示本 BGP 路由器从邻居
                                                      //12.1.1.1 学习的 BGP 路由,
                                                      //如果该路由的网络号为
                                                      //10.1.1.0,则设置 weight 为
                                                      //100;如果是其他路由,则允
                                                      //许接收,但不设置 weight
                                                      //(默认为 0)
```

(3) 正则表达式中元字符描述如表 11.2 所示。

表 11.2　正则表达式中元字符描述

元字符	描述
.	表示一定有一个任意字符。例如，正则表达式 r.t 匹配这些字符串：rat、rut、r t，但是不匹配 root
$	匹配行结束符。例如，正则表达式 100$ 匹配 0100、1100、s100，但不匹配 1000
^	匹配一行的开始。例如，正则表达式^200 匹配 2000、2001、200s，但不匹配 s200
_	表示分隔符(例如，AS 号之间的空格或者开头、结尾)。_200$ 匹配 300 200，但不匹配 1310 1200
*	重复 0 到无穷多个在 * 之前的那个字符。例如，go* 匹配 g、go、goo、goo…

示例：AS_PATH

匹配位于 AS 100 中的路由：_100$

匹配本 AS 的路由：^$

匹配从 AS 400 传递过来的路由：^400_

匹配经过 AS 500 的路由：_500_

2. Local Preference

Local Preference(本地优先级)是公认(指所有遵照 RFC 标准实现的 BGP 都能够识别该路径属性)自由选择(指在 BGP 路由通告中可以包含/也可以不包含该路径属性)属性。

Local Preference 只能在 IBGP 邻居间传递，不会传递给 EBGP 邻居。

在 BGP 选路时，优选 Local Preference 值大的路径。默认为 100。

Local Preference 通常用于 AS 的入口策略，也就是控制本 AS 的出流量。

示例：要求 AS 200 访问 AS 100 的 10.1.1.0/24 时，从 R2 出去；而访问 11.1.1.0/24 时，从 R3 出去。

```
Router(config)#access-list 10 permit 10.1.1.0
Router(config)#access-list 11 permit 11.1.1.0           //定义 access-list 来匹配路由
Router(config)#route-map LP permit 10
Router(config-route-map)#match ip address 10
Router(config-route-map)#set local-preference 150
Router(config)#route-map LP permit 20
Router(config-route-map)#match ip address 11
Router(config-route-map)#set local-preference 50
Router(config)#route-map LP permit 30                    //定义 route-map 来控制路由参数
Router(config)#router bgp 200
Router(config-router)#neighbor 12.1.1.1 route-map LP in  //将 route-map 应用于路由器上
```

以上命令显示从 12.1.1.1 邻居学习的 10.1.1.0/24 路由设置 LocalPref 为 150；而 11.1.1.0/24 路由设置 LocalPref 为 50；其他路由允许接收，没有更改 LocalPref 值。

3. BGP 的 NEXT-HOP 属性

(1) 当 BGP 路由器将 BGP 路由通告给 EBGP 邻居时，NEXT-HOP 属性会发生变化，设置为本路由器与该 BGP 邻居建立邻居时 neighbor 命令所指定的 IP 地址。

(2) 当 BGP 路由器将 BGP 路由通告给 IBGP 邻居时，NEXT-HOP 属性保持不变。这里存在路由可达性问题,因此常使用命令 router(config-router)# neighbor A.B.C.D next-hop-self,将发送给邻居 A.B.C.D 的路由的下一跳地址设置为本路由器与 A.B.C.D 建立邻居时所使用的 IP 地址(即发送 BGP 更新报文的源 IP 地址)。

4. AS_PATH

1) AS_PATH 操作

AS_PATH 由一系列 AS 路径组成,也是公认强制属性。当 BGP 发言者发布路由给 IBGP 邻居时,BGP 不修改路由的 AS_PATH 属性。当 BGP 发言者发布路由给 EBGP 邻居时,本地系统将把自己的 AS 号作为序列的最后一个元素加在后面(放在最左面)。由于 BGP 发言者发布路由给 IBGP 邻居时,并不将 AS 号加入 AS_PATH,如果邻居将路由继续转发,最终发言者自己再次收到路由时,将无法判断是否环路路由。因此,BGP 要求 IBGP 对收到的路由不再转发。有鉴于此,AS 内部 BGP 发言者对路由要同步,IBGP 邻居必须逻辑上全连接建立邻居。

AS_PATH 选路控制示例如下。

```
Router(config)# access-list 11 permit 10.1.1.0
Router(config)# route-map AS_PATH permit 10
Router(config-route-map)# match ip address 1
Router(config-route-map)# set as-path prepend 100 200 300
Router(config)# route-map AS_PATH permit 20
Router(config)# router bgp 200
Router(config-router)# neighbor 12.1.1.1 route-map AS_PATH out
//表示通告给邻居 12.1.1.1 的 BGP 路由 10.1.1.0,在 AS_PATH 前多添加 200 200 200 三个 AS 号,人
//为增长 AS_PATH 长度,影响选路.
```

2) allow as in

```
Router(config-router)# neighbor 12.1.1.1 allowas-in 1
//允许 BGP 路由器在接收到一条包含自己 AS 号(一次)的路由时也能够接收.其中,数字"1"表示在接
//收到的路由 AS_PATH 属性中可以出现一次自己的 AS 号,取值范围是 1~10.根据 AS_PATH 的防环路
//原则,一台 BGP 路由器在接收到一条包含自己 AS 号的路由时将会丢弃这条路由.这个功能将可以
//打破这种规则.
```

5. ORIGIN

ORIGIN 标示路径信息的来源,是公认强制属性。ORIGIN 可以是以下三种值。

(1) IGP:网络层可达信息来源于 AS 内部。

(2) EGP:网络层可达信息通过 AS 外部学习。

(3) INCOMPLETE:网络层可达信息通过别的方式学习。

在 BGP 选路时,ORIGIN 值 IGP 优于 EGP,EGP 优于 INCOMPLETE。

6. MED(多出口标识符)

在思科的 BGP 表中显示为 metric。

MED 是可选(指并非所有的 BGP 实现者都能够识别该路径属性,但是目前几个主流的厂商都实现该路径属性)非传递(指如果某个 BGP 设备不认识该路径属性,则将直接删除此属性)属性。

MED 可以在 IBGP 间传递,可以传递给 EBGP;但是最多只能传递到相邻的 AS 中。

在 BGP 选路时,优选 MED 值小的路径。

MED 通常用于 AS 的出口策略,也就是控制进入本 AS 的入流量。它跟 Local Preference 属性基本上是相反的,配置上则很相似。

7. BGP 路径属性特性

1) 公认强制(Well-known Mandatory)与公认自由选择(Well-known Discretionary)

公认属性是所有的 BGP 都必须识别支持的属性。其中,公认强制属性是 BGP UPDATE 消息中必须包含的必要部分。公认自由选择则是自由选择的部分。

2) 可选传递(Optional Transitive)与可选非传递(Optional Non-transitive)

可选属性并不要求所有的 BGP 都识别。如果属性是可选转发的,那么,即使 BGP 不能识别该属性,也要接受该属性并将其发布给它的对端,同时标识为 partial。而如果属性是可选非转发的,BGP 可以忽略包含该属性的消息并且不向它的对端发布。

11.4 BGP 工作原理

11.4.1 BGP 路由衰减

衰减允许路由器把路由区分为行为好或者行为不好的路由。一个行为好的路由在很长的一段时间里应该是很稳定的,而一个行为不好的路由可能是一条不稳定的路由或者是一条波动的路由。

当使用命令 bgp dampening 在 BGP 中启用了路由衰减,路由器就会启用一个历史文件记录每一条路由波动了多少次。每次路由波动,路由衰减就会给这条路由分配一个惩罚点。每一条路由的惩罚点都会累加,当惩罚值大于一个强制的数字(suppress value)时,这条路由就不再宣告出去。路由会一直处于抑制状态,直到惩罚值低于 reuse-limit 或者 max-suppress 计时器超时。

half-life 是一种计时器,以分钟表示。当这个时间过去后,路由依然是稳定的,惩罚值会减少一半。当惩罚值低于另一个强制的数字(reuse-limit),路由将会解除抑制,被重新宣告出去。

当一个路由前缀被撤销时,BGP 认为这条路由在波动,于是增加 1000 个惩罚点。当 BGP 收到属性变化的前缀时,惩罚值增加 500 点。

命令 bgp dampening half-life reuse suppress max-suppress-time 可以修改这些参数。

half-life 表示路由必须稳定的时间(以分钟计),在这个时间过后,惩罚值会减半。默认的时间是 15min,有效值范围为 1~45min。

reuse 是一个重新使用的点。当惩罚值低于 reuse 值时,路由会被解除抑制,并且重新通告出去。默认的值是 750。有效的范围是 1~20 000。

suppress 是一个抑制阈值。当惩罚值超过 suppress 参数后,路由被抑制并且不再通告出去。默认值是 2000,有效的范围是 1~20 000。

max_suppress_time 是路由可以被抑制的最大时间(以分钟计)。默认值是 half-life 时间的 4 倍,即 60min。有效范围是 1~255min。

使用 route-map 中的 set dampening 可以对特定路由设置衰减参数。

```
show ip bgp dampening [dampened-path | flap-statistics]    //查看衰减的相关信息
show ip bgp x.x.x.x                                         //也可以看到该路由的衰减信息
show ip protocol                                            //查看当前 dampening 的参数值
```

11.4.2 BGP 路由反射

路由反射器提供了在大型 IBGP 实现中 IBGP 全网状连接问题的一个简单解决方案。为保证 IBGP 对等体之间的连通性,需要在 IBGP 对等体之间建立全连接关系。假设在一个 AS 内部有 n 台路由器,那么应该建立的 IBGP 连接数就为 $n(n-1)/2$。当 IBGP 对等体数目很多时,对网络资源和 CPU 资源的消耗都很大。

利用路由反射可以解决这一问题。在一个 AS 内,其中一台路由器作为路由反射器(Route Reflector,RR),其他路由器作为客户机(Client)与路由反射器之间建立 IBGP 连接。路由反射器在客户机之间传递(反射)路由信息,而客户机之间不需要建立 BGP 连接。也可更通俗地说,即出现多余的或是重复的路由条目。在学习的时候一般是在路由重分发时两边路由协议的 AD 值不同,导致路由条目重复。由此引起的路由环路和路由不精确,处理方法就是通过列表,来实现路由过滤,针对路由条目或是 AD 值,或是赋予路由种子 Metrices。AD 值可以理解为是对不同路由协议的可信度,往往 AD 值越小路由协议越可靠。

路由反射器的工作步骤如下。

当 RR 收到 IBGP 发来的路由,首先使用 BGP 选择路由的策略选择最佳路由。在公布学习到的路由信息时,RR 按照 RFC2796 中的规则发布路由。

(1) 从非客户机 IBGP 对等体学到的路由,发布给此 RR 的所有客户机。

(2) 从客户机学到的路由,发布给此 RR 的所有非客户机和客户机(发起此路由的客户机除外)。

(3) 从 EBGP 对等体学到的路由,发布给所有的非客户机和客户机。

RR 的一个好处就是配置方便,因为只需要在反射器上配置,客户机不需要知道自己是客户机。

配置拓扑图如图 11.3 所示。

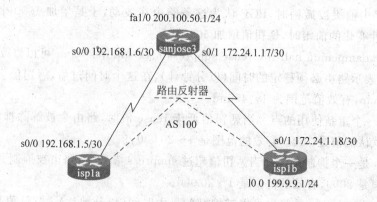

图 11.3 路由反射器配置拓扑图

实验步骤如下。

(1) 配置基本接口地址(略)。测试：

sanjose3(config)#do ping 192.168.1.5
sanjose3(config)#do ping 172.24.1.18   //若通则基本地址配置成功

(2) 配置内部 IBGP 采用 RIP。

Sanjose3(config-if)#router rip
Sanjose3(config-router)#net 192.168.1.0
Sanjose3(config-router)#net 172.24.0.0

sanjose1(config-if)#router rip
sanjose1(config-router)#net 192.168.1.0

sanjose2(config-if)#router rip
sanjose2(config-router)#net 172.24.0.0

(3) 配置 BGP。

sanjose3(config)#router bgp 100
sanjose3(config-router)#neigh 192.168.1.5 remote-as 100
sanjose3(config-router)#neigh 172.24.1.18 remote-as 100
sanjose3(config-router)#net 200.100.50.0

sanjose1(config)#router bgp 100
sanjose1(config-router)#neigh 192.168.1.6 remote-as 100

sanjose2(config)#router bgp 100
sanjose2(config-router)#neigh 172.24.1.17 remote-as 100
sanjose2(config-router)#net 199.9.9.0

查看结果：

```
sanjose2#sh ip bgp
Network          Next Hop         Metric      LocPrf      Weight      Path
*>199.9.9.0      0.0.0.0          0                       32768       i
r>i200.100.50.0  172.24.1.17      0           100         0           i


sanjose3#sh ip bgp
Network          Next Hop         Metric      LocPrf      Weight      Path
r>i 199.9.9.0    172.24.1.18      0           100         0           i


sanjose1#sh ip bgp
Network          Next Hop         Metric      LocPrf      Weight      Path
r>i 200.100.50.0 192.168.1.6      0           100         0           i


sanjose1#sh ip route
***省略部分输出***
R       200.100.50.0/24 [120/1] via 192.168.1.6, 00:00:11, Serial0/0
R       172.24.0.0/16 [120/1] via 192.168.1.6, 00:00:11, Serial0/0
        192.168.1.0/30 is subnetted, 1 subnets
C       192.168.1.4 is directly connected, Serial0/0
```

问题：为什么在 sanjose1 上看不到 199.9.9.0 网络的 BGP 条目？

原因：因为在一个自治系统内，由于水平分割的原则，通过 IBGP 学习到的路径从来不会公告给其他 IBGP。

(4) 配置路由反射器打破水平分割。

```
sanjose3(config)# router bgp 100
sanjose3(config-router)# neigh 192.168.1.5 route-reflector-client
sanjose3(config-router)# neigh 172.24.1.18 route-reflector-client

sanjose1# sh ip bgp
Network           Next Hop         Metric      LocPrf       Weight     Path
*>i199.9.9.0      172.24.1.18      0           100          0          i
*>i200.100.50.0   192.168.1.6      0           100          0          i

sanjose1# sh ip route bgp
*** 省略部分输出 ***
R      199.9.9.0/24 [200/0] via 172.24.1.18, 00:00:52
R      200.100.50.0/24 [200/0] via 192.168.1.6, 00:01:48
R      172.24.0.0/16 [120/1] via 192.168.1.6, 00:00:14, Serial0/0
       192.168.1.0/30 is subnetted, 1 subnets
C      192.168.1.4 is directly connected, Serial0/0
```

测试：sanjose1# ping 199.9.9.1 通不通？

```
sanjose1# ping 199.9.9.1

Type escape sequence to abort.
Sending 5, 100-byte ICMP Echos to 199.9.9.1, timeout is 2 seconds:
!!!!
Success rate is 80 percent (4/5), round-trip min/avg/max = 0/0/0 ms


sanjose1r#




sanjose3# show ip protocols
Routing Protocol is "bgp 100"
  Outgoing update filter list for all interfaces is not set
  Incoming update filter list for all interfaces is not set
  Route Reflector for address family IPv4 Unicast, 2 clients
  Route Reflector for address family VPNv4 Unicast, 2 clients
  Route Reflector for address family IPv4 Multicast, 2 clients
  IGP synchronization is disabled
  Automatic route summarization is disabled
  Neighbor(s):
    Address       FiltIn    FiltOut    DistIn    DistOut    Weight    RouteMap
    172.24.1.18
    192.168.1.5
  Maximum path: 1
  Routing Information Sources:
    Gateway        Distance         Last Update
    172.24.1.18    200              00:03:07
```

```
Distance: external 20 internal 200 local 200
```

(5) 配置汇总地址。

```
sanjose2(config)#router bgp 100
sanjose2(config-router)#aggre
sanjose2(config-router)#aggregate-address 199.0.0.0 255.255.255.0

sanjose2#sho ip bgp 199.0.0.0
BGP routing table entry for 199.0.0.0/8, version 8
Paths: (1 available, best #1, table Default-IP-Routing-Table)
Flag: 0x820
  Advertised to update-groups:
    1
  Local, (aggregated by 100 199.9.9.1)
    0.0.0.0 from 0.0.0.0 (199.9.9.1)
      Origin IGP, localpref 100, weight 32768, valid, aggregated, local, atomic-
aggregate, best

sanjose1#sh ip route bgp
***省略部分输出***
B     199.9.9.0/24 [200/0] via 172.24.1.18, 00:11:04
B     200.100.50.0/24 [200/0] via 192.168.1.6, 00:12:00
R     172.24.0.0/16 [120/1] via 192.168.1.6, 00:00:09, Serial0/0
      192.168.1.0/30 is subnetted, 1 subnets
C     192.168.1.4 is directly connected, Serial0/0
B     199.0.0.0/8 [200/0] via 172.24.1.18, 00:02:41
```

(6) 配置路由过滤防止 sanjose3 发送 199.9.9.0/24 给其他网络。

```
sanjose3(config)#ip prefix-list supernetonly permit 199.0.0.0/8
sanjose3(config)#router bgp 100
sanjose3(config-router)#neighbor 192.168.1.5 prefix-list supernetonly out
```

查看结果：

```
sanjose1#sh ip route bgp
***省略部分输出***
R     172.24.0.0/16 [120/1] via 192.168.1.6, 00:00:23, Serial0/0
      192.168.1.0/30 is subnetted, 1 subnets
C     192.168.1.4 is directly connected, Serial0/0
B     199.0.0.0/8 [200/0] via 172.24.1.18, 00:05:39
```

只有一条 BGP 的汇总条目。

11.4.3 BGP 联盟

为了解决由于从 IBGP 邻居收到的路由不能转发给其他 IBGP 邻居的限制问题，除了可以使用在 IBGP 邻居之间创建全互连的邻居关系和使用 BGP Reflector 之外，还可以使用 BGP Confederation(BGP 联盟)。

因为只有从 IBGP 邻居收到的路由才不能转发给其他 IBGP 邻居，而从 EBGP 邻居收到的路由可以转发给任何邻居，包括 IBGP 邻居，所以在拥有多个路由器的大型 AS 中，BGP Confederation 采用在 AS 内部建立多个子 AS 的方法，从而将一个大的 AS 分割成多个小型 AS，让 AS 内部拥有足够数量的 EBGP 邻居关系来解决路由限制问题。

拓扑图如图 11.4 所示。

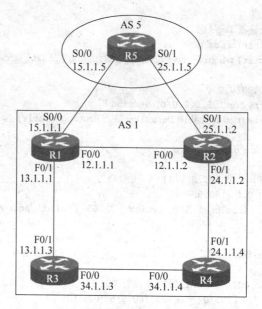

图 11.4　BGP 联盟拓扑图

在图 11.4 中，当 R3 从 IBGP 邻居 R1 收到路由后，不能再转发给 IBGP 邻居 R4，而 R2 从 EBGP 邻居 R5 收到 R1 的路由后，因为拥有自己的 AS 号码，最后将路由丢弃而不转发给 R4，最终造成 R4 拥有不完整的路由表，同样 R3 也像 R4 一样不能拥有完整的路由表。

对于上述问题，可以创建全互连的 BGP 邻居关系，或者在 R3 和 R4 上配置 BGP Reflector 的方法来解决。除此之外，还可以使用在 AS 内部创建 BGP Confederation 的方法来解决，如图 11.5 所示。

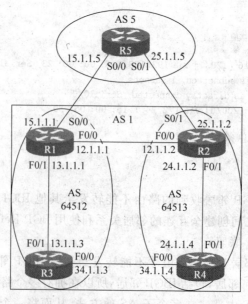

图 11.5　在 AS 内部创建 BGP 联盟拓扑图

在图 11.5 环境中,通过 BGP Confederation 的方式在 R1 与 R3 之间创建子 AS 64512,而在 R2 与 R4 之间创建子 AS 64513,这样一来,在 R1 将全部路由发给 R3,以及 R2 将全部路由发给 R4 之后,因为 R3 与 R4 是 EBGP 邻居的关系,所以 R3 与 R4 之间可以任意转发 BGP 路由信息,从而使双方都拥有完整的全网路由表。

在使用 BGP Confederation 在 AS 内部创建子 AS 时,建议使用私有 AS 号码,范围是 64 512～65 534,所有 BGP Confederation 内部的子 AS,对于外界都是不可见的,如图 11.5 中,R1 与 R2 在 AS 1 中分别为 AS 64512 和 AS 64513,但是对于 R5 来说,R1 和 R2 都为 AS 1 的,而 AS 64512 和 AS 64513 对于 R5 来说是透明的,外界并不知道 AS 内部是否创建了 BGP Confederation,对于子 AS 的号码只在 AS 内部传递路由时才会添加到 AS_Path 中去,在出 AS 时,这些子 AS 号码是不会写入 AS_Path 的。

注意:在路径属性中,联邦内部的子 AS 是不被 AS_Path 计算在内的;在选路规则中,比较 EBGP 与 IBGP 邻居类型时,AS 内部的子 AS 之间是不做 EBGP 与 IBGP 邻居类型比较的。

配置 BGP Confederation,拓扑图如图 11.6 所示。

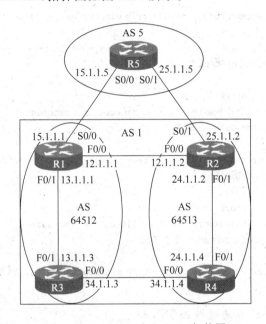

图 11.6　BGP Confederation 拓扑图

说明:图 11.6 中所有路由器都配有 Loopback 地址,地址分别如下。

```
R1   Loopback 0   1.1.1.1/32      Loopback 11   11.1.1.1/24
R2   Loopback 0   2.2.2.2/32      Loopback 22   22.2.2.2/24
R3   Loopback 0   3.3.3.3/32      Loopback 33   33.3.3.3/24
R4   Loopback 0   4.4.4.4/32      Loopback 44   44.4.4.4/24
R5   Loopback 0   5.5.5.5/32      Loopback 55   55.5.5.5/24
```

所有路由器之间运行 OSPF,并将 Loopback 0 的地址发布到 OSPF 中,保证全网 Loopback 0 之间是可以通信的。

(1) IGP 保证全网 Loopback 0 互通。

① 配置 OSPF。

说明：此步略，请参见之前配置。

② 测试全网 Loopback 0 连通性。

R5#ping 1.1.1.1 source loopback 0

Type escape sequence to abort.
Sending 5, 100 - byte ICMP Echos to 1.1.1.1, timeout is 2 seconds:
Packet sent with a source address of 5.5.5.5
!!!!!
Success rate is 100 percent (5/5), round - trip min/avg/max = 8/114/228 ms
R5#ping 2.2.2.2 source loopback 0

Type escape sequence to abort.
Sending 5, 100 - byte ICMP Echos to 2.2.2.2, timeout is 2 seconds:
Packet sent with a source address of 5.5.5.5
!!!!!
Success rate is 100 percent (5/5), round - trip min/avg/max = 56/84/128 ms
R5#
R5#
R5#ping 3.3.3.3 source loopback 0

Type escape sequence to abort.
Sending 5, 100 - byte ICMP Echos to 3.3.3.3, timeout is 2 seconds:
Packet sent with a source address of 5.5.5.5
!!!!!
Success rate is 100 percent (5/5), round - trip min/avg/max = 16/106/180 ms
R5#ping 4.4.4.4 source loopback 0

Type escape sequence to abort.
Sending 5, 100 - byte ICMP Echos to 4.4.4.4, timeout is 2 seconds:
Packet sent with a source address of 5.5.5.5
!!!!!
Success rate is 100 percent (5/5), round - trip min/avg/max = 48/124/224 ms
R5#

注意：全网 Loopback 0 连通性正常。

(2) 配置 BGP Confederation。

① 在 R5 上配置 BGP。

R5(config)#router bgp 5
R5(config - router)#bgp router - id 5.5.5.5
R5(config - router)#neighbor 1.1.1.1 remote - as 1
R5(config - router)#neighbor 1.1.1.1 update - source loopback 0
R5(config - router)#neighbor 1.1.1.1 EBGP - multihop
R5(config - router)#neighbor 2.2.2.2 remote - as 1
R5(config - router)#neighbor 2.2.2.2 update - source loopback 0
R5(config - router)#neighbor 2.2.2.2 EBGP - multihop
R5(config - router)#network 55.5.5.0 mask 255.255.255.0

注意：R5 的配置常规不变。

② 在 R1 上配置 BGP Confederation。

R1(config)#router bgp 64512
R1(config-router)#bgp router-id 1.1.1.1
R1(config-router)#bgp confederation identifier 1
R1(config-router)#bgp confederation peers 64513
R1(config-router)#neighbor 5.5.5.5 remote-as 5
R1(config-router)#neighbor 5.5.5.5 update-source loopback 0
R1(config-router)#neighbor 5.5.5.5 EBGP-multihop
R1(config-router)#neighbor 2.2.2.2 remote-as 64513
R1(config-router)#neighbor 2.2.2.2 update-source loopback 0
R1(config-router)#neighbor 2.2.2.2 EBGP-multihop
R1(config-router)#neighbor 3.3.3.3 remote-as 64512
R1(config-router)#neighbor 3.3.3.3 update-source loopback 0
R1(config-router)#network 11.1.1.0 mask 255.255.255.0

注意：指定子 AS 为 64512，而真正的 AS 为 1，并指明与 AS 64513 同属一个 AS，在联邦内部与 R2 为 EBGP 关系，与 R3 为 IBGP 关系。

③ 在 R2 上配置 BGP Confederation。

R2(config)#router bgp 64513
R2(config-router)#bgp router-id 2.2.2.2
R2(config-router)#bgp confederation identifier 1
R2(config-router)#bgp confederation peers 64512
R2(config-router)#neighbor 5.5.5.5 remote-as 5
R2(config-router)#neighbor 5.5.5.5 update-source loopback 0
R2(config-router)#neighbor 5.5.5.5 EBGP-multihop
R2(config-router)#neighbor 1.1.1.1 remote-as 64512
R2(config-router)#neighbor 1.1.1.1 update-source loopback 0
R2(config-router)#neighbor 1.1.1.1 EBGP-multihop
R2(config-router)#neighbor 4.4.4.4 remote-as 64513
R2(config-router)#neighbor 4.4.4.4 update-source loopback 0
R2(config-router)#network 22.2.2.0 mask 255.255.255.0

注意：指定子 AS 为 64513，而真正的 AS 为 1，并指明与 AS 64512 同属一个 AS，在联邦内部与 R1 为 EBGP 关系，与 R4 为 IBGP 关系。

④ 在 R3 上配置 BGP Confederation。

R3(config)#router bgp 64512
R3(config-router)#bgp router-id 3.3.3.3
R3(config-router)#bgp confederation identifier 1
R3(config-router)#bgp confederation peers 64513
R3(config-router)#neighbor 1.1.1.1 remote-as 64512
R3(config-router)#neighbor 1.1.1.1 update-source loopback 0
R3(config-router)#neighbor 4.4.4.4 remote-as 64513
R3(config-router)#neighbor 4.4.4.4 update-source loopback 0
R3(config-router)#neighbor 4.4.4.4 EBGP-multihop
R3(config-router)#network 33.3.3.0 mask 255.255.255.0

注意：指定子 AS 为 64512，而真正的 AS 为 1，并指明与 AS 64513 同属一个 AS，在联邦内部与 R4 为 EBGP 关系,与 R1 为 IBGP 关系。

⑤ 在 R4 上配置 BGP Confederation。

R4(config)#router bgp 64513
R4(config-router)#bgp router-id 4.4.4.4
R4(config-router)#bgp confederation identifier 1
R4(config-router)#bgp confederation peers 64512
R4(config-router)#neighbor 2.2.2.2 remote-as 64513
R4(config-router)#neighbor 2.2.2.2 update-source loopback 0
R4(config-router)#neighbor 3.3.3.3 remote-as 64512
R4(config-router)#neighbor 3.3.3.3 update-source loopback 0
R4(config-router)#neighbor 3.3.3.3 EBGP-multihop
R4(config-router)#network 44.4.4.0 mask 255.255.255.0

注意：指定子 AS 为 64513,而真正的 AS 为 1,并指明与 AS 64512 同属一个 AS,在联邦内部与 R3 为 EBGP 关系,与 R1 为 IBGP 关系。

(3) 查看 BGP 邻居关系。

① 查看 R5 的 BGP 邻居状况。

R5#sh ip bgp summary
BGP router identifier 5.5.5.5, local AS number 5
BGP table version is 6, main routing table version 6
5 network entries using 645 bytes of memory
9 path entries using 468 bytes of memory
4/3 BGP path/bestpath attribute entries using 496 bytes of memory
1 BGP AS-PATH entries using 24 bytes of memory
0 BGP route-map cache entries using 0 bytes of memory
0 BGP filter-list cache entries using 0 bytes of memory
BGP using 1633 total bytes of memory
BGP activity 5/0 prefixes, 9/0 paths, scan interval 60 secs

Neighbor	V	AS	MsgRcvd	MsgSent	TblVer	InQ	OutQ	Up/Down	State/PfxRcd
1.1.1.1	4	1	25	26	6	0	0	00:17:30	4
2.2.2.2	4	1	15	16	6	0	0	00:07:08	4

R5#

注意：R1 与 R2 在联邦内部虽然为 AS 64512 和 AS 64513,但对于 R5 来说,它们都为 AS 1,子 AS 则透明不可见。

② 查看 R1 的 BGP 邻居状况。

R1#sh ip bgp summary
BGP router identifier 1.1.1.1, local AS number 64512
BGP table version is 6, main routing table version 6
5 network entries using 645 bytes of memory
6 path entries using 312 bytes of memory
6/4 BGP path/bestpath attribute entries using 744 bytes of memory
3 BGP AS-PATH entries using 72 bytes of memory
0 BGP route-map cache entries using 0 bytes of memory
0 BGP filter-list cache entries using 0 bytes of memory
BGP using 1773 total bytes of memory

BGP activity 5/0 prefixes, 6/0 paths, scan interval 60 secs

Neighbor	V	AS	MsgRcvd	MsgSent	TblVer	InQ	OutQ	Up/Down	State/PfxRcd
2.2.2.2	4	64513	13	13	6	0	0	00:06:27	3
3.3.3.3	4	64512	8	11	6	0	0	00:03:14	1
5.5.5.5	4	5	26	25	6	0	0	00:17:51	1

R1#

注意：子 AS 在联邦内部 AS 之间可见。其他 BGP 邻居关系类同，不再一一查看。

（4）查看 BGP 路由情况。

① 查看 R5 的 BGP 路由情况。

R5# sh ip bgp
BGP table version is 6, local router ID is 5.5.5.5
Status codes: s suppressed, d damped, h history, * valid, > best, i - internal,
              r RIB-failure, S Stale
Origin codes: i - IGP, e - EGP, ? - incomplete

	Network	Next Hop	Metric	LocPrf	Weight	Path
*	11.1.1.0/24	2.2.2.2			0	1 i
*>		1.1.1.1	0		0	1 i
*	22.2.2.0/24	1.1.1.1			0	1 i
*>		2.2.2.2	0		0	1 i
*	33.3.3.0/24	2.2.2.2			0	1 i
*>		1.1.1.1			0	1 i
*	44.4.4.0/24	1.1.1.1			0	1 i
*>		2.2.2.2			0	1 i
*>	55.5.5.0/24	0.0.0.0	0		32768	i

R5#

注意：R5 已经收到全部的路由，说明对方 AS 内部正常稳定运行。

② 查看 R1 的 BGP 路由情况。

R1# sh ip bgp
BGP table version is 6, local router ID is 1.1.1.1
Status codes: s suppressed, d damped, h history, * valid, > best, i - internal,
              r RIB-failure, S Stale
Origin codes: i - IGP, e - EGP, ? - incomplete

	Network	Next Hop	Metric	LocPrf	Weight	Path
*>	11.1.1.0/24	0.0.0.0	0		32768	i
*>	22.2.2.0/24	2.2.2.2	0	100	0	64513 i
*>i	33.3.3.0/24	3.3.3.3	0	100	0	i
*>	44.4.4.0/24	4.4.4.4	0	100	0	64513 i
*	55.5.5.0/24	5.5.5.5	0	100	0	64513 5 i
*>		5.5.5.5	0		0	5 i

R1#

注意：R1 也收到全部路由，说明 BGP 邻居正常运行，且路由收发和预期相同。需要注意，虽然在 AS 内部，R1 与 R2 为 EBGP 邻居关系，但下一跳属性并没有做修改，所以需要手工修改。

③ 修改 R2 对 R1 的下一跳属性。

R2(config)# router bgp 64513
R2(config-router)# neighbor 1.1.1.1 next-hop-self

④ 再次查看 R1 的 BGP 路由情况。

R1# sh ip bgp
BGP table version is 7, local router ID is 1.1.1.1
Status codes: s suppressed, d damped, h history, * valid, > best, i - internal,
　　　　　　　r RIB-failure, S Stale
Origin codes: i - IGP, e - EGP, ? - incomplete

	Network	Next Hop	Metric	LocPrf	Weight	Path
*>	11.1.1.0/24	0.0.0.0	0		32768	i
*>	22.2.2.0/24	2.2.2.2	0	100	0	64513 i
*>	33.3.3.0/24	3.3.3.3	0	100	0	i
* i	44.4.4.0/24	4.4.4.4	0	100	0	64513 i
*>		2.2.2.2	0	100	0	64513 i
*	55.5.5.0/24	2.2.2.2	0	100		64513 5 i
*>		5.5.5.5	0		0	5 i

R1#

注意：R2 对 R1 的下一跳属性成功修改。

⑤ AS 内部都将改变下一跳属性。

R1:
R1(config)# router bgp 64512
R1(config-router)# neighbor 2.2.2.2 next-hop-self
R1(config-router)# neighbor 3.3.3.3 next-hop-self

R3:
R3(config)# router bgp 64512
R3(config-router)# neighbor 1.1.1.1 next-hop-self
R3(config-router)# neighbor 4.4.4.4 next-hop-self

R4:
R4(config)# router bgp 64513
R4(config-router)# neighbor 2.2.2.2 next-hop-self
R4(config-router)# neighbor 3.3.3.3 next-hop-self

(5) 测试 BGP 联邦内部选路。

① 查看 R1 当前的 BGP 路由情况。

R1# sh ip bgp
BGP table version is 7, local router ID is 1.1.1.1
Status codes: s suppressed, d damped, h history, * valid, > best, i - internal,
　　　　　　　r RIB-failure, S Stale
Origin codes: i - IGP, e - EGP, ? - incomplete

```
        Network         Next Hop        Metric      LocPrf      Weight      Path
*>      11.1.1.0/24     0.0.0.0         0                       32768       i
*>      22.2.2.0/24     2.2.2.2         0           100         0           64513 i
*>i     33.3.3.0/24     3.3.3.3         0           100         0           i
*>      44.4.4.0/24     2.2.2.2         0           100         0           64513 i
*       55.5.5.0/24     2.2.2.2         0           100         0           64513 5 i
*>                      5.5.5.5         0                       0           5 i
R1#
```

注意：R1 到达 R5 的网段 55.5.5.0/24 从 S0/0 出去。

② 在 R1 上改变去往 55.5.5.0/24 的路径。

说明：因为在路径比较中，联邦内部 AS_Path 是不被计算在内的，所以要证明虽然 R1 去往 55.5.5.0/24，从 R2 走的 AS_Path 要长于 R5，但并不是因为 R2 的 AS_Path 比 R5 长，因为子 AS 不被计算，所以只要选路规则的属性中 AS_Path 后面一个属性的变更影响到选路后，就能证明子 AS 是被忽略的，所以在此选择修改 AS_Path 后面的属性，如 MED。

```
R1(config)# access-list 55 permit 55.5.5.0
R1(config)# route-map med permit 10
R1(config-route-map)# match ip address 55
R1(config-route-map)# set metric 55
R1(config-route-map)# exit
R1(config)# route-map med permit 20
R1(config-route-map)# exit
R1(config)# router bgp 64512
R1(config-router)# neighbor 5.5.5.5 route-map med in
```

注意：将走 R5 的 MED 值设置为 55，大于 R2 的 MED 值为 0。

③ 再次查看 R1 去往 55.5.5.0/24 的路径。

```
R1# sh ip bgp
BGP table version is 8, local router ID is 1.1.1.1
Status codes: s suppressed, d damped, h history, * valid, > best, i - internal,
              r RIB-failure, S Stale
Origin codes: i - IGP, e - EGP, ? - incomplete

        Network         Next Hop        Metric      LocPrf      Weight      Path
*>      11.1.1.0/24     0.0.0.0         0                       32768       i
*>      22.2.2.0/24     2.2.2.2         0           100         0           64513 i
*>i     33.3.3.0/24     3.3.3.3         0           100         0           i
*>      44.4.4.0/24     2.2.2.2         0           100         0           64513 i
*       55.5.5.0/24     2.2.2.2         0           100         0           64513 5 i
*>                      5.5.5.5         55                      0           5 i
R1#
```

注意：R1 去往 55.5.5.0/24 选择从 R2 走，虽然 R1 的 AS_Path 看起来比 R5 长，但因为联邦内部的子 AS 不被计算，所以最终因为 R2 的低 MED 值影响了选路，所以 EBGP 邻居优于 IBGP 邻居的规则在 BGP 联邦内部是被忽略的。

④ 查看 R3 的 BGP 路径。

```
R3# sh ip bgp
BGP table version is 12, local router ID is 3.3.3.3
Status codes: s suppressed, d damped, h history, * valid, > best, i - internal,
              r RIB-failure, S Stale
Origin codes: i - IGP, e - EGP, ? - incomplete

     Network          Next Hop        Metric    LocPrf    Weight    Path
*>i  11.1.1.0/24      1.1.1.1         0         100       0         i
*    22.2.2.0/24      4.4.4.4         0         100       0         64513 i
*>i                   1.1.1.1         0         100       0         64513 i
*>   33.3.3.0/24      0.0.0.0         0                   32768     i
*    44.4.4.0/24      4.4.4.4         0         100       0         64513 i
*>i                   1.1.1.1         0         100       0         64513 i
*    55.5.5.0/24      4.4.4.4         0         100       0         64513 5 i
*>i                   1.1.1.1         0         100       0         64513 5 i
R3#
```

注意：可以发现，R3 去往 55.5.5.0/24，下一跳选择了 IBGP 邻居 R1 而没有选择 EBGP 邻居 R4，所以再一次证实了 EBGP 邻居优于 IBGP 邻居的选路规则在 BGP 联邦内部是被忽略的。

第 12 章　路由管理

12.1　访问控制列表

12.1.1　概述

访问控制列表(Access Control List,ACL)是路由器和交换机接口的指令列表,用来控制端口进出的数据包。ACL 适用于所有的路由协议,如 IP、IPX、AppleTalk 等,当分组经过路由器时进行过滤。可在路由器上配置 ACL 以控制对某一子网或网络的访问。

ACL 应用在路由器接口的指令列表。这些指令列表用来告诉路由器哪些数据包可以收、哪些数据包需要拒绝。至于数据包是被接收还是被拒绝,可以由类似于源地址、目的地址、端口号等的特定指示条件来决定。

信息点间通信和内外网络的通信都是企业网络中必不可少的业务需求,为了保证内网的安全性,需要通过安全策略来保障非授权用户只能访问特定的网络资源,从而达到对访问进行控制的目的。简而言之,ACL 可以过滤网络中的流量,是控制访问的一种网络技术手段。

配置 ACL 后,可以限制网络流量,允许特定设备访问,指定转发特定端口数据包等。如可以配置 ACL,禁止局域网内的设备访问外部公共网络,或者只能使用 FTP 服务。ACL 既可以在路由器上配置,也可以在具有 ACL 功能的业务软件上进行配置。

ACL 是互联网中保障系统安全性的重要技术,在设备硬件层次安全基础上,通过对在软件层面对设备间通信进行访问控制,使用可编程方法指定访问规则,防止非法设备破坏系统安全,非法获取系统数据。

路由器和交换机所保持的列表用来针对一些进出路由器或交换机的服务(如组织某个 IP 地址的分组从路由器或交换机的特定端口出发)做访问控制。访问列表本质上是一系列对包进行分类的条件。

访问控制是网络安全防范和保护的主要策略,它的主要任务是保证网络资源不被非法使用和访问。它是保证网络安全最重要的核心策略之一。访问控制涉及的技术也比较广,包括入网访问控制、网络权限控制、目录级控制以及属性控制等多种手段。

ACL 不但可以起到控制网络流量、流向的作用,而且在很大程度上起到保护网络设备、服务器的关键作用。作为外网进入企业内网的第一道关卡,路由器上的访问控制列表成为保护内网安全的有效手段。

此外,在路由器的许多其他配置任务中都需要使用访问控制列表,如网络地址转换

(Network Address Translation,NAT)、按需拨号路由(Dial on Demand Routing,DDR)、路由重分布(Routing Redistribution)、策略路由(Policy-Based Routing,PBR)等很多场合都需要访问控制列表。

访问控制列表从概念上来讲并不复杂,复杂的是对它的配置和使用,许多初学者往往在使用访问控制列表时出现错误。

1. ACL 功能

ACL 的功能有以下 4 点。

（1）限制网络流量、提高网络性能。例如,ACL 可以根据数据包的协议,指定这种类型的数据包具有更高的优先级,同等情况下可预先被网络设备处理。

（2）提供对通信流量的控制手段。

（3）提供网络访问的基本安全手段。

（4）在网络设备接口处,决定哪种类型的通信流量被转发、哪种类型的通信流量被阻塞。

2. ACL 分类

ACL 最基本的有两种,分别是标准访问列表和扩展访问列表,二者的区别主要是前者是基于源地址的数据包过滤,而后者是基于目标地址、源地址和网络协议及其端口的数据包过滤。

1）标准访问列表

标准 ACL 检查可以被路由的 IP 分组的源地址并且把它与 ACL 中的条件判断语句相比较。标准 ACL 可以根据网络、子网或主机 IP 地址允许或拒绝整个协议组(如 IP)。

为定义标准 IP 访问列表,在全局配置模式下,使用 access-list 命令的标准版本。为移除标准访问列表,使用该命令的 no 形式。access-list 命令的格式如下,其句法说明见表 12.1。

access-list access-list-number[**permit**|**deny**]source [source-wildcard]
no access-list access-list-number

表 12.1 access-list 命令句法说明

命令句法	说明
access-list-number	访问列表编号
permit	在匹配条件语句时,允许通过分组
deny	在匹配条件语句时,拒绝通过分组
source	发送分组的源地址,指定源地址方式如下： 32 位点分十进制 使用关键字 any,作为 0.0.0.0 255.255.255.255 的源地址和源地址通配符的缩写字
source-wildcard	(可选项)通配符掩码,指定源地址通配符掩码方式如下： 32 位点分十进制 使用关键字 any,作为 0.0.0.0 255.255.255.255 的源地址和源地址通配符的缩写字

注意：access 和 list 这两个关键字之间必须有一个连字符"-"。

list number 的范围在 0~99 之间,这表明该 access-list 语句是一个普通的标准型 IP 访问列表语句。因为对于 Cisco IOS,在 0～99 之间的数字指示出该访问列表和 IP 协议有关,所以 list number 参数具有以下双重功能。

① 定义访问列表的操作协议。

② 通知 IOS 在处理 access-list 语句时,把相同的 list number 参数作为同一实体对待。正如本文在后面所讨论的,扩展型 IP 访问列表也是通过 list number(范围是 100～199 之间的数字)而表现其特点的。因此,当运用访问列表时,还需要补充如下重要的规则:在需要创建访问列表的时候,需要选择适当的 list number 参数。

(1) 允许/拒绝数据包通过

在标准型 IP 访问列表中,使用 permit 语句可以使得和访问列表项目匹配的数据包通过接口,而 deny 语句可以在接口过滤掉和访问列表项目匹配的数据包。source address 代表主机的 IP 地址,利用不同掩码的组合可以指定主机。

为了更好地了解 IP 地址和通配符掩码的作用,这里举一个例子。假设公司有一个分支机构,其 IP 地址为 C 类的 192.46.28.0。在公司中,每个分支机构都需要通过总部的路由器访问 Internet。要实现这点,就可以使用一个通配符掩码 0.0.0.255。因为 C 类 IP 地址的最后一组数字代表主机,把它们都置 1 即允许总部访问网络上的每一台主机。因此,标准型 IP 访问列表中的 access-list 语句如下。

Router(config)# access-list 1 permit 192.46.28.0 0.0.0.255

注意:通配符掩码是子网掩码的补充。因此,如果是网络高手,可以先确定子网掩码,然后把它转换成可应用的通配符掩码。

(2) 指定地址

如果想要指定一个特定的主机,可以增加一个通配符掩码 0.0.0.0。例如,为了让来自 IP 地址为 192.46.27.7 的数据包通过,可以使用下列语句。

Router(config)# access-list 1 permit 192.46.27.7 0.0.0.0

在 Cisco 的访问列表中,用户除了使用上述的通配符掩码 0.0.0.0 来指定特定的主机外,还可以使用"host"这一关键字。例如,为了让来自 IP 地址为 192.46.27.7 的数据包通过,可以使用下列语句。

Router(config)# acess-list 1 permit host 192.46.27.7

除了可以利用关键字"host"来代表通配符掩码 0.0.0.0 外,关键字"any"可以作为源地址的缩写,并代表通配符掩码 0.0.0.0 255.255.255.255。例如,如果希望拒绝来自 IP 地址为 192.46.27.8 的站点的数据包,可以在访问列表中增加以下语句。

Router(config)# access-list 1 deny host 192.46.27.8
Router(config)# access-list 1 permit any

注意上述两条访问列表语句的次序。第一条语句把来自源地址为 192.46.27.8 的数据包过滤掉,第二条语句则允许来自任何源地址的数据包通过访问列表作用的接口。如果改变上述语句的次序,那么访问列表将不能够阻止来自源地址为 192.46.27.8 的数据包通过接口。因为访问列表是按从上到下的次序执行语句的。这样,如果第一条语句是:access-list 1 permit any 的话,那么来自任何源地址的数据包都会通过接口。

(3) 拒绝的奥秘

在默认情况下,除非明确规定允许通过,访问列表总是阻止或拒绝一切数据包的通过,即实际上在每个访问列表的最后,都隐含有一条"deny any"的语句。假设使用了前面创建的标准 IP 访问列表,从路由器的角度来看,这条语句的实际内容如下。

```
Router(config)# access-list 1 deny host 192.46.27.8
Router(config)# access-list 1 permit any
Router(config)# access-list 1 deny any
```

在上述例子里面,由于访问列表中第二条语句明确允许任何数据包都通过,所以隐含的拒绝语句不起作用,但实际情况并不总是如此。例如,如果希望来自源地址为 192.46.27.8 和 192.46.27.12 的数据包通过路由器的接口,同时阻止其他一切数据包通过,则访问列表的代码如下。

```
Router(config)# access-list 1 permit host 192.46.27.8
Router(config)# access-list 1 permit host 192.46.27.12
```

注意:因为所有的访问列表会自动在最后包括该语句。

2) 扩展访问列表

扩展访问列表在数据包的过滤方面增加了不少功能和灵活性。除了可以基于源地址和目标地址过滤外,还可以根据协议、源端口和目的端口过滤,甚至可以利用各种选项过滤。这些选项能够对数据包中某些域的信息进行读取和比较。

为定义扩展 IP 访问列表,在全局配置模式下,使用 access-list 命令的扩展版本。为移除访问列表,使用该命令的 no 形式。access-list 命令的格式如下,其句法说明见表 12.2。

表 12.2 access-list 命令扩展版本句法说明

命令扩展版本句法	说 明
access-list-number	访问列表编号
permit	如果条件符合就允许访问
deny	如果条件符合就拒绝访问
protocol	Internet 协议名称或号码。可能关键字如下: eigrp、grs、icmp、igmp、igrp、ip、ipinip、nos、ospf、pim、tcp 或 udp,或者为 0~255 之间的整数,用来代表不同 IP 协议,可以通过使用 ip 关键字来匹配所有 Internet 协议,部分协议允许更多的控制
source	发送分组的网络号或主机,定义分组源地址方式如下: 32 位点分十进制 关键字 any 关键字 host
source-wildcard	应用源地址的反向掩码,指定源通配符掩码方式如下: 32 位点分十进制 关键字 any 关键字 host

续表

命令扩展版本句法	说 明
destination	分组的目的网络号或主机,定义分组目的地址方式如下: 32位点分十进制 关键字 any 关键字 host
destination-wildcard	应用目的地址的反向掩码,指定源通配符方式如下: 32位点分十进制 关键字 any 关键字 host
icmp-type	(可选项)基于ICMP消息类型来过滤ICMP分组
icmp-code	(可选项)基于ICMP消息代码来过滤ICMP分组
icmp-message	(可选项)基于ICMP消息的类型名称或者ICMP消息类型和代码名称来过滤ICMP分组
igmp-type	(可选项)基于IGMP消息类型或者消息名称来过滤ICMP分组
operator	(可选项)比较源和目的端口,可用的操作符包括lt(小于)、gt(大于)、eq(等于)、neq(不等于)和range(包括的范围)
port	(可选项)指明TCP或UDP端口号或名字。TCP端口号只被用于过滤TCP分组。UDP端口号只被用于过滤UDP分组
established	(可选项)只针对TCP,表示一个已经建立的连接。如果TCP数据报中的ACK、FIN、PSH、RST、SYN或URG等控制位被设置,则匹配,如果是要求建立连接的初始数据包,则不匹配

```
access-list access-list-number[permit|deny]protocol source source-wildcard destination-wildcard
no access-list access-list-number
Internet Control Message Protocol (ICMP)
access-list access-list-number [permit|deny] icmp source source-wildcard destination-wildcard [ icmp-type [ icmp-code ] icmp-message]
Internet Group Message Protocol (IGMP)
access-list access-list-number [permit|deny] igmp source source-wildcard destination-wildcard [ igmp-type ]
Transmission Control Protocol (TCP)
access-list access-list-number [permit|deny] tcp source source-wildcard [ operator [ port ] ] destination-wildcard[ operator [ port ] ][ established ]
User Datagram Protocol (UDP)
access-list access-list-number [permit|deny] udp source source-wildcard [ operator [ port ] ] destination-wildcard[ operator [ port ] ]
```

与标准IP访问列表类似,"access-list-number"标识了访问列表的类型。数字100~199用于确定100个唯一的扩展IP访问列表。"protocol"确定需要过滤的协议,其中包括IP、TCP、UDP和ICMP等。

如果回顾一下数据包是如何形成的,就会了解为什么协议会影响数据包的过滤,尽管有时这样会产生副作用。图12.1表示了数据包的形成。请注意,应用数据通常有一个在传输层增加的前缀,它可以是TCP或UDP的头部,这样就增加了一个指示应用的端口标志。当数据流入协议栈之后,网络层再加上一个包含地址信息的IP协议的头部。

由于 IP 头部传送 TCP、UDP、路由协议和 ICMP，所以在访问列表的语句中，IP 协议的级别比其他协议更为重要。

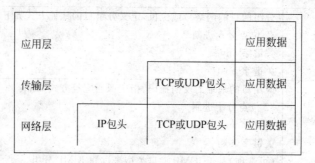

图 12.1　数据包的形成

12.1.2　访问控制列表的基本配置

1. ACL 配置步骤

首先要注意 ACL 语法的规则，第一，ACL 规则按照顺序执行；第二，ACL 最后隐含一条拒绝所有流量的句子。因此，当配置访问控制列表时，顺序很重要。

为了更好地说明，下面列举两个扩展 IP 访问列表的语句来说明。假设希望阻止 TCP 的流量访问 IP 地址为 192.78.46.8 的服务器，同时允许其他协议的流量访问该服务器。那么以下访问列表语句能满足这一要求吗？

```
Router(config)#access-list 101 permit ip any any
Router(config)#access-list 101 deny tcp any host 192.78.46.8
```

回答是否定的。第一条语句允许所有的 IP 流量，同时包括 TCP 流量通过指定的主机地址。这样，第二条语句将不起任何作用。可是，如果改变上面两条语句的次序即可实现目标。

2. 将规则关联到接口

ACL 规则关联图示如图 12.2 所示。

```
Router(config-if)# ip access-group [ access-list-number access-list-name ][ in | out ]
```

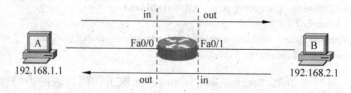

图 12.2　ACL 规则关联图示

in：从外部进入路由器接口。
out：从路由器接口送向外部网络。

3. ACL 的放置位置

放置 ACL 的一般原则是：标准访问控制列表尽可能靠近目标网络，扩展访问控制列表尽可能靠近源网络。

因为标准 ACL 不会指定目的地址,所以其位置应该尽可能靠近目的地。将扩展 ACL 尽可能靠近要拒绝流量的源。这样,可以将不需要的流量在进入网络之前将其过滤。

4. 配置标准 ACL 规则

1)基于编号的标准 ACL

Router(config)#**access-list** access-list-number [**deny** | **permit** | **remark**] source [source-wildcard]

例如:

Router(config)#access-list 1 permit 192.168.1.0 0.0.0.255
Router(config)#access-list 1 permit any

2)基于命名的标准 ACL

Router(config)#**ip access-list** [standard | extended] name
Router(config-std-nacl)#[permit | deny | remark] source [source-wildcard]

例如:

Router(config)#ip access-list standard PERMIT-1.0
Router(config-std-nacl)#permit 192.168.1.0 0.0.0.255 Router(config-std-nacl)#deny any

5. 配置扩展 ACL 规则

1)基于编号的扩展 ACL

Router(config)#**access-list** access-list-number [**deny** | **permit** | **remark**] protocol source [source-wildcard] [operator port] destination [destination-wildcard] [operator port] [established]

例如:

Router(config)#access-list 101 deny tcp 192.168.1.0 0.0.0.255 202.194.64.0 0.0.0.255 eq 80
Router(config)#access-list 101 permit ip any any

2)基于命名的扩展 ACL

Router(config)#**ip access-list** [standard | extended] name
Router(config-ext-nacl)#[**deny** | **permit** | **remark**] protocol source [source-wildcard] [operator port] destination [destination-wildcard] [operator port] [established]

例如:

Router(config)#ip access-list extended DENY-1.0-WWW
Router(config-ext-nacl)#deny tcp 192.168.1.0 0.0.0.255 202.194.64.0 0.0.0.255 eq 80
Router(config-ext-nacl)#permit ip any any

6. 扩展

基于时间的 ACL,为 ACL 定义作用定义时间范围。基于时间的 ACL 基本配置步骤如下。

步骤1,定义时间列表,如下。

```
Router(config)#time-range time-range-name
Router(config-time-range)#absolute [ start time day] end time date
Router(config-time-range)# periodic day-of-the-week time to [day-of-the-week] time
```

步骤2,将时间列表和ACL条目语句关联,如下。

在ACL条件语句后增加 time-range time-range-name,该条件语句就只在指定的时间范围内有效。

步骤3,将ACL规则应用在接口上。

1) ACL组网示例

ACL控制VTY访问示例,仅允许192.168.10.0/24和192.168.11.0/24远程登录路由器,如图12.3所示。

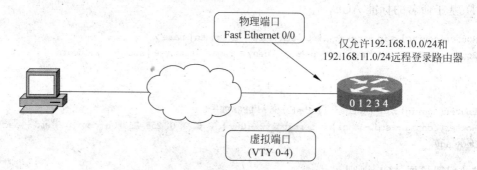

图12.3　ACL控制VTY访问示例拓扑图

具体配置如下。

```
R1(config)#access-list 21 permit 192.168.10.0 0.0.0.255
R1(config)#access-list 21 permit 192.168.11.0 0.0.0.255
R1(config)#access-list 21 deny any

R1(config)#line vty 0 4
R1(config-line)#login
R1(config-line)#password secret
R1(config-line)# access-class 21 in
```

2) 标准命名ACL示例

标准命名ACL示例如图12.4所示。不允许PC2访问192.168.10.0/24网络。

具体配置如下。

```
R1(config)#ip access-list standard NO_ACCESS
R1(config-std-nacl)#deny host 192.168.11.10
R1(config-std-nacl)#permit 192.168.11.0 0.0.0.255
R1(config-std-nacl)#interface Fa0/0
R1(config-if)# ip access-group NO_ACCESS out
```

对ACL添加注释如下。

示例1:

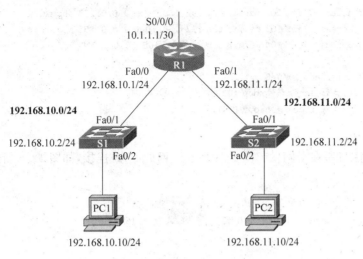

图 12.4 标准命名 ACL 示例

```
Router(config)# access-list 1 remark permit only Jones workstation through
Router(config)# access-list 1 permit 192.168.10.13
Router(config)# access-list 1 remark do not allow Smith through
Router(config)# access-list 1 deny 192.168.10.14
```

示例 2：

```
Router(config)# ip access-list extended TELNETTING
Router(config-ext-nacl)# remark do not allow Jones workstation to Telnet
Router(config-ext-nacl)# deny tcp host 192.168.10.13 any eq telnet
```

3）扩展编号 ACL 示例

扩展编号 ACL 示例如图 12.5 所示。

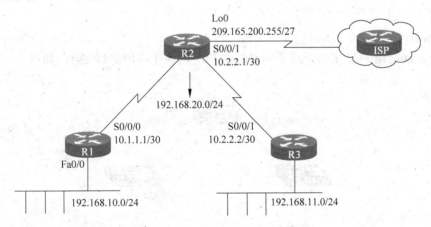

图 12.5 扩展编号 ACL 示例

ACL103 允许发往端口 80 和 443 的请求。
ACL104 允许已建立的 HTTP 和 SHTTP 连接的应答。
具体配置如下。

```
R1(config)# access-list 103 permit tcp 192.168.10.0 0.0.0.255 any eq 80
R1(config)# access-list 103 permit tcp 192.168.10.0 0.0.0.255 any eq 443
R1(config)# access-list 104 permit tcp any 192.168.10.0 0.0.0.255 established

R1(config)# interface S0/0/0
R1(config-if)# ip access-group 103 out
R1(config-if)# ip access-group 104 in
```

4）拒绝示例

拒绝 PC2 主机所在子网发起向 PC1 所在子网的 FTP 连接，如图 12.6 所示。

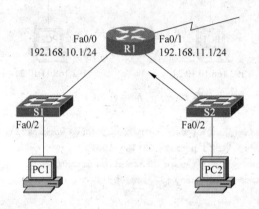

图 12.6　拒绝示例

```
R1(config)# ip access-list extended DEDY-FTP
R1(config-ext-nacl)# deny tcp 192.168.11.0 0.0.0.255 192.168.10.0 0.0.0.255 eq 21
R1(config-ext-nacl)# deny tcp 192.168.11.0 0.0.0.255 192.168.10.0 0.0.0.255 eq 20
R1(config-ext-nacl)# permit ip any any
R1(config)# interface FastEthernet 0/1
R1(config-if)# ip access-group DENY-FTP in
```

5）基于时间的 ACL 示例

工作时间拒绝 PC2 主机所在子网发起向 PC1 所在子网的 FTP 连接，如图 12.7 所示。

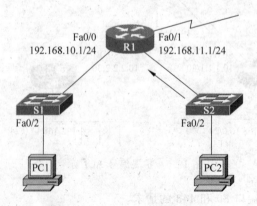

图 12.7　基于时间的 ACL 示例

具体配置如下。

R1(config)# time-range worktime
R1(config-time-range)# periodic weekdays 8:30 to 17:30
R1(config)# ip access-list extended DEDY-FTP
R1(config-ext-nacl)# deny tcp 192.168.11.0 0.0.0.255 192.168.10.0 0.0.0.255 eq 21 time-range worktime
R1(config-ext-nacl)# deny tcp 192.168.11.0 0.0.0.255 192.168.10.0 0.0.0.255 eq 20 time-range worktime
R1(config-ext-nacl)# permit ip any any
R1(config)# interface FastEthernet 0/1
R1(config-if)# ip access-group DENY-FTP in

7. 修改或删除 ACL

1）修改或删除编号 ACL

只能在末尾添加，不能添加和修改首部或中间的条件语句。只能全部删除整个列表，不能删除其中的一条或几条。

Router(config)# no accecc-list access-list-number

建议使用记事本编辑。

2）修改或删除命名 ACL

可以删除列表首部或中间的一条或几条条件语句，在要删除的语句前面加 no 来执行删除。

不能添加条件语句到列表中间。

3）编辑带序号的 ACL

可以在任何位置添加或删除条件语句。

使用 show ip access-list [access-list-number | name] 查看列表中每条条件语句的序号（基于编号的 ACL 会以命名的方式出现，名称就是编号号码）。

删除一条条件语句时可以在 ACL 配置模式直接输入：no number。

如果在两条自动编号的条件语句之间插入 9 条以上的条件语句，可以对列表进行重新编号。

Route(config)# ip access-list resequence acl-name start-number step

注：start-number 为第一条条件语句的编号；step 为步长。

8. ACL 的检查

Router(config)# show running-config

检查列表规则是否配置正确。

检查是否将列表应用在相应的网络接口上，并且方向正确。

Router(config)# show ip access-list [access-list-number | name]

检查全部或指定 ACL 列表规则是否配置正确。

例如：

```
Router(config)# show access-lists 30
Extended IP access list 130
    10 deny tcp any eq telnet any
    20 deny tcp 192.168.1.0 0.0.0.255 host 192.168.30.0 eq smtp
    30 permit ip any any
```

9. 常见 ACL 错误

1) 规则错误

(1) 规则语法错误,检查条件语句是否满足所要执行的任务。

(2) 规则顺序错误,需要调整规则。

(3) 规则最后默认"拒绝"引起的错误。如果规则最后全部允许,标准 ACL 规则末尾增加 permit any,扩展 ACL 增加 permit ip any any。

2) ACL 应用在错误的网络接口上

(1) 达成效果但给网络带来不必要的垃圾流量。

(2) 达不到效果并给网络带来严重负面影响。

(3) 无任何效果。

3) ACL 应用在错误的接口方向上(进站/出站)

检查数据来源和走向,确定数据流是从该网络接口进入路由器(进站/inbound)还是离开路由器(出站/outbound)。

12.2 路由重发布

12.2.1 概述

在实际的组网中,可能会遇到这样一个场景:在一个网络中同时存在两种或者两种以上的路由协议。例如,客户的网络初始全部是 Cisco 公司的设备,使用 EIGRP 将网络的路由打通。但是后来网络扩容,增加了一批华为的设备,而华为的设备是不支持 EIGRP 的,因此可能就在扩容的网络中跑一个 OSPF,但是这两部分网络依然是需要路由互通的,这就面临一个问题。因为这毕竟是两个不同的路由协议域,在两个域的边界,路由信息是相互独立和隔离的。那么如何将全网的路由打通呢?这就需要用到路由重发布了。

如图 12.8 所示,R1 与 R2 之间运行 RIP 来交互路由信息,R2 通过 RIP 学习到了 R1 发布过来的 192.168.1.0/24 及 2.0/24 的 RIP 路由,装载进路由表并标记为 R(RIP)。同时 R2 与 R3 又运行 OSPF,建立起 OSPF 邻接关系,R2 也从 R3 通过 OSPF 学习到了两条路由:192.168.3.0 及 192.168.4.0/24,也装载进了路由表,标记为 O(OSPF 区域内部路由)。

这样一来,对于 R2 而言,它自己就有了去往全网的路由,但是在 R2 内部,可以这么形象地理解:它不会将从 RIP 学习过来的路由"变成"OSPF 路由告诉给 R3,也不会将从 OSPF 学习来的路由变成 RIP 路由告诉给 R1。对于 R2 而言,虽然它自己的路由表里有完整的路由信息,但是,就好像冥冥之中,R 和 O 的条目之间有道鸿沟,无法逾越。而 R2 也就成了 RIP 及 OSPF 域的分界点,称为 ASBR(AS 边界路由器)。

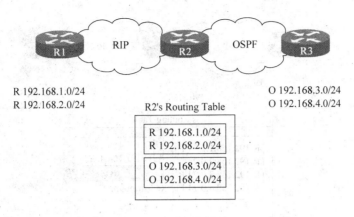

图 12.8　路由重发布

如何能够让 R1 学习到 OSPF 域中的路由,让 R3 学习到 RIP 域中的路由呢?关键点在于 R2 上,通过在 R2 上部署路由重发布(Route Redistribution,又被称为重分发),可以实现路由信息在不同路由选择域间的传递。

图 12.9 是初始状态。R2 同时运行两个路由协议进程:RIP 及 OSPF。它通过 RIP 进程学习到 RIP 路由,又通过 OSPF 进程学习到 OSPF 域内的路由,但是这两个路由协议进程是完全独立的,其路由信息是相互隔离的。

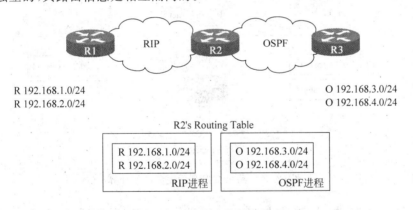

图 12.9　路由重发布初始状态

如图 12.10 所示,现在开始在 R2 上执行重发布的动作,将 OSPF 的路由"注入"到了 RIP 路由协议进程之中,如此一来 R2 就会将 192.168.3.0/24 及 192.168.4.0/24 这两条 OSPF 路由"翻译"成 RIP 路由,然后通过 RIP 通告给 R1。R1 也就能够学习到 192.168.3.0/24 及 192.168.4.0/24 路由了。注意重发布的执行点是在 R2 上,也就是在路由域的分界点(ASBR)上执行的,另外,路由重发布是有方向的,例如,刚才执行完相关动作后,OSPF 路由被注入到了 RIP,但是 R3 还是没有 RIP 域的路由,需要进一步在 R2 上将 RIP 路由重发布进 OSPF,才能让 R3 学习到 192.168.1.0/24 及 192.168.2.0/24 路由。

路由重发布是一种非常重要的技术,在实际的项目中时常能够见到。由于网络规模比较大,为了使得整体路由的设计层次化,并且适应不同业务逻辑的路由需求,将在整个网络中设计多个路由协议域,而为了实现路由的全网互通,就需要在特定设备上部署路由重发

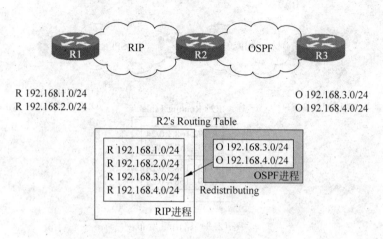

图 12.10 路由重发布

布。另外在执行路由重发布的过程中,又可以搭配工具来部署路由策略,或者执行路由汇总,如此一来路由重发布带来一个对路由极富弹性和想象力的操作手柄。

12.2.2 度量值的设置

路由重发布后度量值的计算如图 12.11 所示。

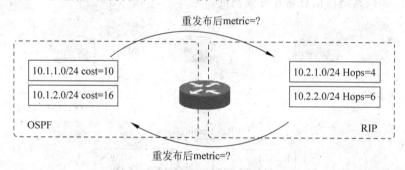

图 12.11 路由重发布后度量值的计算

注意,每一种路由协议,对路由 Metric(度量值)的定义是不同的,OSPF 是用 cost(开销)来衡量一条路由的优劣,RIP 是用跳数,EIGRP 是用混合的各种元素,那么当将一些路由,从某一种路由协议重发布到另一种路由协议中,有两种方式对这些路由的 Metric 做如下改变。

方式之一是,可以在执行重发布动作的时候,手工制定重发布后的 Metric 值,具体改成什么值,要看实际的环境需求。

方式之二是,采用默认的动作,即在路由协议之间重发布时使用的种子度量值。所谓种子度量值,指的就是当将一条路由从外部路由选择协议重发布到本路由选择协议中时,所使用的默认 Metric 值。

Cisco IOS 平台上的种子度量值见表 12.3(可在路由协议进程中使用 default-metric 修改,有可能的一个情况是,不同网络设备厂商,种子度量值有所不同)。

表 12.3 Cisco IOS 平台上的种子度量值

将路由重分发到该协议	默认种子度量值
RIP	视为无穷大
IGRP/EIGRP	视为无穷大
OSPF	BGP 路由为 1,其他路由为 20。在 OSPF 不同进程之间重分发时,区域内路由和区域间路由的度量值都保持不变
IS-IS	0
BGP	BGP 度量值被设置为 IGP 度量值

注意,以上是从其他动态路由协议重发布进该路由协议时的默认 metric。而如果是重发布本地直连路由或静态路由到该路由协议,情况不是这样,例如,重发布直连或静态到如下路由协议时:

EIGRP 度量值的计算请见 9.3 节"EIGRP 的度量值"。

RIP 重发布直连如果没有设置 metric,则默认一跳传给邻居(邻居直接使用这个一跳作为 metric);重发布静态路由默认 metric=1,使用 default-metric 可以修改这个默认值,这条命令对重发布直连接口的 metric 无影响。

OSPF 重发布直连接口默认 cost=20;重发布静态路由默认 cost=20;使用 default-metric 可以修改重发布静态路由以及其他路由协议的路由进 OSPF 后的默认 cost,只不过这条命令对重发布直连接口无效。

12.2.3 路由重发布的配置

路由重发布是有方向的,将路由从 A 路由协议注入 B 路由协议中,要在 B 路由协议的进程中进行配置。例如,要将其他路由协议重发布到 RIP,那么配置如下(重发布到其他路由协议大同小异)。

```
Router(config)# router rip
Router(config-router)# redistribute ?
  bgp         Border Gateway Protocol (BGP)
  connected   Connected
  eigrp       Enhanced Interior Gateway Routing Protocol (EIGRP)
  isis        ISO IS-IS
  iso-igrp    IGRP for OSI networks
  metric      Metric for redistributed routes
  mobile      Mobile routes
  odr         On Demand stub Routes
  ospf        Open Shortest Path First (OSPF)
  rip         Routing Information Protocol (RIP)
  route-map   Route map reference
  static      Static routes
```

配置示例如下。

(1) OSPF 与 RIP 的重发布,如图 12.12 所示。

R1 与 R2 运行 RIPv2;R2 与 R3 建立 OSPF 邻接关系。初始化情况下 R2 的路由表中有 4 个条目,如图 12.12 所示,而 R1 的路由表中,只有两个条目,也就是两个直连链路。现

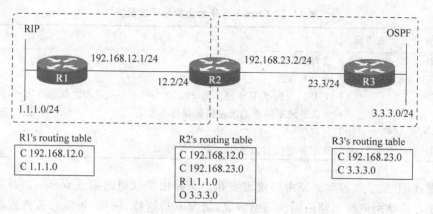

图 12.12　OSPF 与 RIP 重发布

在在 R2 上做重发布动作，将 OSPF 路由重发布到 RIP，配置如下。

```
R2(config)#router rip
R2(config-router)#redistribute ospf 1 metric 3
```

上面的命令中 ospf 1 即指的是进程 1，是 R2 用于和 R3 形成邻接关系的 OSPF 进程号。而 metric 3 则是将 OSPF 路由注入 RIP 所形成的 RIP 路由的 metric 值。

如此一来，R2 的路由表中 OSPF 路由 3.3.3.0/24，以及激活 OSPF 的直连接口所在网段 192.168.23.0/24，都被注入 RIP，而 R1 通过 RIP 就能够学习到这两条路由，如图 12.13 所示。

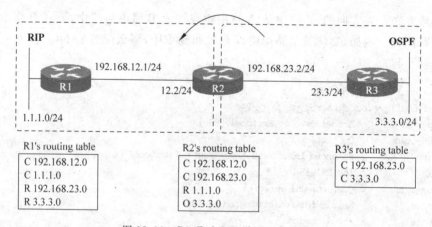

图 12.13　R1 通过 RIP 学习两条路由

当然，这个时候 1.1.1.0 是无法访问 3.3.3.0 的，因为 R3 并没有 RIP 路由选择域中的路由（也就是说回程路由有问题，数据通信永远要考虑来回路径），所以如果要实现全网互通，那么需在 R2 上，将 RIP 路由注入到 OSPF，如图 12.14 所示。

```
R2(config)#router ospf 1
R2(config-router)#redistribute rip subnets
```

如此一来，就实现了全网互通。注意，当重发布路由到 OSPF 时，redistribute rip

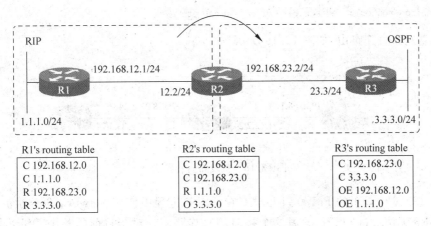

图 12.14　将 RIP 注入 OSPF

subnets,这个 subnets 关键字要加上,否则只有主类路由会被注入 OSPF 中,因此如果不加关键字 subnets,则本例中的子网路由 1.1.1.0/24 就无法被顺利地注入 OSPF。因此在配置其他路由协议到 OSPF 的重发布时,这个关键字一般都要加上。

(2) OSPF 与 EIGRP 的重发布,如图 12.15 所示。

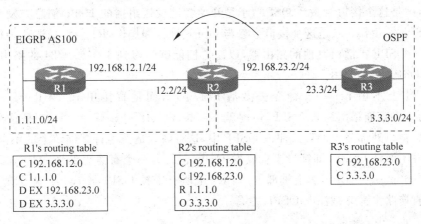

图 12.15　OSPF 与 EIGRP 重发布

初始情况同上一个实验,接下来先将 OSPF 路由重发布进 EIGRP AS 100,配置当然还是在 R2 上进行,进入 R2 的 EIGRP 路由进程。

```
R2(config)# router eigrp 100
R2(config-router)# redistribute ospf 1 metric 100000 100 255 1 1500
```

注意：EIGRP 的 metric 是混合型的,metric 100000 100 255 1 1500 这里指定的参数,从左至右依次是带宽、延迟、负载、可靠性、MTU。可根据实际需要灵活地进行设定。上述配置完成后,R2 就会将路由表中 OSPF 的路由：包括 3.3.3.0,以及宣告进 OSPF 的直连网段 192.168.23.0/24 注入 EIGRP 进程。这样 R1 就能够学习到这两条外部路由。

接下来是 EIGRP 到 OSPF 的重发布。

```
R2(config)# router ospf 1
```

```
R2(config-router)#redistribute eigrp 100 subnets
```

（3）重发布直连路由，如图 12.16 所示。

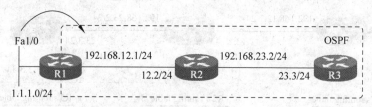

图 12.16 重发布直连路由

在图 12.16 中，R1 的 Fa1/0 口并没有在 OSPF 进程中使用 network 命令激活 OSPF，即 R2 及 R3 无法通过 OSPF 学习这个接口的直连路由。对于目前的整个 OSPF 域而言，1.1.1.0/24 这条 R1 的直连路由就是域外的路由，整个域并不知晓。

现在可以在 R1 上部署重发布，将 R1 的直连路由注入 OSPF 域中，形成 OSPF 外部路由，然后通告给域内的其他路由器。在这里要注意区分使用 network 命令激活接口，与使用重发布直连将接口路由注入 OSPF 的区别。

当在 R1 上使用 OSPF 的 network 命令将 Fa1/0 接口激活 OSPF 时，实际上是触发了两件事情，一是这个接口会激活 OSPF，于是开始尝试发送组播的 Hello 消息去发现链路上的其他 OSPF 路由器；二是这个接口会参与 OSPF 计算和操作，R1 会将描述这个接口的相关信息通过 OSPF 扩散给其他的路由器，以便它们能够学习到 1.1.1.0/24 的路由，而且这些路由是 OSPF 内部路由。

而当 R1 上不用 network 命令去激活 Fa1/0 口，而是直接用 redistribute connected subnets 命令将直连路由注入 OSPF，情况就不一样了，如图 12.17 所示。一是这个接口的直连路由会被以外部路由的形式注入 OSPF 中，这将联动地产生许多细节上的不同；另外，这个接口并不激活 OSPF，即接口不会收发 Hello 包。另一个有意思的地方是，redistribute connected subnets 一旦在 R1 上被部署，则 R1 上所有未被 OSPF network 命令激活 OSPF 的接口的直连路由都会被注入 OSPF 中。

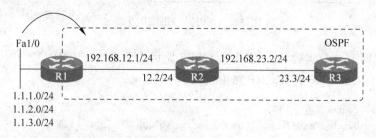

图 12.17 R1 上部署 redistribute connected subnets

```
R2(config)#router ospf 1
R2(config-router)#redistribute connected subnets
```

上面这条命令就是将本地所有直连路由（除了已经被 network 宣告的路由）注入 OSPF 中。所有的动态路由协议都支持将直连路由重发布进路由域，命令都是类似的：redistribute connected subnets。

(4) 重发布静态路由,如图 12.18 所示。

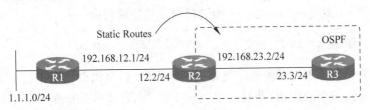

图 12.18　R1 上部署 redistribute connected subnets

在如图 12.18 所示的场景中,R2 与 R3 建立 OSPF 邻接关系,而 R1 可能由于不支持 OSPF 或者其他原因,没有运行 OSPF。为了让 R2 能够访问 1.1.1.0/24 网络,给 R2 配置了一条静态路由:

R2(config)# ip route 1.1.1.0 255.255.255.0 192.168.12.1

这样 R2 确实是能够访问 1.1.1.0/24 网络了,但是 R3 以及整个 OSPF 域内的其他路由器依然是无法访问的。

解决的办法很简单,即在 R2 上部署静态路由重发布。命令如下:

R2(config)# router ospf 1
R2(config-router)# redistribute static subnets

上面这条命令的结果是,R2 的路由表中,有的静态路由都会被注入 OSPF 中形成 OSPF 外部路由,并且通过 OSPF 动态地传递到整个 OSPF 域。

12.3　控制路由更新

12.3.1　概述

路由更新与用户数据抢占带宽和路由器资源,但路由更新非常重要,因为它们包含路由器进行合理路由决策所需的信息。为确保网络高效运行,必须控制并调整路由更新。关于网络的信息必须被发送到需要它的地方,在不需要的地方则应该过滤掉这些信息。

本节介绍如何控制动态路由协议发送和接收的更新,以及如何控制重分发给路由协议的路由。在很多情况下,并不想禁止通告所有路由信息,而只想禁止通告特定的路由。例如,在两个重分发点实现双向路由重分发时,可使用解决方案防范路由环路。下列是用于控制或防止生产动态路由更新的方法。

(1) 被动接口:被动接口将禁止通过它发送指定协议的路由更新。

(2) 默认路由:指示路由器在没有前往目的地的路由时,将分组发送到默认路由,因此不需要有关远程目的地的动态路由更新。

(3) 静态路由:能够在路由器中手工配置前往远程目的地的路由,因此不需要有关远程目的地的动态路由更新。

(4) 路由映射表:是一种复杂的访问列表,它对分组或路由进行测试,并根据测试结果修改分组或路由的属性。

(5) 分发列表：分发列表使用访问列表来控制路由更新。

(6) 前缀列表：是一种为过滤路由而专门设计的访问列表。

12.3.2 被动端口的配置

被动端口能够防止不必要的路由更新进入某个网络，可以禁止向不在安全管理范围的网段通告路由起到安全的作用，并且还能阻止 EIGRP、OSPF、ISIS 的 Hello 包的通过。此外还可以防止 RIP 等协议向一个接口发送任何的广播和组播更新。

路由更新中被动端口配置拓扑图如图 12.19 所示。

图 12.19　路由更新中被动端口配置拓扑图

配置 R1 和 R2：

```
Router>en
Router#conf t
Router(config)#host R1
R1(config)#int loopback 0
R1(config-if)#ip add 10.10.10.10 255.255.255.0
R1(config-if)#no sh
R1(config-if)#exit
R1(config)#int e0/0
R1(config-if)#ip add 192.168.2.1 255.255.255.0
R1(config-if)#no sh
R1(config-if)#exit
R1(config)#route rip
R1(config-router)#version 2
R1(config-router)#network 10.10.10.0
R1(config-router)#network 192.168.2.0
R1(config-router)#no auto-summary
R1(config-router)#end

Router>en
Router#conf t
Router(config)#host R2
R2(config)#int loopback 0
R2(config-if)#
R2(config-if)#ip add 11.11.11.11 255.255.255.0
R2(config-if)#no sh
R2(config-if)#exit
R2(config)#int e0/0
R2(config-if)#ip add 192.168.2.2 255.255.255.0
R2(config-if)#no sh
R2(config-if)#exit
R2(config)#router rip
R2(config-router)#version 2
R2(config-router)#network 11.11.11.0
```

```
R2(config-router)#network 192.168.2.0
R2(config-router)#no auto-summary
R2(config-router)#end
```

查看当前 R1 和 R2 的路由表：

```
R1#show ip route
***省略部分输出***
     10.0.0.0/24 is subnetted, 1 subnets
C       10.10.10.0 is directly connected, Loopback0
     11.0.0.0/24 is subnetted, 1 subnets           ← 从R2学习到的路由
R       11.11.11.0 [120/1] via 192.168.2.2, 00:00:04, Ethernet0/0
C    192.168.2.0/24 is directly connected, Ethernet0/0
R1#


R2#show ip route
***省略部分输出***
     10.0.0.0/24 is subnetted, 1 subnets           ← 从R2学习到的路由
R       10.10.10.0 [120/1] via 192.168.2.1, 00:00:04, Ethernet0/0
     11.0.0.0/24 is subnetted, 1 subnets
C       11.11.11.0 is directly connected, Loopback0
C    192.168.2.0/24 is directly connected, Ethernet0/0
R2#
```

配置 R1 的 e0/0 端口为被动接口：

```
R1#clear ip rou *
R1#conf t
R1(config)#router rip                        //进入 RIP 配置模式
R1(config-router)#passive-interface e0/0     //配置 e0/0 端口为被动端口
R1(config-router)#exit                       //退出

R2#clear ip rou *
R2#sh ip rou
```

检查当前 R2 和 R1 路由表变化：

```
R2#show ip route
***省略部分输出***
     11.0.0.0/24 is subnetted, 1 subnets        ← R2不能通过R1的E0/0端口学习到R1的路由
C       11.11.11.0 is directly connected, Loopback0
C    192.168.2.0/24 is directly connected, Ethernet0/0
R2#


R1#show ip route
***省略部分输出***
     10.0.0.0/24 is subnetted, 1 subnets
C       10.10.10.0 is directly connected, Loopback0
     11.0.0.0/24 is subnetted, 1 subnets        ← R1依然能通过E0/0端口学习到R2的路由
R       11.11.11.0 [120/1] via 192.168.2.2, 00:00:00, Ethernet0/0
C    192.168.2.0/24 is directly connected, Ethernet0/0
```

12.3.3 路由过滤的配置

使用分发列表配置 IP 路由过滤的示例,如图 12.20 所示。

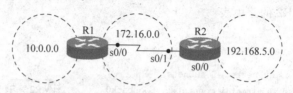

图 12.20　路由更新中路由过滤配置拓扑图

路由器 R2 的配置:

R2(config)#router eigrp 1
R2(config-router)#network 172.16.0.0
R2(config-router)#network 192.168.5.0
R2(config-router)#distribute-list 7 out s0/0

将访问列表 7 应用于通过接口 s0/0 出站的分组:

R2(config)#access-list 7 permit 172.16.0.0 0.0.255.255

该访问列表只允许通过路由器 R2 的接口 s0/0 将有关网络 172.16.0.0 的路由信息通告出去。访问列表末尾的隐式命令 deny any 禁止将有关其他网络的更新通告出去,从而隐藏了网络 10.0.0.0。

12.3.4 分发列表的配置

分发列表使用访问列表来控制路由更新,可以通过配置访问列表并将其用于分发列表,可对路由更新进行控制。

访问列表需要在全局配置模式下配置,相关的分发列表在路由协议进程下配置,访问列表应该允许要通告或重分发的网络,并拒绝要隐藏的网络。然后,路由器将访问列表应用于该协议的路由更新。

命令 distribute-list 的选项能够根据以下因素过滤更新。

(1) 入站接口;

(2) 出站接口;

(3) 从另一种路由协议重分发。

通过使用分发列表,管理员在决定允许哪些路由更新、拒绝哪些路由更新方面具有极大的灵活性。下面是路由器使用基于入站接口和出站接口的分发列表对路由更新进行过滤的通用流程。

(1) 路由器收到或准备发送关于一个或多个网络的路由更新。

(2) 路由器查询该操作涉及的接口:路由更新进入的接口或需要通告的路由更新的出站接口。

(3) 路由器确定是否有与接口相关联的过滤器(分发列表)。

(4) 如果该接口不存在相关联的过滤器(分发列表),则按正常方式处理分组。

(5) 如果该接口有相关联的过滤器(分发列表),路由器将扫描分发列表引用的访问列表,以查找与路由更新匹配的条目。

(6) 如果访问列表中存在匹配的条目,则按配置的方式处理:根据匹配的访问列表语句允许或拒绝该路由。

(7) 如果在访问列表中未找到匹配条目,则访问列表最后隐含的 deny any 将导致丢弃该路由。

配置分发列表以控制路由更新的方法如下。

(1) 可定义一个访问列表并使用 distribute-list 命令将其应用于特定路由协议,以过滤任何协议的路由更新。

(2) 分发列表能够对通过特定接口进入或离开的路由更新进行过滤。

(3) 分发列表还能够对从其他路由协议或重分发而来的路由进行过滤。

规划分发列表的方法如下。

(1) 定义数据流过滤需求,以便据此使用访问列表或路由映射表来禁止或允许路由通过。

(2) 定义使用访问列表或路由映射表的分发列表,应确定要将其应用于出站还是入站更新。

配置分发列表步骤如下。

(1) 确定要过滤的路由的网络地址,并创建一个访问列表。

(2) 确定要过滤入站接口上的数据流、出站接口上的数据流,还是从另一种路由协议重分发而来的路由更新。

(3) 使用路由器配置命令:

distribute-list [access-list-number | name] **out** [interface-name | routing-process | autonomous-system-number [routing-process parameter]],将访问列表应用于出站的路由更新。

access-list-number | name:指定标准访问列表号或名称。

out:将访问列表应用于出站的路由更新。

interface-name:可选,指定接口的名称,将对通过该接口出站的路由更新进行过滤。

routing-process:可选,指定路由进程的名称、关键字 static 或 connected,将对来自它的路由更新进行过滤。

(4) 使用路由器配置命令:

distribute-list [access-list-number | name] [route-map map-tag] **in** [interface-type interface-number],将访问列表应用于通过接口进入的路由更新(在 OSPF 和 EIGRP 中,可在该命令中指定路由映射表而不是访问列表)。

access-list-number | name:指定标准访问列表号或名称。

map-tag:可选,指定一个路由映射表的名称,路由映射表决定了哪些路由将被加入到路由表中,哪些路由将被过滤掉,只有 OSPF 支持该参数。

in:将访问列表应用于入站的路由更新。

interface-type interface-number:可选,指定接口的类型和编号,将对通过该接口进入的路由更新进行过滤。

以上两条命令的区别如下。

命令 distribute-list out 过滤从接口出站的路由更新或指定路由协议的路由更新。

命令 distribute-list in 过滤从指定接口进入的路由更新。

采用双向重分发时,使用分发列表可以过滤某些重分发而来的路由更新,还有助于防止路由反馈和路由环路。拓扑图如图 12.21 所示。

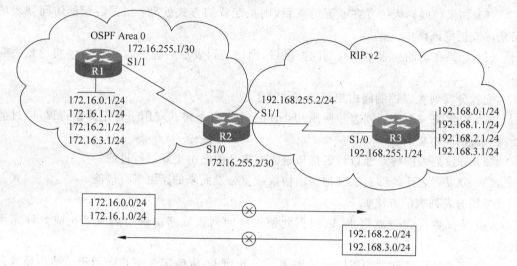

图 12.21 路由更新中使用分发列表控制重分发配置拓扑图

(1) 配置 OSPF 与 RIPv2 的协议,并关闭 RIPv2 的自动汇总。

```
R2(config)#router rip
R2(config-router)#version 2
R2(config-router)#network 192.168.255.0
R2(config-router)#no auto-summary              //关闭自动汇总
R2(config)#router ospf 1
R2(config-router)#network 172.16.255.0 0.0.0.3 area 0
```

(2) 在 R2 上配置重发布。

```
R2(config)#router ospf 1
R2(config-router)#redistribute rip metric 200 subnets
R2(config-router)#exit
R2(config)#router rip
R2(config-router)#redistribute ospf 1 metric 10
R2(config-router)#exit
```

(3) 查看 R1 和 R3 的路由表。

```
R1#show ip route
***省略部分输出***
        172.16.0.0/16 is variably subnetted, 5 subnets, 2 masks
C       172.16.255.0/30 is directly connected, Serial1/0
C       172.16.0.0/24 is directly connected, Loopback0
C       172.16.1.0/24 is directly connected, Loopback1
C       172.16.2.0/24 is directly connected, Loopback2
C       172.16.3.0/24 is directly connected, Loopback3
O E2    192.168.255.0/24 [110/200] via 172.16.255.2, 00:00:23, Serial1/0
O E2    192.168.0.0/24 [110/200] via 172.16.255.2, 00:00:23, Serial1/0
O E2    192.168.1.0/24 [110/200] via 172.16.255.2, 00:00:23, Serial1/0
```

```
O E2      192.168.2.0/24 [110/200] via 172.16.255.2, 00: 00: 23, Serial1/0
O E2      192.168.3.0/24 [110/200] via 172.16.255.2, 00: 00: 23, Serial1/0

R3#show ip route
***省略部分输出***
         172.16.0.0/16 is variably subnetted, 6 subnets, 3 masks
R        172.16.255.0/30 [120/10] via 192.168.255.2, 00: 00: 24, Serial0/1
R        172.16.1.1/32 [120/10] via 192.168.255.2, 00: 00: 24, Serial0/1
R        172.16.0.1/32 [120/10] via 192.168.255.2, 00: 00: 24, Serial0/1
R        172.16.3.1/32 [120/10] via 192.168.255.2, 00: 00: 24, Serial0/1
R        172.16.2.1/32 [120/10] via 192.168.255.2, 00: 00: 24, Serial0/1
C        192.168.255.0/24 is directly connected, Serial0/1
C        192.168.0.0/24 is directly connected, Loopback0
C        192.168.1.0/24 is directly connected, Loopback1
C        192.168.2.0/24 is directly connected, Loopback2
C        192.168.3.0/24 is directly connected, Loopback3
```

（4）根据拓扑的需要，在 R2 上配置路由过滤，以过滤 OSPF 的路由。配置如下。

```
R2(config)#access-list 1 deny 172.16.0.0 0.0.0.255
R2(config)#access-list 1 deny 172.16.1.0 0.0.0.255
R2(config)#access-list 1 permit any
```

首先配置 ACL，标识需要过滤的网络号。

```
R2(config)#router rip
R2(config-router)#distribute-list 1 out ospf 1
```

在 RIP 下配置 distribute 列表，引用访问控制列表 1，过滤从 OSPF 重发布 RIP 的网络路由。

（5）查看 R3 的路由，进行确认。

```
R3#show ip route
***省略部分输出***
         172.16.0.0/16 is variably subnetted, 3 subnets, 2 masks
R        172.16.255.0/30 [120/10] via 192.168.255.2, 00: 00: 06, Serial0/1
R        172.16.3.1/32 [120/10] via 192.168.255.2, 00: 00: 06, Serial0/1
R        172.16.2.1/32 [120/10] via 192.168.255.2, 00: 00: 06, Serial0/1
C        192.168.255.0/24 is directly connected, Serial0/1
C        192.168.0.0/24 is directly connected, Loopback0
C        192.168.1.0/24 is directly connected, Loopback1
C        192.168.2.0/24 is directly connected, Loopback2
C        192.168.3.0/24 is directly connected, Loopback3
```

通过配置路由过滤后，R3 将不能够学习到被拒绝的两条路由。

（6）配置 R2 过滤 RIP 的路由。

```
R2(config)#access-list 2 deny 192.168.2.0 0.0.0.255
R2(config)#access-list 2 deny 192.168.3.0 0.0.0.255
R2(config)#access-list 2 permit any
R2(config)#router ospf 1
R2(config-router)#distribute-list 2 out rip           //配置路由过滤
```

```
R2(config-router)#exit
```

查看 R1 的路由表。

```
R1#show ip route
* * * 省略部分输出 * * *
     172.16.0.0/16 is variably subnetted, 5 subnets, 2 masks
C       172.16.255.0/30 is directly connected, Serial1/0
C       172.16.0.0/24 is directly connected, Loopback0
C       172.16.1.0/24 is directly connected, Loopback1
C       172.16.2.0/24 is directly connected, Loopback2
C       172.16.3.0/24 is directly connected, Loopback3
O E2    192.168.255.0/24 [110/200] via 172.16.255.2, 00:02:35, Serial1/0
O E2    192.168.0.0/24 [110/200] via 172.16.255.2, 00:02:35, Serial1/0
O E2    192.168.1.0/24 [110/200] via 172.16.255.2, 00:02:35, Serial1/0
```

12.3.5 路由映射的配置

路由映射表提供了另一种操纵和控制路由协议更新的途径。

1. 路由映射表的用途

（1）在重分发期间进行路由过滤：可通过 set 命令操纵路由度量值。

（2）网络地址转换 NAT：路由映射表可以更好地控制将哪些私有地址转换为公共地址。

（3）BGP：路由映射表是实现 BGP 策略的主要工具。网络管理员将路由映射表应用于特定 BGP 会话（邻居），以控制哪些路由可进入或离开 BGP 进程。

2. 理解路由映射表

路由映射表是复杂的访问列表，能够使用 match 命令测试分组或路由是否满足特定的条件。如果满足条件，则可采取措施修改分组或路由的属性，这些措施是使用命令 set 指定的。这是路由映射表与访问列表最大的差别之一：路由映射表可使用 set 命令来修改分组或路由。

一组路由映射表名称相同的 route-map 语句被视为一个路由映射表。在路由映射表内，每个 route-map 语句都有编号，可被独立地编辑。

路由映射表的语句相当于访问列表中的各行。在路由映射表中指定 match 条件类似于在访问列表中指定源地址、目标地址和子网掩码。

定义路由映射表，可使用全局配置命令。

```
route-map map-tag [ permit | deny ] [ sequence-number ]
```

map-tag：路由映射表的名称。

permit | deny：可选参数，指定满足匹配条件时采取的措施。其含义随路由映射表的用途而异。

sequence-number：可选序列号，指定新 route-map 语句在用相同路由映射表名称配置的 route-map 语句列表中的位置。

命令 route-map 的默认措施是 permit，默认序列号为 10。如果省略了序列号，路由器认为将要编辑或插入第一条语句，序列号默认为 10。

注意:路由映射表序列号不会自动递增。

如果省略了命令 route-map 的参数 sequence-number,其结果如下。

如果指定的路由映射表没有其他语句,将创建一条语句,并将 sequence-number 设置为 10。

如果指定的路由映射表只有一条语句,该语句的序列号将不变(路由器认为将要编辑现有的那条语句)。

如果指定的路由映射表已有多条语句,将显示一条错误消息,指出必须指定序列号。

执行命令 no route-map map-tag 时,如果没有指定参数 sequence-number,将删除指定的路由表。

路由映射表可能包含多条 route-map 语句(它们的序列号不同)。语句按从上往下的次序处理(与访问列表类似),并执行与路由匹配的第一条语句。

序列号还可用于在路由映射表的特定位置插入或删除 route-map 语句。序列号指定了条件的检查次序。例如,如果路由映射表中的两条语句都名为 MYMAP,其中一条语句的序列号为 10,另一条为 20,将首先检查序列号为 10 的语句。如果不满足该语句中的匹配条件,将检查序列号为 20 的语句。

和访问列表一样,路由映射表的末尾也有一条隐式的 deny any 语句。

路由映射表配置命令 match condition 用于指定要检查的条件,而 set condition 路由映射表配置命令用于指定满足措施为 permit 的条件时应采取的操作。

如果 route-map 语句不包含 match 命令,则认为与之匹配。

单条 match 语句可包含多个条件,但只要有一个条件为真,就认为与该 match 语句匹配(这是一种逻辑 OR 运算)。

route-map 语句可能包含多条 match 语句。仅当 route-map 语句中所有的 match 语句都为真时,才认为与该 route-map 语句匹配(这是一种逻辑 AND 运算)。

另一种阐述路由映射表工作原理的方式是路由器解释语句,通过一个简单示例来看路由器如何解释它。

```
route-map demo permit 10
match x y z
match a
set b
set c
route-map demo permit 20
match q
set r
route-map demo permit 30
```

路由器将这样解释上例中的路由映射表 demo:

```
If {(x or y or z) and (a) match} then {set b and c}
Else
If q matches then set r
Else
Set nothing
```

3. 配置路由映射表以控制路由更新

在配置重分发时的所有 redistribute 命令都有选项 route-map 和参数 map-tag。该参数

指定一个使用全局配置命令 route-map map-tag [permit | deny] [sequence-number] 配置的路由映射表。

将路由映射表用于重分发时,命令 redistribute 中,包含 permit 的 route-map 语句指定对匹配的路由进行重分发,而包含 deny 的 route-map 语句表示不重分发匹配的路由。

路由映射表配置命令 match condition 用于指定要检查的条件,下面列出其中一部分。

match ip address {access-list-number|name} 匹配其网络号获得标准(扩展)访问列表或前缀列表允许的路由,可以指定多个访问列表,在这种情况下,匹配一个就视为匹配。

match interface type number 匹配其下一跳为指定接口之一的路由。

match metric metric-value 匹配具有指定度量值的路由。

match route-type [external | internal] 匹配指定类型的路由。

match tag tag-value 根据路由的标记进行匹配。

对于满足匹配条件且措施为 permit 的路由,路由映射表配置命令 set condition 将修改或添加其特征,如度量值。

下面列出一部分 set 命令。

set metric metric-value 设置路由协议的度量值。
set metric-type [type-1 |type-2|internal|external] 设置目标路由协议的度量值类型。
set next-hop 指定下一跳的地址。
set tag 指定目标路由选择协议的标记值。

1) 使用路由映射表配置路由重分发

要全面控制在路由协议之间重分发路由的方式,可使用路由映射表。

命令 redistribute 中的参数 route-map map-tag 用于指定要使用的路由映射表。规划用于重分发的路由映射表时,应在实现文档中包含如下内容:定义路由映射表,包含要检查的条件(match 语句)以及符合条件时应采取的措施(set 语句);指定要将路由映射表应用于哪个接口以控制重分发。

2) 将路由映射表用于重分发

下面的命令展示了如何将路由映射表应用于 RIPv1 到 OSPF 10 的重分发。该路由映射表名为 redis-rip,是在 OSPF 进程下配置命令 redistribute rip route-map redis-rip subnets 时指定的。

使用路由映射表从 RIPv1 重分发到 OSPF:

```
Router(config)#router ospf 10
Router(config-router)#redistribute rip route-map redis-rip subnets
Router(config-router)#exit
Router(configr)#route-map redis-rip permit 10
Router(config-route-map)#match ip address 23 29
Router(config-route-map)#set metric 500
Router(config-route-map)#set metric-type type-1
Router(config-route-map)#route-map redis-rip deny 20
Router(config-route-map)#match ip address 37
Router(config-route-map)#route-map redis-rip permit 30
Router(config-route-map)#set metric 5000
Router(config-route-map)#set metric-type type-2
```

```
Router(config-route-map)#exit
Router(config)#access-list 23 permit 10.1.0.0 0.0.255.255
Router(config)#access-list 29 permit 172.16.1.0 0.0.0.255
Router(config)#access-list 37 permit 10.0.0.0 0.255.255.255
```

注意：决定是否重分发路由时，根据 route-map 命令包含的是 deny 还是 permit，而不是命令 route-map 指定的 ACL 包含的是 deny 还是 permit。ACL 只用于匹配路由。

3) 使用路由映射表避免路由反馈

在多台路由器上重分发路由时，路由反馈可能导致次优路由或路由环路。可通过配置路由重分发防止路由反馈。

结合使用路由映射表和标记：

```
Router(config)#router eigrp 7
Router(config-router)#redistribute rip route-map rip_to_eigrp metric 10000 1000 255 1 1500
Router(config-router)#exit
Router(config)#route-map rip_to_eigrp deny 10
Router(config-route-map)#match tag 88
```

该语句与标记为 88 的路由匹配，这些路由被禁止重分发到 EIGRP 路由进程 7。

```
Router(config-route-map)#route-map rip_to_eigrp permit 20
Router(config-route-map)#set tag 77
```

没有标记 88 的路由到达第二条 route-map 语句后，命令 set tag 77 将其标记设置为 77，这些路由被重分发到 EIGRP 路由进程 7。

结合使用路由映射表、重分发和标记，配置拓扑图如图 12.22 所示。

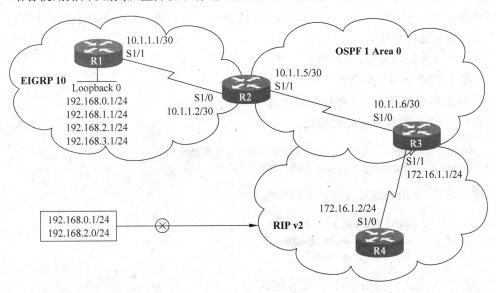

图 12.22 路由更新中使用映射表、重分发和标记的配置拓扑图

(1) 在 R2 和 R3 上配置路由双向重发布。

```
R2(config)#router ospf 1
R2(config-router)#redistribute eigrp 10 subnets
```

```
R2(config-router)#exi
R2(config)#router eigrp 10
R2(config-router)#redistribute ospf 1 metric 10000 100 255 1 1500
R2(config-router)#exit
R3(config)#router ospf 1
R3(config-router)#redistribute rip subnets
R3(config-router)#exit
R3(config)#router rip
R3(config-router)#redistribute ospf 1 metric 10
R3(config-router)#exit
```

（2）在 R4 上查看路由表，确认路由重发布。

```
R4#show ip route
* * * 省略部分输出 * * *
     172.16.0.0/24 is subnetted, 1 subnets
C       172.16.1.0 is directly connected, Serial0/1
     10.0.0.0/30 is subnetted, 2 subnets
R       10.1.1.0 [120/10] via 172.16.1.1, 00:00:10, Serial0/1
R       10.1.1.4 [120/10] via 172.16.1.1, 00:00:10, Serial0/1
R    192.168.0.0/24 [120/10] via 172.16.1.1, 00:00:10, Serial0/1
R    192.168.1.0/24 [120/10] via 172.16.1.1, 00:00:10, Serial0/1
R    192.168.2.0/24 [120/10] via 172.16.1.1, 00:00:10, Serial0/1
R    192.168.3.0/24 [120/10] via 172.16.1.1, 00:00:10, Serial0/1
```

通过重发布学到的非 RIP 区域路由。

根据拓扑配置得知，192.168.0.0/24 和 192.168.2.0/24 的网络不允许被 R4 学习。除了 distribute-list 或 Route-map 配置可以实现此路由过滤功能，也可以通过配置路由标记，来实现路由过滤的功能。

使用路由标记的过滤，分为两个步骤。

步骤 1，服务器端路由器配置标记。

步骤 2，客户端路由器根据标记进行过滤。

（3）在 R2 上配置分配路由标记。

```
R2(config)#access-list 1 permit 192.168.0.0 0.0.0.255
R2(config)#access-list 1 permit 192.168.2.0 0.0.0.255
```

使用 ACL 标识出需要设置标记的路由。

```
R2(config)#route-map set_tag permit 10
R2(config-route-map)#match ip address 1
R2(config-route-map)#set tag 1
```

为匹配 ACL 1 的路由条目，分配标记为 1。

```
R2(config-route-map)#exit
R2(config)#route-map set_tag permit 20
R2(config-route-map)#exit
R2(config)#router ospf 1
R2(config-router)#redistribute eigrp 10 subnets route-map set_tag
```

在路由重发布时调用路由图,进行标记的嵌入。

(4) 在 R3 上,配置 route-map 通过标记来进行路由过滤。

```
R3(config)#route-map match_tag deny 10
R3(config-route-map)#match tag 1
```

对于标记为 1 的路由,进行过滤处理。

```
R3(config-route-map)#exit
R3(config)#route-map match_tag permit 20
R3(config-route-map)#exit
```

其他的路由无条件转发。

```
R3(config)#router rip
R3(config-router)#redistribute ospf 1 metric 10 route-map match_tag
```

在路由重发布时调用路由图进行了过滤。

(5) 查看 R4 的路由表,确认路由过滤。

```
R4#show ip route
***省略部分输出***
     172.16.0.0/24 is subnetted, 1 subnets
C       172.16.1.0 is directly connected, Serial0/1
     10.0.0.0/30 is subnetted, 2 subnets
R       10.1.1.0 [120/10] via 172.16.1.1, 00:00:26, Serial0/1
R       10.1.1.4 [120/10] via 172.16.1.1, 00:00:26, Serial0/1
R    192.168.1.0/24 [120/10] via 172.16.1.1, 00:00:26, Serial0/1
R    192.168.3.0/24 [120/10] via 172.16.1.1, 00:00:26, Serial0/1
```

R4 的路由表显示路由过滤成功。

(6) 路由标记可以简单地实现路由预先分类,客户端仅需要简单匹配标记而不需要编写大量的 ACL 来标识路由。通过此配置,可以有效地维护网络的路由更新。结合使用路由映射表、重分发和标记还可以避免路由环路。

第 13 章　多层交换技术

13.1　三层交换技术

13.1.1　基本原理及转发流程

三层以太网交换机的转发机制主要分为两个部分：二层转发和三层交换。

1. 二层转发流程

1) MAC 地址介绍

MAC 地址是 48 位二进制的地址，如 00-e0-fc-00-00-06。可以分为单播地址、多播地址和广播地址。

（1）单播地址：第一字节最低位为 0，如 00-e0-fc-00-00-06。

（2）多播地址：第一字节最低位为 1，如 01-e0-fc-00-00-06。

（3）广播地址：48 位全 1，如 ff-ff-ff-ff-ff-ff。

注意：

（1）普通设备网卡或者路由器设备路由接口的 MAC 地址一定是单播的 MAC 地址才能保证其与其他设备的互通。

（2）MAC 地址是一个以太网络设备在网络上运行的基础，也是链路层功能实现的立足点。

2) 二层转发介绍

交换机二层的转发特性，符合 802.1D 网桥协议标准。交换机的二层转发涉及两个关键的线程：地址学习线程和报文转发线程。

学习线程如下。

（1）交换机接收网段上的所有数据帧，利用接收数据帧中的源 MAC 地址来建立 MAC 地址表。

（2）端口移动机制：交换机如果发现一个报文的入端口和报文中源 MAC 地址的所在端口（在交换机的 MAC 地址表中对应的端口）不同，就产生端口移动，将 MAC 地址重新学习到新的端口。

（3）地址老化机制：如果交换机在很长一段时间之内没有收到某台主机发出的报文，在该主机对应的 MAC 地址就会被删除，等下次报文来的时候会重新学习。

注意：老化也是根据源 MAC 地址进行老化。

报文转发线程如下。

(1) 交换机在 MAC 地址表中查找数据帧中的目的 MAC 地址,如果找到,就将该数据帧发送到相应的端口,如果找不到,就向所有的端口发送。

(2) 如果交换机收到的报文中源 MAC 地址和目的 MAC 地址所在的端口相同,则丢弃该报文。

(3) 交换机向入端口以外的其他所有端口转发广播报文。

3) VLAN 二层转发介绍

引入了 VLAN 以后对二层交换机的报文转发线程产生了如下的影响。

(1) 交换机在 MAC 地址表中查找数据帧中的目的 MAC 地址,如果找到(同时还要确保报文的入 VLAN 和出 VLAN 是一致的),就将该数据帧发送到相应的端口,如果找不到,就向(VLAN 内)所有的端口发送;

(2) 如果交换机收到的报文中源 MAC 地址和目的 MAC 地址所在的端口相同,则丢弃该报文;

(3) 交换机向(VLAN 内)入端口以外的其他所有端口转发广播报文。

以太网交换机上通过引入 VLAN,带来了如下的好处。

(1) 限制了局部的网络流量,在一定程度上可以提高整个网络的处理能力。

(2) 虚拟的工作组,通过灵活的 VLAN 设置,把不同的用户划分到工作组内。

(3) 安全性,一个 VLAN 内的用户和其他 VLAN 内的用户不能互访,提高了安全性。

另外,还有常见的两个概念:VLAN 的终结和透传。从字面意思上就可以很好地了解这两个概念。所谓 VLAN 的透传,就是某个 VLAN 不仅在一台交换机上有效,它还要通过某种方法延伸到别的以太网交换机上,在别的设备上照样有效;终结的意思即相对某个 VLAN 的有效域不能再延伸到别的设备,或者不能通过某条链路延伸到别的设备。

VLAN 的透传可以使用 802.1Q 技术,VLAN 终结可以使用 PVLAN 技术。IEEE 802.1Q 协议是 VLAN 的技术标准,主要是修改了标准的帧头,添加了一个 tag 字段,其中包含 VLAN ID 等 VLAN 信息。

注意:在 Trunk 端口转发报文的时候,如果报文的 VLAN Tag 等于端口上配置的默认 VLAN ID,则该报文的 Tag 应该去掉,对端收到这个不带 Tag 信息的报文后,从端口的 PVID 获得报文的所属 VLAN 信息,因此配置的时候必须保证连接两台交换机之间的一条 Trunk 链路两端的 PVID 设置相同。去 Tag 是为了保证一般的用户插到 Trunk 上以后,仍旧可以正常通信,因为普通用户无法识别带有 802.1Q VLAN 信息的报文。

使用 802.1Q 技术可以很好地实现 VLAN 的透传,但是有时需要把 VLAN 终结掉,即这个 VLAN 的边界在哪里终止,PVLAN 技术可以很好地实现这个功能,同时达到节省 VLAN 的目的。

注意:Cisco 的 PVLAN 是 Private VLAN,而上文 PVLAN 是 Primary VLAN。

PVLAN 有两类:Primary VLAN 和 Secondary VLAN(子 VLAN)。实现了接入用户二层报文的隔离,同时上层交换机下发的报文可以被每一个用户接收到,简化了配置,节省了 VLAN 资源。

2. 三层交换流程

用 VLAN 分段,隔离了 VLAN 间的通信,用支持 VLAN 的路由器(三层设备)可以建立 VLAN 间通信。但使用路由器来互连企业园区网中不同的 VLAN 显然不合时代的潮流,因此可以使用三层交换来实现。优点和差别如下。

(1) 性能方面:传统的路由器基于微处理器转发报文,靠软件处理,而三层交换机通过 ASIC 硬件来进行报文转发,性能差别很大。

(2) 接口类型:三层交换机的接口基本都是以太网接口,没有路由器接口类型丰富。

(3) 三层交换机还可以工作在二层模式,对某些不需路由的报文直接交换,而路由器不具有二层的功能。

首先看一下设备互通的过程。

如图 13.1 所示,交换机上划分了两个 VLAN,在 VLAN 1 和 VLAN 2 上配置了路由接口用来实现 VLAN 1 和 VLAN 2 之间的互通。

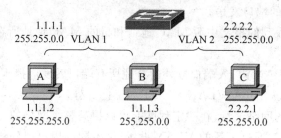

图 13.1 设备互通配置图

(1) A 和 B 之间的互通(以 A 向 B 发起 ping 请求为例)。

① A 检查报文的目的 IP 地址,发现和自己在同一个网段;

② A→B ARP 请求报文,该报文在 VLAN 1 内广播;

③ B→A ARP 回应报文;

④ A→B icmp request;

⑤ B→A icmp reply。

(2) A 和 C 之间的互通(以 A 向 C 发起 ping 请求为例)。

① A 检查报文的目的 IP 地址,发现和自己不在同一个网段;

② A→switch(int VLAN 1)ARP 请求报文,该报文在 VLAN 1 内广播;

③ 网关→A ARP 回应报文;

④ A→switch icmp request(目的 MAC 是 int VLAN 1 的 MAC,源 MAC 是 A 的 MAC,目的 IP 是 C,源 IP 是 A);

⑤ switch 收到报文后判断出是三层的报文。检查报文的目的 IP 地址,发现是在自己的直连网段;

⑥ switch(int VLAN 2)→C ARP 请求报文,该报文在 VLAN 2 内广播;

⑦ C→switch(int VLAN 2)ARP 回应报文;

⑧ switch(int VLAN 2)→C icmp request(目的 MAC 是 C 的 MAC,源 MAC 是 int VLAN 2 的 MAC,目的 IP 是 C,源 IP 是 A)同步骤 4 相比报文的 MAC 头进行了重新的封装,而 IP 层以上的字段基本上不变;

⑨ C→A icmp reply,这以后的处理同前面 icmp request 的过程基本相同。

以上的各步处理中,如果 ARP 表中已经有了相应的表项,则不会给对方发 ARP 请求报文。

三层交换机能够区分二层和三层的数据流,3526产品是三层以太网交换机,在其处理流程中既包括二层的处理功能,又包括三层的处理功能。

区别二、三层转发的基本模型,如图13.2所示。

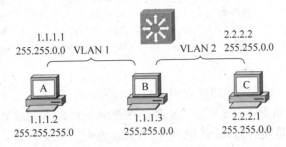

图13.2 区别二、三层转发的基本模型

如图13.2所示,三层交换机划分了两个VLAN,A和B之间的通信是在一个VLAN内完成,对于交换机而言是二层数据流,A和C之间的通信需要跨越VLAN,是三层的数据流。

上面提到的是宏观的方法,具体到微观的角度,一个报文从端口进入后,Switch设备区分二、三层报文的方法如下。

从A到B的报文由于在同一个VLAN内部,报文的目的MAC地址将是主机B的MAC地址,而从A到C的报文,要跨越VLAN,报文的目的MAC地址是设备虚接口VLAN 1上的MAC地址。因此交换机区分二、三层报文的标准就是看报文的目的MAC地址是否等于交换机虚接口上的MAC地址。

以S3526交换机为例,三层交换机整个处理流程中分成了如下三个大的部分。

(1) 平台软件协议栈部分。

这部分中关键功能如下。

① 运行路由协议,维护路由信息表。

② IP协议栈功能,在整个系统的处理流程中,这部分担负着重要的功能,当硬件不能完成报文转发的时候,这部分可以代替硬件来完成报文的三层转发。另外,对交换机进行telnet,ping,ftp,snmp的数据流都是在这部分来处理。

例如:

```
Router# show ip route
Routing Tables:
Destination/Mask    Proto    Pre    Metric    Nexthop         Interface
0.0.0.0/0           Static   60     0         10.110.255.9    VLAN - Interface2
10.110.48.0/21      Direct   0      0         10.110.48.1     VLAN - Interface1
10.110.48.1/32      Direct   0      0         127.0.0.1       InLoopBack0
10.110.255.8/30     Direct   0      0         10.110.255.10   VLAN - Interface2
10.110.255.10/32    Direct   0      0         127.0.0.1       InLoopBack0
127.0.0.0/8         Direct   0      0         127.0.0.1       InLoopBack0
127.0.0.1/32        Direct   0      0         127.0.0.1       InLoopBack0
```

维护ARP表:

```
Router# show arp
IpAddress        Mac_Address      VLAN ID    Port Name           Type
10.110.255.9     00e0.fc00.5518   2          GigabitEthernet2/1  Dynamic
10.110.51.75     0010.b555.f039   1          Ethernet0/9         Dynamic
10.110.54.30     0800.20aa.f41d   1          Ethernet0/10        Dynamic
10.110.51.137    0010.a4aa.fce6   1          Ethernet0/12        Dynamic
10.110.50.90     0010.b555.e04f   1          Ethernet0/8         Dynamic
```

(2) 硬件处理流程。

主要的表项是：二层 MAC 地址表和三层的 ip fdb 表，这两个表中用于保存转发信息，在转发信息比较全的情况下，报文的转发和处理全部由硬件来完成处理，不需要软件的干预。这两个表的功能是独立的，没有相互的关系，因为一个报文只要一进入交换机，硬件就会区分出这个包是二层还是三层。非此即彼。

例如：

```
Router# show mac all
MAC ADDR          VLAN ID    STATE      PORT INDEX      AGING TIME(s)
0000.21cf.73f4    1          Learned    Ethernet0/19    266
0002.557c.5a79    1          Learned    Ethernet0/12    225
0004.7673.0b38    1          Learned    Ethernet0/9     262
0005.5d04.9648    1          Learned    Ethernet0/16    232
0005.5df5.9f64    1          Learned    Ethernet0/16    300
```

MAC 地址表是精确匹配的 IVL 方式，其中关键的参数是：VLAN ID，Port index。

例如：

```
Router# show ipfdb all
0: System 1: Learned 2: UsrCfg Age 3: UsrCfg noAge Other: Error
Ip Address       RtIf   Vtag   VTValid   Port                Mac                       Status
10.11.83.77      2      2      Invalid   GigabitEthernet2/1  00-e0-fc-00-55-18         1
10.11.198.28     2      2      Invalid   GigabitEthernet2/1  00-e0-fc-00-55-18         1
10.63.32.2       2      2      Invalid   GigabitEthernet2/1  00-e0-fc-00-55-18         1
10.72.255.100    2      2      Invalid   GigabitEthernet2/1  00-e0-fc-00-55-18         2
10.75.35.103     2      2      Invalid   GigabitEthernet2/1  00-e0-fc-00-55-18         2
10.75.35.106     2      2      Invalid   GigabitEthernet2/1  00-e0-fc-00-55-18         2
```

路由接口索引(RtIf)：该索引用来确定该转发表项位于哪个路由接口下面，对 S3526 产品来讲，支持的路由接口数目是 32。

VLAN tag：该值用来表明所处的 VLAN，该 VLAN 和路由接口是对应的。

VLAN tag 有效位(VTValid)：用来标识转发出去的报文中是否需要插入 VLAN tag 标记。

端口索引(Port)：用来说明该转发表项的出端口。

下一跳 MAC：三层设备每完成一跳的转发，会重新封装报文中的 MAC 头，硬件 ASIC 芯片一般依据这个域里面的数值来封装报头。

其中两个重要的概念：解析，未解析。每次收到报文，ASIC 都会从其中提取出源和目的地址在 MAC Table 或者 IP Fdb Table 中进行查找，如果地址在转发表中可以找到，则认为该地址是解析的，如果找不到，则认为该地址是未解析的。根据这个地址是源，还是目的，还可以有源解析,目的未解析等的组合。

对于二层未解析,硬件本身可以将该报文在 VLAN 内广播,但是对于三层报文地址的未解析报文硬件本身则不对该报文进行任何的处理,而产生 CPU 中断,靠软件来处理。

硬件部分的处理可以用这句话来描述:收到报文后,判断该报文是二或是三层报文,然后判断其中的源,目的地址是否已经解析,如果已经解析,则硬件完成该报文的转发,如果是未解析的情况,则产生 CPU 中断,靠软件来学习该未解析的地址。

(3) 驱动代码部分。

其中关键的核心如下。

① 地址解析任务:在该任务中对已经报上来的未解析的地址进行学习,以便硬件完成后续报文的转发而不需软件干预。

② 地址管理任务:为了便于软件管理和维护,软件部分保存了一份同硬件中转发表相同的地址表 copy。

③ FIB(Forwarding Information Base)表:这个表的信息来源于 ip route table 中的路由信息,之所以把它放在了 driver 部分,是为了地址解析任务在学 IP 地址时查找方便。

例如:

```
Router# show fib
Destination/Mask      Nexthop           Flag      Interface
0.0.0.0/0             10.110.255.9      I         VLAN-Interface2
10.110.48.0/21        10.110.48.1       D         VLAN-Interface1
10.110.48.1/32        127.0.0.1         D         InLoopBack0
10.110.255.8/30       10.110.255.10     D         VLAN-Interface2
10.110.255.10/32      127.0.0.1         D         InLoopBack0
127.0.0.0/8           127.0.0.1         D         InLoopBack0
```

三层转发主要涉及两个关键的线程:地址学习线程和报文转发线程,这个和二层的线程是类似的。

④ 地址学习线程主要用来生成硬件转发表(ipfdb table)。

⑤ 报文转发线程主要根据地址学习线程生成的转发表(ipfdb table)信息来对报文进行转发,如果里面的信息足够多,这个转发的过程全部由硬件来完成,如果信息不够,则会要求地址学习线程来进行学习,同时该报文硬件不能转发,会交给软件协议栈来进行转发。

其实 ipfdb table 和二层的 MAC 地址表也是类似的,只不过里面的具体表项所代表的含义和所起的作用不同罢了。

问题:在路由器等软件转发引擎中,每收一个报文都会去查路由表下一跳,然后再查 ARP 表下一跳的 MAC,但是在三层交换机(如 S3526)中,报文转发的时候不需要去查路由表和 ARP 表,这样的话,这两个表是不是就没有什么作用了?

回答是否定的,在 S3526 的三层转发流程中,过程一般是这样的:第一个报文硬件无法转发,要进行 IP 地址的学习,同时为了保证不丢包,该报文也由软件来进行转发,在学习完成以后,第二、第三个报文以后就一直是由硬件来完成转发了,这个过程也可以套用"一次路由,多次交换"来形象地进行总结,在一次路由中,要利用路由表和 ARP 表来学习 IP 地址和转发第一个报文,在以后的多次交换过程中,则只要有 ipfdb table 就可以了。

13.1.2 三层交换的配置及监控

在三层设备上配置 VLAN 间的路由,这是经常遇到的问题。其实 VLAN 间的路由有两种:单臂路由和三层交换路由。下面看一下三层之间的路由。

实验拓扑如图 13.3 所示,其中包含一个三层核心交换机、两个二层交换机。

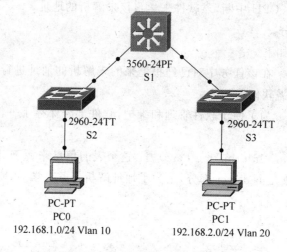

图 13.3 三层交换的配置拓扑图

(1) 设置 VTP domain。

在 S1 上启用 Sever 模式,S2 和 S3 启用 Client 模式。

```
S1 >en
S1 # configure terminal
S1(config) # vtp domain cisco
S1(config) # vtp mode server

S2 >en
S2 # configure terminal
S2(config) # vtp domain cisco
S2(config) # vtp mode client

S3 >en
S3 # configure terminal
S3(config) # vtp domain cisco
S3(config) # vtp mode client
```

(2) 配置中继为了保证管理域能够覆盖所有的分支交换机,必须配置中继。这里只需要在 S1 上的 f0/1 和 f0/2 口起 trunk 就可以了。

```
S1(config) # interface range f0/1 - f0/2
S1(config - if - range) # switchport trunk encapsulation dot1q
S1(config - if - range) # switchport mode trunk
```

(3) 创建 VLAN,在 S2 上的 VLAN 表如下。

```
S2#show VLAN br
VLAN      Name                 Status      Ports
----      ----------           ------      ----------------
1         default              active      Fa0/2,Fa0/3,Fa0/4,Fa0/5
                                           Fa0/6,Fa0/7,Fa0/8,Fa0/9
                                           Fa0/10,Fa0/11,Fa0/12,Fa0/13
                                           Fa0/14,Fa0/15,Fa0/16,Fa0/17
                                           Fa0/18,Fa0/19,Fa0/20,Fa0/21
                                           Fa0/22,Fa0/23,Fa0/24,Gig1/1
                                           Gig1/2

10        VLAN0010             active
20        VLAN0020             active
1002      fddi-default         active
1003      token-ring-default   active
1004      fddiet-default       active
1005      trent-default        active
S2#
```

(4) 将交换机接口纳入 VLAN。

```
S2(config)#interface fastEthernet 0/2
S2(config-if)#switchport access VLAN 10
S3(config-if)#interface fastEthernet 0/2
S3(config-if)#switchport access VLAN 20
```

(5) 配置三层交换,给每个 VLAN 配 IP 地址:

```
S1(config)#interface VLAN 10
S1(config-if)#ip add 192.168.1.254 255.255.255.0
S1(config-if)#interface VLAN 20
S1(config-if)#ip add 192.168.2.254 255.255.255.0
```

启用路由模式:

```
S1(config)#ip routing
```

由于拓扑是直连路由这里不用做宣告:

```
Gateway of last resort is not set
C 192.168.1.0/24 is directly connected, VLAN10
C 192.168.2.0/24 is directly connected, VLAN20
```

在客户端做测试:

```
PC>ping 192.168.2.1
Pinging 192.168.2.1 with 32 bytes of data:
Reply from 192.168.2.1: bytes=32 time=125ms TTL=127
Reply from 192.168.2.1: bytes=32 time=109ms TTL=127
Reply from 192.168.2.1: bytes=32 time=125ms TTL=127
Reply from 192.168.2.1: bytes=32 time=125ms TTL=127
```

```
Ping statistics for 192.168.2.1:
    Packets: Sent = 4, Recived = 4, Lost = 0 (0% loss),
Approximate round trip times in milli-seconds:
    Mininmum = 109ms, Maximum = 125ms, Average = 121ms
```

13.2 CEF 技术

13.2.1 CEF 的工作原理

Cisco 特快交换（Cisco Express Forwarding,CEF）技术是思科公司推出的一种全新的路由交换方案,它具有良好的交换性能,增强的交换体系结构和极高的包转发速率。

传统路由器的基本作用是路由计算和包转发,通常基于共享存储器体系结构,采用集中式 CPU,即单个 CPU（或多个 CPU,连接成路由器簇）控制共享总线、连接多个接口卡上、接口卡包含简单的队列等结构、与 CPU 通信以及通过共享总线实现数据包转发。

随着 Internet 的快速发展和大量新的服务需求的不断出现,对网络的路由和交换性能提出了更高的要求,要同时提高包转发速率和系统的性能,必须对传统路由器与交换设备的设计体系结构进行改进,并加入一些新的设计方案以完善系统性能。采用 CEF 技术的 GSR1200 系列千兆交换路由器,在体系结构、路由方式和接口卡性能等方面都有质的改变,特别适用于大业务量的 ISP 网络的核心层,同时也广泛应用于高速企业网的主干。

1. 交换算法

常见的交换算法有如下五种。

1) 过程交换

最初的 Cisco 路由器采用集中式 CPU 包交换,所有的包通过共享总线传到 CPU,经路由表查找,CRC 重算,再通过共享总线把包传到适当的线路卡上。

2) 快速交换

到达某特定目的地址的 IP 包通常会引起数据包流,即假设交换过到特定目标的包之后,另一个很可能不久也会到达。通过构建交换目标的高速缓存,可以减少包在全路由表中查找同一目标的次数,这种"一次路由,然后交换"的方式称为快速交换,快速交换大大提高了路由器的包转发速率,因而成为 Cisco 路由器平台上默认的交换机制。但有一点需要注意,IP 路由表的改变会使得高速缓存无效,在路由状况不断变化的环境中,路由高速缓存的优势将受到很大限制。

3) 自治交换

自治交换的特点是从 CPU 中卸载了一些交换功能。在效果上,将路由高速缓存功能从 CPU 移到辅助交换处理器上,线路卡上的接收包先在交换处理器中完成本地路由高速缓存目标的查找,若查找失败时才中断 CPU 执行路由表查找。在此,Cisco 将周期性计算路由的 CPU 改名为路由处理器,把辅助交换处理器改名为交换处理器。Cisco 7000 系列的路由器上执行自治交换,可使吞吐量等性能进一步提高。

4) 分布式交换

随着通用接口处理器（Versatile Interface Processor,VIP）卡的引入,路由器的交换体系逐渐向对等多处理器结构发展。每个 VIP 卡都包含 RISC 处理器,维护最新的由路由交换处理器产生的快速交换高速缓存的备份,并能独立实现路由交换的功能,高速完成两种类型的交换,即本地 VIP 的交换和 VIP 之间的交换。

5) 特快交换

如前所述,快速交换的高速缓存机制在 Internet 之类的高速动态路由选择环境(经常存在网络拓扑变化、路由改变、路由震荡等)中不能很好地伸缩,路由的改变导致高速缓存无效,而重建高速缓存(即执行"过程交换"的过程)在计算上开销很大;同时,随着互联网及其业务的迅猛发展,基于 Web 的各种应用和交互式业务使得通信次数多而通信时间短的实时数据流大量增加,快速交换的高速缓存内容处于不断变化之中,重建高速缓存的负担加大,从而导致路由器性能的降低。CEF 特快交换技术正是针对上述不足而设计提出的。

与快速交换相似,CEF 也使用自己建立的数据结构(而不是路由表)来执行交换操作。快速交换通过生成并查找路由高速缓存来交换数据包,该路由高速缓存的条目(包括目的 IP 地址,输出接口,MAC 地址头信息等)是在第一个数据包到来时,对整个路由表执行最长匹配查找算法获得下一跳 IP 地址,然后查找 ARP 缓存获得第二层的 MAC 地址信息,并写入路由高速缓存,之后的数据包则根据已经生成的高速缓存的条目直接重写 MAC 头信息完成交换操作。

CEF 通过 FIB 和邻接表对数据包进行交换,但 FIB 和邻接表是在数据包到来以前,由 CPU 根据路由表生成并定时更新的,因此到达路由器的第一个数据包也无须执行查找路由表的过程,直接由 FIB 和邻接表获得新的 MAC 头信息,就可进行交换了,对于拥有大容量路由表的路由器来说,这种预先建立交换查找条目的方式能够有效地提高交换性能。

CEF 是一种高级的第三层交换技术,它主要是为高性能、高伸缩性的第三层 IP 骨干网交换设计的。为优化包转发的路由查找机制,CEF 定义了两个主要部件:转发信息库(Forwarding Information Base)和邻接表(Adjacency Table)。

转发信息库(FIB)是路由器决定目标交换的查找表,FIB 的条目与 IP 路由表条目之间有一一对应的关系,即 FIB 是 IP 路由表中包含的路由信息的一个镜像。由于 FIB 包含所有必需的路由信息,因此就不用再维护路由高速缓存了。当网络拓扑或路由发生变化时,IP 路由表被更新,FIB 的内容随之发生变化。

CEF 利用邻接表提供数据包的 MAC 层重写所需的信息。FIB 中的每一项都指向邻接表里的某个下一跳中继段。若相邻节点间能通过数据链路层实现相互转发,则这些节点被列入邻接表中。

系统一旦发现邻接关系,就将其写到邻接表中,邻接序列随时都在生成,每次生成一个邻接条目,就会为那个邻接节点预先计算一个链路层头标信息,并把这个链路层头标信息存储在邻接表中,当决定路由时,它就指向下一网络段及相应的邻接条目。随后在对数据包进行 CEF 交换时,用它来进行封装。

欲查看邻接表的有关信息,可以使用 Cisco IOS 的命令:show adjacency/show adjacency detail。当查看邻接表信息时,会发现有以下两种主要邻接类型:Host adjacency 和 Point to Point。Host adjacency 类型通常的显示是一个 IP 地址,它表示邻接的下一跳 IP 地址;Point to Point 类型的显示是"point 2 point",表示这是一条点对点电路。此外还有其他一些特殊类型,如 Null adjacency、Glean adjacency 等,不再赘述。

2. CEF 的模式

CEF 有两种模式：集中式和分布式。集中式允许一个路由处理模块运行特快交换，即 FIB 和邻接表驻留在路由处理模块中，当线路卡不可用或不具备分散 CEF 交换的功能时，就可使用集中 CEF 交换模式。

分布式（一般记作 dCEF）允许路由器的多个线路卡（VIP）分别运行特快交换功能，前提是线路是 VIP 线路卡或 GSR 线路卡。中央路由处理器完成系统管理/路由选择和转发表计算等功能，并把 CEF 表分布到单个线路卡；每个线路卡维护着一个 FIB 和邻接表的相同的备份。线路卡在端口适配器之间执行快速转发，这样，交换操作就无须路由交换模块的参与了。DCEF 采用一种"内部过程通信"机制来保证路由处理器和接口卡之间 FIB 和邻接表的同步。

Cisco 12000 系列路由器只运行 dCEF 模式，由线路卡执行交换功能。在其他路由器中，可以在同一个路由器中混合使用各种类型的接口卡，如果一个不支持 CEF 的接口卡收到数据包后，将把数据包转发到路由处理器来进行处理，或把该数据包转发到下一个网络段处理。

CEF 在路由器上是全局激活的，但可在每个接口（或 VIP 的底板）上启用/禁用 CEF；CEF 和快速交换模式也可同时运行，但不推荐这样使用，因为会占用大量的系统维护资源。

3. CEF 的负载均衡

当到达某一目的 IP 地址存在多条路径时，每条路径都有一个反映其代价的 metric 值，路由协议通过计算获得到达目的地址的具有最短 metric 值的路径，数据包通过该路径到达目的地址。负载均衡的目的则是要把流量分配到多条路径中，这样可优化资源的使用。

CEF 特快交换支持两种类型的负载均衡——按目的地配置的负载均衡和按数据包配置的负载均衡。

1）按目的地配置负载均衡

基本原理：对于给定的一对源/目的 IP 地址下，即使有多个路径可用，也可保证数据包采用同一路径；通往不同源/目的 IP 地址的数据流则倾向于采用不同的路径。通过采用按目的地负载均衡的方法，可以保证对某个源/目的 IP 地址对的数据包以一定的次序到达。当启用 CEF 时，按目的地配置的负载均衡被默认启用。

2）按数据包配置负载均衡

基本原理：采用轮转法确定各个数据包按哪条路径到达目的地。这种负载均衡方法可使路由器在路径上连续发送数据包，即保证路径的使用状况比较好，但针对一个源/目的 IP 地址对的数据包可能会采用不同的路径，从而导致目的端对数据包的重新排序。这种类型的负载均衡对某些类型的数据流传送不是很合适（如 VoIP 数据流）。当然，若在某一源/目的 IP 地址对之间有大量的数据流，通过并行链路传送，如果按目的地配置负载均衡方式，将会使某条链路负担过重，而其他链路上的数据流很少，此时采用按数据包的负载均衡是合理的。

CEF 是专门为高性能、高伸缩性的 IP 骨干网络设计的一种高速交换方式。从上述介绍中不难看出，在大规模的动态 IP 网络中，CEF 能够提供前所未有的交换的一致性和稳定性。它能够有效弥补快速交换的高速缓存条目频繁失效的缺陷，采用 dCEF 分布式交换可使每个线路卡进行完全的交换，提供更优越的性能；CEF 比快速交换的路由高速缓存占用内存要少，并能提供负载均衡、网络记账等功能。借助 CEF 特快交换技术和其他一些革命性的创新技术，Cisco 的 GSR 路由器在全球取得了巨大的成功，在中国互联网基础设施建设中发挥着极其重要的作用。

13.2.2　CEF 的配置

在 Cisco 12000 系列路由器中，线路卡负责执行 CEF 交换。在其他路由器中，或许使用的不是同一种类型的线路卡，有可能某个接口卡不支持 CEF 交换。当某个不支持 CEF 交换的线路卡收到数据包时，它将数据包转发给更高的交换层（比如路由处理模块）或者把数据包转发给下一跳处理。这种机制允许旧的接口模块和新的接口模块并存。

需要注意以下三点。
（1）Cisco 12000 系列千兆交换路由器上只运行 dCEF 模式。
（2）一个 VIP 卡上不允许同时运行分布式 CEF 交换和分布式快速交换。
（3）Cisco 7200 系列路由器不支持分布式 CEF 交换。

1. 附加的新功能

在配置集中模式 CEF 和分布模式 CEF 时，还可以配置以下功能。
（1）分布式 CEF 支持访问控制列表；
（2）分布式 CEF 支持帧中继包；
（3）分布式 CEF 支持数据包分片；
（4）支持基于每一个包或者每一个目标的负载均衡；
（5）支持网络计费，可以收集数据包的个数和字节数；
（6）分布式 CEF 支持跨隧道的交换。

2. CEF 操作

CEF 操作有：启用和禁用 CEF 或者 dCEF。

如果用户的 Cisco 路由器中有接口处理器支持 CEF 时，就可以启用 CEF。为了启用或禁用 CEF，可以在全局配置模式下利用下面的命令进行配置。

启用标准 CEF 模式：ip cef switch

禁用标准 CEF 模式：no ip cef switch

当线路卡执行快速转发时，则启用 dCEF，这样，路由处理模块就可以处理路由协议或者负责交换从旧的接口模块（不支持 CEF 交换的模块）过来的数据包。在 Cisco 12000 系列路由器上，dCEF 模式是默认启用的。所以启用 dCEF 的命令（ip cef switch）在 Cisco 12000 系列路由器上是没有意义的，在配置清单上也不会列出 dCEF 模式被启用。

为了启用或禁止 dCEF 操作，可以在全局配置模式下利用下面的命令进行配置。

启用 dCEF 模式：ip cef distributed switch

禁用 dCEF 模式：no ip cef distributed switch

有时在某个接口配置了一项功能，而 CEF 或 dCEF 并不支持该功能，这时就可能需要在这个特定的接口上禁止 CEF 或 dCEF。

例如，策略路由和 CEF 就不能一起使用。可能想让一个接口支持策略路由，而让其他的接口支持 CEF。在这种情况下，可以按全局模式启用 CEF，而在那个打算配置策略路由的接口上禁用 CEF。这样，除了那一个接口外，在其他所有接口上都启用了快速转发。

在某个接口上禁用 CEF 或 dCEF，可以在接口配置模式下：no ip route-cache cef。
然后又想重新启用 CEF，在接口配置模式下，可以使用：ip route-cache cef。
注意：在 Cisco 12000 系列路由器上，不可以在某个接口上禁用 dCEF 模式。

13.3 MPLS 技术

13.3.1 MPLS 的工作原理

多协议标记交换（Multi-Protocol Label Switching，MPLS）是一种标记机制的包交换技术，通过简单的二层交换来集成 IP Routing 的控制。

1. 产生背景

2002 年，中国电信在中国大陆建立其高密度的 IP/MPLS 网络。该网络在同一物理网络上支持对传统业务和 IP/MPLS 新业务，并可快速提供用户业务。比如对等接入、IPVPN、城域以太网，通过二层 VPN 的方式承载 FR、ATM、DDN 业务等。中国电信美国公司则将向在中国有业务的美国公司提供 MPLSVPN、通达中国内地各处的专线业务和到 CHINANET 的直接 IP 接入等业务。

2003 年，MPLS 技术得到更为广泛的应用。印度最大的 Internet 和电子商务提供商 Sify 有限公司，建成了印度最大的 MPLS 网络，提供安全 VPN 业务并作为连接到美国的 Internet 网关。日本的 NTT Communications 建成了其全国范围、宽带多业务 MPLS 网络，并在这一个平台上提供 IP、Ethernet、FR 和 ATM 业务。

2. 技术特点

MPLS 属于第三代网络架构，是新一代的 IP 高速骨干网络交换标准，由 IETF（Internet Engineering Task Force，因特网工程任务组）所提出，由 Cisco、ASCEND、3Com 等网络设备大厂所主导。

MPLS 是集成式的 IP Over ATM 技术，即在 Frame Relay 及 ATM Switch 上结合路由功能，数据包通过虚拟电路来传送，只需在 OSI 第二层（数据链路层）执行硬件式交换（取代第三层（网络层）软件式 routing），它整合了 IP 选径与第二层标记交换为单一的系统，因此可以解决 Internet 路由的问题，使数据包传送的延迟时间缩短，增加网络传输的速度，更适合多媒体信息的传送。因此，MPLS 的最大技术特色为可以指定数据包传送的先后顺序。

MPLS 使用标记交换（Label Switching），网络路由器只需要判别标记后即可进行转送处理。

MPLS 的运作原理是提供每个 IP 数据包一个标记，并由此决定数据包的路径以及优先级。与 MPLS 兼容的路由器（Router），在将数据包转送到其路径前仅读取数据包标记，无须读取每个数据包的 IP 地址以及标头（因此网络速度便会加快），然后将所传送的数据包置于 Frame Relay 或 ATM 的虚拟电路上，并迅速将数据包传送至终点的路由器，进而减少数据包的延迟，同时由 Frame Relay 及 ATM 交换器所提供的 QoS（Quality of Service）对所传送的数据包加以分级，因而大幅提升网络服务品质提供更多样化的服务。对 IPOA（IP Over ATM）的改进是 MPLS 产生的源动力。目前 MPLS 还没有成为最后正式的标准，在 MPLS 成为标准的过程中，许多公司都推出了自己的标记技术，比如 Cisco 公司的 Tag 交换技术。

3. 基本概念

MPLS 中涉及很多基本的概念。

(1) FEC(转发等价类) MPLS 实际上是一种分类转发的技术,它将具有相同转发处理方式(目的地相同、使用的转发路径相同、具有相同的服务等级等)的分组归为一类,这种类别就称为转发等价类。属于相同转发等价类的分组在 MPLS 网络中将获得完全相同的处理。在 LDP 过程中,各种等价类对应于不同的标记,在 MPLS 网络中,各个节点将通过分组的标记来识别分组所属的转发等价类。

(2) 多协议标记交换。

① 多协议:MPLS 位于传统的第二层和第三层协议之间,其上层协议与下层协议可以是当前网络中的各种协议,如 IPX,AppleTalk 等。

② 标记:一个长度固定,只具有本地意思的标志。它用于唯一地表示一分组所属的 FEC,决定标记分组的转发方式。

③ 交换:通过 FEC 的划分与标记的分配,MPLS 的标记在网络中进行交换,建立一条虚电路。

(3) 标记栈:是一组标记的级联。

(4) 标记分组:包含 MPLS 标记封装的分组。标记可以使用专用的封装格式,也可以利用现有的链路层封装,如 ATM 的 VCI 和 VPI。

(5) 标记交换路由器(LSR):支持 MPLS 协议的路由器,是 MPLS 网络中的基本元素。

(6) 标记交换路径(LSP):使用 MPLS 协议建立起来的分组转发路径,由标记分组源 LSR 与目的 LSR 之间的一系列 LSR 以及它们之间的链路构成,类似于 ATM 中的虚电路。

(7) 上游 LSR 与下游 LSR:一个分组由一个路由器发往另一个路由器时,发送方的路由器为上游路由器,接收方为下游路由器。

(8) 标记信息库(LIB):类似于路由表,包含各个标记所对应的各种转发信息。

(9) 标记分发协议(LDP):该协议是 MPLS 的控制协议,相当于传统网络的信令协议,负责 FEC 的分类,标记的分配,以及分配结果的传输及 LSP 的建立和维护等。

(10) 标记分发对等实体(LDP PEERS):进行 LDP 操作的 LSR 为标记分发对等实体。

(11) 标记合并:对于某一相同 FEC 的标记分组,将不同的入标记替换为相同的一个出标记继续转发的过程,减少标记资源的消耗。

(12) TLV(Type Length Value):MPLS 消息中的子结构,类似于其他协议中各种消息内的对象。

4. 工作原理

当一个未被标记的分组(IP 包、帧中继或 ATM 信元)到达 MPLS LER 时,入口 LER 根据输入分组头查找路由表以确定通向目的地的标记交换路径 LSP,把查找到的对应 LSP 的标记插入到分组头中,完成端到端 IP 地址与 MPLS 标记的映射。

分组头与 Label 的映射规则不但考虑数据流目的地的信息,还考虑了有关 QoS 的信息;在以后网络中的转发,MPLS LSR 就只根据数据流所携带的标签进行转发。

5. MPLS 技术的实现细节

1) 标签结构

IP 设备和 ATM 设备厂商实现 MPLS 技术是在各自原来的基础上做的,对于 IP 设备商，它修改了原来 IP 包直接封装在二层链路帧中的规范，而是在二层和三层包头之间插了一个标签（Label），而 ATM 设备制造商利用了原来 ATM 交换机上的 VPI/VCI 的概念，使用 Label 来代替了 VPI/CVI，当然 ATM 交换机上还必须修改信令控制部分，引入了路由协议，ATM 交换使用了路由协议来和其他设备交换三层的路由信息。

标签的结构如图 13.4 所示。

LABEL	EXP	S	TTL
0　　19	20　22	23	24　　31

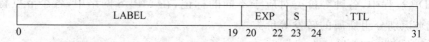

图 13.4　标签结构

(1) 20 比特的 LABEL 字段用来表示标签值，由于标签是定长的，所以对于路由器来说，可以分析定长的标签来做数据包的转发，这是标签交换的最大优点，定长的标签就意味着可以用硬件来实现数据转发，这种硬件转发方式要比必须用软件实现的路由最长匹配转发方式效率高得多。

(2) 3 比特的 EXP 用来实现 QoS。

(3) 1 比特的 S 值用来表示标签栈是否到底了，对于 VPN、TE 等应用将在二层和三层头之间插入两个以上的标签，形成标签栈。

(4) 8 比特的 TTL 值用来防止数据在网上形成环路。

这样完整的带有标签的二层帧就成了如图 13.5 所示的形式。

Frame Header	Label	IP Header	Payload
Layer 2	Layer $2^{1/2}$	Layer 3	

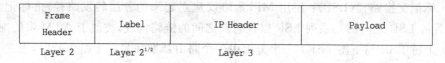

图 13.5　完整的带有标签的二层帧格式

在 ATM 信元模式下，信元的结构形式如图 13.6 所示。

Label	Layer 5(AAL5)Header	IP Header	Payload

图 13.6　在 ATM 信元模式下的信元结构

2) LSR 设备的体系结构

通过修改，能支持标签交换的路由器为 LSR（Label Switch Router），而支持 MPLS 功能的 ATM 交换机一般称为 ATM-LSR。

LSR 设备的体系结构如图 13.7 所示。

LSR 的体系结构分为以下两部分。

(1) 控制平面

该模块的功能是用来和其他 LSR 交换三层路由信息，以此建立路由表。完成交换标签对路由的绑定信息，以此建立 LIB（Label Information Base，标签信息表）。同时再根据路由表和 LIB 生成 Forwarding Information Base（FIB）和 Label Forwarding Information Base（LFIB）。控制平面也就是一般所说的路由引擎模块。

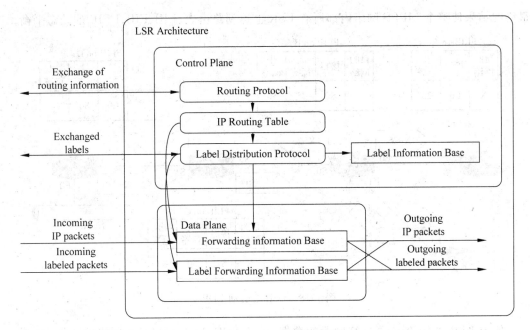

图 13.7　LSR 设备的体系结构

(2) 数据平面

数据平面的功能主要是根据控制平面生成的 FIB 和 LFIB 转发 IP 包和标签包。

对于控制平面中所使用的路由协议，可以使用以前的任何一种，如 OSPF、RIP、BGP 等，这些协议的主要功能是和其他设备交换路由信息，生成路由表。这是实现标签交换的基础。在控制平面中导入了一种新的协议——LDP，该协议的功能是用来针对本地路由表中的每个路由条目生成一个本地的标签，由此生成 LIB 表，再把路由条目和本地标签的绑定通告给邻居 LSR，同时把邻居 LSR 告知的路由条目和标签绑定接收下来放到 LIB 里，最后在网络路由收敛的情况下，参照路由表和 LIB 的信息生成 FIB 和 LFIB。具体的标签分发模式如下叙述。

① 标签的分配和分发。

上文叙述到了，MPLS 技术是 IP 技术和 ATM 技术的融合。LSR 和 ATM-LSR 上实现标签的生成和分发是有所不同的。

② 包模式（Packet Mode）下的标签的分配和分发。

对于实现包模式 MPLS 网络中，是下游 LSR 独立生成路由条目和标签的绑定，并且主动分发出去的。

如图 13.8 所示，所有 LSR 上启动了 LDP。以 LSR-B 为例，它已经通过路由协议获得网络 X 的路由了，一旦启动 LDP，LSR-B 立即查找路由表，如果 X 网络的路由是由 IGP 学到的，则在 LIB 中为通向 X 网络的路由生成一个本地标签 25，由于 LSR-B 和 LSR-A、LSR-C、LSR-E 形成了 LDP 邻居关系，所以下游 LSR-B 会主动给所有的邻居发送这个 X=25 的路由条目和标签的绑定。LSR-A、LSR-E、LSR-C 会把该路由条目和标签的绑定放置到本地的 LIB 中，再结合本地的路由表，在 FIB 中生成有关 X 网络的"网络地址->出标签"条目，在 LFIB 中生成有关 X 网络的"进标签->出标签"条目。所有的 LSR 上都如此操作。

最终的结果使整个 MPLS 网络内部所有 LSR 上达到路由表、LIB、FIB、LFIB 的动态平衡。

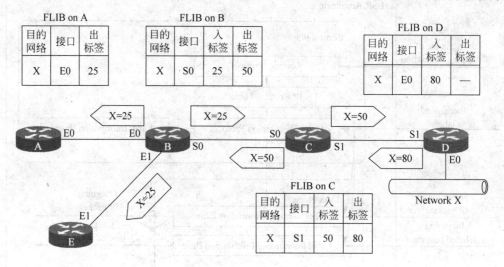

图 13.8　LSR 上启动 LDP

如果 LSR-A 接收到要去 X 网段的数据，由于 LSR-A 处在 MPLS 网络的边缘，必须查找 FIB，对接收到的 IP 包，做标签插入操作。对于 LSR-B，LSR-C 则纯粹是分析标签包，对包头的标签做转换，再转发标签包而已。数据到了 LSR-D，该边缘 LSR 会去掉标签包中的标签，再对恢复的 IP 包做转发，如图 13.9 所示。

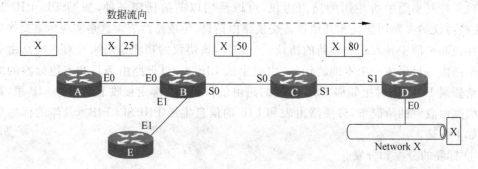

图 13.9　包模式下标签的分配和分发结果

③ 信元模式（Cell Mode）下的标签分配和分发。

在信元模式下，下游 ATM-LSR 接收到了上游 ATM-LSR 标签绑定请求后，下游受控分配标签，被动向上游分发标签，如图 13.10 所示。

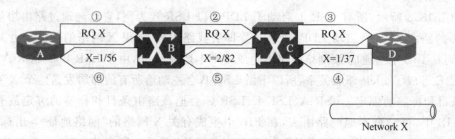

图 13.10　信元模式下标签的分配和分发

最上游的 LSR-A 向 ATM-LSR-B 发起对网络 X 的标签请求,ATM-LSR-B 再向 ATM-LSR-C 发请求,最后请求到达 LSR-D,LSR-D 生成本地对 X 网络的标签 1/37,把该标签告诉 ATM-LSR-C,C 做同样操作,这样一步一步到达 LSR-A。最终生成一条从 A->B->C->D 的 LSP(Label Switch Path)。这样如果 A 收到要到 X 网络的数据,A 就把 IP 数据包分割成带有标签的信元,通过 ATM 接口发送到 B,接下来 B 和 C 就纯粹做 ATM 信元的转发,到了 D 后再把信元组合成 IP 数据包,发向网络 X。

在此要强调,如果要组建以 ATM 交换机为核心的 MPLS 网络,那么在 ATM 网络的边缘必须设置路由器,原因在于 ATM 交换机只转发信元,无法处理用户数据 IP 包。当然上面也提到要在 ATM 交换机上实现 MPLS 功能,必须在 ATM 交换机的信令控制部分加入路由协议,而路由信息包往往是打在 IP 包中的,如 RIP、OSPF、BGP 等路由协议。ATM 交换机为了确保这些以 IP 包形式传递的路由信息能够在 ATM 交换机间传递,使用了专门的带外连接通道或者带内的管理 VC。

13.3.2 MPLS 的配置

1. 概述

MPLS 准许多个 Site 通过 Service Provider 的网络透明互连。一个 ISP 的网络可以支持多个不同的 IP VPN,每个 VPN 对客户来说,是单独的私有网络,和其他的客户都是独立的。在一个 VPN 里面,每个 Site 可以发送 IP 包给同一个 VPN 里的其他 Site。换句话来说,MPLS/VPN 对于客户来说,相当于一个透明的三层传输网络,以前可以通过租用 Leased Line 互连,现在可以租用 MPLS/VPN 链路互连。

每个 VPN 和一个或多个 VRF(VPN Routing or Forwarding instance)关联。一个 VRF 包括一个路由表、一个 CEF 表和一组使用这个转发表的接口。

路由器为每个 VRF 维护着独立的路由表和 CEF 表。这可以防止信息被发送到 VPN 之外,并且每个 VPN 可以使用重叠的 IP 地址。

路由器通过 MP-BGP 的扩展 community 标签来分发 VPN 路由信息。

2. 实验环境

本例在下面的软件和硬件环境下实现。

(1) P 和 PE 路由器。

① Cisco IOS. Release 12.2(6h),支持 MPLS VPN feature。

② P 路由器:Cisco 7200 系列路由器。

③ PE 路由器:Cisco 2691,或者 3640 系列路由器。

(2) C 和 CE 路由器。

任何可以和 PE 交换路由信息的路由器都可以作为 C 和 CE 路由器。

缩写约定:

P——Provider's core router

PE——Provider's Edge router

C——Customer's router

CE——Customer's Edge router

将用下面的拓扑图进行举例说明,网络配置拓扑图如图 13.11 所示。

网络中有三台 P 路由器、两台 PE 路由器(Pescara 和 Pesaro),两个 VPN 客户分别是 Customer_A 和 Customer_B。

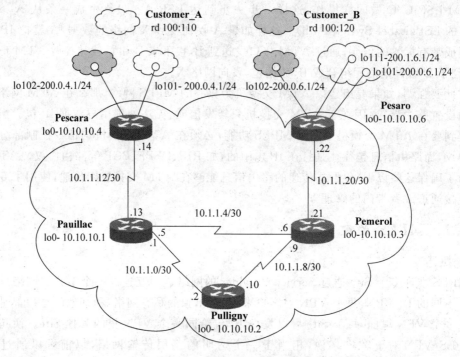

图 13.11　MPLS 配置拓扑图

3. 配置过程

1) 启用 ip cef

使用下面的过程启用 ip cef,为了提高性能,可以在支持的路由器上使用 ip cef distributed 命令。

当在接口上配置了 MPLS 后(在接口上配置 tag-switching ip),还要在 PE 上完成下面的步骤。

(1) 在路由器上为每个相连的 VPN 创建一个 VRF,使用命令 ip vrf。配置 ip vrf 的时候:

① 为每个 VPN 指定正确的 RD。这是为了扩展 IP 地址之用,以便可以识别 IP 地址属于哪个 VPN。

② 配置 MP-BGP 的扩展 communities 的 import 和 export 值。这是用于过滤 import 和 export 过程的。

route-target [export|import|both]

(2) 在 VPN 各自的接口下使用 ip vrf forwarding 命令,别忘了还需要配置 IP 地址。

(3) 配置 PE-CE 间使用的路由协议,可以使用静态路由或者动态路由(RIP、OSPF、BGP)。

2) 配置 MP-BGP

在 PE 路由器之间配置 MP-BGP,有几种办法来配置 BGP,例如路由反射器或者联盟。

这里使用直连的邻居进行举例。

(1) 声明彼此的邻居。

(2) 为这台 PE 上的每个 VPN 配置 address-family ipv4 vrf。如果需要,完成下面的步骤。

① 重分布静态、RIP 或者 OSPF 路由;

② 重分布直连的路由;

③ Activate 和 CE 路由器间的 BGP 邻居。

3) 进入 address-family vpnv4 模式完成配置

(1) Activate 邻居;

(2) 指定必须使用扩展 community。

4. 具体配置

本例中的 5 台路由器配置如下。

```
Pescara:
Router >en
Router#conf t
Router(config)#hostname Pescara
Pescara(config)#ip cef
Pescara(config)#ip vrf Customer_A        //启用 Customer_A 的 VPN 路由和转发表(VRF)
Pescara(config-vrf)#rd 100:110
Pescara(config-vrf)#route-target export 100:1000
Pescara(config-vrf)#route-target import 100:1000
Pescara(config-vrf)#exit
Pescara(config)#ip vrf Customer_B
Pescara(config-vrf)#rd 100:120
Pescara(config-vrf)#route-target export 100:2000
Pescara(config-vrf)#route-target import 100:2000
Pescara(config-vrf)#exit
Pescara(config)#interface Loopback0
Pescara(config-if)#ip address 10.10.10.4 255.255.255.255
Pescara(config-if)#ip router isis
Pescara(config-if)#interface Loopback101
Pescara(config-if)#ip vrf forwarding Customer_A  //将一个接口或者自接口和一个 VRF 实例关联起来
Pescara(config-if)#ip address 200.0.4.1 255.255.255.0  //Loopback101 和 102 使用相同的 IP
                                                       //地址 200.0.4.1。这是准许的,因为
                                                       //它们属于两个不同客户的 VRF
Pescara(config-if)#no ip directed-broadcast
Pescara(config-if)#interface Loopback102
Pescara(config-if)#ip vrf forwarding Customer_B
Pescara(config-if)#ip address 200.0.4.1 255.255.255.0  //Loopback101 和 102 使用相同的 IP
                                                       //地址 200.0.4.1。这是准许的,因为
                                                       //它们属于两个不同客户的 VRF
Pescara(config-if)#no ip directed-broadcast
Pescara(config-if)#exit
Pescara(config)#interface Serial2/0
Pescara(config-if)#no ip address
Pescara(config-if)#no ip directed-broadcast
```

```
Pescara(config-if)# encapsulation frame-relay
Pescara(config-if)# no fair-queue
Pescara(config-if)# exit
Pescara(config)# interface Serial2/0.1 point-to-point
Pescara(config-if)# description link to Pauillac
Pescara(config-if)# bandwidth 512
Pescara(config-if)# ip address 10.1.1.14 255.255.255.252
Pescara(config-if)# no ip directed-broadcast
Pescara(config-if)# ip router isis
Pescara(config-if)# tag-switching ip
Pescara(config-if)# frame-relay interface-dlci 401
Pescara(config-if)# exit
Pescara(config)# router isis
Pescara(config-router)# net 49.0001.0000.0000.0004.00
Pescara(config-router)# is-type level-1
Pescara(config-router)# exit
Pescara(config)# router bgp 100
Pescara(config-router)# bgp log-neighbor-changes        //启用BGP邻居关系中断的记录
Pescara(config-router)# neighbor 10.10.10.6 remote-as 100
Pescara(config-router)# neighbor 10.10.10.6 update-source Loopback0   //配置BGP邻居
Pescara(config-router)# address-family vpnv4
                                                        //进入address-family vpnv4 配置模
                                                        //式,配置和PE/P路由器间的MP-BGP
                                                        //路由会话
Pescara(config-router-af)# neighbor 10.10.10.6 activate
Pescara(config-router-af)# neighbor 10.10.10.6 send-community both
Pescara(config-router-af)# exit-address-family
Pescara(config-router)# address-family ipv4 vrf Customer_B//进入address-family ipv4 的
                                                        //配置模式下,配置和CE间的路由会
                                                        //话,redistribute connected
Pescara(config-router-af)# no auto-summary
Pescara(config-router-af)# no synchronization
Pescara(config-router-af)# exit-address-family
Pescara(config-router)# address-family ipv4 vrf Customer_A
Pescara(config-router-af)# redistribute connected
Pescara(config-router-af)# no auto-summary
Pescara(config-router-af)# no synchronization
Pescara(config-router-af)# exit-address-family
Pescara(config-router)# exit
Pescara(config)# ip classless
Pescara(config)# end

Pesaro:
Router>en
Router# conf t
Router(config)# hostname Pesaro
Pesaro(config)# ip vrf Customer_A
Pesaro(config-vrf)# rd 100:110
Pesaro(config-vrf)# route-target export 100:1000
Pesaro(config-vrf)# route-target import 100:1000
Pesaro(config-vrf)# exit
Pesaro(config)# ip vrf Customer_B
```

```
Pesaro(config-vrf)#rd 100: 120
Pesaro(config-vrf)#route-target export 100: 2000
Pesaro(config-vrf)#route-target import 100: 2000
Pesaro(config-vrf)#exit
Pesaro(config)#ip cef
Pesaro(config)#interface Loopback0
Pesaro(config-if)#ip address 10.10.10.6 255.255.255.255
Pesaro(config-if)#ip router isis
Pesaro(config-if)#interface Loopback101
Pesaro(config-if)#ip vrf forwarding Customer_A
Pesaro(config-if)#ip address 200.0.6.1 255.255.255.0
Pesaro(config-if)#interface Loopback102
Pesaro(config-if)#ip vrf forwarding Customer_B
Pesaro(config-if)#ip address 200.1.6.1 255.255.255.0
Pesaro(config-if)#exit
Pesaro(config)#interface Loopback111
Pesaro(config-if)#ip vrf forwarding Customer_A
Pesaro(config-if)#ip address 200.1.6.1 255.255.255.0
Pesaro(config-if)#exit
Pesaro(config)#interface Serial0/0
Pesaro(config-if)#no ip address
Pesaro(config-if)#encapsulation frame-relay
Pesaro(config-if)#no ip mroute-cache
Pesaro(config-if)#random-detect
Pesaro(config-if)#exit
Pesaro(config)#interface Serial0/0.1 point-to-point
Pesaro(config-if)#description link to Pomerol
Pesaro(config-if)#bandwidth 512
Pesaro(config-if)#ip address 10.1.1.22 255.255.255.252
Pesaro(config-if)#ip router isis
Pesaro(config-if)#tag-switching ip
Pesaro(config-if)#frame-relay interface-dlci 603
Pesaro(config-if)#exit
Pesaro(config)#router isis
Pesaro(config-router)#net 49.0001.0000.0000.0006.00
Pesaro(config-router)#is-type level-1
Pesaro(config-router)#exit
Pesaro(config)#router bgp 100
Pesaro(config-router)#neighbor 10.10.10.4 remote-as 100
Pesaro(config-router)#neighbor 10.10.10.4 update-source Loopback0
Pesaro(config-router)#address-family ipv4 vrf Customer_B
Pesaro(config-router-af)#redistribute connected
Pesaro(config-router-af)#no auto-summary
Pesaro(config-router-af)#no synchronization
Pesaro(config-router-af)#exit-address-family
Pesaro(config-router)#address-family ipv4 vrf Customer_A
Pesaro(config-router-af)#redistribute connected
Pesaro(config-router-af)#no auto-summary
Pesaro(config-router-af)#no synchronization
Pesaro(config-router-af)#exit-address-family
Pesaro(config-router)#address-family vpnv4
```

```
Pesaro(config-router-af)#neighbor 10.10.10.4 activate
Pesaro(config-router-af)#neighbor 10.10.10.4 send-community both
Pesaro(config-router-af)#exit-address-family
Pesaro(config-router)#exit
Pesaro(config)#ip classless
Pesaro(config)#end

Pomerol:
Router>en
Router#conf t
Router(config)#hostname Pomerol
Pomerol(config)#ip cef
Pomerol(config)#interface Loopback0
Pomerol(config-if)#ip address 10.10.10.3 255.255.255.255
Pomerol(config-if)#ip router isis
Pomerol(config-if)#exit
Pomerol(config)#interface Serial0/1
Pomerol(config-if)#no ip address
Pomerol(config-if)#no ip directed-broadcast
Pomerol(config-if)#encapsulation frame-relay
Pomerol(config-if)#random-detect
Pomerol(config-if)#exit
Pomerol(config)#interface Serial0/1.1 point-to-point
Pomerol(config-if)#description link to Pauillac
Pomerol(config-if)#ip address 10.1.1.6 255.255.255.252
Pomerol(config-if)#no ip directed-broadcast
Pomerol(config-if)#ip router isis
Pomerol(config-if)#tag-switching mtu 1520
Pomerol(config-if)#tag-switching ip
Pomerol(config-if)#frame-relay interface-dlci 301
Pomerol(config-if)#exit
Pomerol(config)#interface Serial0/1.2 point-to-point
Pomerol(config-if)#description link to Pulligny
Pomerol(config-if)#ip address 10.1.1.9 255.255.255.252
Pomerol(config-if)#no ip directed-broadcast
Pomerol(config-if)#ip router isis
Pomerol(config-if)#tag-switching ip
Pomerol(config-if)#frame-relay interface-dlci 303
Pomerol(config-if)#exit
Pomerol(config)#interface Serial0/1.3 point-to-point
Pomerol(config-if)#description link to Pesaro
Pomerol(config-if)#ip address 10.1.1.21 255.255.255.252
Pomerol(config-if)#no ip directed-broadcast
Pomerol(config-if)#ip router isis
Pomerol(config-if)#tag-switching ip
Pomerol(config-if)#frame-relay interface-dlci 306
Pomerol(config-if)#exit
Pomerol(config)#router isis
Pomerol(config-router)#net 49.0001.0000.0000.0003.00
Pomerol(config-router)#is-type level-1
Pomerol(config-router)#exit
```

```
Pomerol(config)# ip classless
Pomerol(config)# end


Pulligny:
Router>en
Router#conf t
Router(config)# hostname Pulligny
Pulligny(config)# ip cef
Pulligny(config)# interface Loopback0
Pulligny(config-if)# ip address 10.10.10.2 255.255.255.255
Pulligny(config-if)# exit
Pulligny(config)# interface Serial0/1
Pulligny(config-if)# no ip address
Pulligny(config-if)# encapsulation frame-relay
Pulligny(config-if)# random-detect
Pulligny(config-if)# exit
Pulligny(config)# interface Serial0/1.1 point-to-point
Pulligny(config-if)# description link to Pauillac
Pulligny(config-if)# ip address 10.1.1.2 255.255.255.252
Pulligny(config-if)# ip router isis
Pulligny(config-if)# tag-switching ip
Pulligny(config-if)# frame-relay interface-dlci 201
Pulligny(config-if)# exit
Pulligny(config)# interface Serial0/1.2 point-to-point
Pulligny(config-if)# description link to Pomerol
Pulligny(config-if)# ip address 10.1.1.10 255.255.255.252
Pulligny(config-if)# ip router isis
Pulligny(config-if)# tag-switching ip
Pulligny(config-if)# frame-relay interface-dlci 203
Pulligny(config-if)# exit
Pulligny(config)# router isis
Pulligny(config-router)# passive-interface Loopback0
Pulligny(config-router)# net 49.0001.0000.0000.0002.00
Pulligny(config-router)# is-type level-1
Pulligny(config-router)# exit
Pulligny(config)# ip classless
Pulligny(config)# end


Pauillac:
Router>en
Router#conf t
Router(config)# hostname Pauillac
Pauillac(config)# ip cef
Pauillac(config)# interface Loopback0
Pauillac(config-if)# ip address 10.10.10.1 255.255.255.255
Pauillac(config-if)# ip router isis
Pauillac(config-if)# exit
Pauillac(config)# interface Serial0/0
Pauillac(config-if)# no ip address
Pauillac(config-if)# encapsulation frame-relay
Pauillac(config-if)# ip mroute-cache
```

```
Pauillac(config-if)#tag-switching ip
Pauillac(config-if)#no fair-queue
Pauillac(config-if)#exit
Pauillac(config)#interface Serial0/0.1 point-to-point
Pauillac(config-if)#description link to Pomerol
Pauillac(config-if)#bandwith 512
Pauillac(config-if)#ip address 10.1.1.1 255.255.255.252
Pauillac(config-if)#ip router isis
Pauillac(config-if)#tag-switching ip
Pauillac(config-if)#frame-relay interface-dlci 102
Pauillac(config-if)#exit
Pauillac(config)#interface Serial0/0.2 point-to-point
Pauillac(config-if)#description link to Pulligny
Pauillac(config-if)#ip address 10.1.1.5 255.255.255.252
Pauillac(config-if)#ip router isis
Pauillac(config-if)#tag-switching ip
Pauillac(config-if)#frame-relay interface-dlci 103
Pauillac(config-if)#exit
Pauillac(config)#interface Serial0/0.3 point-to-point
Pauillac(config-if)#description link to Pescara
Pauillac(config-if)#bandwith 512
Pauillac(config-if)#ip address 10.1.1.13 255.255.255.252
Pauillac(config-if)#ip router isis
Pauillac(config-if)#tag-switching ip
Pauillac(config-if)#frame-relay interface-dlci 104
Pauillac(config-if)#exit
Pauillac(config)#router isis
Pauillac(config-router)#net 49.0001.0000.0000.0001.00
Pauillac(config-router)#is-type level-1
Pauillac(config-router)#exit
Pauillac(config)#ip classless
Pauillac(config)#end
```

5. 检验

本节讲述了如何检查配置是否工作正常。

（1）show ip vrf-验证正确的 VRF 条目。

（2）show ip vrf interfaces-验证激活的接口。

（3）show ip route vrf Customer_A-验证 PE 路由器 Customer_A 的路由信息。

（4）traceroute vrf Customer_A 200.0.6.1-显示跟踪到地址 200.0.6.1 所经过的节点。

更多的排错命令详见：MPLS VPN Solution Troubleshooting Guide。

下面的输出是命令 show ip vrf 的结果。

```
Pescara#show ip vrf
Name                    Default RD              Interfaces
Customer_A              100:110                 Loopback101
Customer_B              100:120                 Loopback102
```

下面的输出是命令 show ip vrf interfaces 的结果。

```
Pesaro#show ip vrf interfaces
```

Interface	IP-Address	VRF	Protocol
Loopback101	200.0.6.1	Customer_A	up
Loopback111	200.1.6.1	Customer_A	up
Loopback102	200.0.6.1	Customer_B	up

下面的 show ip route vrf 命令的结果显示在两个 VPN 里面都有相同的网段 200.0.6.0/24。这是因为两个 VPN 客户 Customer_A 和 Customer_B 使用了重叠的 IP 地址。

```
Pescara# show ip route vrf Customer_A
*** 省略部分输出 ***
C       200.0.4.0/24 is directly connected, Loopback101
B       200.0.6.0/24 [200/0] via 10.10.10.6, 05:10:11
B       200.1.6.0/24 [200/0] via 10.10.10.6, 04:48:11

Pescara# show ip route vrf Customer_B
*** 省略部分输出 ***
C       200.0.4.0/24 is directly connected, Loopback102
B       200.0.6.0/24 [200/0] via 10.10.10.6, 00:03:24
```

在 Customer_A 的两个站点间使用 Traceroute,可能可以看到 MPLS 网络使用的 label stack(如果配置 mpls ip ttl)。

```
Pescara# traceroute vrf Customer_A 200.0.6.1
Type escape sequence to abort.
Tracing the route to 200.0.6.1
  1 10.1.1.13 [MPLS: Labels 20/26 Exp 0] 400 msec 276 msec 264 msec
  2 10.1.1.6 [MPLS: Labels 18/26 Exp 0] 224 msec 460 msec 344 msec
  3 200.0.6.1 108 msec * 100 msec
```

注意:Exp 0 是 QoS 使用的一个字段。

图书资源支持

感谢您一直以来对清华版图书的支持和爱护。为了配合本书的使用，本书提供配套的素材，有需求的用户请到清华大学出版社主页(http://www.tup.com.cn)上查询和下载，也可以拨打电话或发送电子邮件咨询。

如果您在使用本书的过程中遇到了什么问题，或者有相关图书出版计划，也请您发邮件告诉我们，以便我们更好地为您服务。

我们的联系方式：

地　　址：北京海淀区双清路学研大厦 A 座 707

邮　　编：100084

电　　话：010-62770175-4604

资源下载：http://www.tup.com.cn

电子邮件：weijj@tup.tsinghua.edu.cn

QQ：883604(请写明您的单位和姓名)

用微信扫一扫右边的二维码，即可关注清华大学出版社公众号"书圈"。

扫一扫
资源下载、样书申请
新书推荐、技术交流